U0514951

高等学校土木工程专业卓越工程师教育培养计划系列规划教材

建筑混凝土结构设计

主　编　余志武

主　审　徐礼华

WUHAN UNIVERSITY PRESS

武汉大学出版社

图书在版编目(CIP)数据

建筑混凝土结构设计/余志武主编. —武汉:武汉大学出版社,2015.9(2017.6重印)
高等学校土木工程专业卓越工程师教育培养计划系列规划教材
ISBN 978-7-307-15131-4

Ⅰ.建… Ⅱ.余… Ⅲ.混凝土结构—结构设计—高等学校—教材 Ⅳ.TU370.4

中国版本图书馆 CIP 数据核字(2015)第 021790 号

责任编辑:路亚妮 孙 丽 责任校对:薛文杰 装帧设计:吴 极

出版发行:**武汉大学出版社** (430072 武昌 珞珈山)
　　　　(电子邮件:whu_publish@163.com 网址:www.stmpress.cn)
印刷:北京虎彩文化传播有限公司
开本:880×1230 1/16 印张:19.75 字数:634 千字
版次:2015 年 9 月第 1 版 2017 年 6 月第 2 次印刷
ISBN 978-7-307-15131-4 定价:45.00 元

版权所有,不得翻印;凡购买我社的图书,如有质量问题,请与当地图书销售部门联系调换。

高等学校土木工程专业卓越工程师教育培养计划系列规划教材

学术委员会名单

（按姓氏笔画排名）

主 任 委 员：周创兵

副主任委员：方　志　　叶列平　　何若全　　沙爱民　　范　峰　　周铁军　　魏庆朝

委　　　员：王　辉　　叶燎原　　朱大勇　　朱宏平　　刘泉声　　孙伟民　　易思蓉
　　　　　　周　云　　赵宪忠　　赵艳林　　姜忻良　　彭立敏　　程　桦　　靖洪文

编审委员会名单

（按姓氏笔画排名）

主 任 委 员：李国强

副主任委员：白国良　　刘伯权　　李正良　　余志武　　邹超英　　徐礼华　　高　波

委　　　员：丁克伟　　丁建国　　马昆林　　王　成　　王　湛　　王　媛　　王　薇
　　　　　　王广俊　　王天稳　　王曰国　　王月明　　王文顺　　王代玉　　王汝恒
　　　　　　王孟钧　　王起才　　王晓光　　王清标　　王震宇　　牛荻涛　　方　俊
　　　　　　龙广成　　申爱国　　付　钢　　付厚利　　白晓红　　冯　鹏　　曲成平
　　　　　　吕　平　　朱彦鹏　　任伟新　　华建民　　刘小明　　刘庆潭　　刘素梅
　　　　　　刘新荣　　刘殿忠　　闫小青　　祁　皑　　许　伟　　许程洁　　许婷华
　　　　　　阮　波　　杜　咏　　李　波　　李　斌　　李东平　　李远富　　李炎锋
　　　　　　李耀庄　　杨　杨　　杨志勇　　杨淑娟　　吴　昊　　吴　明　　吴　轶
　　　　　　吴　涛　　何亚伯　　何旭辉　　余　锋　　冷伍明　　汪梦甫　　宋固全
　　　　　　张　红　　张　纯　　张飞涟　　张向京　　张运良　　张学富　　张晋元
　　　　　　张望喜　　陈辉华　　邵永松　　岳健广　　周天华　　郑史雄　　郑俊杰
　　　　　　胡世阳　　侯建国　　姜清辉　　娄　平　　袁广林　　桂国庆　　贾连光
　　　　　　夏元友　　夏军武　　钱晓倩　　高　飞　　高　玮　　郭东军　　唐柏鉴
　　　　　　黄　华　　黄声享　　曹平周　　康　明　　阎奇武　　董　军　　蒋　刚
　　　　　　韩　峰　　韩庆华　　舒兴平　　童小东　　童华炜　　曾　珂　　雷宏刚
　　　　　　廖　莎　　廖海黎　　蒲小琼　　黎　冰　　戴公连　　戴国亮　　魏丽敏

出版技术支持

（按姓氏笔画排名）

项 目 团 队：王　睿　　白立华　　曲生伟　　蔡　巍

特别提示

教学实践表明,有效地利用数字化教学资源,对于学生学习能力以及问题意识的培养乃至怀疑精神的塑造具有重要意义。

通过对数字化教学资源的选取与利用,学生的学习从以教师主讲的单向指导模式转变为建设性、发现性的学习,从被动学习转变为主动学习,由教师传播知识到学生自己重新创造知识。这无疑是锻炼和提高学生的信息素养的大好机会,也是检验其学习能力、学习收获的最佳方式和途径之一。

本系列教材在相关编写人员的配合下,逐步配备基本数字教学资源,主要内容包括:

文本:课程重难点、思考题与习题参考答案、知识拓展等。

图片:课程教学外观图、原理图、设计图等。

视频:课程讲述对象展示视频、模拟动画,课程实验视频,工程实例视频等。

音频:课程讲述对象解说音频、录音材料等。

数字资源获取方法:

① 打开微信,点击"扫一扫"。

② 将扫描框对准书中所附的二维码。

③ 扫描完毕,即可查看文件。

更多数字教学资源共享、图书购买及读者互动敬请关注"开动土木传媒"微信公众号!

丛 书 序

土木工程涉及国家的基础设施建设,投入大,带动的行业多。改革开放后,我国国民经济持续稳定增长,其中土建行业的贡献率达到 1/3。随着城市化的发展,这一趋势还将继续呈现增长势头。土木工程行业的发展,极大地推动了土木工程专业教育的发展。目前,我国有 500 余所大学开设土木工程专业,在校生达 40 余万人。

2010 年 6 月,中国工程院和教育部牵头,联合有关部门和行业协(学)会,启动实施"卓越工程师教育培养计划",以促进我国高等工程教育的改革。其中,"高等学校土木工程专业卓越工程师教育培养计划"由住房和城乡建设部与教育部组织实施。

2011 年 9 月,住房和城乡建设部人事司和高等学校土建学科教学指导委员会颁布《高等学校土木工程本科指导性专业规范》,对土木工程专业的学科基础、培养目标、培养规格、教学内容、课程体系及教学基本条件等提出了指导性要求。

在上述背景下,为满足国家建设对土木工程卓越人才的迫切需求,有效推动各高校土木工程专业卓越工程师教育培养计划的实施,促进高等学校土木工程专业教育改革,2013 年住房和城乡建设部高等学校土木工程学科专业指导委员会启动了"高等教育教学改革土木工程专业卓越计划专项",支持并资助有关高校结合当前土木工程专业高等教育的实际,围绕卓越人才培养目标及模式、实践教学环节、校企合作、课程建设、教学资源建设、师资培养等专业建设中的重点、亟待解决的问题开展研究,以对土木工程专业教育起到引导和示范作用。

为配合土木工程专业实施卓越工程师教育培养计划的教学改革及教学资源建设,由武汉大学发起,联合国内部分土木工程教育专家和企业工程专家,启动了"高等学校土木工程专业卓越工程师教育培养计划系列规划教材"建设项目。该系列教材贯彻落实《高等学校土木工程本科指导性专业规范》《卓越工程师教育培养计划通用标准》和《土木工程卓越工程师教育培养计划专业标准》,力图以工程实际为背景,以工程技术为主线,着力提升学生的工程素养,培养学生的工程实践能力和工程创新能力。该系列教材的编写人员,大多主持或参加了住房和城乡建设部高等学校土木工程学科专业指导委员会的"土木工程专业卓越计划专项"教改项目,因此该系列教材也是"土木工程专业卓越计划专项"的教改成果。

土木工程专业卓越工程师教育培养计划的实施,需要校企合作,期望土木工程专业教育专家与工程专家一道,共同为土木工程专业卓越工程师的培养作出贡献!

是以为序。

2014 年 3 月于同济大学四平路校区

前　言

卓越工程师教育培养计划(简称"卓越计划")是贯彻落实《国家中长期教育改革和发展规划纲要(2010—2020年)》和《国家中长期人才发展规划纲要(2010—2020年)》的重大改革项目,该计划要求培养一大批创新能力强、适应经济社会发展需要的高质量各类型工程技术人才,为国家走新型工业化发展道路、建设创新型国家和人才强国战略服务。

本书是在余志武主编的《混凝土结构与砌体结构设计》(第二版)的基础上,根据高等学校土木工程专业卓越工程师教育培养计划教学要求,"混凝土建筑结构设计"教学大纲和我国新颁布的《混凝土结构设计规范》(GB 50010—2010)编写而成。本书强化"卓越计划"特点,区别一般土木工程专业,突出工程创新意识,既有浅显易懂的基础知识,又有教训深刻的工程案例分析与处理。

本书在编写过程中,力求做到内容少而精,理论联系实际,文字叙述清楚,以便于教学和读者自学。每章都有内容提要、能力要求、知识归纳,并配有一定数量的工程案例分析、独立思考和实战演练,以利于学生自学。

本书由中南大学余志武担任主编,罗小勇、匡亚川担任副主编,丁发兴、赵衍刚、卢朝辉、周朝阳、刘澍、卫军、刘晓春、喻泽红、国巍、李常青等老师参与部分内容的编写。具体编写分工为:余志武、丁发兴编写第1章,赵衍刚、卢朝辉编写第2章,周朝阳、刘澍编写第3章,卫军、刘晓春编写第4章,罗小勇、匡亚川编写第5章,喻泽红、国巍、李常青编写第6章。武汉大学土木建筑工程学院院长徐礼华教授担任本书主审。

由于作者水平有限,书中难免有欠妥甚至错误之处,恳请读者批评指正。

编　者
2015年2月

目　　录

数字资源目录

1

绪 论

课前导读

▽ 内容提要

本章主要内容包括：建筑混凝土结构形式，建筑混凝土结构组成，建筑混凝土结构设计准则，建筑混凝土结构设计步骤，以及本课程的特点与学习方法。建筑混凝土结构设计步骤为本章重点。

▽ 能力要求

通过本章教学，学生应初步了解建筑混凝土结构的基本形式和组成部分，从总体上对建筑混凝土结构设计准则和设计步骤有一个比较清晰的认识。

▽ 数字资源

5分钟看完本章

1.1　引　　言　>>>

结构是建筑物的"骨架",承担着建筑在施工和使用过程中可能出现的各种荷载和作用,如建筑物的自重、人和家具等的重力荷载、风雪荷载以及地震作用等。结构设计就是在对这些未来可能出现的各种荷载和作用进行定量描述的基础上,应用力学和结构知识,设计出既安全又能满足使用要求且能长期使用的结构。合理的结构设计是建筑物安全、适用和耐久的重要保证。

我国古代已有专门掌管建筑工程的工官制度。战国初期,最早的一部科学技术著作《考工记》中,称工官为匠人,唐朝则称为大匠,主要工匠也都称为都科匠,他们从事设计绘图并主持施工等技术性工作。汉朝初期,我国的建筑设计已有了图样。7世纪初,隋朝使用了1:100的图样,并配合模型进行建筑设计。

新的结构概念和近代力学理论的引入和发展,使我国的建筑结构设计从依赖传统的经验设计水平飞跃到依靠科学分析和定量计算进行结构设计的新阶段。近20年来,随着计算机技术的发展及其在土木工程中的应用,广大结构工程师从过去繁杂的手工计算和手工绘图中解放出来。另外,随着设计软件的不断智能化,设计效率不断提高。伴随着大尺寸、大比例、多维复杂结构试验技术的发展,结构新颖、体形各异的建筑拔地而起,遍布全国。目前,我国的建筑结构设计已处于世界领先水平。

根据建筑结构所使用的主要建筑材料,可将其划分为混凝土结构、砌体结构、钢结构、木结构和组合结构等。混凝土结构虽然有着广泛的应用,但还是一种新兴的结构,迄今只有一百多年的历史,还有巨大的发展潜力。本课程主要讲授建筑混凝土结构的设计。

1.2　建筑混凝土结构形式　>>>

根据建筑物的层数,建筑混凝土结构主要分为单层(图1-1)、多层(图1-2)、高层(图1-3)及超高层建筑结构(图1-4)。根据建筑物的用途,建筑混凝土结构又可分为工业厂房结构和民用建筑结构。工业厂房一般采用单层结构,而民用建筑一般为多层或高层结构。

图1-1　混凝土结构单层建筑

图1-2　混凝土结构多层建筑

图1-3　混凝土结构高层建筑

图1-4　混凝土结构超高层建筑

建筑结构并不一定由一种材料建造,由砌体内、外墙和钢筋混凝土楼(屋)盖组成的混合结构也常被应用。混合结构还泛指设有内柱,并与楼(屋)盖中的肋梁形成框架,但外墙仍采用砌体的"内框架结构"以及底层采用钢筋混凝土框架,2 层以上仍为砌体的"底层框架砌体结构"。混合结构适用于建造 10 层以下的房屋;采用配筋砌体后,其适用高度可达 20 层。

在高层和超高层建筑中,采用钢-混凝土组合结构已成为一种趋势,以充分发挥混凝土和钢两种材料各自的长处。如上海金茂大厦(88 层,高 420 m)和上海环球金融中心(101 层,高 492 m)均是由钢筋混凝土核心内筒、外框钢骨混凝土柱及钢柱组成的混合结构。

单层工业厂房中也可采用混凝土、砖、钢材、木材等材料建造,形成混合结构。

1.3　建筑混凝土结构组成　>>>

建筑混凝土结构系是由不同的混凝土结构构件组合而成、能满足建筑和结构功能要求的结构体系。这些结构构件主要由板、梁、柱、墙和基础等组成。

以钢筋混凝土结构的多层房屋为例,其中的主要结构构件为:

① 钢筋混凝土楼板——主要承担楼板面的荷载和楼板的自重。

② 钢筋混凝土楼梯——主要承担楼梯面的荷载和楼梯段的自重。

③ 钢筋混凝土梁——主要承担楼板传来的荷载及梁的自重。

④ 钢筋混凝土柱——主要承担梁传来的荷载及柱的自重。

⑤ 钢筋混凝土墙——主要承担楼板、梁、楼梯传来的荷载,墙体的自重及土的侧向压力。

⑥ 钢筋混凝土墙下基础——主要承担墙传来的荷载并将其传给地基。

⑦ 钢筋混凝土柱下基础——主要承担柱传来的荷载并将其传给地基。

1.4　建筑混凝土结构设计准则　>>>

结构工程师进行建筑结构设计时,应当遵循国家和地方的有关设计法规、规范、规程和设计标准中的相关规定。若遇到特殊的、复杂的结构形式,规范中暂无相关规定,又无类似的工程作参考,应做专门的试验研究和理论分析。

建筑混凝土结构设计中常用到的规范有《混凝土结构设计规范》(GB 50010—2010)、《建筑结构荷载规范》(GB 50009—2012)、《建筑地基基础设计规范》(GB 50007—2011)、《建筑抗震设计规范》(GB 50011—2010)、《高层建筑混凝土结构技术规程》(JGJ 3—2010)等。其中,《混凝土结构设计规范》(GB 50010—2010)是建筑混凝土结构设计所依据的最基本的规范。规范条文是对已有设计理论和工程经验的总结。随着科学技术的发展和工程实际的需要,一般每隔若干年需对规范进行修订。

1894 年,Coignet(Francois Coignet 之子)和 de Tedeskko 在他们提供给法国土木工程师协会的论文中拓展了 Koenen 的理论,提出了钢筋混凝土构件的容许应力设计法。由于该方法以弹性力学为基础,在数学处理上比较简单,一经提出便很快为工程界所接受。尽管混凝土的弹塑性力学以及钢筋混凝土的极限强度理论早已被人们所认识,但仍然很难动摇容许应力设计法在工程设计中的应用。直到 1976 年,美国和英国的房屋结构设计规范仍以容许应力法为主。1995 年出版的美国《混凝土结构房屋规范》(ACI318—1995)还将容许应力设计法作为可供选择的设计方法之一而列入附录中。

虽然容许应力法在一定条件下也可用于极限设计,但以弹性理论为基础的容许应力法认为截面应力分布是线性的。这就很难考虑钢筋混凝土结构的一个基本特征——钢筋与混凝土之间以及超静定结构各截面之间的应力或内力重分布,也无法深入考虑抗震设计所必须考虑的延性。钢筋混凝土结构的极限状态实际上是一个很广泛的概念,除承载能力极限状态外,它还包括其他的极限状态,容许应力法无法涵盖极限状态的所有内容。另外,容许应力法只能在构件的强度上打一个折扣,很难用统计数学的方法来分析结构的可靠度。这些原因使得混凝土结构从容许应力设计法发展到极限状态设计法成为必然。

1932年,前苏联的罗列依特提出了按破损阶段进行计算的方法。1939年,前苏联据此制定了相应的设计规范。该方法以截面所能抵抗的破坏内力为依据进行设计计算。1952年,我国原东北人民政府工业部率先颁布的《建筑物结构设计暂行标准》就是按破损内力设计理论制定的。破损内力设计法实际上是从容许应力设计法到极限状态设计法的一种过渡。

最早按极限状态计算的钢筋混凝土设计规范是前苏联颁布的Нигу123。我国房屋建筑工程领域最先直接引用Нигу123—55,然后于1966年以此为基础,增加了我国自己的部分研究成果,颁布了按极限状态法设计的《钢筋混凝土结构设计规范》(BJG 21—1966),1974年对此进行了修订,出版了《钢筋混凝土结构设计规范》(TJ 10—1974),1989年根据《建筑结构设计统一标准》(GBJ 68—1984)制定了《混凝土结构设计规范》(GBJ 10—1989),2002年和2010年连续对其进行了两次修订,形成了《混凝土结构设计规范》(GB 50010)的2002年版和2010年版。现行《混凝土结构设计规范》(GB 50010—2010)的设计方法和GBJ 10—1989没有区别,均是将荷载和材料的强度看成随机变量,采用基于概率的极限状态设计法。

1.5 建筑混凝土结构设计步骤 >>>

一幢建筑物从设计到落成,需要建筑师、结构工程师、设备工程师、施工工程师的共同合作。建筑物的结构设计由结构工程师负责,它与建筑设计、设备设计、施工方面等的工作是相关联的。建筑混凝土结构设计主要分准备工作、确定结构方案、结构布置和结构设计计算简图的确定以及结构分析和设计计算四个步骤,如图1-5所示。

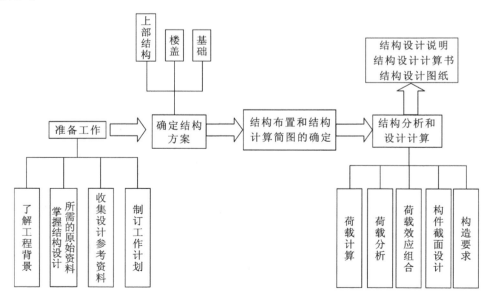

图 1-5　结构设计步骤框架

1.5.1 准备工作

1.5.1.1 了解工程背景

了解工程背景包括了解工程项目的来源、投资规模,了解工程项目的规模、用途及使用要求,了解项目中建筑、结构、水、暖、电设计与施工程序、内容、要求,了解与项目建设有关各单位的相互关系及合作方式,等等。这些对于结构工程师圆满完成建筑结构设计都是有利的。

结构工程师应尽可能在初步设计阶段就参与对初步设计方案的讨论,并在扩大初步设计施工图设计阶段发挥积极的作用,还应参加工程交底、验槽、质量检查等实践活动。

1.5.1.2 掌握结构设计所需的原始资料

① 建筑物层数与层高。

② 工程地质条件。

工程地质条件包括建筑物的位置及周围环境,建筑物所在位置的地形、地貌,建筑物范围内的土质构成、最高地下水位、水质有无侵蚀性,场地类别,地震设防烈度,等等。

③ 环境条件。

环境条件包括气温条件,如季节温差、昼夜温差等;降水,如年平均降水量、雨量集中期;基本雪压;主导风向、基本风压;侵蚀介质,等等。

④ 设备条件。

设备条件包括电力、供水、排水、供热系统的情况,消防设施,网络设置情况,电梯设置情况,等等。

⑤ 其他技术条件。

其他技术条件包括当地施工队伍的素质与水平,建筑材料、建筑配件及半成品供应条件,施工机械设备及大型工具供应条件,场地及运输条件,水电动力供应条件,劳动力供应及生活条件,工期要求,等等。

1.5.1.3 收集设计参考资料

应收集现行的国家和地方标准,如各种设计规范、规程等,有时甚至要参考国外的标准;常用设计手册、指南、图表;结构设计构造图集,建筑产品定型图集;国内外各种参考文献;以往相近工程的经验;为项目开展的一些专题研究获得的理论或试验成果;结构分析和设计所需要的计算软件及用户手册,等等。

1.5.1.4 制订工作计划

工作计划包括结构设计的具体工作内容,工作进度,结构设计统一技术规定、措施,等等。

1.5.2 确定结构方案

结构方案的确定是整幢房屋结构设计是否合理的关键。结构方案应在确定建筑方案和初步设计阶段即着手考虑,提出初步设想;进入结构设计阶段后,经分析比较加以确定。

确定结构方案的原则:满足使用要求,受力合理,技术上可行,尽可能达到综合经济技术指标先进。

结构方案的选择包括两方面的内容:结构形式和结构体系。在方案初选阶段,宜先提出两种以上的方案作为结构方案的初步设想,然后进行方案比较(可酌情作原则性比较或深入的经济技术指标比较),最后综合考虑,择其较优者。

建筑混凝土结构设计方案主要包括上部主要承重结构方案与布置、楼(屋)盖结构方案与布置、基础方案与布置、结构主要构造措施及特殊部位的处理等。

1.5.3 结构布置和结构计算简图的确定

结构布置就是在结构方案的基础上,确定各结构构件之间的相关关系,及结构的传力途径,初步定出结构的全部尺寸。

确定结构的传力途径,就是使所有荷载都有唯一的传递路径。至少,设计者应在结构力学模型(即结构计算简图)这一层次上确定各种荷载的唯一传递路径。这就要求合理地确定结构计算简图。结构计算简图是对实际结构的简化,突出实际结构的主要受力特征。对建筑混凝土结构进行结构分析时,所采用的结构计算简图应符合下列要求:

① 能够反映结构的实际体形、尺度、边界条件、截面尺寸、材料性能及连接方式等。

② 能够反映结构的实际受力情况,便于进行结构分析。

③ 能够考虑施工偏差、初始应力及变形位移状况等对结构的影响。结构计算简图确定后,结构所承受的荷载的传递路径就唯一确定了。

结构布置面临的问题之一是可供选择的结构传力途径一般不是唯一的,故需要人为指定结构的传力途径。例如,框架主梁的布置可以沿房屋的横向,也可以沿房屋的纵向;板的荷载可以单向传递,也可双向传递,等等。结构传力路径的确定对结构的力学性能影响很大。

结构布置面临的问题之二是结构构件的尺寸也不是唯一的,也需要人为指定。可以用一些经验的方法预估结构的尺寸,但最终还需通过计算确认。

结构布置中面临的这些选择一般要凭经验确定,有一定的技巧性,选择时可参照有关规范、手册或指南。在没有任何经验可供借鉴的情况下,这种选择依赖设计者的直觉判断,带有一定的尝试性。

1.5.4　结构分析和设计计算

1.5.4.1　建筑结构上的作用计算

按照结构尺寸和建筑构造计算永久荷载的标准值,按照《建筑结构荷载规范》(GB 50009—2012)计算可变荷载的标准值。一般从结构的上部至下部依次计算。

直接施加于结构上的荷载有:结构构件的自身重力荷载以及构件上建筑构造层(地面、顶棚、装饰面层等)的重力荷载,施加在屋面上的雪荷载或施工荷载,施加在楼面上的人群、家具、设备等使用荷载,施加在外墙面上的风荷载等。

能够使结构产生效应的作用还有:基础间发生的不均匀沉降,在温度变化的环境中结构材料的热胀冷缩,地震造成的地面运动使结构产生的加速度反应和外加变形,等等。

1.5.4.2　结构分析

(1)基本原则

结构分析应符合下列要求:

① 结构整体及各部分必须满足力学平衡条件。

② 在不同程度上符合变形协调和边界约束条件。

③ 采用合理的材料和构件单元的应力-应变本构关系。

结构分析时,根据结构或构件的受力特点,可以采用具有理论或试验依据的简化和假定。应对结构进行整体分析,必要时还应对其特殊部位进行详细的力学分析。计算结果的精确度应符合工程设计的要求。

(2)结构分析方法

根据结构类型、构件布置和受力特点选择下列分析方法进行结构分析。

① 线弹性分析方法。

一般情况下,建筑混凝土结构的承载能力极限状态及正常使用极限状态下的内力和变形计算都采用线弹性分析方法。

对于杆系混凝土结构,采用线弹性分析方法时,可按下列原则对计算进行简化:体系规则的空间杆系结构可分解为若干平面结构,分别进行力学分析,然后将相应的效应合成,但宜考虑各平面结构间的空间协调受力的影响;杆件的轴线取截面几何中心的连线,其计算跨度及计算高度按两端支承的中心距或净距并考虑连接的刚性和支承力的位置确定;现浇结构和装配整体式结构的节点可视为刚性连接,梁、板与支承结构非整浇时可视为铰支座;杆件的刚度按毛截面计算,工形截面应考虑翼缘宽度的影响;在进行不同受力状态的计算时还应考虑混凝土开裂、徐变等因素对刚度的影响。

非杆系的二维或三维混凝土结构可采用弹性力学分析方法、有限元分析方法或试验分析方法获得弹性应力分布,再根据其主拉应力方向及数值进行配筋设计,并按多轴应力状态验算混凝土的强度。混凝土在多轴应力状态下的强度准则可见《混凝土结构设计规范》(GB 50010—2010)中的相关规定。

② 塑性内力重分布分析方法。

钢筋混凝土结构塑性内力重分布分析方法适用于下列情况:房屋结构中的连续梁和连续单向板可按弯矩调幅方法进行承载能力极限状态计算,但应满足正常使用极限状态验算的要求并应有专门的构造措施;框架及框架-剪力墙结构在采用专门的构造措施后,可按弯矩调幅方法进行设计计算;周边嵌固的双向板可对弹性分析的内力在支座处进行弯矩调幅,并确定相应的跨中弯矩。对于直接承受动力荷载作用的结构、不允许出现裂缝的结构、配置延性较差的受力钢筋的结构和处于严重侵蚀环境中的结构,不得采用塑性内力重分布分析方法。

③ 塑性极限分析方法。

周边嵌固且承受均布荷载作用的双向矩形板,可采用塑性绞线法或条带法等塑性极限分析方法计算承载能力极限状态下的内力,但还应对正常使用极限状态进行验算。

承受均布荷载的板柱体系,可根据结构布置形式的不同,采用弯矩系数法或等代框架法计算承载能力极限状态下的弯矩值。

④ 非线性分析方法。

非线性分析方法适用于对二维、三维结构及重要的、受力特殊的大型杆系结构进行局部或整体的受力全过程分析。进行非线性分析时,结构形状、尺寸、边界条件、截面尺寸、材料性能应根据结构的受力特点事先设定;材料的本构关系宜由试验测定,也可采用经标定的系数值或已经验证的模式,如《混凝土结构设计规范》(GB 50010—2010)中给定的混凝土和钢筋材料的本构关系;非线性分析宜取材料强度和变形模量的平均值进行计算。

⑤ 试验分析方法。

体形复杂、受力特殊的混凝土结构或构件可采用试验分析方法对结构的正常使用极限状态和承载能力极限状态进行复核。试验模型应采用能够模拟实际结构受力性能的材料制作。

(3) 荷载效应组合及最不利的荷载位置

在时间轴上,结构上的永久荷载是一直作用在结构上的,而可变荷载可能出现,也可能不出现,不同类型可变荷载的出现情况有多种不同的组合。根据规范和经验,可确定应计算的不同荷载组合。例如,对于无抗震要求的框架结构,应计算的荷载组合为:永久荷载+可变荷载,永久荷载+风载,永久荷载+0.9×(可变荷载+风载)等。若采用线弹性分析方法,荷载组合可以通过荷载效应组合来实现;若采用非线性分析方法,则应对荷载效应的组合值进行相应的修正。

可变荷载除了在出现时间上是变化的,在空间位置上也是变化的。可变荷载(如楼面活荷载)在结构上出现的位置不同,在结构中产生的效应也不同。因此,为得到结构某处最不利的荷载效应,应在空间上对可变荷载进行多种布置,找出最不利的可变荷载布置和相应的荷载效应。

(4) 构件截面设计

根据上面算出的最不利内力对控制截面处进行配筋设计以及必要的尺寸修改。如果尺寸修改较大,则应重新进行上述分析。

(5) 构造设计

构造设计,也可称为概念设计,主要是指配置除计算所需之外的钢筋(分布钢筋、架立钢筋等,钢筋的锚固、钢筋的弯起与截断)、构件的支承条件的正确实现以及腋角等细部尺寸的确定等。构造设计一般可参考构造手册进行。目前,混凝土结构设计的相当一部分内容不能通过计算确定,只能通过构造来确定,且每项构造措施都有其原理。因此,构造设计也是混凝土结构设计的重要内容之一。

1.5.5 结构设计的主要成果

结构设计的成果主要有以下形式。

（1）结构设计说明

对结构设计中不能用图纸表示但非常重要的事项要详细地加以说明，并阐释理由。实际工程中，结构设计说明一般置于结构设计图纸的前面。

（2）结构设计计算书

结构设计计算书对结构计算简图的选取、结构所承受的荷载、结构分析方法及结果、结构构件主要截面的配筋计算等，都应给予明确的说明。如果结构计算采用商业化软件，应说明具体的软件名称，并对计算结果作必要的校核。结构设计计算书一般作为独立的设计成果。

（3）结构设计图纸

所有设计结果最终必须以施工图的形式反映出来，在设计的各个阶段都要进行设计图的绘制。

一部分图纸可按初步设计（或扩大初步设计）的要求绘制，如总平面图，主体工程的平、立、剖面结构布置图等。这类图纸应能反映设计的主要意图，对细部的要求则可放松一些。另一部分图纸应按施工详图要求绘制，如结构构件施工详图、节点构造、大样等。这部分图纸要求完全反映设计意图，包括正确选用材料、构件具体尺寸规格、各构件间的相关关系、施工方法、采用的有关标准（或通用）图集编号等，要达到不作任何附加说明即可施工的要求。

目前，所有结构设计图纸基本上均由计算机绘制。

1.6　本课程的特点与学习方法　　>>>

本课程是土木工程专业本科生的一门主要专业课，是力学知识、混凝土结构基本原理及荷载与设计方法等专业基础知识在建筑混凝土结构设计中的应用。其目的是使学生通过本课程的学习，熟悉建筑混凝土结构的基本体系，掌握建筑混凝土结构的设计理论和设计方法，获得依据规范与标准进行创造性的建筑混凝土结构设计的能力。因此，提出如下建议，以便学生能更有效地学习：

① 注意本课程与相关先修课程之间的关系，正确运用已有的力学知识、结构设计知识、混凝土结构构件的基本原理以及地基基础方面的相关知识，解决实际工程问题。

② 熟悉国家、地方的相关标准与规范。建筑混凝土结构设计是依据规范与标准进行的创造性的工作。要做好建筑混凝土结构设计，必须熟悉规范。

③ 注意形象思维能力的培养及图形表达能力的培养。好的形象思维能力将有助于使蓝图变为现实，好的图形表达能力将有助于别人更好地理解设计意图。

④ 注意理论分析和构造措施相结合。理论分析是结构设计的基础，但理论分析不能涵盖结构设计的所有内容，必须由构造措施来弥补。

⑤ 正确处理学习过程中计算机辅助设计与手工设计之间的关系。随着计算机技术和软件工程技术的发展，建筑混凝土结构设计中的结构分析、结构设计和绘图等技术工作均可由计算机来辅助完成。为了深入了解建筑混凝土结构的设计原理，锻炼自己的设计能力，为今后的设计工作打下良好的理论和技术基础，建议在学习过程中以手工分析、手工设计和手工绘图为主。

⑥ 充分认识结构试验技术在建筑混凝土结构设计中的作用。借助结构试验可认识复杂结构的受力性能，验证已有的理论模型，检验构造措施的合理性。

⑦ 用发展的眼光进行学习。建筑混凝土结构在从其诞生至今的100多年内一直处在不断的发展过程中。各种新材料的应用以及混凝土和钢筋材料本身的改进，是结构设计发展的根本推动力。从线性到非线性、从侧重安全到全面侧重性能、从侧重使用阶段到侧重结构"生命"全过程的发展，丰富了结构设计理论。房屋与机械的结合、结构与现代控制理论和技术的结合、结构与网络技术等的结合为建筑混凝土结构带来了广阔的发展空间。用发展的眼光进行学习，可以不断更新、丰富自己的知识。

⑧ 注意理论联系实际。积累一定的感性认识，进行一定量的设计训练对学习本课程十分有益。

知识归纳

1.建筑混凝土结构主要组成构件有:楼板、楼梯、梁、柱、墙、墙下基础、柱下基础。

2.建筑混凝土结构的设计主要分准备工作、确定结构方案、结构布置和结构设计计算简图的确定以及结构分析和设计计算四个步骤,最终形成包含结构设计说明、结构设计计算书和结构设计图纸等内容的设计成果。

3.常用的混凝土结构分析方法包括线弹性分析方法、塑性内力重分布分析方法、塑性极限分析方法、非线性分析方法和试验分析方法。

独立思考

1-1　建筑混凝土结构的形式有哪些?

1-2　建筑混凝土结构是如何组成的?

1-3　建筑混凝土结构的设计步骤是怎样的?

1-4　混凝土结构的分析方法有哪些?

1-5　结构设计的成果主要有哪些?

1-6　如何理解构造设计?

参考文献

[1] 余志武,袁锦根.混凝土结构与砌体结构设计.3 版.北京:中国铁道出版社,2013.

[2] 顾祥林.建筑混凝土结构设计.上海:同济大学出版社,2011.

[3] 何益斌.建筑结构.北京:中国建筑工业出版社,2005.

[4] 中华人民共和国住房和城乡建设部,中华人民共和国国家质量监督检验检疫总局.GB 50010—2010 混凝土结构设计规范.北京:中国建筑工业出版社,2011.

2

基于概率的混凝土结构极限状态设计法

课前导读

▽ 内容提要

　　本章主要内容包括：混凝土结构极限状态，基于概率的极限状态设计法，以及基于可靠度的极限状态设计实用表达式。基于可靠度的极限状态设计实用表达式为本章重点。

▽ 能力要求

　　通过本章教学，学生应了解混凝土结构极限状态和基于概率的极限状态设计法的基本理念，熟悉基于可靠度的极限状态设计实用表达式以及极限状态设计时材料强度的取值。

▽ 数字资源

5分钟看完本章

2.1 引　　言 >>>

我国现行的建筑结构设计方法是以概率理论为基础的极限状态设计方法,以可靠指标度量结构构件的可靠度,以分项系数的设计表达式进行设计。因此,本章内容围绕结构设计的总目标,对结构的功能要求,结构的极限状态,结构上的作用的标准值、各种作用的效应与结构的抗力,以及满足结构设计可靠度要求的材料强度分项系数及荷载分项系数等,均提出了明确的要求,最终使读者明确以概率理论为基础的各种极限状态表达方法,并以此作为结构设计的依据。

2.2 极 限 状 态 >>>

2.2.1 结构上的作用、作用效应和结构抗力

（1）结构上的作用

使结构产生内力或变形的原因称为"作用",分直接作用和间接作用两种。

① 直接作用:荷载。

② 间接作用:混凝土的收缩、温度变化、基础的差异沉降、地震等。间接作用不仅与外界因素有关,还与结构本身的特性有关。例如,地震对结构的作用,不仅与地震加速度有关,还与结构自身的动力特性有关,所以不能把地震作用称为"地震荷载"。

（2）作用效应

结构上的作用使结构产生的内力(如弯矩、剪力、轴向力、扭矩等)、变形、裂缝等统称为作用效应或荷载效应。作用与作用效应之间通常按某种关系[式(2-1)]相联系。

$$S = C \cdot Q \tag{2-1}$$

式中　S——作用效应;

　　　C——作用效应系数;

　　　Q——作用。

（3）荷载的分类

按作用时间的长短和性质,作用可分永久作用、可变作用和偶然作用为三类。

① 永久作用在结构设计使用期间,其值不随时间而变化,或其变化与平均值相比可以忽略不计,或其变化是单调的并能趋于限值的作用,如结构的自身重力、土压力、预应力等荷载。

② 可变作用在结构设计使用期内,其值随时间而变化,此变化与平均值相比不可忽略的作用,如楼面活荷载、吊车荷载、风荷载、雪荷载等。

③ 偶然作用在结构设计使用期内不一定出现,一旦出现,其值很大且持续时间很短的荷载。如地震作用、爆炸力、撞击力等。

（4）作用的标准值

具有一定概率(一般为95%)的最大作用值称为作用标准值。作用标准值是作用的基本代表值。对于结构自重,可以根据结构的设计尺寸和材料的重力密度确定;可变作用标准值由设计使用年限内最大作用概率分布的某个分位值确定。

2.2.2 结构的功能要求

（1）结构的安全等级

房屋建筑结构的安全等级，应根据结构破坏可能产生后果的严重性按表 2-1 划分。

表 2-1　　　　　　　　　　　　　　　　**房屋建筑结构的安全等级**

安全等级	破坏后果	示例
一级	很严重：对人的生命、经济、社会或环境影响很大	大型的公共建筑等
二级	严重：对人的生命、经济、社会或环境影响较大	普通的住宅、办公楼等
三级	不严重：对人的生命、经济、社会或环境影响较小	小型的或临时性贮存建筑等

注：房屋建筑结构抗震设计中的甲类建筑和乙类建筑，其安全等级宜规定为一级；丙类建筑，其安全等级宜规定为二级；丁类建筑，其安全等级宜规定为三级。

（2）结构的设计使用年限

结构的设计使用年限，是指设计规定的结构或结构构件不需进行大修即可按其预定目的使用的年限。房屋建筑结构的设计基准期为 50 年，房屋建筑结构的设计使用年限应按表 2-2 采用。

表 2-2　　　　　　　　　　　　　　　　**房屋建筑结构的设计使用年限**

类别	设计使用年限/年	示例
1	5	临时性建筑结构
2	25	易于替换的结构构件
3	50	普通房屋和构筑物
4	100	标志性建筑和特别重要的建筑结构

注：结构的设计使用年限虽与其使用寿命有关系，但不等同。超过设计使用年限的结构并不是不能使用，而是指它的可靠度降低了。

（3）建筑结构的功能

设计的结构和结构构件在规定的设计使用年限内，于正常维护条件下，应能保持其使用功能，而不需进行大修加固。建筑结构应该满足的功能要求可概括为：

① 安全性。建筑结构应能承受正常施工和正常使用时可能出现的各种荷载和变形，在偶然事件（如地震、爆炸等）发生时和发生后保持必需的整体稳定性，不致发生倒塌。

② 适用性。结构在正常使用过程中应具有良好的工作性。例如，不产生影响使用的过大变形或振幅，不产生足以让使用者感到不安的过宽裂缝等。

③ 耐久性。结构在正常维护条件下应具有足够的耐久性，能完好使用到设计规定的年限，即设计使用年限。例如，混凝土不发生严重风化、腐蚀、脱落，钢筋不发生锈蚀等。

2.2.3 结构功能的极限状态

能完成预定的各项功能时，结构处于有效状态；反之，则处于失效状态。有效状态和失效状态的分界，称为极限状态，是结构开始失效的标志。极限状态可分为承载能力极限状态和正常使用极限状态两类。

（1）承载能力极限状态

结构或构件达到最大承载能力或者达到不适于继续承载的变形状态，称为承载能力极限状态。超过承载能力极限状态后，结构或构件就不能满足安全性的要求。例如：材料强度不够而破坏，因疲劳而破坏，产生过大的塑性变形而不能继续承载，结构或构件丧失稳定性，结构转变为机动体系。

（2）正常使用极限状态

结构或构件达到正常使用或耐久性能中某项规定限度的状态称为正常使用极限状态。超过了正常使用极限状态,结构或构件就不能保证达到适用性和耐久性的功能要求。例如,结构或构件出现影响正常使用的过大变形、过宽裂缝、局部损坏和振动。结构或构件按承载能力极限状态进行计算后,还应该按正常使用极限状态进行验算。

2.2.4　极限状态方程

（1）承载能力极限状态函数

结构的极限状态可以用极限状态函数来表达。承载能力极限状态函数可表示为:

$$Z=R-S \tag{2-2}$$

式中　S——荷载效应,代表由各种荷载分别产生的荷载效应的总和;

　　　R——结构构件抗力。

（2）结构状态

根据 S、R 取值的不同,Z 值可能出现三种情况:

$Z=R-S>0$ 时,结构处于可靠状态;

$Z=R-S=0$ 时,结构处于极限状态;

$Z=R-S<0$ 时,结构处于失效状态。

（3）功能函数

结构设计中需经常考虑的不仅是结构的承载能力,多数场合还需考虑结构对变形或开裂等的抵抗能力,也就是说要考虑结构的适用性和耐久性的要求。由此,上述的极限状态方程可推广为:

$$Z=g(x_1,x_2,\cdots,x_n) \tag{2-3}$$

式中　$g(\cdot)$——函数记号,在这里称为功能函数。$g(\cdot)$ 由所研究的结构功能而确定,可以是承载能力,也可以是变形或裂缝宽度等。

　　　$x_1,x_2,\cdots,x_n$——影响该结构功能的各种荷载效应以及材料强度、构件的几何尺寸等。

2.3　基于概率的极限状态设计法　>>>

2.3.1　结构的可靠度

结构在规定的时间内、规定的条件(规定时间是指结构的设计使用年限;规定条件是指正常设计、正常施工、正常使用和维护的条件,不包括非正常的,如人为的错误等)下,完成预定功能的能力称为结构的可靠性。

结构的可靠度是结构可靠性的概率度量,即结构在设计工作寿命内,于正常条件下,完成预定功能的概率。因此,结构的可靠度是用可靠概率 P_s 来描述的。

2.3.2　可靠指标与失效概率

（1）结构的失效概率

结构在规定的时间和条件下不能完成预定功能的概率 P_f 称为失效概率。

$$P_s+P_f=1 \tag{2-4}$$

（2）失效概率 P_f 的计算方法

① S 和 R 的概率密度曲线。

设构件的荷载效应 S、抗力 R 都是服从正态分布的随机变量且两者为线性关系。S、R 的平均值分别为 μ_S、μ_R,标准差分别为 σ_S、σ_R,S 和 R 的概率密度曲线如图 2-1 所示。

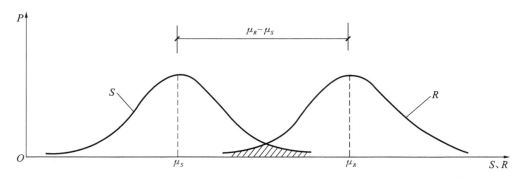

图 2-1 S、R 的概率密度分布曲线

　　按照结构设计的要求,显然,μ_R 应该大于 μ_S。从图 2-1 中的概率密度曲线可以看到,在多数情况下,结构构件的抗力 R 大于荷载效应 S。但是,由于离散性,在 S、R 的概率密度曲线的重叠区(图 2-1 中阴影部分),仍有可能出现结构构件的抗力 R 小于荷载效应 S 的情况。重叠区的大小与 μ_S、μ_R 以及 σ_S、σ_R 有关。所以,加大平均值之差($\mu_R - \mu_S$),减小标准差 σ_S 和 σ_R 可以使重叠的范围减小,失效概率降低。

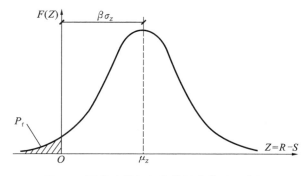

图 2-2 可靠度指标与失效概率关系示意图

　　② Z 的概率密度分布曲线。

　　同前,若令 $Z=R-S$,Z 也应该是服从正态分布的随机变量。Z 的概率密度分布曲线如图 2-2 所示。图中的阴影部分表示出现 $Z<0$ 事件的概率,也就是构件失效的概率 P_f,计算失效概率 P_f 比较麻烦,故改用一种可靠度指标的计算方法。

　　③ 可靠度指标 β。

　　从图 2-2 中可以看到,阴影部分的面积与 μ_Z 和 σ_Z 的大小有关:增大 μ_Z,曲线右移,阴影部分的面积将减小;减小 σ_Z,曲线变得高而窄,阴影部分的面积也将减小。

如果将曲线对称轴至纵轴的距离表示成 σ_Z 的倍数,取

$$\mu_Z = \beta \sigma_Z \tag{2-5}$$

则

$$\beta = \frac{\mu_Z}{\sigma_Z} = \frac{\mu_R - \mu_S}{\sqrt{\sigma_R^2 + \sigma_S^2}} \tag{2-6}$$

　　可以看出,β 大,则失效概率 P_f 小。所以,β 和失效概率 P_f 一样,可作为衡量结构可靠性的一个指标,称为可靠度指标。

　　④ β 与失效概率 P_f 的对应关系。

$$P_f = P(Z<0) = P\left(\frac{Z-\mu_Z}{\sigma_Z} < \frac{0-\mu_Z}{\sigma_Z}\right) = \Phi\left(-\frac{\mu_Z}{\sigma_Z}\right) = \Phi(-\beta) \tag{2-7}$$

式中　Φ——($\cdot$)标准正态分布的反函数。

　　表 2-3 列出了可靠度指标 β 与失效概率 P_f 的对应关系。

表 2-3　　　　　　　　　　　　　　**可靠度指标 β 与失效概率 P_f 的对应关系**

β	P_f	β	P_f	β	P_f
1.0	1.59×10^{-1}	2.7	3.47×10^{-3}	3.7	1.08×10^{-5}
1.5	6.68×10^{-2}	3.0	1.35×10^{-3}	4.0	3.17×10^{-5}
2.0	2.28×10^{-2}	3.2	6.87×10^{-4}	4.2	1.33×10^{-6}
2.5	6.21×10^{-3}	3.5	2.33×10^{-4}	4.5	3.40×10^{-6}

　　(3) 目标可靠度指标 $[\beta]$

　　《建筑结构可靠度设计统一标准》(GB 50068—2001)根据结构的安全等级和破坏类型,规定了按承载能

力极限状态设计时的目标可靠度指标[β],见表2-4。

表2-4　　　　　　　　　　结构构件承载能力极限状态下的目标可靠度指标为[β]

破坏类型	安全等级		
	一级	二级	三级
延性破坏	3.7	3.2	2.7
脆性破坏	4.2	3.7	3.2

结构和结构构件的破坏类型分为延性破坏和脆性破坏两类。延性破坏有明显的预兆,可及时采取补救措施,所以目标可靠度指标可定得稍低些。脆性破坏常常是突发性破坏,破坏前没有明显的预兆,所以目标可靠度指标就应该定得高一些。

利用可靠度指标 β 进行结构设计和可靠度校核,可以较全面地考虑可靠度影响因素的客观变异性,使结构满足预期的可靠度要求。

2.4　基于可靠度的实用设计表达式　》》》

直接用可靠度指标进行结构设计需要大量的统计数据,比较复杂。对一般的建筑结构也无此必要,通常采用以荷载和材料强度的标准值以及相应的分项系数与组合系数来表达的实用设计表达式。分项系数是按照可靠度指标 β 并结合工程经验确定的,它使得按实用设计表达式设计的结构和按式(2-7)设计的结构具有相同或相近的可靠性。

2.4.1　承载能力极限状态设计表达式

对于承载能力极限状态,应按荷载的基本组合、偶然组合或地震组合计算作用组合的效应设计值,并应采用下列设计表达式进行设计:

$$\gamma_0 S_d \leqslant R_d \tag{2-8}$$

式中　γ_0——结构重要性系数,不应小于表2-5的规定;

　　　S_d——作用组合的效应设计值;

　　　R_d——结构构件抗力的设计值。

表2-5　　　　　　　　　　房屋建筑的结构重要性系数 γ_0

结构重要性系数	对持久设计状况和短暂设计状况			对偶然设计状况和地震设计状况
	安全等级			
	一级	二级	三级	
γ_0	1.1	1.0	0.9	1.0

(1)基本组合的效应设计值 S_d

对持久设计状况和短暂设计状况,应采用作用的基本组合。基本组合的效应设计值 S_d 应按式(2-9)和式(2-10)中最不利值确定:

$$S_d = S\left(\sum_{i \geqslant 1} \gamma_{G_i} G_{ik} + \gamma_P P + \gamma_{Q_1} \gamma_{L1} Q_{1k} + \sum_{j>1} \gamma_{Q_j} \psi_{cj} \gamma_{Lj} Q_{jk} \right) \tag{2-9}$$

$$S_d = S\left(\sum_{i \geqslant 1} \gamma_{G_i} G_{ik} + \gamma_P P + \gamma_L \sum_{j \geqslant 1} \gamma_{Q_j} \psi_{cj} Q_{jk} \right) \tag{2-10}$$

式中　$S(\cdot)$——作用组合的效应函数;

　　　G_{ik}——第 i 个永久作用的标准值;

　　　P——预应力作用的有关代表值;

Q_{1k}——第 1 个可变作用(主导可变作用)的标准值;

Q_{jk}——第 j 个可变作用的标准值;

γ_{G_i}——第 i 个永久作用的分项系数;

γ_P——预应力作用的分项系数;

γ_{Q_1}——第 1 个可变作用(主导可变作用)的分项系数;

γ_{Q_j}——第 j 个可变作用的分项系数;

γ_{L1},γ_{Lj}——第 1 个和第 j 个考虑结构设计使用年限的荷载调整系数,应按有关规定采用,对设计使用年限与设计基准期相同的结构,应限 $\gamma_L=1.0$;

ψ_{cj}——第 j 个可变作用的组合值系数,应按有关规范的规定采用。

注:在作用组合的效应函数 $S(\cdot)$ 中,符号"$\sum$"和"$+$"均表示组合,即同时考虑所有对结构的共同影响,而不表示代数相加。

当作用与作用效应按线性关系考虑时,基本组合的效应设计值 S_d 应按式(2-11)和式(2-12)中最不利值确定:

$$S_d = \sum_{i\geqslant 1}\gamma_{G_i}S_{G_{ik}} + \gamma_P S_P + \gamma_{Q_1}\gamma_{L1}S_{Q_{1k}} + \sum_{j>1}\gamma_{Q_j}\psi_{cj}\gamma_{Lj}S_{Q_{jk}} \tag{2-11}$$

$$S_d = \sum_{i\geqslant 1}\gamma_{G_i}S_{G_{ik}} + \gamma_P S_P + \gamma_L\sum_{j\geqslant 1}\gamma_{Q_j}\psi_{cj}S_{Q_{jk}} \tag{2-12}$$

式中 $S_{G_{ik}}$——第 i 个永久作用标准值的效应;

S_P——预应力作用有关代表值的效应;

$S_{Q_{1k}}$——第 1 个可变作用(主导可变作用)标准值的效应;

$S_{Q_{jk}}$——第 j 个可变作用标准值的效应。

(2)偶然组合的效应设计值 S_d

对于偶然设计状况,应采用作用的偶然组合。偶然组合的效应设计值可按下式确定:

$$S_d = S\left[\sum_{j>1}G_{ik} + P + A_d + (\psi_{f1}\text{ 或 }\psi_{q1})Q_{1k} + \sum_{j>1}\psi_{qj}Q_{jk}\right] \tag{2-13}$$

式中 A_d——偶然作用的设计值;

ψ_{f1}——第 1 个可变作用的频遇值系数,应按有关规范的规定采用;

ψ_{q1},ψ_{qj}——第 1 个和第 j 个可变作用的准永久值系数,应按有关规范的规定采用。

当作用与作用效应按线性关系考虑时,偶然组合的效应设计值可按下式计算:

$$S_d = \sum_{i\geqslant 1}S_{G_{ik}} + S_P + S_{A_d} + (\psi_{f1}\text{ 或 }\psi_{q1})S_{G_{1k}} + \sum_{j>1}\psi_{qj}S_{G_{jk}} \tag{2-14}$$

式中 S_{A_d}——偶然作用设计值的效应。

(3)地震组合的效应设计值 S_d

对地震设计状况,应采用作用的地震组合。地震组合的效应设计值,宜根据重现期为 475 年的地震作用(基本烈度)确定,其效应设计值宜按下式确定:

$$S_d = S\left(\sum_{i\geqslant 1}G_{ik} + P + \gamma_I A_{Ek} + \sum_{j\geqslant 1}\psi_{qj}Q_{jk}\right) \tag{2-15}$$

式中 γ_I——地震作用重要性系数,应按有关的抗震设计规范的规定采用;

A_{Ek}——根据重现期为 475 年的地震作用(基本烈度)确定的地震作用的标准值。

当作用与作用效应按线性关系考虑时,地震组合效应设计值可按下式计算:

$$S_d = \sum_{i\geqslant 1}S_{G_{ik}} + S_P + \gamma_I S_{A_{Ek}} + \sum_{j}\psi_{qj}S_{Q_{jk}} \tag{2-16}$$

式中 $S_{A_{Ek}}$——地震作用标准值的效应。

注:当按线弹性分析计算地震作用效应时,应将计算结果除以结构性能系数以考虑结构延性的影响,结构性能系数应按有关的抗震设计规范的规定采用。

地震组合的效应设计值,也可根据重现期大于或小于 475 年的地震作用确定,其效应设计值应符合有关的抗震设计规范的规定。

2.4.2 正常使用极限状态设计表达式

对于正常使用极限状态,应根据不同的设计要求,采用作用的标准组合、频遇组合或准永久组合。标准组合宜用于不可逆正常使用极限状态;频遇组合宜用于可逆正常使用极限状态;准永久组合宜用在当长期效应是决定性因素时的正常使用极限状态,并应按下列设计表达式进行设计:

$$S_d \leqslant C \tag{2-17}$$

式中 S_d——作用组合的效应(如变形、裂缝等)设计值;

       C——结构或结构构件达到正常使用要求的规定限值,如变形、裂缝、振幅、加速度、应力等的限值,应按各有关建筑结构设计规范的规定采用。

(1) 标准组合的效应设计值 S_d

作用标准组合是指正常使用极限状态计算时采用标准值或组合值为作用代表值的组合,应按下式进行计算:

$$S_d = S\left(\sum_{i \geqslant 1} G_{ik} + P + Q_{1k} + \sum_{j>1} \psi_{cj} Q_{jk}\right) \tag{2-18}$$

当作用与作用效应按线性关系考虑时,标准组合的效应设计值可按下式计算:

$$S_d = \sum_{i \geqslant 1} S_{G_{ik}} + S_P + S_{Q_{1k}} + \sum_{j>1} \psi_{cj} S_{Q_{jk}} \tag{2-19}$$

(2) 频遇组合的效应设计值 S_d

作用频遇组合是指正常使用极限状态计算时对可变作用采用频遇值或准永久值为作用代表值的组合,应按下式进行计算:

$$S_d = S\left(\sum_{i \geqslant 1} G_{ik} + P + \psi_{f1} Q_{1k} + \sum_{j>1} \psi_{qj} Q_{jk}\right) \tag{2-20}$$

当作用与作用效应按线性关系考虑时,频遇组合的效应设计值可按下式计算:

$$S_d = \sum_{i \geqslant 1} S_{G_{ik}} + S_P + \psi_{f1} S_{Q_{1k}} + \sum_{j>1} \psi_{qj} S_{Q_{jk}} \tag{2-21}$$

(3) 准永久组合的效应设计值 S_d

作用准永久组合是指正常使用极限状态计算时对可变作用采用准永久值为作用代表值的组合,应按下式进行计算:

$$S_d = S\left(\sum_{i \geqslant 1} G_{ik} + P + \sum_{j \geqslant 1} \psi_{qj} Q_{jk}\right) \tag{2-22}$$

当作用与作用效应按线性关系考虑时,准永久组合的效应设计值可按下式计算:

$$S_d = \sum_{i \geqslant 1} S_{G_{ik}} + S_P + \sum_{j \geqslant 1} \psi_{qj} S_{Q_{jk}} \tag{2-23}$$

2.4.3 结构抗力设计值和材料分项系数

结构抗力的设计值 R_d 可按下式确定:

$$R_d = R(f_k/\gamma_M, a_d) = R(f_d, a_d) \tag{2-24}$$

式中 $R(\cdot)$——结构抗力计算式,应按各有关建筑结构设计规范的规定确定。

       f_k——材料性能的标准值。

       γ_M——材料性能的分项系数,其值按有关的结构设计标准的规定采用。

       f_d——材料性能的设计值,为材料性能的标准值与材料性能的分项系数的比值。

       a_d——几何参数的设计值,可采用几何参数的标准值 a_k。当几何参数的变异性对结构性能有明显影响时,几何参数的设计值可按下式确定:

$$a_d = a_k \pm \Delta_a \tag{2-25}$$

式中 Δ_a——几何参数的附加量。

（1）材料强度标准值和设计值

① 钢筋抗拉强度标准值。

对于钢材，国家标准中已规定了每一种钢材的废品限值。抽样检查中如发现某炉钢材的屈服强度达不到此限值，即作为废品处理。例如，HPB235（Q235）钢筋，其废品限值为 235 N/mm²。确定的这个废品限值大体能满足保证率为 97.73%，即平均值减去两倍的标准差。这一保证率已高于《建筑结构可靠度设计统一标准》（GB 50068—2001）规定的保证率 95% 的要求，因而《混凝土结构设计规范》（GB 50010—2010）中取国家冶金局标准规定的废品限值作为钢筋强度的标准值。

热轧钢筋抗拉强度标准值用 f_{yk} 表示，取等于国家标准颁布的屈服强度的废品限值；预应力钢绞线、钢丝和热处理钢筋的强度标准值用 f_{ptk} 表示，系根据极限抗拉强度确定（条件屈服点 $0.85\sigma_b$）。

② 混凝土立方体抗压强度标准值。

混凝土立方体抗压强度标准值用 $f_{cu,k}$ 表示。根据《建筑结构可靠度设计统一标准》（GB 50068—2001）规定的保证率 95% 的要求，混凝土强度标准值取平均值减 1.645 倍的标准差。

$$f_{cu,k} = \mu_{f_{cu}} - 1.645\sigma_{f_{cu}} \tag{2-26}$$

式中　$f_{cu,k}$——混凝土立方体抗压强度的平均值，N/mm²；

　　　$\mu_{f_{cu}}$——混凝土立方体抗压强度的平均值，N/mm²；

　　　$\sigma_{f_{cu}}$——混凝土立方体抗压强度的标准差。

《混凝土结构设计规范》（GB 50010—2010）中同时给出了钢筋和混凝土强度的标准值和设计值，详见表 2-6～表 2-9。

表 2-6　　　　　　　　　　混凝土轴心抗压、抗拉强度标准值　　　　　　　　　（单位：N/mm²）

强度种类	混凝土强度等级													
	C15	C20	C25	C30	C35	C40	C45	C50	C55	C60	C65	C70	C75	C80
f_{ck}	10.0	13.4	16.7	20.1	23.4	26.8	29.6	32.4	35.5	38.5	41.5	44.5	47.4	50.2
f_{tk}	1.27	1.54	1.78	2.01	2.20	2.39	2.51	2.64	2.74	2.85	2.93	2.99	3.05	3.11

表 2-7　　　　　　　　　　混凝土轴心抗压、抗拉强度设计值　　　　　　　　　（单位：N/mm²）

强度种类	混凝土强度等级													
	C15	C20	C25	C30	C35	C40	C45	C50	C55	C60	C65	C70	C75	C80
f_c	7.2	9.6	11.9	14.3	16.7	19.1	21.1	23.1	25.3	27.5	29.7	31.8	33.8	35.9
f_t	0.91	1.10	1.27	1.43	1.57	1.71	1.80	1.89	1.96	2.04	2.09	2.14	2.18	2.22

表 2-8　　　　　　　　　　　普通钢筋强度标准值、设计值　　　　　　　　　　（单位：N/mm²）

牌号	屈服强度标准值 f_{yk}	极限强度标准值 f_{stk}	抗拉强度设计值 f_y	抗压强度设计值 f'_y
HPB300	300	420	270	270
HRB335、HRBF335	335	455	300	300
HRB400、HRBF400、RRB400	400	540	360	360
HRB500、HRBF500	500	630	435	410

表 2-9　　　　　　　　　　　预应力钢筋强度标准值、设计值　　　　　　　　　　（单位：N/mm²）

种类	极限强度标准值 f_{ptk}	抗拉强度设计值 f_{py}	抗压强度设计值 f'_{py}
中强度预应力钢丝	800	510	410
	970	650	
	1270	810	

续表

种类	极限强度标准值 f_{ptk}	抗拉强度设计值 f_{py}	抗压强度设计值 f'_{py}
消除应力钢丝	1470	1040	410
	1570	1110	
	1860	1320	
钢绞线	1570	1110	390
	1720	1220	
	1860	1320	
	1960	1390	
预应力螺纹钢筋	980	650	410
	1080	770	
	1230	900	

（2）材料分项系数

对承载能力极限状态，材料性能的分项系数取值：钢筋强度的分项系数 γ_s 根据钢筋种类不同，取值为 1.1～1.5；混凝土强度的分项系数 γ_c 规定为 1.4。

对正常使用极限状态，材料性能的分项系数 γ_M，除各种材料的结构设计规范有专门规定外，均应取为 1.0。

2.4.4　作用的设计值和作用分项系数

作用的设计值 F_d 可按下列规定确定：

$$F_d = \gamma_F F_r \tag{2-27}$$

式中　F_r——作用的代表值。

　　　γ_F——作用的分项系数。对于房屋建筑结构作用的分项系数，应按表 2-10 采用。

表 2-10　　　　　　　　　　　**房屋建筑结构作用的分项系数**

适用情况 作用分项系数	当作用效应对承载力不利时		当作用效应对 承载力有利时
	对式（2-9）和式（2-11）	对式（2-10）和式（2-12）	
γ_G	1.2	1.35	≤1.0
γ_P	1.2		1.0
γ_Q	1.4		0

可变作用考虑设计使用年限的调整系数应按下列规定采用：楼面和屋面活荷载考虑设计使用年限的调整系数应按表 2-11 采用。对雪荷载和风荷载，应取重现期为设计使用年限，按有关规范的规定采用。

表 2-11　　　　　　　　**房屋建筑考虑结构设计使用年限的荷载调整系数 γ_L**

结构的设计使用年限/年	γ_L
5	0.9
50	1.0
100	1.1

注：对设计使用年限为 25 年的结构构件，γ_L 应按各种材料结构设计规范的规定采用。

知识归纳

1. 使结构产生内力或变形的原因称为"作用";结构上的作用使结构产生的内力(如弯矩、剪力、轴向力、扭矩等)、变形、裂缝等统称为作用效应或荷载效应。

2. 结构功能的极限状态通常可分为承载能力极限状态和正常使用极限状态。

3. 结构在规定的时间内、规定的条件(规定时间是指结构的设计使用年限;规定条件是指正常设计、正常施工、正常使用和维护的条件,不包括非正常的,如人为的错误等)下,完成预定功能的能力称为结构的可靠性;结构的可靠度是结构可靠性的概率度量,即结构在设计工作寿命内,于正常条件下,完成预定功能的概率。

4. 基于可靠度的极限状态设计实用表达式:对于承载能力极限状态,应按作用的基本组合、偶然组合或地震组合计算作用组合的效应设计值;对于正常使用极限状态,应根据不同的设计要求,采用作用的标准组合、频遇组合或准永久组合计算作用组合的效应设计值。

5. 材料性能的设计值＝材料性能的标准值/材料性能的分项系数。

独立思考

2-1 如何理解作用与荷载的关系?

2-2 按作用时间的长短和性质,荷载可分为哪几类?

2-3 什么是结构的可靠度? 极限状态分为哪几类?

2-4 如何理解基于概率的极限状态设计法与实用的结构设计表达式间的关系?

2-5 基于可靠度的极限状态设计实用表达式中,对于承载能力极限状态和正常使用极限状态分别采用哪些作用组合计算作用效应?

参考文献

[1] 顾祥林.建筑混凝土结构设计.上海:同济大学出版社,2011.

[2] 余志武,袁锦根.混凝土结构与砌体结构设计.3版.北京:中国铁道出版社,2013.

[3] 中华人民共和国建设部,国家质量监督检验检疫总局.GB 50068—2001 建筑结构可靠度设计统一标准.北京:中国建筑工业出版社,2002.

[4] 中华人民共和国住房和城乡建设部,中华人民共和国国家质量监督检验检疫总局.GB 50010—2010 混凝土结构设计规范.北京:中国建筑工业出版社,2011.

[5] 中华人民共和国住房和城乡建设部,中华人民共和国国家质量监督检验检疫总局.GB 50009—2012 建筑结构荷载规范.北京:中国建筑工业出版社,2012.

3

混凝土楼盖

课前导读

▽ 内容提要

本章主要内容包括：现浇混凝土单向板肋梁楼盖、双向板肋梁楼盖、无梁楼盖、空心楼盖和装配式混凝土楼盖及楼梯等水平受力体系的受力特征、结构布置原则、设计计算方法和构造要求。

▽ 能力要求

通过本章教学，学生应了解楼盖的类型特点，楼盖设计的内容、步骤和原则，装配式楼盖、无梁楼盖、空心楼盖的设计方法和构造措施；掌握单向板肋梁楼盖和双向板肋梁楼盖的设计方法与构造措施，楼梯和雨篷的计算与构造措施。

▽ 数字资源

5分钟看完本章

3.1 概 述 >>>

楼盖是建筑结构的重要组成部分,起到把楼盖上的竖向荷载传给竖向结构、把水平荷载传给竖向结构或分配给竖向结构、是竖向构件的水平联系和支承构件的作用。它对保证建筑物的承载力、刚度、耐久性以及抗风、抗震性能具有重要的作用。

混凝土楼盖是一种常用的楼盖结构,由梁、板组成,是一种水平承重体系,属于受弯构件。对于 6～12 层的框架结构,楼盖用钢量占全部用钢量的 50% 左右;对于混合结构,其用钢量主要集中在楼盖中;对于高层建筑结构,楼盖的自重占总自重的 50%～60%。因此,选择适当的楼盖形式并合理地进行设计,对达到建筑结构设计"安全、可靠、经济、适用、美观"的基本目的具有非常重要的意义。

3.1.1 楼盖的分类

3.1.1.1 按施工方法分类

混凝土楼盖按施工方法可分为现浇整体式楼盖、装配式楼盖和装配整体式楼盖 3 种类型。

(1) 现浇整体式楼盖

现浇整体式楼盖具有整体刚性好、抗震性能强、防水性能好及适用于特殊布局的楼盖等优点,因而被广泛应用于多层工业厂房、平面布置复杂的楼面、公共建筑的门厅部分、有振动荷载作用的楼面、高层建筑楼面及有抗震要求的楼面。其缺点是模板用料多、施工湿作业量大、施工速度慢。

(2) 装配式楼盖

装配式楼盖由预制梁、板组成,具有施工速度快、便于工业化生产和机械化施工、节省劳动力和材料等优点,在多层房屋中得到了广泛应用。但是,这种楼盖整体性、抗震性和防水性均较差,楼面开孔困难,因此其应用范围受到较大限制。

(3) 装配整体式楼盖

装配整体式楼盖,是将各种预制构件(包括梁和板)在吊装就位后,通过一定的措施使之成为整体的一种楼盖形式。目前常用的整体措施有:板面作配筋现浇层、叠合梁以及各种焊接连接等。装配整体式楼盖集现浇楼盖与装配式楼盖的优点于一体,与现浇楼盖相比,其可减少支模及混凝土施工湿作业量;与装配式楼盖相比,其整体性及抗震性能均大大提高。故对于某些荷载较大的多层工业建筑、高层建筑以及有抗震设防要求的建筑,可采用这种楼盖。这种楼盖的缺点是要进行两次混凝土浇灌,焊接工作量会增加,影响施工进度。

3.1.1.2 按结构形式分类

混凝土楼盖按结构形式可分为有梁楼盖和无梁楼盖等(图 3-1)。有梁楼盖又可分为单向板肋梁楼盖、双向板肋梁楼盖、井式楼盖和密肋楼盖。

(1) 单向板肋梁楼盖和双向板肋梁楼盖

在单向板肋梁楼盖和双向板肋梁楼盖中,板的四周可支承在梁或砖墙上。当板的长边与短边的比值较大时,板上荷载主要沿短边方向传递到支承构件上,而沿长边方向传递的荷载很少,可以忽略不计。为了简化计算,把这种板作为单向板计算,由其组成的楼盖称为单向板肋梁楼盖。当板的长边与短边相差较小时,板上荷载将沿两个方向传递到相应的支承构件上,这种板称为双向板,由其组成的楼盖称为双向板肋梁楼盖。

肋梁楼盖是一种最普遍的现浇结构,既可用于房屋建筑的楼面和屋面,又常用于房屋的片筏基础和蓄水池等结构。

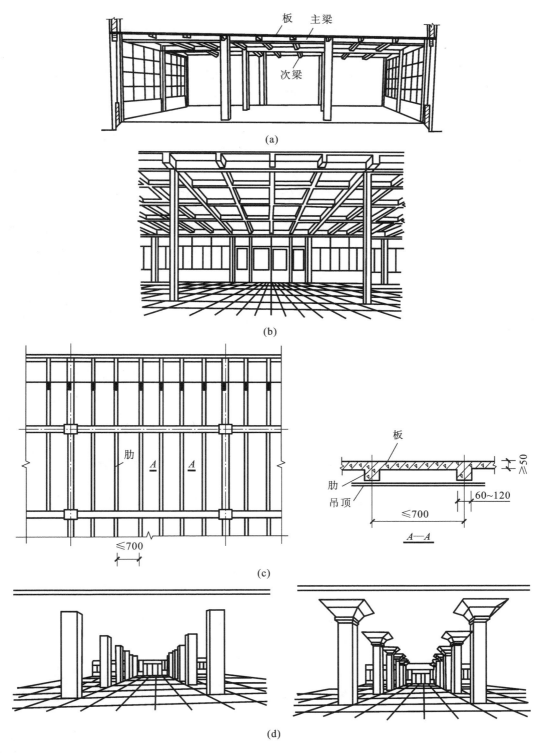

图 3-1 楼盖的主要结构形式

(a)肋梁楼盖;(b)井式楼盖;(c)密肋楼盖;(d)无梁楼盖

（2）井式楼盖

井式楼盖是一种特殊的肋梁楼盖,其主要特点是两个方向的梁高相等,且同位相交。井式楼盖的梁布置成井字形,两个方向的梁不分主次,共同直接承担板传来的荷载,板为双向板。

井式楼盖的跨度较大,某些公共建筑门厅及要求设置多功能大空间的大厅,常采用井式楼盖。例如,北京政协礼堂采用的就是井式楼盖,其跨度为 28.5 m×28.5 m。

（3）密肋楼盖

密肋楼盖与单向板肋梁楼盖的受力特点相似，肋相当于次梁，但间距密，一般为0.9～1.5 m，因此称为密肋楼盖。

密肋楼盖多用于跨度大而梁高受到限制的情况。简体结构的角区楼板往往采用双向密肋楼盖。现浇非预应力混凝土密肋板跨度一般不大于9 m，预应力混凝土密肋板跨度可达12 m。

（4）无梁楼盖

无梁楼盖是将混凝土板直接支承在混凝土柱上，不设置主梁和次梁。无梁楼盖是一种双向受力楼盖，其板面荷载由板通过柱直接传给基础。无梁楼盖的特点是结构传力简捷，由于无梁，故扩大了楼层净空或降低了结构高度，底面平整，模板简单，施工方便。

无梁楼盖按有无柱帽可分为无柱帽无梁楼盖和有柱帽无梁楼盖；按施工程序可分为现浇式无梁楼盖和装配整体式无梁楼盖。目前，在书库、冷库、商业建筑及地下车库的楼盖中应用较多。

由于楼盖结构是建筑结构的主要组成部分，我国在混凝土楼盖结构和施工方面进行了很多研究和尝试，一些新结构和新技术不断涌现，使楼盖形式多样化，如叠合楼盖、双向受力楼盖、预应力混凝土楼盖、空心楼盖的广泛应用，取得了良好的社会与经济效益。

3.1.2 楼盖设计的基本内容

楼盖设计的基本内容一般包括以下几个方面：
① 根据建筑平面和墙体布置，确定柱网和梁系尺寸。
② 建立计算简图。
③ 根据不同的楼盖类型，选择合理的计算方法分析梁板内力。
④ 进行板的截面设计，并按构造要求绘制板的配筋图。
⑤ 进行梁的截面设计，并按构造要求绘制梁的配筋图。

3.2 现浇单向板肋梁楼盖 >>>

3.2.1 单向板肋梁楼盖按弹性理论计算

3.2.1.1 计算简图

单向板肋梁楼盖弹性理论的计算方法是将混凝土梁、板视为理想弹性体，按结构力学方法计算内力。

在内力分析之前，应按照尽可能符合结构实际受力情况和简化计算的原则，确定结构构件的计算简图，其内容包括支承条件的简化、杆件的简化和荷载的简化。

（1）支承条件的简化

如图 3-2 所示的混合结构，楼盖四周为砖墙承重，梁（板）的支承条件比较明确，可按铰支（或简支）考虑。但是，对于与柱现浇整体的肋梁楼盖，梁（板）的支承条件与梁柱的线刚度比有关。

对于支撑在混凝土柱上的主梁，其支承条件应根据梁柱的线刚度比确定。计算表明，如果主梁与柱的线刚度比不小于 3，则主梁可视为铰支于柱上的连续梁，否则梁柱将形成框架结构，主梁应按框架横梁计算。

单向板
肋梁楼盖图

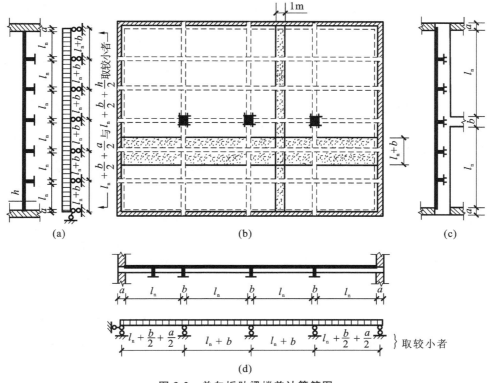

图 3-2 单向板肋梁楼盖计算简图

对于支撑在次梁上的板或支撑在主梁上的次梁,可忽略次梁和主梁的弯曲变形的影响,且不考虑支撑于节点处的刚性,将其支座视为不动铰支座,按连续板或连续梁计算。由此引起的误差将在计算荷载和内力时适当调整。

(2) 杆件的简化

杆件的简化包括梁、板的计算跨度和跨数的简化。梁和板的计算跨度 l_n 是指构件在计算内力时所采用的跨度及计算简图中支座反力间的距离,其值与支承条件、支承长度 a 和构件的抗弯刚度等因素有关。对于单跨梁板和多跨连续梁板,当其内力按弹性理论计算时,在不同支承条件下的计算跨度按表 3-1 取用。

表 3-1　　　　　　　　　　　　　　连续梁、板的计算跨度 l_n

支承情况	按弹性理论计算		按塑性理论计算	
	梁	板	梁	板
两端与梁(柱)整体连接	l_c	l_c	l_n	l_n
两端搁置在墙上	$1.05l_n \leq l_c$	$l_n+t \leq l_c$	$1.05l_n \leq l_c$	$l_n+t \leq l_c$
一端与梁整体连接,另一端搁置在墙上	$1.025l_n+b/2 \leq l_c$	$l_n+b/2+t/2 \leq l_c$	$1.025l_n \leq l_n+a/2$	$l_n+t/2 \leq l_c+a/2$

注:表中 l_c 为支座中心线间的距离,l_n 为净跨,t 为板的厚度,a 为板、梁在墙上的支承长度,b 为板、梁在梁或柱上的支承长度。

对于五跨和五跨以内的连续梁(板),跨数按实际考虑。对于五跨以上的等跨连续梁(板),由于两侧边跨对中间跨内力影响较小,一般仍按五跨连续梁(板)计算,即除每侧两跨外,所有中间跨均按第三跨计算。

当连续梁(板)各跨计算跨度不等,但相差不超过 10% 时,仍可近似按等跨连续梁(板)计算。

(3) 荷载的简化

作用在楼盖上的荷载分为永久荷载(恒载)和可变荷载(活荷载)。恒载是指梁、板结构自重,楼层构造层(地面、顶层)重量以及永久性设备重量。活荷载包括人群、设备和堆料等的重量。

恒载的标准值可按选用的构件尺寸、材料和结构构件的单位重确定,常用材料单位重可查《建筑结构荷载规范》(GB 50009—2012)(以下简称《荷载规范》),一般以均布荷载形式作用在构件上。民用建筑楼面上的均布活荷载可由《荷载规范》查得。工业建筑楼面在生产使用或检修、安装时,由设备、运输工具等引起的局部荷载或集中荷载,均应按实际情况考虑,也可用等效均布活荷载代替。

板上荷载通常取宽度为 1 m 的板带进行计算,如图 3-1 所示。因此,计算板带跨度方向单位长度上的荷载即为 1 m² 上的板面荷载。次梁除自重(包括构造层)外,还承受板传来的均布荷载。主梁除自重(包括构造层)外,还承受次梁传来的集中力。为简化计算,一般在确定板传给次梁的荷载、次梁传给主梁的荷载以及主梁传给柱(墙)的荷载时,均忽略结构的连续性而按简支梁计算。另外,由于主梁自重较次梁传递的集中力小得多,一般也折算为集中荷载。

需要指出的是,现行《荷载规范》中规定的楼面活荷载标准值是取其设计基准期内具有足够保证率的荷载值。实际上,活荷载的数值和作用位置都是变化的,整个楼面同时布满活荷载且均达到足够大的量值的可能性极小。因此,《荷载规范》中规定,设计板时,由于其负荷面积较小,有可能满载,故活荷载不折减;设计梁、柱、墙和基础时,若负荷面积大,满载及同时达到标准值的可能性小,故按《荷载规范》中有关要求将楼面活荷载乘以适当的折减系数。

(4)折算荷载

如前所述,在确定肋梁楼盖的计算简图时,假定其支座为铰支承,而实际工程中,板与次梁、次梁与主梁皆为整体连接,因此,这种简化实质上是忽略了次梁对板、主梁对次梁在支承处的转动约束作用。对于等跨连续板(梁),当活荷载沿各跨均为满布时,板(梁)在中间支座处产生的转角很小,故此简化是可行的。但当活荷载隔跨布置时,情况则不同。如图 3-3(a)所示,荷载作用下,当按理想铰支承简图计算时,板绕支座产生转角 θ。实际上,由于板与次梁整浇在一起,当板受荷载而发生弯曲转动时,将使支承它的次梁产生扭转,而次梁对此扭转的抵抗将部分阻止板的自由转动[图 3-3(b)],即此时板支座截面的实际转角 θ' 比理想铰支承时的转角 θ 小,其结果相当于降低了板的弯矩值。类似的情况也发生在次梁和主梁之间。

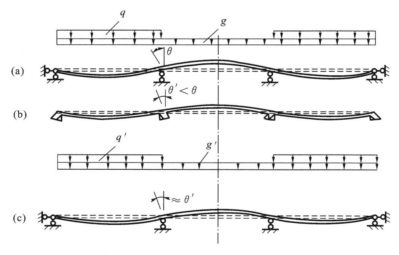

图 3-3 折算荷载

(a)理想铰支承时的变形;(b)支座弹性约束时的变形;(c)采用折算荷载时的变形

为了合理考虑这一有利影响,在设计中一般采用增大恒载而相应减小活荷载的办法来处理,即以折算荷载代替实际荷载[图 3-3(c)]。对于板和次梁,其折算荷载取值如下。

对于板:

$$g'=g+\frac{q}{2}, \quad q'=\frac{q}{2} \tag{3-1}$$

对于次梁:

$$g'=g+\frac{q}{4}, \quad q'=\frac{3}{4}q \tag{3-2}$$

式中 g'——折算恒载;

q'——折算活荷载;

g——实际恒载;

q——实际活荷载。

当板和次梁搁置在砖墙或钢梁上时,则不作此调整,应按实际荷载进行计算。对于主梁,计算时一般不考虑折算荷载。这是因为主梁与柱整体连接,当柱刚度较小时,柱对梁的约束作用很小,可以忽略其影响。若柱刚度较大,则应按框架计算结构内力。

3.2.1.2　荷载的最不利组合及内力包络图

图 3-4 所示为五跨连续梁在不同荷载布置情况下的弯矩图和剪力图。当荷载作用在不同跨间时,在各截面产生的内力不同。由于活荷载作用位置的可变性及各跨相遇的随机性,故在设计连续梁、板时,存在如何将恒载和活荷载合理组合起来,使某一指定截面的内力最不利的问题,这就是荷载的最不利组合问题。

通过分析图 3-4(b)~(f)中梁上弯矩和剪力图的变化规律及其不同组合后的效果,不难得出确定截面最不利活荷载布置的下列原理:

① 求某跨跨中最大正弯矩时,应在该跨布置活荷载,然后向其左右每隔一跨布置活荷载。

② 求某跨跨中最大负弯矩(即最小弯矩)时,该跨应不布置活荷载,而在两相邻跨布置活荷载,然后每隔一跨布置活荷载。

③ 求某支座最大负弯矩时,应在该支座左右两跨布置活荷载,然后每隔一跨布置活荷载。

④ 求某支座截面最大剪力时,其活荷载布置与要求该支座最大负弯矩时的布置相同。

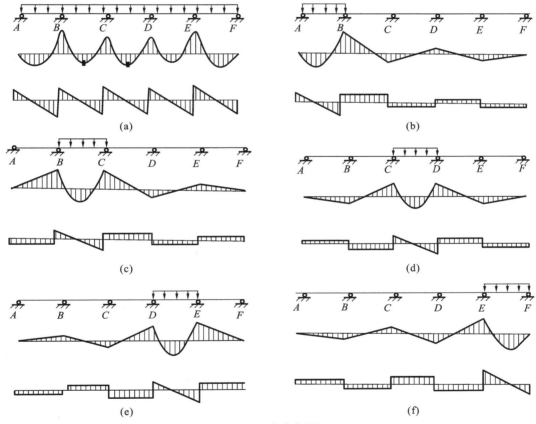

图 3-4　活荷载布置图

例如,对于图 3-4 所示的五跨连续梁,当求 1、3、5 跨跨中最大正弯矩时,应将活荷载布置在 1、3、5 跨;而求其跨中最小弯矩时,则应将活荷载布置在 2、4 跨;当求支座 B 的最大负弯矩时,则应将活荷载布置在 1、2、4 跨等。

需要指出的是,无论哪种情况,梁上恒载应按实际情况布置。

荷载布置确定后,即可按结构力学方法或附录 1 进行连续梁的内力计算。任一截面可能产生的最不利内力(弯矩和剪力),等于该截面在恒载作用下的内力加上其相应的活荷载最不利组合时产生的内力。

将各控制截面在荷载最不利组合下的内力图(包括弯矩图和剪力图)绘制在同一图中,其外包线表示各截面可能出现的内力的最不利值,这些外包线即称为内力包络图。图 3-5 所示为五跨连续梁的弯矩包络图和剪力包络图。无论活荷载如何布置,梁任一截面产生的弯矩图总不会超过其弯矩包络图的范围。

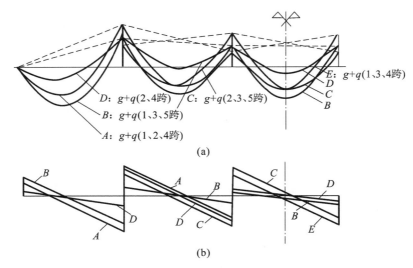

图 3-5　弯矩包络图与剪力包络图

（a）弯矩包络图；（b）剪力包络图

绘制弯矩包络图的步骤如下：

① 根据某一控制截面的最不利荷载布置求出相应的两边支座弯矩，以支座弯矩间的连线为基线。

② 以基线为准逐跨绘制出相应荷载作用下的简支弯矩图。通常将每跨等分为十段，则跨度中心截面弯矩为 100%，其两侧各截面弯矩分析近似为 96%、84%、64%、36% 和 0。

③ 重复步骤①、②，将各控制截面最不利荷载组合下的弯矩图逐个叠加。

④ 用粗线勾画出其外包线，即得到所求的弯矩包络图。

需要指出的是，对于等跨梁，由于产生跨中最大弯矩和最小弯矩的支座弯矩相同，故边跨三种组合只有 2 根基线，内跨四种组合只有 3 根基线。

利用类似方法可绘出剪力包络图。

弯矩包络图及剪力包络图的内力值是进行连续梁截面设计，确定梁中所需纵向钢筋和腹筋数量的依据。利用弯矩包络图还可以较准确地确定钢筋的弯起和截断位置，即绘制相应的材料包络图。这将在本节后面详细介绍。

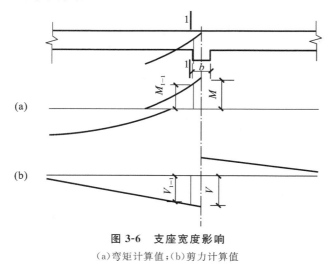

图 3-6　支座宽度影响

（a）弯矩计算值；（b）剪力计算值

3.2.1.3　支座截面内力计算

按弹性理论计算时，中间跨的计算跨度取支承中心线间的距离，因而其支座最大负弯矩将发生在支座中心处，在与支座现浇的梁、板中，该处截面较高，故实际计算弯矩时应按支座边缘处取用（图 3-6）。此截面弯矩、剪力计算值为

$$M_{1-1}=M-V_0 \cdot \frac{b}{2} \qquad (3-3)$$

$$V_{1-1}=V-(g+q) \cdot \frac{b}{2} \qquad (3-4)$$

式中　M,V——支座中心处截面上的弯矩和剪力；

　　　V_0——按简支梁计算的支座剪力；

　　　b——支座宽度；

　　　g,q——作用在梁上的均布恒载和均布活荷载。

3.2.2　单向板肋梁楼盖考虑塑性内力重分布的计算

前述按弹性理论计算混凝土连续梁的方法是假定材料为均质弹性体，荷载与内力呈线性关系。实验表明,混凝土受弯构件的正截面应力状态经历了 3 个阶段。

第 I 阶段:从加载到混凝土开裂的开裂前整体工作阶段。

第 II 阶段:从混凝土开裂到受拉钢筋屈服的带裂缝工作阶段。

第 III 阶段:从受拉钢筋屈服到截面破坏阶段。

在第 I 阶段,构件受荷载小,基本处于弹性状态工作,故弹性理论基本适用。随着荷载的增加,混凝土受拉区裂缝的出现与开展,受压区混凝土塑性变形不断发展,特别是在受拉钢筋屈服后,这种塑性变形发展得更加充分。为反映材料和构件工作的塑性性质,受弯构件正截面承载力计算以第 III 阶段末的截面应力状态为依据。显然,以这种破坏阶段为依据的截面计算与以弹性理论为基础的结构内力分析是互不协调的。

混凝土受弯构件在各个工作阶段的内力和变形与按不变刚度的弹性体系分析的结果不吻合,即在结构中产生了内力重分布现象。实验表明,由于内力重分布使超静定结构的实际承载能力往往比按弹性分析的结果大。因此,考虑塑性内力重分布计算超静定混凝土结构的承载能力,不但可消除其内力计算与截面设计间的矛盾,使内力计算更切实际,而且还可获得一定的技术经济效益。

3.2.2.1 混凝土受弯构件的塑性铰

混凝土受弯构件的塑性铰是其塑性分析中的一个重要概念。由于钢筋和混凝土材料所具有的塑性性能,使得构件在弯矩作用下产生塑性转动。塑性铰的形成是结构破坏阶段内力重分布的主要原因。下面以图 3-7 所示的跨中受集中荷载作用的简支梁为例,着重研究混凝土受弯构件塑性铰的特性。

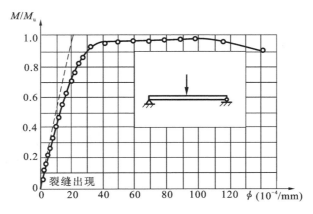

图 3-7 实测 M-ϕ 关系曲线

图 3-7 所示为梁跨中截面在各级荷载下,根据实测的应变 e_s、e_c 及 h_0 值而绘制的弯矩与曲率关系曲线 (M-ϕ),其中 $\phi=(e_s+e_c)/h_0$。从图中可以看出,在第 I 阶段,梁基本处于弹性状态,M-ϕ 呈直线关系。出现裂缝后,梁进入第 II 阶段,随着弯矩的增大,M-ϕ 逐渐偏离原来的直线。当钢筋达到屈服,构件进入第 III 阶段工作后,M-ϕ 曲线斜率急剧减小,M 与 ϕ 间明显呈曲线形,之后随着内力臂的增长,M 稍有增加,但 ϕ 却增长很快,曲线几乎为一水平延长线。截面破坏时,曲线有所下降。显然,从钢筋屈服到截面破坏,截面相对转角剧增,即在梁内拉、压塑性变形集中区域形成了一个特殊的"铰"。这个特殊铰有如下特征:

① 塑性变形集中于某一区域,只能在从受拉钢筋屈服到受压区混凝土压碎的有限范围内转动,而不像理想铰集中于一点,且可无限地转动。

② 只能绕弯矩作用方向发生单向转动,而不能像理想铰那样可绕任意方向转动。

③ 该特殊铰在转动的同时,不但可传递剪力还可传递一定的弯矩,即截面的极限弯矩 M_u(但不能传递大于 M_u 的弯矩),而不像理想铰只能传递剪力不能传递弯矩。

通常,我们称杆系结构中具有以上特征的特殊区段为塑性铰。塑性铰的分布范围及转角可定量分析。如图 3-8(a) 所示,在 A 点钢筋屈服,其屈服弯矩记为 M_y,相应的曲率为 ϕ_y,此时跨中截面形成塑性铰。在 B 点附近,弯矩达最大值 M_u,相应的曲率为 ϕ_u。尽管钢筋初始屈服后,弯矩增量 (M_u-M_y) 不大,但由于最大弯矩截面塑性变形的发展,必然使与它相邻区段内的钢筋逐渐屈服。因此,理论上可以认为梁的弯矩图上相应于 $M>M_y$ 的部分即为塑性铰的范围,并称为塑性铰长度 l_p(图 3-8)。

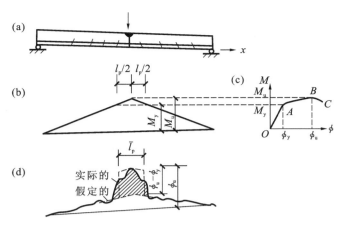

图 3-8　塑性铰长度及曲率分布图
(a)构件；(b)弯矩；(c)M-ϕ 曲线；(d)曲率

图 3-8(d)所示为梁的曲率分布图，图中实线为实际的曲率分布。曲率可分为弹性部分 ϕ_y 和塑性部分 ϕ_p（图中加阴影线部分）。跨中截面全部塑性转动的曲率可由曲率差 $(\phi_u-\phi_y)$ 表示，其值越大，表示截面的延性越好。塑性铰的转角 θ_p 理论上可以采取将曲率的塑性部分积分的方法计算。但由于实际曲率分布的非光滑性，在两裂缝间曲率下降，而在裂缝截面处出现峰值，通过积分求 θ_p 有一定困难。为简化计算，可将曲率的塑性部分用等效矩形代替，该矩形区段的高度为塑性曲率 $\phi_p=\phi_u-\phi_y$，宽度为 $\bar{l}_p=\beta l_p(\beta<1)$。由此得到塑性铰的转角 θ_p 为

$$\theta_p=(\phi_u-\phi_y)\bar{l}_p \tag{3-5}$$

但影响 l_p 的因素较多，要寻求实用而足够准确的计算公式，还需进一步研究。

3.2.2.2　混凝土超静定结构的内力重分布。

设在跨中作用有几种荷载 P 的两跨连续梁（图 3-9）。截面尺寸为 200 mm×500 mm，混凝土强度等级为 C20（$f_c=9.6$ N/mm²），配 HRB335 级钢筋，跨中截面与中间支座的受拉钢筋用量均为 3 Φ 20。

按受弯构件正截面承载力计算方法，可得跨中截面与中间支座截面的极限弯矩均为 109.2 kN·m。按附表 1-1 中给出的系数，可求出弹性状态下支座截面 B 达到其极限弯矩时相应的集中荷载 P_1[图 3-9(b)]为

$$P_1=\frac{M_B}{0.188l}=\frac{109.2}{0.188\times4}=145.21 \text{（kN）}$$

此时，荷载作用点处的最大正弯矩为

$$M_D=0.156\times145.21\times4=90.61 \text{（kN·m）}$$

显然在 $P_1=145.21$ kN 时，中间支座截面 B 的负弯矩已达到其极限弯矩 M_u，按弹性分析方法，P_1 即为两跨连续梁所能承受的最大荷载。但实际上此时结构并未丧失承载力，仍可继续加载。但继续加载时，中间支座截面 B 已形成塑性铰，原两跨连续梁可视为两个单跨简支梁工作[图 3-9(b)]，但中间支座处仍传递 $M=M_u=109.2$ kN·m 的极限弯矩（实测表明，由于支座截面受压区不断减小，其极限弯矩稍有增加）。此时，当 $P_2=4\times(109.2-90.61)\div4=18.59$（kN）时，相应的跨中弯矩增量为 18.59 kN，跨中截面总弯矩为

$$M_D=90.61+18.59=109.2 \text{（kN·m）}$$

即跨中截面达到极限弯矩，形成了塑性铰，整个结构形成了可变机构而被破坏。由此得到该连续梁所能承受的跨中集中荷载为

$$P=P_1+P_2=145.21+18.59=163.8 \text{（kN）}$$

梁的最后弯矩如图 3-9(c)所示。梁跨中截面与支座截面的 P-M 曲线见图 3-10。

从上面的分析及图 3-10 可得出如下结论：

① 从构件截面开裂到结构破坏，跨中与支座截面弯矩的比值不断发生改变，这种现象即为内力重分布。整个结构的内力重分布现象分两个过程完成：第一个过程发生于裂缝出现至塑性铰形成以前，引起内力重分布的原因主要是裂缝形成和开展导致构件刚度发生变化；第二个过程发生于塑性铰形成以后，引起内力重分布的原因主要是塑性铰形成，结构计算简图发生改变。一般后者引起的内力重分布较前者显著。

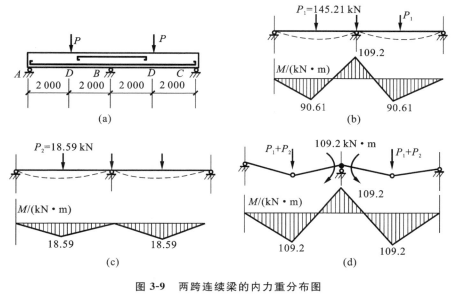

图 3-9 两跨连续梁的内力重分布图

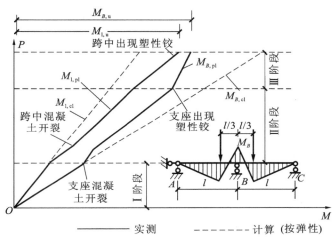

图 3-10 *P-M* 曲线

② 对混凝土超静定结构,其破坏标志不是某一截面屈服(出现塑性铰),而是形成破坏机构。

③ 超静定结构塑性内力重分布,在一定程度上可以由设计者通过选定构件各截面的极限弯矩 M_u 来控制。

④ 通过减少支座配筋,适当降低按弹性理论计算的支座弯矩,只要使跨内弯矩不超过按弹性计算最不利荷载组合下的最大正弯矩,则跨内纵筋用量不会增加。由此可见,考虑塑性内力重分布不仅可节约钢筋,还可使支座配筋拥挤的现象得到改善,便于施工。但其不宜降低太多,否则会导致两种不良后果。一是降低愈多,支座截面开裂愈早。结果当尚未形成破坏机构前,最初形成的塑性铰没有足够的转动能力(即截面没有足够大的延性),支座处混凝土将会过早压碎而导致结构破坏。二是最初形成的塑性铰愈早,其转动就愈大,导致使用阶段塑性铰处裂缝过宽,结构变形过大。这些在设计中均应避免。

3.2.2.3 考虑塑性内力重分布的计算方法

(1)一般计算原则

考虑塑性内力重分布计算结构内力,应遵循以下原则。

① 满足力的平衡条件。

对于 n 次超静定连续梁,在极限状态下出现 $(n+1)$ 个塑性铰,使其整体或局部形成破坏机构而丧失承载能力。此时弯矩分布既应满足屈服条件 $-M_u \leqslant M \leqslant M_u$,又应满足静力平衡条件。对于连续梁,其静力平衡条件为

$$\frac{M_B + M_C}{2} + M_L \geqslant M_0 \tag{3-6}$$

式中　M_B，M_C，M_L——支座 B、C 和跨中截面塑性铰上的弯矩(图 3-11)；

　　　　M_u——在全部荷载($g+q$)作用下简支梁跨中弯矩。

此外,对于承受均布荷载作用的连续梁,不管是跨中还是支座的塑性铰,其弯矩的绝对值均应满足

$$M \geqslant \frac{(g+q)L^2}{24} \tag{3-7}$$

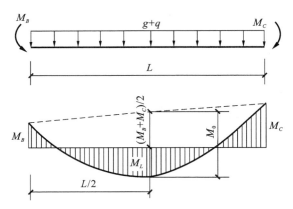

图 3-11　连续梁任意跨内外力的极限平衡

② 塑性铰应有足够的转动能力。

如前所述,对于 n 次超静定连续梁,其($n+1$)个塑性铰是分批出现的。因此,在第($n+1$)个塑性铰出现以前,先出现的 n 个塑性铰必须具有足够的转动能力,否则将导致塑性铰处混凝土压碎破坏结构达不到完全的塑性内力重分布。实验表明,混凝土梁的塑性转动能力主要与钢材品种和配筋率有关。《混凝土结构设计规范》(GB 50010—2010)规定,按塑性内力重分布计算的结构构件,钢材应具有较好的塑性性能,宜采用 HPB235、HRB335 级钢筋配筋;截面相对受压区高度应满足 $x \leqslant 0.35h_0$ 的要求。超筋截面或接近界限配筋的高配筋截面,其延性很差,难以实现预期的内力重分布,故在塑性设计中应避免采用。

③ 满足正常使用要求。

按塑性内力重分布设计的结构构件,在使用荷载作用下,结构构件的裂缝与变形应满足正常使用极限状态的要求。裂缝和变形控制与完全的内力重分布要求相矛盾。因此,使用阶段不允许出现裂缝的结构构件,不具备内力重分布的条件,设计时不应考虑塑性内力重分布;裂缝控制等级为一、二级的结构构件,其内力应按弹性体系计算,也不应考虑塑性内力重分布;在其他情况下,可考虑按塑性内力重分布方法计算,但应防止产生宽度过大的裂缝,通常采用弯矩调幅法进行设计。

④ 防止发生其他局部脆性破坏。

按塑性内力重分布设计的结构构件应防止其他局部脆性破坏,如斜截面剪切破坏或黏结劈裂破坏等。设计时,在预期出现塑性铰的部位,应适当加密箍筋,支座负弯矩钢筋在跨中切断时应留有足够的延伸长度,切实保证结构构件的抗剪承载力与节点构造的可靠性。这些措施不但有利于提高结构构件的抗剪承载力,而且还可以改善混凝土的变形性能,增大塑性铰的转动能力。

(2)均布荷载等跨连续梁、板考虑塑性内力重分布的计算

关于连续板、梁考虑塑性内力重分布的计算,国内外曾进行过大量的理论分析与实验研究工作,先后提出过多种计算方法,如塑性铰法、极限平衡法、弯矩调幅法等。随着计算机技术在结构工程中的推广应用,采用弯曲-曲率法对混凝土结构进行非线性全过程分析,取得了大量研究成果,但尚未进入实用阶段。目前,工程结构设计值应用较多的仍是弯矩调幅法。

所谓弯矩调幅法,即先按线弹性分析求出结构的截面弯矩值,再根据上述一般计算原则,将结构中某些截面绝对值最大的弯矩(多数为支座弯矩)进行调整,最后确定相应的支座剪力。设弯矩的调整值为 ΔM(图 3-12),则调幅系数 η 可定义为 ΔM 与 M_e 的比值,即

$$\eta = \frac{\Delta M}{M_e} \tag{3-8}$$

钢筋混凝土梁支座或节点边缘截面的负弯矩调幅幅度不宜大于 25%;弯矩调整后的梁端截面相对受压区高度不应超过 0.35,且不宜小于 0.10。板的负弯矩调幅幅度不宜大于 20%。

根据上述弯矩调幅法的原则,为进一步简化计算,对均布荷载作用下的等跨连续板、梁考虑塑性内力重分布后的弯矩和剪力,可按下列公式计算:

$$M = \alpha(g+q)l_0^2 \tag{3-9}$$

$$V = \beta(g+q)l_n \tag{3-10}$$

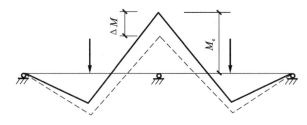

图 3-12 弯矩调幅

式中 g, q——作用于板、梁上的均布恒载和均布活荷载的设计值；

l_0——计算跨度,当支座和板或次梁整体连接时,取净跨 l_n,当端支座简支在砖墙上时,板的端跨等于净跨 l_n 加板厚的 $1/2$,梁的端跨取净跨 l_n 加支座宽度的 $1/2$ 或加 $0.025l_n$;

l_n——净跨;

α——弯矩系数,按表 3-2 取用;

β——剪力系数,按表 3-3 取用。

表 3-2   弯矩系数

截面	边跨中	第一内支座	中跨中	中间支座
α	$\dfrac{1}{11}$	$-\dfrac{1}{14}$（板） $-\dfrac{1}{11}$*（梁）	$\dfrac{1}{16}$	$-\dfrac{1}{16}$

注：* 表示实际工程中也有按 $-\dfrac{1}{14}$ 计算的。

表 3-3   剪力系数

截面	边支座	第一内支座左边	第一内支座右边	中间支座
β	0.4	0.6	0.5	0.5

对于均布荷载不等跨连续板、梁,当计算跨度相差不超过 10% 时,可近似按等跨连续板、梁内力计算公式计算弯矩和剪力,但在计算支座负弯矩时,计算跨度应按相邻两跨的较大跨度值计算,计算跨内弯矩则仍按本跨的计算跨度计算。

(3) 适用范围

采用塑性内力重分布的计算方法,构件的裂缝开展较宽,变形较大。因此,在对下列结构的承载力进行计算时,不应该考虑其塑性内力重分布,而应按弹性理论计算其内力。

① 直接承受动力荷载和疲劳荷载作用的结构。

② 裂缝控制等级为一级或二级的结构构件。

③ 处于侵蚀环境中的结构。

3.2.3 单向板肋梁楼盖的截面设计与构造要求

3.2.3.1 板的计算要点与构造要求

(1) 计算要点

① 一般多跨连续板可考虑用塑性内力重分布计算内力。

② 连续板在荷载作用下进入极限状态时,跨中下部及支座附近的上部出现许多裂缝,受拉混凝土退出工作,受压混凝土沿梁跨方向形成一受压拱带(图 3-13)。当板的周围具有足够的刚度时,在竖向荷载作用下将产生板平面内的水平推力,导致板中各截面弯矩减小。因此,对于四周与梁整体连接的板,中间跨的跨中截面及中间支座截面的计算弯矩可减小 20%,对于其他截面,则不予减小。

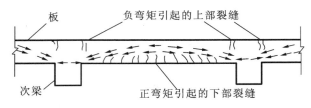

图 3-13　连续板的拱作用

③ 板的配筋计算,一般只需对控制截面(各跨跨内最大弯矩截面及各支座截面)进行计算。各控制截面钢筋面积确定后,应按先跨内后跨外、先跨中后支座的顺序选择钢筋直径及间距,使跨数较多的内跨钢筋用量与计算值尽可能一致,并使支座截面尽可能利用跨中弯起的钢筋,以达到经济、合理的目的。

④ 由于板宽度较大且承受荷载较小,一般均能满足斜截面抗剪承载力要求,故不需进行抗剪承载力计算。

(2) 构造要求

① 一般规定。

板的混凝土强度等级不宜低于 C20。混凝土保护层的最小厚度不应小于 15 mm。

由于楼盖中板的混凝土用量占整个楼盖混凝土用量的 50%~70%,因此板厚应尽可能接近构造要求的最小厚度:工业建筑楼面为 80 mm,民用建筑楼面为 70 mm,屋面为 60 mm。因此,按刚度要求,板厚还应不小于其跨长的 1/40。

板的支座长度应满足受力钢筋在支座内锚固的要求,且一般不小于板厚,当搁置在砖墙上时,不小于 120 mm。

② 受力钢筋。

板的纵向受力钢筋宜采用 HPB300 级钢筋,其直径常用 $\phi 6$、$\phi 8$ 及 $\phi 10$。经济配筋率为 0.4%~0.8%。为便于施工架立,支座负筋宜采用直径较大的钢筋。

受力钢筋间距不应小于 70 mm;当板厚 $h \leqslant 15$ mm 时,间距不应大于 200 mm;当混凝土 $h > 150$ mm 时,间距不应大于 1.5h,但每米板宽内不应少于 3 根钢筋。

连续板中受力钢筋的配制,可采用弯起式或分离式(图 3-14)。确定连续板纵筋的弯起点和切断点,一般不必绘制弯矩包络图。跨中承受正弯矩的钢筋,可在距支座 $l_0/10$ 处切断,或在 $l_0/6$ 处弯起。弯起角度一般为 30°,当板厚大于 120 mm 时,可为 45°。伸入支座的正钢筋,其间距不应大于 400 mm,截面面积不应小于跨中受力钢筋截面面积的 1/3,支座附近承受负弯矩的钢筋可在距支座边不小于 a 的距离处切断,a 的取值如下:

当 $\dfrac{q}{g} \leqslant 3$ 时

$$a = \frac{l_n}{4}$$

当 $\dfrac{q}{g} > 3$ 时

$$a = \frac{l_n}{3}$$

式中　g,q——板上作用的恒载和活荷载设计值;

　　　l_n——板的净跨。

为了保证受力钢筋锚固可靠,板内伸入支座的下部正钢筋采用半圆弯钩。上部负筋做成直钩,直接支撑于模板上。

③ 分布钢筋。

分布钢筋指与受力钢筋垂直布置的受力钢筋,其作用是:

a. 与受力钢筋组成钢筋网,固定受力钢筋的位置;

b. 抵抗收缩和温度变化所产生的内力;

c. 承担并分布板上局部或集中荷载产生的内力。

分布钢筋应布置在受力钢筋的内侧,并应在全部受力钢筋的弯折处布置。每米不少于 3 根,并且不得少于受力钢筋截面面积的 10%。

④ 长向支座处的负弯矩钢筋。

现浇肋梁楼盖的单向板实际上是周边支撑板。靠近主梁的板面荷载将直接传给主梁,故会产生一定的

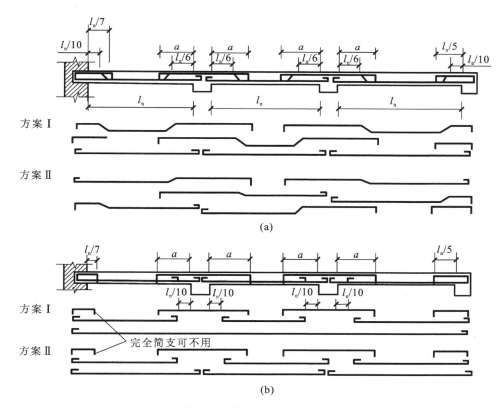

图 3-14　混凝土连续板受力钢筋两种配筋方式
(a)弯起式;(b)分离式

负弯矩。《混凝土结构设计规范》(GB 50010—2010)规定,应在板面沿主梁方向每米长度内配置不少于 5Φ6 的附加钢筋,且其数量不得少于短向正弯矩钢筋数量的 $1/3$,伸出长向支承梁梁边长度不小于 $l_n/4$,l_n 为板的净跨(图 3-15)。

⑤ 嵌入墙内的板面附加筋。

对于嵌固在承重墙内的单向板,由于墙的约束作用,板内产生负弯矩,使板面受拉开裂。在板角部分,荷载、温度、收缩及施工条件等因素均会引起角部拉应力,导致板角发生斜裂缝。图 3-16 所示为典型的板面裂缝分布。《混凝土结构设计规范》(GB 50010—2010)规定,对于嵌入承重墙内的板,沿墙长每米内应配置 5Φ6 的构造钢筋(包括弯起钢筋),伸出墙面长度应不小于 $l_1/7$。对于两边嵌入墙内的板角部分,应双向配置上述构造钢筋,伸出墙面的长度不应小于 $l_1/4$(图 3-15),l_1 为短边长度。

⑥ 孔洞构造钢筋。

板中开孔,截面削弱,应力集中,设计时应采取适当措施予以加强。当孔洞的边长 b(矩形孔)或直径 D(圆形孔)不大于 300 mm 时,由于削弱面积较小,可不设附加钢筋,板内受力钢筋可绕过孔洞,不必切断。

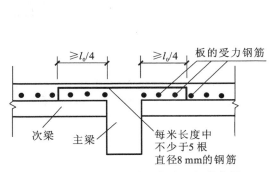

图 3-15　板长向支座处负弯矩钢筋布置

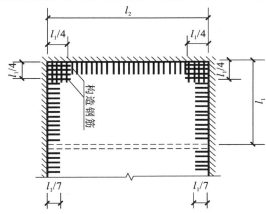

图 3-16　嵌入承重墙内的板面附加钢筋布置

当边长 b 或直径 D 大于 300 mm,但小于 1000 mm 时,应在洞边每侧配置加强洞口的附加钢筋,其面积不小于洞口被切断的受力钢筋截面面积的 1/2,且不小于 2φ8。如仅按构造配筋配置,每侧可附加 2φ8~2φ12 的钢筋[图 3-17(a)]。

当边长 b 或直径 D 大于 1000 mm,且无特殊要求时,宜在洞边设置小梁[图 3-17(b)]。

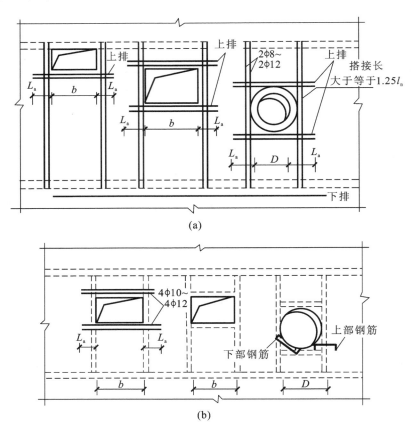

图 3-17　板内孔洞周边的附加钢筋

3.2.3.2　次梁的计算要点与构造要求

（1）计算要点

① 次梁按一般塑性内力重分布方法计算内力。

② 按正截面承载力计算时,跨中正弯矩作用下,板位于梁的受压区,按 T 形截面计算;支座承受负弯矩时,按矩形截面计算。次梁的纵筋配筋率一般取 0.6%~1.5%。

③ 次梁横向钢筋按斜截面抗剪承载力确定。当跨度和荷载较小时,一般只利用箍筋抗剪;当荷载和跨度较大时,宜在支座附近设置弯起钢筋,以减少箍筋用量。

④ 当截面尺寸满足高跨比（1/18~1/12）和宽高比（1/3~1/2）的要求时,一般不必做使用阶段的挠度和裂缝宽度验算。

（2）构造要求

次梁的混凝土强度等级不宜低于 C20,混凝土保护层的最小厚度不应小于 25 mm。

次梁的支承长度应满足受力钢筋在支座处的锚固要求。梁支承在砖墙上的长度为 a,当梁 $h<400$ mm 时,$a \geqslant 120$ mm;当 $h \geqslant 400$ mm 时,$a \geqslant 180$ mm,并应满足砌体局部受压承载力要求。

梁中受力钢筋的弯起与截断,原则上应按弯矩包络图确定。但对于跨度相差不超过 20%,承受均布荷载的次梁,当活荷载与恒载之比不大于 3 时,可按图 3-18 布置受力钢筋。

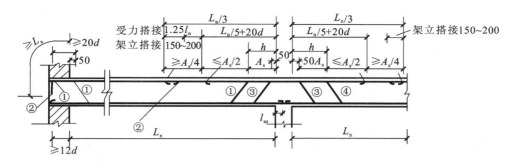

图 3-18　等跨连续次梁构造配筋图

①，④—弯起钢筋，可同时用于抗弯及抗剪；②—架立筋兼负筋，大于等于 $A_s/4$ 且不少于 2 根；
③—弯起钢筋或鸭筋，仅用于抗剪

3.2.3.3　主梁的计算要点与构造要求

（1）计算要点

① 主梁是肋梁楼盖的主要承重构件，通常按弹性理论计算内力。

② 主梁正截面抗弯承载力计算与次梁相同，即跨中按 T 形截面计算，支座按矩形截面计算。

③ 在主梁支座处，板、次梁和主梁的负弯矩钢筋重叠交错（图 3-19），且主梁负筋位于板和次梁负筋之下，故计算主梁支座受力钢筋时，其截面有效高度取值为：

若为单排钢筋，$h_0 = h - (50 \sim 60)$（mm）；

若为双排钢筋，$h_0 = h - (70 \sim 80)$（mm）。

④ 当主梁截面尺寸满足高跨比（1/14～1/8）和宽高比（1/3～1/2）的要求时，一般不必进行使用阶段挠度验算。

（2）构造要求

① 一般规定。

主梁的混凝土强度等级及混凝土净保护层最小厚度的规定与次梁相同。

主梁伸入墙内的长度一般应不小于 370mm。

② 纵筋弯起与截断。

主梁纵向受力钢筋的弯起与截断应按内力包络图的要求，通过作抵抗弯矩图来布置。

抵抗弯矩图是指在设计弯矩图上按同一比例绘制出的由实际配置的纵向钢筋确定的梁上各正截面所能抵抗的弯矩图。它反映了沿梁长方向正截面上材料的抗力，故亦简称材料图（图 3-20）。

绘制材料图的目的是通过选择合适的钢筋布置方案，正确确定纵筋的弯起与截断位置，使它既能满足正截面和斜截面承载力要求，又经济合理、施工方便。

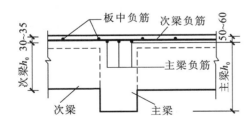

图 3-19　主梁支座处的截面有效高度

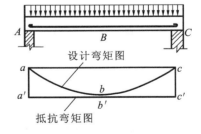

图 3-20　简支梁的弯矩包络图与材料图

材料图的表示方法有以下 3 种。

a. 纵筋不弯起、不截断的梁，材料图为一水平直线。

图 3-20 所示的简支梁及弯矩包络图中，控制截面最大设计弯矩为 68 kN·m，纵向通长布置纵筋 3Φ16，因此，对于这一等截面高度梁，各个正截面所能抵抗的弯矩值是相同的。相应的抵抗弯矩 $M_u = 70.03$ kN·m，其材料图即为一水平直线 $a'b'c'$。图中直线 $a'b'c'$ 包在抛物线 abc 外面且不与其相切，表明该梁实际配筋较计算所需略有富余。

图 3-21 所示为一纵筋通长布置的外伸梁的设计弯矩包络图和材料图。显而易见,通长配筋虽形式简单,但并不经济。

b. 纵筋弯起的梁,其材料由若干条水平直线和斜直线组成,斜直线从钢筋的始弯点到其与梁轴线的交点止。

以图 3-20 所示的简支梁为例,若将 3Φ16 中的 2Φ16 直接伸入支座,而令 1Φ16 在支座附近弯起,则材料图如图 3-22 所示。此时纵筋的弯起应满足下列 3 个条件。

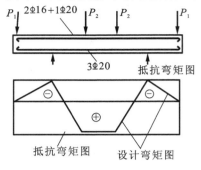

图 3-21 外伸梁

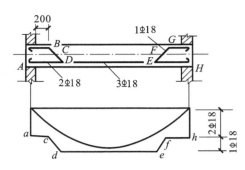

图 3-22 纵筋的弯起

第一,保证正截面抗弯承载力。纵筋弯起后,正截面抗弯承载力降低。但只要材料图(即抵抗弯矩图)包在设计弯矩包络图的外面,则正截面抗弯承载力就能够得到保证。

第二,保证斜截面抗剪承载力。纵筋弯起的数量有时是由斜截面抗剪承载力决定的,纵筋弯起的位置还应该满足图 3-23 的要求,即从支座到第一排弯筋的终点以及由前一排弯筋的始弯点到次一排弯筋的终弯点的距离都不得大于箍筋的最大间距 S_{max},以防止该间距太大,斜裂缝在缝间形成而不与弯筋相交,导致弯筋未发挥作用,难以满足斜截面抗剪承载力要求。

此外,当弯筋不足以承担梁的剪力时,可加设"鸭筋"(图 3-24)。鸭筋一般情况下水平段很短,布置在支座处,故鸭筋只承担剪力,不承担弯矩。设计中不允许采用图 3-25 所示的浮筋。

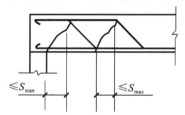

图 3-23 满足抗剪承载力要求的纵筋弯起的位置

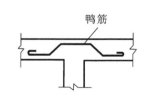

图 3-24 鸭筋

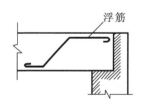

图 3-25 浮筋

第三,保证斜截面的抗弯承载力。在图 3-26 中,每根钢筋的抵抗弯矩值可近似按钢筋截面面积之比来确定。根据上下水平线与设计弯矩图的交点即可定出其充分利用截面和完全不需要截面。如①号筋的充分利用截面在 a,完全不需要截面在 b;②号筋的充分利用截面在 b,完全不需要截面在 c。设②号筋离截面 b 一段距离 S_1 后在 G 点弯起。若出现一条跨越弯筋②的斜裂缝,其顶点位于该钢筋的充分利用截面 B 处。②筋在截面 B 处的抵抗弯矩为

$$M_b^2 = f_y A_{sb} Z \tag{3-11}$$

②号钢筋弯起后,在斜截面 st 的抵抗弯矩为

$$M_{st}^2 = f_y A_{sb} Z_b \tag{3-12}$$

式中　A_{sb}——弯起钢筋截面面积。

　　　Z——弯起钢筋在正截面的内力臂。

　　　Z_b——弯起钢筋在斜截面的内力臂,根据几何关系,可得

$$Z_b = S_1 \sin\alpha_s + Z\cos\alpha_s \tag{3-13}$$

为了保证斜截面的抗弯承载力,有如下要求:

$$M_{st}^2 \geqslant M_b^2$$

即

$$Z_{st}^2 \geqslant Z_b^2 \tag{3-14}$$

将式(3-13)代入式(3-14),整理得

$$S_1 \geqslant \frac{Z(1-\cos\alpha_s)}{\sin\alpha_s}$$ (3-15)

梁中弯起钢筋的倾角 α_s,一般为 45°或 60°,近似取 $Z=0.9h_0$,则 S_1 为(0.37~0.52)h_0,故可近似取为 $h_0/2$。

由此得出,为了满足斜截面抗弯承载力的要求,在梁的受拉区,弯起筋的始弯点应设在按正截面抗弯承载力计算该钢筋的强度被充分利用的截面以外,其距离 S_1 应不小于 $h_0/2$ 处;同时,弯起筋与梁轴线的交点应位于按计算不需要该钢筋的截面以外。

纵筋截断的梁,其材料图为台阶式。因为截断后纵筋面积骤然减小,所以在每一截断点都有一个台阶(图 3-27)。

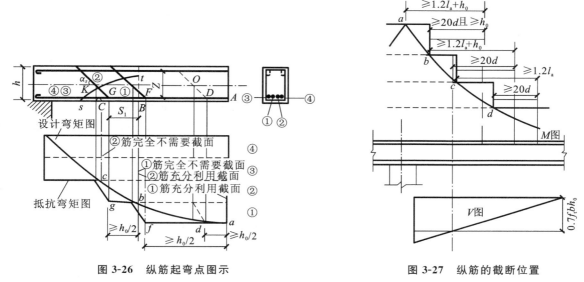

图 3-26 纵筋起弯点图示   图 3-27 纵筋的截断位置

承受跨中正弯矩的纵向钢筋一般不在跨内截断,而支座附近负弯矩区内的纵筋,往往在一定位置截断以节省钢筋。

图 3-27 中 a、b、c 分别为纵筋①、②、③的强度充分利用截面,b、c、d 分别为纵筋①、②、③的理论截断点(即按正截面受弯承载力计算不要,需要该钢筋的截面)。纵筋的实际截断点应在理论截断点以外延伸一段距离处,以防止因截断过早引起弯剪裂缝而降低构件的斜截面抗弯承载力及黏结锚固性能。因此,《混凝土结构设计规范》(GB 50010—2010)规定:纵向受拉钢筋不宜在受拉区截断。当必须截断时,应符合规定。当 $V \leqslant 0.7f_tbh_0$ 时,应延伸至该钢筋理论截断点以外不小于 $20d$ 处,且以该钢筋强度充分利用截面伸出的长度不应小于 $1.2l_a$;当 $V > 0.7f_tbh_0$ 时,应延伸至该钢筋理论截断点以外不小于 $20d$ 且不小于 h_0 处,且以该钢筋强度充分利用截面伸出的长度不应小于($1.2l_a+h_0$)。

对于梁中受压钢筋,可在跨中截断。不过截断时必须延伸至按计算不需要该钢筋的截面以外 $15d$ 处。

通过绘制材料图可以看出钢筋布置是否合理,材料图与设计弯矩图越接近,其经济性越好。同一根梁,同一个弯矩设计图,可以画出不同的抵抗弯矩图,得到不同的钢筋布置方案。不同的钢筋布置方案,也有不同的钢筋弯起与截断位置,尽管都满足设计与构造要求,但其经济指标与施工方便程度均不同,设计时应持审慎优化态度。

绘制材料图是一项复杂、细致、费神费时的工作,在有一定设计经验的情况下,不一定需绘制材料图。特别是在当今计算机应用相当普及的时代,有些工作可由计算机辅助完成。

③集中荷载处的附加横向钢筋。

在次梁与主梁相交处,次梁顶部在负弯矩的作用下将产生裂缝[图 3-28(a)],次梁主要通过其支座截面剪压区将集中力传给主梁梁腹。实验表明,当梁腹中部受有集中荷载时,此集中荷载产生的与梁轴垂直的局部应力 σ_y 将分为两部分,荷载作用点以上为拉应力,荷载作用点以下为压应力,此局部应力在荷载两侧(0.5~0.65)h 范围内逐渐消失。由该局部应力与梁下部法向拉应力引起的主拉应力将在梁腹中引起斜裂缝。

为防止这种斜裂缝引起局部破坏,应在主梁承受次梁传来的集中力处设置附加的横向钢筋(包括箍筋或吊筋)。

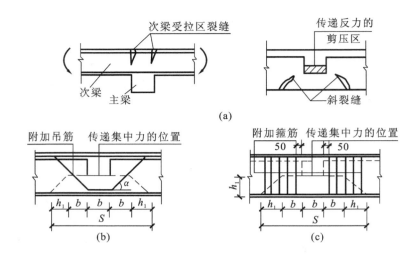

图 3-28 集中荷载处的附加横向钢筋示意图

《混凝土结构设计规范》(GB 50010—2010)规定,附加横向钢筋应布置在长度为 $S(S=2h+3b)$ 的范围内[图 3-28(b)、(c)]。附加横向钢筋宜优先采用箍筋。所需附加横向钢筋的总截面面积按下式计算:

$$F \leqslant 2f_y A_{sb}\sin\alpha + m \cdot n f_{yv} A_{sv1}$$ (3-16)

式中　F——由次梁传递的集中力设计值;

　　　f_y,f_{yv}——吊筋和箍筋的抗拉强度设计值;

　　　A_{sb}——每侧吊筋的截面面积;

　　　α——吊筋与梁轴线间夹角;

　　　A_{sv1}——附加单肢箍筋的截面面积;

　　　m——附加箍筋个数;

　　　n——在同一截面内附加箍筋肢数。

3.3　现浇双向板肋梁楼盖　>>>

双向板
肋梁楼盖图

3.3.1　双向板按弹性理论计算

3.3.1.1　双向板的受力特点

弹性薄板的内力分布与其支承及嵌固条件(如单边嵌固、两边简支和周边简支或嵌固)、荷载性质(如集中力、分布力)、几何特征(如板的边长比及板厚)等多方面因素有关。

单边嵌固的悬臂板和两对边支承的板,当荷载沿平行于支承方向均匀分布时,只在一个方向发生弯曲并产生内力,故称为单向板。严格地讲,其他情形的板都将沿两个方向发生弯曲并产生内力,应称为双向板。但是,在有些条件下,两个方向的受弯程度差别很大,忽略次要方向的弯曲作用既可简化设计,又不致引起太大误差,工程上常近似按单向板处理。

在现浇板肋梁楼盖中,各板块可视为受均布荷载的周边支承板,边长比对其内力分布及工程属类有决定性的影响。现以四边简支的矩形板(图3-29)为例加以说明。过板中点 A 取出两条互相垂直的单位宽板带,设单位面积上的总荷载 q 分配到 x、y 两个方向的荷载分别为 q_x 和 q_y,则

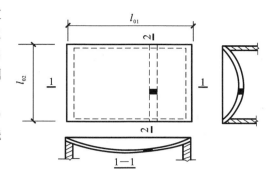

$$q = q_x + q_y \qquad (3\text{-}17)$$

若忽略相邻板带的联系,根据两条板带在交叉点 A 处挠度相同的条件 $f_{Ax} = f_{Ay}$,有

$$\frac{5q_x l_x^4}{384EI_x} = \frac{5q_y l_y^4}{384EI_y}$$

图3-29 均布荷载下四边简支板的弯曲变形

式中 EI_x,EI_y——板在两个方向的抗弯刚度,对于等厚板,则 $EI_x = EI_y$,故由上式可得

$$q_x = (l_y/l_x)^4 q_y \qquad (3\text{-}18)$$

将式(3-18)代入式(3-17),解得

$$q_y = \frac{q}{1 + \left(\dfrac{l_y}{l_x}\right)^4} \qquad (3\text{-}19)$$

而

$$q_x = q - q_y \qquad (3\text{-}20)$$

两个方向简支板带上的荷载一经确定,即可按单向板求出其内力(弯矩)。当 $l_y/l_x = 1$ 时,根据式(3-19)、式(3-20),有

$$q_x = q_y = q/2$$

当 $l_y/l_x = 2$ 时,同理可求得

$$q_x = 16q/17, \quad q_y = q/17$$

可见,随着边长比 l_y/l_x 的增大,大部分荷载沿短跨方向传递,弯曲变形主要在短跨方向发生。因此,按弹性理论分析内力时,通常近似以 $l_y/l_x = 2$ 为界来判别板的类型:当 $l_y/l_x > 2$ 时,为单向板;当 $l_y/l_x \leqslant 2$ 时,为双向板。但对考虑塑性内力重分布计算的板,当 $2 < l_y/l_x < 3$ 时,仍表现出一定的双向受力特征。因此,当按塑性理论设计时,单向板和双向板以 $l_y/l_x = 3$ 为界。

3.3.1.2 双向板的实用计算

双向板可采用根据弹性薄板理论公式编制的实用表格进行计算。附录2列出了6种不同边界条件下的矩形板在均布荷载作用下的挠度及弯矩系数。根据边界条件从相应附表中查得系数,代入表头公式即可算出待求物理量,如单位宽度内的弯矩为

$$m = 附表中系数 \cdot (g + q) \cdot l^2$$

式中 m——跨中或支座单位板宽内的弯矩;

g,q——均布的楼面恒载和活荷载;

l——板的较小跨度。

必须指出,附录2是假定材料泊松比 $\nu = 0$ 而编制的。当 ν 不为0时,应按下式计算弯矩:

$$m_x^{(\nu)} = m_x + \nu m_y \qquad (3\text{-}21)$$
$$m_y^{(\nu)} = m_y + \nu m_x \qquad (3\text{-}22)$$

对于钢筋混凝土,$\nu = 1/6$,也可近似取 $\nu = 0.2$。

肋梁楼盖实际上均为多区格连续板,这种双向板结构的精确计算是很复杂的。因此,工程中采用近似的实用计算方法,其基本假定如下:

① 支承梁的抗弯刚度很大,其垂直位移可忽略不计。

② 支承梁的抗扭刚度很小,可自由转动。

由上述假定可将梁视为双向板系的不动铰支座。根据计算目标考虑活荷载的最不利布置后,可进一步简化支承条件以利用前述单区格板计算表格。

（1）跨中最大正弯矩

当求某区格跨中最大正弯矩时，其活荷载的最不利布置如图 3-30 所示，即在该区格及其前、后、左、右每隔一区格布置活荷载。为了便于利用单区格板的表格，现将这种棋盘式布置的活载 q 与全盘满布的恒载 g 的组合作用分解为两部分，如图 3-30 所示。

当全盘满布 $g+q/2$ 时[图 3-30(b)]，由于内区格板支座两边结构对称，且荷载对称或接近对称布置，故各支座不转动或转动甚微，因此可近似地将内区格板看成四边固定的双向板，按前述查表法求其相应跨中弯矩。

当所求区格作用为 $+(q/2)$，相邻区格作用为 $-(q/2)$，其余区格均间隔布置[图 3-30(c)]时，可将其近似视为承受反对称荷载 $\pm(q/2)$ 的连续板，由于中间支座弯矩为 0 或很小，故内区格板的跨中弯矩可近似地按四边简支的双向板进行计算。

至于这两种情况下的边区格板，其外边界的支承条件按实际情况考虑，而内边界处按正、反对称荷载情形分别视为固定和简支。

最后，叠加所求区格在两部分荷载分别作用下的跨中弯矩，即得其跨中最大正弯矩。

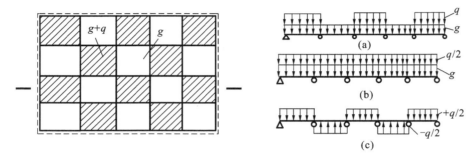

图 3-30　棋盘式荷载布置及其分解

（2）支座最大负弯矩

当求支座最大负弯矩时，可将活荷载全盘满布。此时各区格双向板的计算处理方法与图 3-30(b) 所示的情形相同，不同之处在于所求的是支座弯矩，同时总荷载变为 $(g+q)$。

3.3.1.3　支承梁的计算

双向板上承受的荷载可认为向最近的支承梁点传递，因此可用从板角作 45°分角线的办法确定传到支承梁上的荷载。若为正方形板，则四条分角线交于一点，两个方向的支承梁均承受三角形荷载。若为矩形板，则四条分角线分别交于两点，该两点的连线与长边平行。这样，板面荷载被划分为四个部分，传到短边支承梁上的是三角形荷载，传到长边支承梁上的是梯形荷载（图 3-31）。

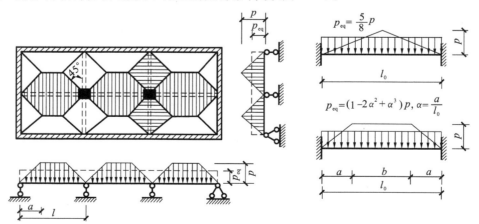

图 3-31　双向板支承梁的计算简图

对于承受三角荷载或梯形荷载的连续梁，可根据支座弯矩相等的条件，近似换算成均布荷载（附录 3），再用结构力学的方法或查看有关资料中所列的现成系数表求得换算荷载下的支座弯矩。然后，用取隔离体的办法，按实际荷载分布确定跨中弯矩。

3.3.2 双向板按塑性理论计算

按弹性理论计算双向板是将钢筋混凝土看成单一材料的连续均质弹性体,而实际上钢筋混凝土是一种弹塑性材料,所以弹性内力不能真实地反映板的极限受力状态,所得计算结果也是偏保守的。因此,工程中更常采用按塑性理论的计算方法。它不仅比较符合实际,而且能节约材料。

3.3.2.1 双向板的破坏特征

图 3-32 所示为承受均布荷载的四边简支矩形双向板。实验表明,当荷载较小时,板中内力符合按弹性理论计算的结果。由于板的短跨跨中弯矩最大,故当荷载增大到一定程度时,将在此出现平行于长边的首批裂缝。随着荷载的进一步增加,裂缝线逐渐延伸,并向四角发展。同时,裂缝截面处钢筋应力不断增大,直至屈服,形成塑性铰。随着与裂缝相交的钢筋屈服范围的扩大,塑性铰将发展成为塑性铰线。最终,多条塑性铰线将板分成许多板块,形成破坏机构,顶部混凝土受压破坏,板达到其极限承载能力。根据裂缝出现在板底或板顶,塑性铰线分为"正塑性铰线"和"负塑性铰线"两种。对于四边固定或连续的双向板,除上述正塑性铰线外,还有沿周边支座的负塑性铰线。

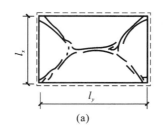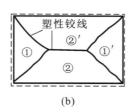

图 3-32 双向板的塑性铰线

(a)仰视裂缝图;(b)塑性铰线图

3.3.2.2 双向板的极限分析

已知双向板的塑性铰线位置,可通过建立虚功方程或极限平衡方程来推导其极限荷载与极限弯矩的关系表达式,前者称为机动分析,后者称为极限平衡分析。只要确定的是最危险的塑性铰线位置,两种方法得出的结果就是完全一致的。下面以受均布荷载的四边连续矩形双向板为例来说明这两种方法。

（1）机动法

板的跨度尺寸及其正、负塑性铰线如图 3-33 所示。设板底配筋沿两个方向均为等间距布置且伸入支座,短跨跨中和长跨跨中单位板宽内的极限弯矩分别为 m_x 和 m_y,设支座处承受负弯矩的钢筋也是均匀布置的,沿支座 AB、CD、AD、BC 单位板宽内的极限弯矩分别为 m_x'、m_x''、m_y' 和 m_y''。

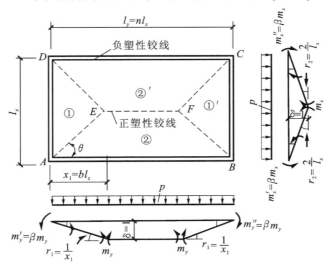

图 3-33 机动法的计算模式

　　根据实验,板在塑性极限状态下变成几何可变体系,板块的变形远较塑性绞线处的变形小,故可视板块为刚性体,整块板的变形都集中在塑性绞线上,破坏时各板块都绕塑性绞线转动,极限弯矩因此而做功。

　　沿塑性绞线一般还有剪力作用,但由于剪力在塑性绞线两侧为反对称内力,同时两侧的板块沿塑性绞线不产生相对竖向位移,因此剪力所做功的总和为 0。

　　设沿跨中塑性绞线 EF 产生单位虚位移 $\delta=1$,各板块间的相对转角为 θ_i,按照虚功原理,荷载及内力所做总虚功应为 0,即 $W_e+W_i=0$。

　　均布荷载 p 所做的外功等于 p 与图 3-34 所示角锥体体积的乘积,即

$$W_e=p\left[\frac{1}{2}\times l_x\times 1\times(l_y-l_x)+\frac{1}{3}(l_x\times l_x\times 1)\right]=\frac{1}{6}pl_x(3l_y-l_x)$$

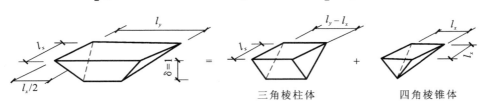

三角棱柱体　　　　　　四角棱锥体

图 3-34　角锥体体积

　　内力功可根据各塑性绞线上的总极限弯矩 $l_i m_i$ 在相对转角 θ_i 上所做的功计算,在 45°斜塑性绞线上单位长度内的极限正弯矩为

$$\overline{m}=\frac{m_x}{\sqrt{2}\times\sqrt{2}}+\frac{m_y}{\sqrt{2}\times\sqrt{2}}=0.5m_x+0.5m_y$$

　　因此,内力功为

$$W_i=-\left\{\sum l_i m_i\theta_i=-(l_y-l_x)m_x\frac{4}{l_x}+4\times\frac{\sqrt{2}}{2}l_x(0.5m_x+0.5m_y)\frac{2\sqrt{2}}{l_x}+\left[(m_x'+m_x'')l_y+(m_y'+m_y'')l_x\right]\frac{2}{l_x}\right\}$$

$$=-\left\{\frac{2}{l_x}\left[2m_x l_y+2m_y l_x+(m_x'+m_x'')l_y+(m_y'+m_y'')l_x\right]\right\}$$

$$=-\left[\frac{2}{l_x}(2M_x+2M_y+M_x'+M_x''+M_y'+M_y'')\right]$$

　　令总虚功等于 0,可得四边连续双向板极限荷载与极限弯矩的关系式:

$$\frac{1}{24}pl_x^2(3l_y-l_x)=M_x+M_y+\frac{1}{2}(M_x'+M_x''+M_y'+M_y'') \tag{3-23}$$

式中　　M_x,M_y——沿 l_x、l_y 方向跨中塑性绞线上的总极限正弯矩,$M_x=m_x l_y$,$M_y=m_y l_x$;

　　　　M_x',M_x'',M_y',M_y''——沿 l_x、l_y 方向两对支座塑性绞线上的总极限弯矩,取其绝对值,$M_x'=m_x'l_y$,$M_x''=m_x''l_y$,$M_y'=m_y'l_x$,$M_y''=m_y''l_x$。

（2）极限平衡法

式(3-23)也可通过研究各板块(图 3-35)的平衡条件而得到。

板块①[图 3-35(a)]:根据 $\sum M_{AD}=0$,得

$$M_y+M_y'=p\cdot\frac{1}{2}\cdot\frac{l_x}{2}\cdot l_x\cdot\frac{l_x}{6}=\frac{pl_x^3}{24}$$

板块①':根据 $\sum M_{BC}=0$,同样可得

$$M_y+M_y''=\frac{pl_x^3}{24}$$

板块②[图 3-35(b)]:根据 $\sum M_{AB}=0$,得

$$M_x+M_x'=p\frac{l_x}{2}(l_y-l_x)\cdot\frac{l_x}{4}+2(p\cdot\frac{1}{2}\cdot\frac{l_x}{2}\cdot\frac{l_x}{2}\cdot\frac{l_x}{6})=\frac{pl_x^2}{24}(3l_y-2l_x)$$

板块②':根据 $\sum M_{CD}=0$,同样可得

$$M_x + M_x'' = \frac{pl_x^2}{24}(3l_y - 2l_x)$$

将以上各式相加,即得式(3-23)。它是按塑性理论计算双向板的基本公式。对于四边简支双向板,因支座弯矩为 0,在式(3-23)中取 $M_x' = M_x'' = M_y' = M_y'' = 0$,有

$$\frac{1}{24}pl_x^2(3l_y - l_x) = M_x + M_y \tag{3-24}$$

顺便指出,简支双向板受荷后角部有翘起的趋势,以致在角部形成 Y 形塑性铰线,使板的极限荷载有所降低。若此上翘受到约束,角部板的顶面将出现斜向裂缝。为了控制这种裂缝的发展,并补偿由于 Y 形塑性铰线引起的极限荷载的降低,只需在简支双向板的角区顶部配置一定数量的构造钢筋即可。

应该说明的是,塑性铰线的位置与板的平面形状、各向尺寸比、支承条件、荷载类型以及各方向跨中与支座配筋情况等诸多因素有关。前面对四边连续双向板进行塑性极限分析时,采取了按 $\theta = 45°$ 定位的塑性铰线,这实际上是一种近似的处理。欲确定其精确位置,需将有关定位参数(如 θ)作为未知数,保留在机动分析的推导过程中。考虑到在所有可能的破坏机构形式中,最危险的一种相应的极限荷载最小这一原则,待虚功方程建立后,再将极限荷载对定位参数求导取极值,可求得定位参数的值。显然,这样将使分析变得繁冗,不便于设计。而近似地将塑性铰线如图 3-36 所示进行定位,可大大减小计算工作量,同时计算误差一般在工程设计允许范围内,故这种近似是实用可行的。

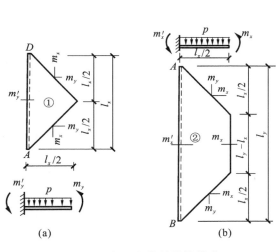

图 3-35　极限平衡的计算模式

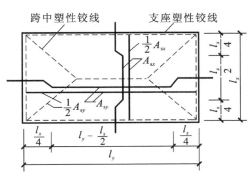

图 3-36　简支双向板角部塑性铰线

3.3.2.3　双向板的设计方法

双向板极限荷载与极限弯矩的关系一经建立,当板的各种条件给定时,求极限荷载就十分容易。但在设计双向板时,通常已知板的设计荷载 p 并已确定计算跨度,需求定内力和配筋。由于一般情况下,式(3-23)中有 6 个内力未知量,即 M_x、M_y、M_x'、M_x''、M_y'、M_y'',一个方程无法求解,故需补充条件。

从构造和经济角度出发,按塑性方法设计双向板时,可在合理范围内预先选定内力间的比值。

令

$$\frac{m_y}{m_x} = \alpha, \quad \frac{m_x'}{m_x} = \frac{m_x''}{m_x} = \frac{m_y'}{m_y} = \frac{m_y''}{m_y} = \beta \tag{3-25}$$

设计时可取 $\alpha = (l_x/l_y)^2$,$\beta = 1.5 \sim 2.5$。

为了充分利用钢筋,可将连续板的跨中正弯矩钢筋在距支座一定距离处截断或弯起一半,帮助抵抗支座负弯矩(图 3-37)。设在距支座 $l_x/4$ 处,将钢筋截断或弯起一半,则近支座 $l_x/4$ 以内的跨中塑性铰线上单位宽度的极限弯矩为 $m_x/2$,故

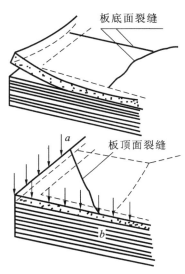

图 3-37　跨中钢筋弯起

总极限弯矩为

$$M_x = \left(l_y - \frac{l_x}{2}\right)m_x + 2 \cdot \frac{l_x}{4} \cdot \frac{m_x}{2} = \left(\frac{l_y}{l_x} - \frac{1}{4}\right)l_x m_x$$

$$M_y = \frac{l_x}{2}m_y + 2 \cdot \frac{l_x}{4} \cdot \frac{m_y}{2} = \frac{3}{4}l_x m_y = \frac{3}{4}\alpha l_x m_x$$

$$M'_x = M''_x = \beta l_y m_x$$

$$M'_y = M''_y = \beta l_x m_y = \alpha\beta l_x m_x$$

将以上内力代入式(3-23),可得

$$m_x = \frac{pl_x^2}{12} \cdot \frac{3n-1}{2\left(n-\frac{1}{4}\right)+\frac{3}{2}\alpha+2n\beta+2\alpha\beta} \tag{3-26}$$

式中,$n = l_y/l_x$。

式(3-26)为四边连续板的一般计算公式。当某边支座弯矩已知时,在上述推导中将该已知弯矩代入,可得其相应的计算公式。如已知一个长边单位长度的支座弯矩为 $\overline{m}'_x$,则

$$m_x = \frac{\dfrac{pl_x^2}{12}(3n-1)-n\,\overline{m}'_x}{2\left(n-\dfrac{1}{4}\right)+\dfrac{3}{2}\alpha+n\beta+2\alpha\beta} \tag{3-27}$$

如已知一个短边单位长度的支座弯矩为 $\overline{m}'_y$,则

$$m_x = \frac{\dfrac{pl_x^2}{12}(3n-1)-\overline{m}'_y}{2\left(n-\dfrac{1}{4}\right)+\dfrac{3}{2}\alpha+2n\beta+\alpha\beta} \tag{3-28}$$

同理可推得,当一个长边单位长度的支座弯矩 $\overline{m}'_x$ 为已知,而其对边为简支时,则

$$m_x = \frac{\dfrac{pl_x^2}{12}(3n-1)-n\,\overline{m}'_x}{2\left(n-\dfrac{1}{4}\right)+\dfrac{3}{2}\alpha+2\alpha\beta} \tag{3-29}$$

当一个短边单位长度的支座弯矩 $\overline{m}'_y$ 为已知,而其对边为简支时,则

$$m_x = \frac{\dfrac{pl_x^2}{12}(3n-1)-\overline{m}'_y}{2\left(n-\dfrac{1}{4}\right)+\dfrac{3}{2}\alpha+2n\beta} \tag{3-30}$$

而当已知一个长边单位长度的支座弯矩为 $\overline{m}'_x$,一个短边单位长度的支座弯矩为 $\overline{m}'_y$ 时,有

$$m_x = \frac{\dfrac{pl_x^2}{12}(3n-1)-\overline{m}'_y-n\,\overline{m}'_x}{2\left(n-\dfrac{1}{4}\right)+\dfrac{3}{2}\alpha+2\alpha\beta+n\beta} \tag{3-31}$$

双向板肋梁楼盖的配筋设计宜从中间区格板算起,再算其相邻区格板,最后算边区格板。根据式(3-26)及所选定的 β 求得中间区格板的跨中板底及支座板顶钢筋后,对其各边邻区格板来说,因有一公共边上单位长度的支座弯矩可以确定,故可用式(3-27)、式(3-28)计算这些相邻区格板的跨中及其他支座配筋,然后可用式(3-31)计算其各角邻区格板。从中部向周边方向对各区格板重复上述步骤,即可完成整个楼盖的配筋计算。当楼盖周边为简支时,各边区格板的计算将用到式(3-29)、式(3-30)。而对角区格板,考虑到跨中钢筋宜全部伸入支座,此时需按下式计算:

$$m_x = \frac{\dfrac{pl_x^2}{12}(3n-1)-\overline{m}'_y-n\,\overline{m}'_x}{2(n+\alpha)} \tag{3-32}$$

决定钢筋是否截断(或弯起),在何处截断(或弯起),目的是为了防止出现图 3-38 所示的破坏机构导致极限荷载降低。为做到这一点,需保证按图 3-38 所示的破坏机构求得的极限荷载 p' 不小于按式(3-26)求得的极限荷载 p。

跨中钢筋在距支座 $l_x/4$ 处减少一半,根据机动分析可推导出其极限荷载 p' 的计算公式为

$$p'=\frac{48(1+2\beta)(n+\alpha)}{9n-2}\cdot\frac{m_x}{l_x^2} \qquad (3-33)$$

计算表明,当 $\alpha=1/n^2$, $\beta=1.5\sim2.5$ 时,不管 n 取值如何,按上式算得的 p' 值均大于按式(3-26)算得的 p 值,即对于四边连续板,在图 3-37 所示位置截断或弯起一半板底钢筋,将不会形成图 3-38 所示的破坏机构。

对于四边简支板, $\beta=0$,按式(3-33)算得的 p' 值均小于按式(3-26)算得的 p 值,故简支板的跨中钢筋按图 3-37 隔一弯(或截)一是不安全的。

四边连续板支座上承受负弯矩的钢筋,可以由跨中钢筋弯起而来,也可以是分离式,或由两者组合而成。支座负弯矩钢筋通常也在距支座边 $l_x/4$ 处(图 3-39 中 $abcd$)截断。由于此处没有负弯矩钢筋,板顶开裂后 $M=0$,故 $abcd$ 相当于一块四边简支板,其边长为 $l_x'=l_x/2$, $l_y'=l_y-l_x/2$,极限荷载 p' 则可按式(3-33)求得,但其中 n 需代以 $l_x/4$,故

$$p'=\frac{n'+\alpha}{3n'-1}\cdot\frac{24m_x}{l_x'^2} \qquad (3-34)$$

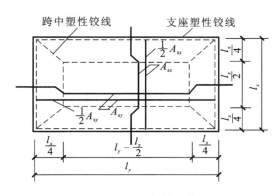

图 3-38　双向板配筋

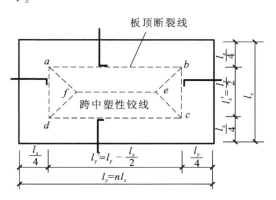

图 3-39　支座钢筋截断

为了防止局部破坏使极限荷载降低,要求 $p'\geqslant p$,即

$$\frac{n'+\alpha}{3n'-1}\cdot\frac{24m_x}{l_x'^2}\geqslant\frac{n+\alpha}{3n-1}\cdot\frac{24m_x}{l_x^2}(1+\beta)$$

将 $n'=2n-1$ 及 $l_x'=l_x/2$ 代入上式,得

$$\beta\leqslant\frac{2(2n-1+\alpha)(3n-1)}{(3n-2)(n+\alpha)}-1 \qquad (3-35)$$

取 $\alpha=1/n^2$,则当 $n=1\sim3$ 时,式(3-35)右边的最小值约为 2.5,故 β 值最大不宜超过 2.5。如果 β 值超过 2.5,则在距支座边 $l_x/4$ 处支座负弯矩钢筋不应截断。

3.3.3　双向板的截面设计与配筋构造

3.3.3.1　截面设计

(1) 板厚

双向板的厚度一般为 $80\sim160$ mm。同时,为了满足刚度要求,对于简支板,板厚不得小于 $l_0/45$;对于连续板,板厚不得小于 $l_0/50$,此处 l_0 为板的较小计算跨度。

(2) 弯矩折减

对于四边与梁整体连接的双向板,除角区格外,考虑周边支承梁对板推力的有利影响,不论按弹性理论还是按塑性理论计算,所得弯矩均可按下述规定予以折减。

① 对于连续板中间区格的跨中截面及中间支座截面,折减 20%。

② 对于边区格的跨中截面及从楼板边缘算起的第二支座截面,当 $l_b/l<1.5$ 时,折减 20%;当 $1.5\leqslant l_b/l\leqslant2$ 时,折减 10%。 l_b 为沿楼板边缘方向的计算跨度, l 则是与之方向垂直的计算跨度(图 3-40)。

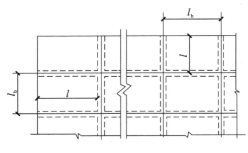

图 3-40　整体肋形楼盖板计算跨度

③ 对于角区格的各截面,不予折减。

(3)有效板厚 h_0

由于板内钢筋是双向交叉布置的,与受力状态相适应,跨中沿短边方向的板底钢筋和板顶钢筋宜放在远离中和轴(更靠近其相应板面)的外层。计算时两个方向应采用各自的有效高度。

(4)钢筋面积

根据单位板宽极限弯矩 m 求其相应钢筋面积 A_s 时,可将内力臂系数近似取为 0.9 以简化计算,即 $A_s = m/(0.9f_yh_0)$。

3.3.3.2　钢筋的配置

与单向板一样,双向板的配筋形式也有弯起式与分离式两种。弯起式可节约钢材,分离式则便于施工。

按弹性理论方法设计双向板时,板底钢筋数量是按最大跨中正弯矩求得的,但实际上跨中正弯矩是沿板宽向两边逐渐减小的,故钢筋数量也可向两边逐渐减小。考虑施工方便,通常的做法是:将板按纵横两个方向分别划分为两个宽度为 $l_x/4$(l_x 为短跨)的边缘板带和一个中间板带(图 3-41)。在中间板带单位板宽内均匀布置按最大正弯矩求得的板底钢筋,边缘板带单位宽度上的配筋量为中间板带单位宽度上配筋量的50%,但每米宽度内不少于 3 根。对于支座负弯矩钢筋,为了承受板四角的扭矩,按支座最大负弯矩求得的钢筋应沿全支座宽度均匀分布,不能在边带内减小。

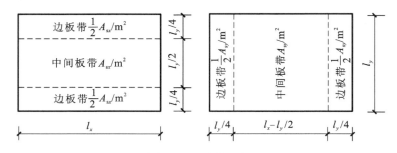

图 3-41　按弹性理论计算正弯矩配筋板带

按塑性理论方法设计时,不必划分跨中板带和边缘板带,钢筋一般沿纵横两个方向均匀布置,但钢筋实际弯起或截断的数量和位置必须与计算要求的一致。沿墙边及墙角的板顶构造配筋与单向板肋梁楼盖中的有关要求相同。

3.4　无梁楼盖　>>>

3.4.1　概述

无梁楼盖因楼盖中不设梁而得名,楼板直接支承在柱上,组成板柱结构体系。柱支承楼板也是双向板,板与柱的连接部位是关键传力节点。为了增强板柱连接的承载能力,通常在柱顶上设置柱帽,这样可以提高柱顶处板的受冲切承载力,有效减小板的计算跨度,使板的配筋经济合理。当柱网尺寸和楼面活荷载较小时,也可以不设柱帽。柱和柱帽的截面形状可根据建筑使用要求设计成矩形或圆形。

无梁楼盖的结构层厚度比肋梁楼盖的小,这使得建筑内部的有效空间加大,同时,平滑的板底可以大大改善采光、通风和卫生条件,故无梁楼盖常用于多层工业与民用建筑中,如商场、书库、冷藏库、仓库、水池顶盖等。

无梁楼盖根据施工方法的不同可分为现浇式和装配整体式两种。其中,装配整体式采用升板法施工,在现场逐层将事先在地面上预制的屋盖和楼盖分阶段提升至设计标高后,通过柱帽与柱整浇在一起,由于它将大量的空中作业改成地面作业,故可大大加快施工进度。除需考虑施工阶段验算外,其设计原理与现浇式无梁楼盖相同。此外,为减轻自重,也可采用多次重复使用的塑料壳成型以构成双向密肋的无梁楼盖。

无梁楼盖的四周边可支撑在墙上或边梁上,也可做成悬臂板。设置悬臂板可以有效地减少柱帽的种类。当悬臂板挑出的长度接近 $l/4$(l 为中间区格跨度)时,边区格的弯矩与中间区格的弯矩相差不大,因而较为经济,但这种结构方案对房屋周边的空间使用有一定的影响。

无梁楼盖每一方向的跨数一般不少于 3 跨,可为等跨或不等跨。通常,柱网为正方形时最为经济。根据经验,当楼面活荷载标准值在 5 kN/m² 以上,柱距在 6 m 以内时,无梁楼盖比肋梁楼盖经济。无梁楼盖的缺点是抵抗水平力的能力差,所以当房屋的层数较多或要求抗震时,宜设置剪力墙,构成框架-剪力墙结构。

3.4.2 无梁楼盖的受力特点

无梁楼盖由柱中心线划分为若干矩形区格,图 3-42 所示为 9 个区格的无梁楼盖,楼板分为中、边和角 3 种区格板。图 3-43 所示为均布荷载作用下中区格板的变形示意图。由图可见,板在柱顶为峰形凸曲面,在区格中部为碗形凹曲面。

在无梁楼盖中,板的受力可视为支撑在柱上的交叉板带体系。柱距中间宽度为 $l_x/2$(或 $l_y/2$)的板带称为跨中板带,柱中线两侧各 $l_x/4$(或 $l_y/4$)宽的板带称为柱上板带。跨中板带可视为支撑在另一方向柱上板带上的连续梁,而柱上板带则相当于以柱为支点的连续梁(当柱的线刚度相对较小可以略去时)或与柱形成连续框架。图 3-44 所示为中区格板 M_x(垂直于 x 轴的单位板宽截面上的弯矩)沿几条中心线的分布情况。将此弯矩图(阴影部分)在楼板平面内旋转 90°,则可窥其 M_y 的大致分布,板沿两个方向均出现正弯矩;在柱中心线上的跨中处,中线平面内的弯矩为正,而与之正交方向的弯矩为负。

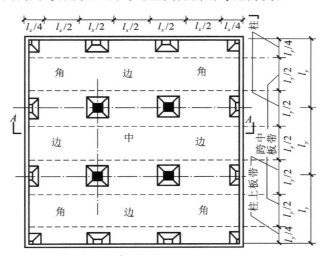

图 3-42 无梁楼盖示意图

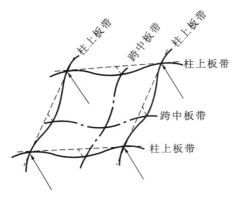

图 3-43 中区格板变形图

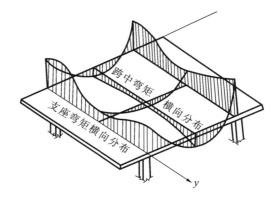

图 3-44 无梁楼盖 M_x 分布

3.4.3 无梁楼盖的破坏过程

实验研究表明,无梁楼盖在均布荷载作用下,从开始加荷到临近初裂,其内力分布与弹性分析的结果基本相符。当荷载增加到一定值时,在柱支撑处板顶面出现第一批裂缝。随着荷载的增加,这批裂缝沿柱列方向不断延伸,并可能最终发展成图 3-45(a)所示形状,同时,在板底面的跨中也逐步出现许多相互垂直且平行于柱列轴线的裂缝[图 3-45(b)]。若沿这两大交叉裂缝带受拉钢筋普遍屈服,则形成屈服铰线,当沿带受压混凝土达到弯曲抗压强度时,楼板即宣告弯曲破坏。若板柱连接处抗冲切能力不足,则在此之前甚至更早就会发生脆性的冲切破坏。

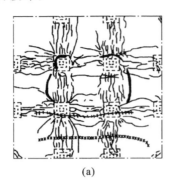 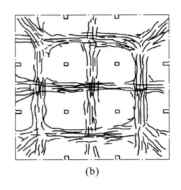

(a) (b)

图 3-45 无梁楼盖裂缝分布图

(a)板顶裂缝;(b)板底裂缝

3.4.4 无梁楼盖的计算

无梁楼盖也可按弹性理论和塑性理论两种方法计算,其中按弹性理论计算又分直接设计法和等代框架法。本节仅介绍直接设计法。

无梁楼盖的精确计算非常复杂。直接设计法是一种经验系数法,在实验研究和实践经验的基础上,给出了两个方向截面总弯矩的分配系数,再将截面总弯矩分配给柱上板带和跨中板带。计算过程简捷方便,因而被广泛采用。

按直接设计法进行内力计算时,假设恒载和活荷载均匀满布于整个楼面上,不考虑活荷载的最不利位置。为了使各截面的计算弯矩值满足设计需要,无梁楼盖的结构布置必须满足下列条件:

① 每个方向至少应有 3 个连续跨并设抗侧力体系。

② 同一方向各跨跨度相近,最大跨度与最小跨度之比不应小于 1.2,两端跨的跨度不大于其相邻的内跨。

③ 区格必为矩形,任一区格长跨与短跨的比值不应大于 1.5。

④ 活荷载与恒载之比不大于 3。

直接设计法假定每一区格沿任一柱列方向的跨中弯矩和支座弯矩总和等于等跨等荷的单向简支受弯构件的跨中最大弯矩。

x 方向总弯矩为:

$$M_{0x} = \frac{1}{8} p l_y \left(l_x - \frac{2}{3} c \right)^2 \tag{3-36}$$

y 方向总弯矩为:

$$M_{0y} = \frac{1}{8} p l_x \left(l_y - \frac{2}{3} c \right)^2 \tag{3-37}$$

式中　p——单位面积上的恒载和活载设计值之和;

　　　l_x,l_y——x、y 两方向的柱距;

　　　c——柱帽的计算宽度。

求出一个方向的总弯矩后,根据比例向支座截面和跨中截面分配,其结果再向柱上板带和跨中板带分配,最后得到该总弯矩在各板带的支座截面和跨中截面的分配结果,如图 3-46 所示。

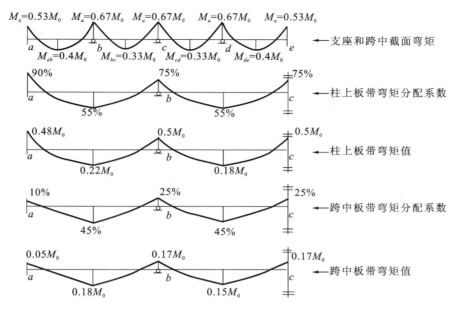

图 3-46 各板带的弯矩分配系数

柱上板带：

负弯矩

$$M_1 = -\frac{3}{4}M_{2x} = -\frac{3}{4} \times \frac{2}{3}M_0 = -0.5M_0$$

正弯矩

$$M_2 = 0.55M_{1x} = 0.55 \times \frac{1}{3}M_0 \approx 0.18M_0$$

跨中板带：

负弯矩

$$M_3 = -\frac{1}{4}M_{2x} = -\frac{1}{4} \times \frac{2}{3}M_0 \approx -0.17M_0$$

正弯矩

$$M_3 = 0.45M_{1x} = 0.45 \times \frac{1}{3}M_0 = 0.15M_0$$

于是，有

$$|M_1| + M_2 + |M_3| + M_4 = M_0$$

根据所得弯矩可求得所需钢筋数量。钢筋一般在板带内均匀分布，但需注意其上下位置。例如，在柱上板带的支座部分，两个方向均为负弯矩，故两个方向的钢筋都布置在上面；在跨中板带的跨中部分，两个方向均为正弯矩，故两个方向的钢筋都布置在下面；在柱上板带与另一方向的跨中板带交汇区域，一个方向是正弯矩，而另一个方向是负弯矩，故一个方向的钢筋布置在下面，而另一个方向的钢筋布置在上面(图 3-47)。

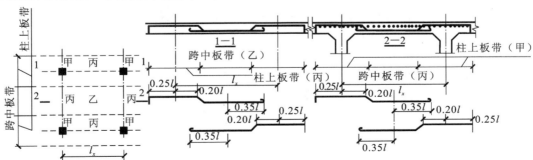

图 3-47 无梁楼盖板的配筋

3.4.5 无梁楼盖的构造要点

无梁楼盖应满足下列构造要求:

① 无梁楼盖宜采用方形或接近方形的柱网布置,柱距一般取 5～7 m。

② 无梁楼盖的板厚 $h \geqslant l/35$(l 为区格长边尺寸),且 $h \geqslant 150$ mm。

③ 无梁楼盖板中配筋可采用弯起式或分离式。在同一区格两个方向有同号弯矩时,应将弯矩较大方向的受力钢筋放在外层。

④ 无梁楼盖应沿周边设置圈梁,其梁高大于等于 2.5 倍板厚。

⑤ 无梁楼盖应满足裂缝宽度的要求,具体验算方法同受弯构件。

⑥ 无梁楼盖的配筋率以 0.3%～0.8% 为宜。

3.5 现浇空心楼盖 >>>

3.5.1 空心楼盖简介

现浇空心楼盖技术是在实心楼盖的基础上,在其内部按照一定规则放置一定数量的埋入式内膜后,形成的一种空腹楼盖体系。

在空心楼盖中,常用的埋入式内膜有薄壁式空心管、薄壁箱体、聚苯板填充体等,取代部分混凝土后,可以减少混凝土用量,减轻结构自重,是继普通梁板、密肋楼板、无黏结预应力楼盖之后开发的一种现浇钢筋混凝土新型楼盖结构体系,见图 3-48。

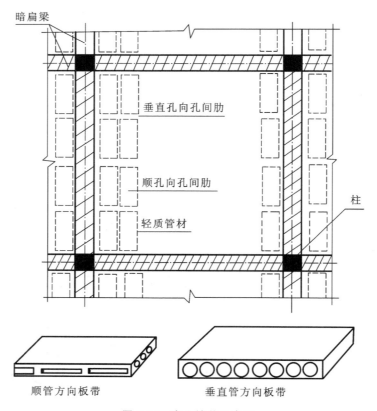

图 3-48 空心楼盖示意图

空心楼盖一般有两种结构布置形式:一种是无梁楼盖体系,形成柱支撑空心楼板结构;一种是支撑在梁或墙上,形成边支撑空心楼盖体系。

空心楼盖与其他楼盖相比,有以下几方面的优点:

① 自重轻。现浇空心楼盖的空心率可达到 25%～50%,大大减轻了楼盖自重,可减小梁、柱、基础的截面和配筋,减小地震作用。

② 跨度大。当采用非预应力空心楼盖时,结构跨度可以达到 15 m;采用预应力空心楼盖时,跨度可以达到 25 m。

③ 整体性好。现浇空心楼盖施工时和梁是整体成型,结构的整体性能好。

④ 隔热、保温性能好。楼盖内的封闭空腔减少了热量的传递,对大型冷库、储物库等尤其明显。

⑤ 隔音效果优良。楼盖内的封闭空腔大大减少了噪音的传递,有效提高了楼盖的隔音效果。

⑥ 板底平整美观。无突出部位,无须吊顶。

⑦ 综合造价低。降低了楼板钢筋混凝土的总用量,由于自重的减轻,支承楼板的柱、墙和基础的荷载相应减小,从而减小了构件截面、减少了配筋,节约了竖向构件费用,省略吊顶,减少了吊顶装修、更新的费用,施工单位减少了模板损耗及支、拆模人工费用,而且施工简便、速度快,降低了施工成本。

3.5.2 空心楼盖的受力特点

实验结果表明,边支承板空心楼盖的受力特点与实心肋梁楼盖相同。与实心楼盖相比,筒芯的布置方向对现浇混凝土空心板的抗弯刚度影响很小,当空心率小于 35% 时,横筒方向板和顺筒方向板具有几乎完全相同的受力变形性能;当空心率超过 35% 甚至达到 50% 时,横筒方向板的抗弯刚度有所降低,但降低不多。纵、横向布筒芯现浇混凝土空心板的开裂弯矩和抗弯承载力均可按现行《混凝土结构设计规范》(GB 50010—2010)进行计算,计算时可将纵向布筒芯空心板截面等效为"I"字形截面,将横向布筒芯空心板截面取为"＝"形截面。

对于柱支撑板空心楼盖,实验表明现浇钢筋混凝土无梁空心楼盖在楼板内预埋筒芯后,造成抗弯刚度的折减,但板在荷载作用下仍是双向受弯状态,没有改变无梁楼盖的受力性能。在受力全过程中,楼板的变形与实心板的变形相同。柱内侧处板顶截面不仅最早开裂,而且钢筋最早屈服,是板承载能力的控制截面。现浇混凝土无梁空心楼盖仍可沿用实心情况下的等代框架法或直接设计法进行设计,设计中应注意空心率对楼板刚度的影响。

纵、横向布管薄壁筒芯现浇混凝土空心板的抗剪性能差异较大。

3.5.3 空心楼盖结构分析

现浇混凝土空心楼盖结构在承载能力极限状态下的内力设计值,可按线弹性分析方法确定,并可根据具体情况考虑弯矩调幅。

正常使用极限状态下的内力和变形计算,可采用线弹性分析方法。对于钢筋混凝土楼盖结构构件,宜考虑开裂的影响。

对于边支承板空心楼盖,内力计算按下列原则进行:

① 两对边支承的板应按单向板计算。

② 四边支承的板,当长边与短边长度之比不大于 2.0 时,应按双向板计算;当长边与短边长度之比大于 2.0,但小于 3.0 时,宜按双向板计算;当长边与短边长度之比不小于 3.0 时,可按沿短边方向受力的单向板计算。

对于柱支承板空心楼盖,目前内力主要按线弹性理论计算,方法有直接设计法(经验系数法)、等代框架法、拟梁法等。

3.5.4 空心楼盖截面设计

现浇混凝土空心楼盖受弯承载力计算,按现行有关规范取空心楼板实际截面计算。当有可靠经验时,可考虑弯矩调幅。

现浇混凝土空心楼盖的受剪承载力按下式计算：

$$V \leqslant 0.7\beta_v f_t b_w h_0 + V_p \tag{3-38}$$

式中　V——宽度(b_w+D)范围内的剪力设计值；

　　　D——筒芯外径；

　　　β_v——受剪计算系数，对顺筒方向取 1.3，对横筒方向取 0.6；

　　　f_t——混凝土轴心抗拉强度设计值；

　　　b_w——顺筒肋宽；

　　　h_0——楼板截面有效高度；

　　　V_p——预应力空心楼板中，宽度(b_w+D)范围内由于施加预应力所提高的受剪承载力设计值，按国家现行标准《混凝土结构设计规范》(GB 50010—2010)和《无黏结预应力混凝土结构技术规程》(JGJ 92—2004)的有关规定选用。

3.5.5　空心楼盖的挠度和裂缝验算

现浇混凝土空心楼盖可按区格板进行挠度验算。在楼面竖向均布荷载作用下，区格板的最大挠度计算值 $\alpha_{f,max}$ 宜按荷载效应标准组合并考虑荷载长期作用影响的刚度采用结构力学方法计算，并应符合下列规定：

$$\alpha_{f,max} \leqslant \alpha_{f,lim}$$

式中　$\alpha_{f,lim}$——楼盖、屋盖构件的挠度限值，按国家标准《混凝土结构设计规范》(GB 50010—2010)表 3.3.2 确定。

注：如果构件制作时预先起拱，且使用上允许，则 $\alpha_{f,max}$ 可减去起拱值。

对于预应力混凝土构件，$\alpha_{f,max}$ 还可减去预加力所产生的反拱值。

受弯构件的刚度 B 应按国家现行标准《混凝土结构设计规范》(GB 50010—2010)和《无黏结预应力混凝土结构技术规程》(JGJ 92—2004)的有关规定计算。

对于边支承双向板，可取短跨方向跨中最大弯矩处的刚度，采用双向板弹性挠度公式计算。对于柱支承板，可取两个方向楼板中间板带跨中最大弯矩处的刚度平均值作为该板刚度，采用柱支承板弹性挠度公式计算。

现浇空心楼盖的裂缝验算，可按国家标准《混凝土结构设计规范》(GB 50010—2010)的有关规定计算最大裂缝宽度，并按该规范公式(8.1.1-4)进行裂缝宽度验算。

3.5.6　空心楼盖的构造要求

为了保证现浇空心板的优势，便于钢筋的锚固，满足板最小的刚度要求，确保施工质量，现浇混凝土空心楼盖应满足下列要求：

① 现浇混凝土空心楼板的体积空心率不宜小于 25%，也不宜大于 50%。

② 现浇混凝土空心楼板的板厚不宜太小。比对单向边支承板，板的跨高比不宜大于 30；对双向边支承板，跨度按短边计算，跨高比不宜大于 40；对无梁柱支承板，跨度按长边计算，有柱帽时跨高比不宜大于 35，无柱帽时跨高比不宜大于 30。内模为筒芯时，板厚宜大于 180 mm；内模为箱体时，板厚宜大于 250 mm。

③ 空心楼板中实体混凝土的尺寸不应太小。内模为筒芯时，筒芯顺筒肋宽与筒芯外径之比不宜小于 0.2；板内顺管之间的实心混凝土厚度不小于 50 mm；横筒肋宽实心混凝土厚度不小于 50 mm；板顶与板底厚度宜相等，不宜小于 40 mm。内模为箱体时，箱体间肋宽与箱体高度的比值不宜小于 0.25；肋宽尺寸：对钢筋混凝土楼板，不应小于 60 mm，对预应力混凝土楼板，不应小于 80 mm；板顶厚度、板底厚度不应小于 50 mm，且板顶厚度不应小于箱底面边长的 1/15。

④ 周边设置圈梁，圈梁高度大于等于 2.5 倍板厚。

⑤ 空心楼板的最小配筋率应大于 0.2%，最大配筋率不宜大于 1.2%。

⑥ 板配筋方式有弯起式和分离式两种,宜采用分离式配筋,钢筋间距不应大于250 mm。

⑦ 柱与柱之间宽度在(b_c+3t)的范围内为实心板,不能放置空心管,b_c为柱截面高度,t为板厚。在每一区格板中,空心管宜沿短边方向放置,在每个区格板中,沿管长方向宜将管分为4～5个长度相等的管段,相邻管的管端间的净距不宜小于80 mm,以在每一区格板中构成3～4条配筋的横肋。在垂直管的方向,空心管外壁之间的最小净距不宜小于50 mm,以构成许多配筋的纵肋。

3.6　装配式楼盖　>>>

装配式楼盖在多层民用房屋和多层工业厂房中应用广泛。与采用现浇式楼盖相比,采用装配式楼盖可以加快施工速度、节约模板,但有运输和吊装要求。就形式而言,装配式楼盖大致可分为铺板式、密肋式和无梁式等。现只介绍最常采用的铺板式楼盖。

3.6.1　铺板的形式

装配式铺板楼盖是将预制板搁置在承重砖墙或楼面梁上。预制板有实心板、空心板、槽形板、单 T 板和双 T 板等多种形式,其中以空心板的应用最为广泛。我国各省市一般均有自行编制的标准和通用图集。随着高层建筑的发展,预制的大型楼板也日益增多。铺板的形式对楼盖的施工、使用和经济效果影响较大。下面就各种板型的优缺点及适用范围进行介绍。

(1) 实心板

实心板上、下表面平整,制作简单,但材料用量较大,适用于荷载及跨度较小的走道板、地沟盖板和楼梯平台等处[图 3-49(a)]。

实心板的常用跨度 $l=1.2\sim2.4$ m;板厚 $h\geqslant l/30$,常用板厚为 $50\sim100$ mm;常用板宽 B 为 $500\sim1\,000$ mm。

(2) 空心板

空心板上、下表面平整、自重轻、刚度大、隔音隔热效果较好,但板面不能任意开洞,故不适用于厕所等要求开洞的房间楼面。

空心板截面的孔形可为圆形、正方形、长方形或长圆形等[图 3-49(b)],视截面尺寸及抽芯设备而定,孔洞数目则视板宽而定。扩大和增加孔洞对节约混凝土、减轻自重和隔音有利,但若孔洞过大,中肋过稀,其板面需按计算配筋,反而不经济,同时,大孔洞板在抽芯时还易造成尚未结硬很好的混凝土坍落。

空心板截面高度可取为跨度的 1/25～1/20(普通钢筋混凝土板)或 1/35～1/30(预应力混凝土板),其取值宜符合砖的模数,常用厚度为 120 mm、180 mm 和 240 mm。空心板的宽度主要根据当地制作、运输和吊装设备的具体条件而定,常用宽度为 500 mm、600 mm、900 mm 和 1 200 mm。板的长度视房屋开间或进深大小而定,一般有 3～6 m,按 0.3 m 进级的多种规格。

(3) 槽形板

槽形板有肋向下的正槽形板和肋向上的倒槽形板两种[图 3-49(c)、(d)]。正槽形板可以较充分地利用板面混凝土抗压,故材料省、自重轻,但不能直接形成平整的天棚。槽形板隔音、隔热效果较差。

槽形板由于开洞较为自由,承载能力较大,故在工业建筑中采用较多。此外,也可用于对天花板要求不高的民用建筑屋盖和楼盖结构。

槽形板的常用跨度 $l=1.5\sim5.6$ m,板宽 $B=500$ mm、600 mm、900 mm、1 200 mm,肋高 $h=120$ mm、180 mm、240 mm,板面厚度 $\delta=25\sim30$ mm,肋宽 $b=50\sim80$ mm。为了增强槽板刚度,使两条纵肋能很好地协同工作,避免纵肋在施工中因受扭产生裂缝,一般均加设小的横肋。

(4) T 形板

T 形板有单 T 板和双 T 板两种[图 3-49(e)]。这类板受力性能良好,布置灵活,能跨越较大的空间,且开洞也较自由,但整体刚度不如其他类型的板。T 形板适用于板跨在 12 m 以内的楼盖和屋盖结构。

T 形板的翼缘宽度为 1 500～2 100 mm,截面高度为 300～500 mm,具体根据跨度而定。

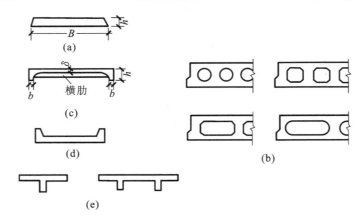

图 3-49　预制板截面形式

3.6.2　装配式梁

一般混合结构房屋中的楼盖梁多为简支梁或带悬臂的简支梁,有时也做成连续梁。梁的截面多为矩形。当梁高较大时,为满足建筑净空要求,往往做成如图 3-50(b)、(c)所示的花篮梁或十字梁。根据需要,还可采用如图 3-50(d)～(g)所示的截面形式。

简支梁的截面高度一般为跨度的 1/14～1/8。

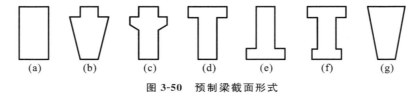

图 3-50　预制梁截面形式

3.6.3　装配式梁板的计算特点

装配式梁板构件,其使用阶段的承载力、变形和裂缝验算与现浇整体式结构完全相同,但这种构件在制作、运输和吊装阶段的受力与使用阶段不同,故还需要进行施工阶段的验算和吊环、吊钩的计算。

3.6.3.1　施工阶段的验算

装配式混凝土梁板构件必须进行运输和吊装验算。对于预应力混凝土构件,还应进行张拉(对后张法构件)和放松(对先张法构件)预应力钢筋时构件承载力和抗裂度的验算。验算时应注意以下问题:

① 计算简图。按运输、堆放及吊点位置实际情况加以确定。

② 施工或检修荷载。对预制板、挑檐板、檩条、雨篷板等构件,应考虑在最不利位置上作用 1 kN 的集中荷载进行验算。

③ 动力系数。进行吊装验算时,构件的自重应乘以 1.5 的动力系数。

④ 安全等级。在进行施工阶段承载力验算时,结构的重要性系数应较使用阶段的承载力验算降低一个安全等级,但降低后不得低于三级。

3.6.3.2　吊环的计算与构造

吊环应采用 HPB300 级钢筋,并严禁冷拉以防脆断。吊环埋入混凝土的深度不应小于 30d(d 为吊环钢筋直径),并应焊接或绑扎在构件的钢筋骨架上。

在吊装过程中,每个吊环可考虑两个截面受力,故吊环所需截面面积为

$$A_s = \frac{G_K}{2m[\sigma_s]}$$

(3-39)

式中　G_K——构件自重(不考虑动力系数)的标准值;

　　　m——受力吊环数量,最多考虑 3 个;

　　　$[\sigma_s]$——吊环用钢的容许设计拉应力,考虑动力作用之后,规范规定 $[\sigma_s] = 50$ N/mm²。

3.6.4 装配式楼盖的连接构造

装配式铺板楼盖由预制构件组成,这些构件大都简支在砖墙或混凝土梁上,结构整体性较差。为了加强楼面在竖向荷载作用下楼盖垂直方向上的整体性,改善各独立铺板的工作,以及在水平荷载作用下,保证墙体和楼盖共同工作,将外力直接、可靠地传递至基础,设计中应处理好构件间的连接构造问题。

3.6.4.1 板与板的连接

板与板的连接,一般采用强度不低于 C20 的细石混凝土或砂浆灌缝(图 3-51)。当楼面有振动荷载或房屋有抗震设防要求时,应在板缝内设置拉结钢筋以加强整体刚性(图 3-51)。此时板间缝隙应适当加宽。必要时可在板上现浇一层配有钢筋网的混凝土面层。

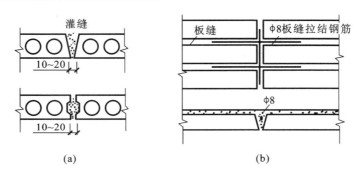

图 3-51　板与板的连接构造

3.6.4.2 板与墙、梁的连接

预制板支承在梁或墙上时,应坐浆 10～20 mm。板在墙上的支承长度应大于等于 100 mm,在梁上的支承长度应大于等于 60～80 mm,以保证连接牢固、可靠。

板与非支承墙的连接,一般采用细石混凝土灌缝[图 3-52(a)]。当板长大于等于 5 m 时,应在其跨中处设置联系钢筋 2φ8,将板与墙或圈梁拉结。此筋一端伸入墙内,另一端跨过板宽弯入板的侧缝[图 3-52(b)]。为加强房屋的整体性,宜将混凝土圈梁设置于楼盖平面处[图 3-52(c)]。

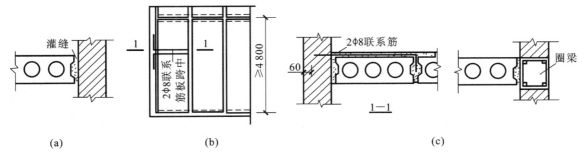

图 3-52　板与非支承墙的连接构造

3.6.4.3 梁与墙的连接

梁在砖墙上的支承长度应满足梁内受力钢筋在支座处的锚固要求,并满足支座处砌体局部受压承载力的要求。如后者不满足,应按《砌体结构设计规范》(GB 50003—2011)在梁下设置混凝土垫块。一般预制梁也应在支承处坐浆 10～20 mm。

3.7 楼梯 >>>

楼梯间生成
演示动画

楼梯是楼层之间的竖向交通联系。钢筋混凝土楼梯由于具有坚固、耐久、耐火等优点,所以在多、高层房屋中应用较广。从施工方法看,钢筋混凝土楼梯可以整体现浇或预制装配。现浇楼梯又可根据结构受力特点分为梁式楼梯[图3-53(a)]、板式楼梯[图3-53(b)]、折板悬挑楼梯和螺旋式楼梯等形式,前两种为平面受力体系,后两种则为空间受力体系。本节只介绍工程中常用的现浇梁式楼梯和现浇板式楼梯。

3.7.1 板式楼梯

板式楼梯由踏步板、平台板和平台梁组成[图3-53(b)]。踏步板两端一般支承于平台梁上[图3-54(a)];若取消平台梁,则踏步板直接与平台板相连,平台板再搁于砖墙或支承在其他构件上[图3-54(b)]。

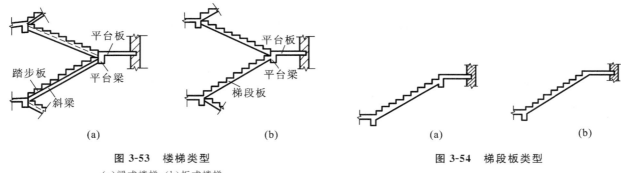

图 3-53 楼梯类型
(a)梁式楼梯;(b)板式楼梯

图 3-54 梯段板类型

板式楼梯的优点是底面平整、模板简单、施工方便。缺点是混凝土和钢材用量较大,结构自重较大,故从经济方面考虑,多用于梯段板跨度小于 3 m 的情形。但由于这种楼梯外形比较轻巧、美观,所以近年来在一些公共建筑中,梯段板跨度较大时也偶尔采用。

3.7.1.1 梯段板的计算

由图 3-54 可知,梯段板可以是斜板,也可以是折线形板。作用于斜板上的竖向荷载包括踏步板的自重及活荷载,设水平单位长度上其设计值为 p(kN/m)。假定斜板两端简支,则其计算简图如图 3-55 所示。

为了求得斜板内力,先对支座 A 取力矩平衡,求支座 B 中反力 R_B,即

$$\sum M_A = 0, \quad R_B l_0' = \frac{1}{2} p l_0^2$$

$$R_B = \frac{p l_0^2}{2 l_0'} = \frac{1}{2} p l_0 \cos\alpha \quad (3\text{-}40)$$

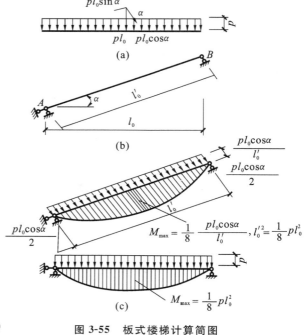

图 3-55 板式楼梯计算简图

然后,将计算简图在距离支座 $A x$ 处切开,对其右边隔离体取平衡方程,并将式(3-39)代入,可得该处截面上的弯矩和剪力为

$$M_x = R_B \frac{l_0 - x}{\cos\alpha} - \frac{1}{2}p(l_0 - x)^2 = \frac{1}{2}p(l_0 - x)x \tag{3-41}$$

$$V_x = R_B - p(l_0 - x)\cos\alpha = p\left(x - \frac{1}{2}l_0\right)\cos\alpha \tag{3-42}$$

不难看出,斜板在竖向荷载 p 作用下的截面弯矩等于相应水平梁同一竖向位置处的截面弯矩,截面剪力等于后者截面剪力乘以 $\cos\alpha$。需要明确的是,在进行斜板截面受剪承载力计算时,这一截面指的是与斜板垂直的截面,故截面高度应以斜向高度计算。

截面设计应取最大内力,由式(3-40)、式(3-41),得

$$M_{max} = \frac{1}{8}pl_0^2 \tag{3-43}$$

$$V_{max} = \frac{1}{2}pl_0\cos\alpha \tag{3-44}$$

考虑平台梁对斜板的嵌固影响,跨中弯矩可以适当减小而采用 $M = pl^2/10$。

对于折线形板,上述嵌固影响较小,一般不予考虑。进行内力计算时,同样可将折线形板化为相应的水平投影简支板。但需注意,由于斜板部分与平台板部分恒载不同,故需按剪力为 0 的极值条件求出其最大弯矩 M_{max} 所在截面的位置。设 M_{max} 截面离斜板支座的距离 $x = \beta l/2\cos\alpha$,据极值条件可建立 β 与 l_1/l 和 p_2/p_1 的关系(各符号意义见图3-56),求出 β 值,相应的最大内力则为

$$M_{max} = \frac{1}{8}p_1(\beta l)^2 \tag{3-45}$$

$$V_{max} = \frac{1}{2}p_1\beta l\cos\alpha \tag{3-46}$$

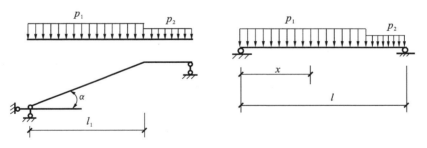

图 3-56　折板、折梁的计算简图

3.7.1.2　平台梁的计算

平台梁两边分别与平台板和斜板相连,故将承受由平台板和斜板传来的均布力。平台梁一般可按简支梁计算内力,按受弯构件设计配筋。计算钢筋用量时,由于平台板与平台梁整体连接,故可按倒 L 形截面进行设计,但也可忽略翼缘作用仅按矩形截面考虑。

3.7.1.3　平台板的计算

平台板一般按简支板考虑。取单位宽度板带作为计算单元,设平台板所受均布荷载(含自重)设计值为 p,计算跨度为 l_0,则确定板内配筋所用的最大弯矩 $M_{max} = pl_0^2/8$。

3.7.2　梁式楼梯

梁式楼梯由踏步板、斜梁、平台板及平台梁组成[图3-53(a)]。梯段上荷载通过踏步板传至斜梁,斜梁上的荷载及平台板上的荷载通过平台梁传到两侧墙体或其他支承构件。

梁式楼梯的优点是当楼梯跑段长度较大时,比板式楼梯经济,结构自重较轻;缺点是模板比较复杂,施工不便,此外,当斜梁尺寸较大时,外观显得笨重。

3.7.2.1 踏步板的计算

踏步板按两端支承在斜梁上的单向板计算。取一个踏步作为计算单元,从竖向挠曲看,其截面形式为梯形,为简化计算,可按面积相等的原则将其换算成与踏步同宽的矩形,高 $h=b/2+d/\cos\varphi$,其中,b 为踏步高度,d 为板厚(图 3-57)。如此换算减小了截面抗弯力臂,计算所得配筋必定偏大,因此这是种保守的近似方法。计算时应当直接考虑竖向荷载。

根据踏步板受力情况,板的挠度实际上只能垂直于斜梁,即中和轴将平行于斜面,此时踏步计算截面形状如图 3-58 所示,受压区为直角三角形。取竖向荷载沿垂直于斜梁方向的分量进行计算。按等面积原则将该截面换算为宽同踏步板斜边、高 $h=b+\cos(\varphi/2)+d$ 的矩形进行配筋计算,同样是偏于安全的做法。如果仍然采用矩形截面受弯构件应力假定,则根据图 3-58 所示的计算简图可建立平衡方程如下:

$$\alpha_1 f_c A_x = f_y A_s$$

$$M = \alpha_1 f_c A_x \left(h_0 - \frac{2}{3}x\right)$$

其中

$$A_x = \frac{1}{2}x \cdot C_x = \frac{1}{2}x \cdot \frac{x}{\sin\varphi\cos\varphi} = \frac{x^2}{\sin(2\varphi)}$$

代入得

$$\frac{x^2}{\sin(2\varphi)}\alpha_1 f_c = A_s f_y$$

$$M = \frac{x^2}{\sin(2\varphi)}\alpha_1 f_c \left(h_0 - \frac{2}{3}x\right) = \frac{\alpha_1 f_c h_0^3}{\sin(2\varphi)}\xi^2\left(1 - \frac{2}{3}\xi\right)$$

设

$$m = \frac{1.5M\sin(2\varphi)}{\alpha_1 f_c h_0^3} \tag{3-47}$$

则由式(3-47)得

$$\xi^3 - 1.5\xi^2 + m = 0 \tag{3-48}$$

按式(3-48)计算出 ξ,然后按下式求出配筋面积:

$$A_s = \frac{\xi^2 \alpha_1 f_c}{\sin(2\varphi) \cdot f_y}h_0^2 \tag{3-49}$$

其中,ξ 的上限值可参照 ξ_b 采用。

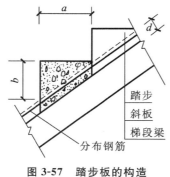

图 3-57 踏步板的构造

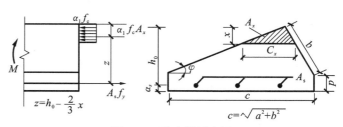

图 3-58 踏步板受力图

3.7.2.2 斜梁的计算

楼梯斜梁一般支承在上、下平台梁上,也有采用折线形斜梁的,斜梁承受由踏步板传来的均布荷载。与板式楼梯中梯段板计算同理,无论是简支斜梁还是折线形斜梁,都可化作水平投影简支梁考虑。

3.7.2.3 平台梁的计算

在梁式楼梯中,平台梁只承受由平台板传来的均布力,踏步板上的均布荷载则通过斜梁以集中力的方式传递,这是与板式楼梯中平台梁的不同之处,这一受力特点无论对其抗弯设计还是抗剪设计都较为不利。

3.7.2.4　平台板的计算

无论梁式楼梯还是板式楼梯,平台板的计算都是相同的,故此处不再赘述。

3.7.3　现浇楼梯的构造

楼梯各部件都是受弯构件,所以受弯构件的构造要求同样适用于楼梯各部件。

在梁式楼梯中,每个踏步板的受力筋应保证不少于 2φ6,受力筋呈水平方向,置于板底;分布筋则呈倾斜方向,置于受力筋之上,一般采用φ6@300,如图 3-59 所示。踏步底板厚为 30~40 mm。

板式楼梯的踏步板厚通常取 100~120 mm。踏步板内受力钢筋沿倾斜方向置于板底,水平向的分布钢筋置于受力钢筋之上,每个踏步需配置 1φ8,见图 3-59。

由于梯段板与平台梁整体相连,为防止因嵌固影响而使板的表面出现裂缝,应将平台梁的钢筋伸入斜板,一般伸入长度为 $l_n/4$(图 3-60)。

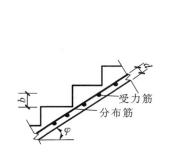

图 3-59　梁式楼梯的配筋构造

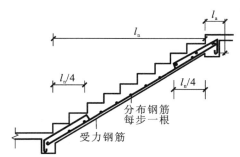

图 3-60　板式楼梯的配筋构造

对于折线形板,受力钢筋一般采用图 3-61 所示的形式,应避免出现内折角式配筋,以免受力后使混凝土崩脱。

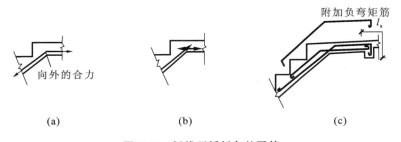

(a)　　　　　　　　(b)　　　　　　　　(c)

图 3-61　折线形板折角处配筋

3.8　案例分析　≫≫≫

3.8.1　某楼盖正交梁系设计失误解析

(1) 工程概况

某办公楼为多层建筑,带内走廊,结构采用横向承重框架,楼面沿纵向铺设预应力混凝土空心板(中南标 YKB-3751),横向柱列的典型布置为 4 柱 3 跨,其中一端局部抽去 4 根柱子(图 3-62),形成较大空间,各层分别用作会议室或资料室等,楼面纵、横梁(L5、L6)整体现浇,构成梁系,虽然为井字形,但两向梁高并不相同(图 3-63),故称为正交梁系,以免混淆于常规的理解。对该楼进行加层扩建前,受业主委托作了结构评估,发现该正交梁系原设计存在缺陷,这或许出乎原设计者意料,也值得广大结构设计人员注意。

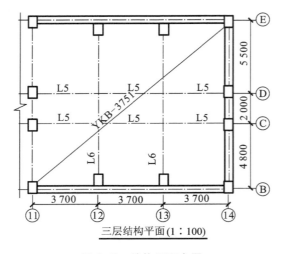

图 3-62　结构平面布置

三层结构平面(1∶100)

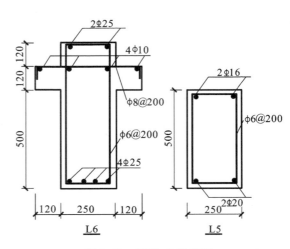

图 3-63　横梁、纵梁截面

（2）结构分析及讨论

从结构布置和梁的截面尺寸及配筋判断,原设计人员的设计意图可能是希望做成以 L5 为次梁、以 L6 为主梁的正交梁系。若是,则 L5 作为以两个柱子和 L6 为支承、仅承担自重的三跨次梁(跨度为 3.7 m)进行设计,图 3-63 所配钢筋已足够,从概念上讲,这种情形只有当 L6 的截面尺寸和抗弯刚度足够大时才能成立,否则,L5、L6 的主次关系将发生改变,由 L6 托 L5 变为 L6 压 L5 或 L5 托 L6,即 L5 变成仅以两个柱子为支承、受自重和 L6 传来的集中力共同作用的单跨主梁(跨度为 11.1 m),而 L6 变成以两个柱子和 L5 为支承、承担自重和楼面荷载的三跨次梁,相对前一种情形,两根梁的内力分布和大小将发生很大变化,L5 作为主梁,其截面尺寸和配筋肯定就不够了。当然,理论上有时也存在这样一种界限情形:L5 和 L6 之间没有相互作用和主次关系,两根梁均为以两个柱子为支承、受均布荷载作用的单跨梁,L5 仅承担自重,L6 除此之外还承担楼板传来的均布荷载。一般地,设 L1、L2 两个方向梁的跨度分别为 s_1、s_2,梁截面抗弯刚度分别为 EI_1、EI_2,梁上均布荷载(含自重)分别为 p_1、p_2,忽略剪切变形和扭转变形的影响,以两根梁在交点处弯曲挠度相等为条件,可推导出界限情形出现时以上参数之间需要满足的数学关系,这种关系式可作为对实际情况加以判断的理论依据。

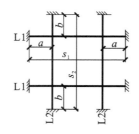

图 3-64　梁两端固定且双向对称布置

如为界限情形,当梁两端固定且双向对称布置(图 3-64)时,推导过程如下。

均布荷载 p 作用下两端固定梁距端点 x 处的挠度为

$$f=\frac{px^2}{24EI}(x^2-2sx+s^2) \tag{3-50}$$

将 $x=a$ 代入式(3-50),得 L1 在交点处的挠度为

$$f_1=\frac{p_1a^2}{24EI_1}(a^2-2s_1a+s_1^2) \tag{3-51}$$

将 $x=b$ 代入式(3-50),得 L2 在交点处的挠度为

$$f_2=\frac{p_2b^2}{24EI_2}(b^2-2s_2b+s_2^2) \tag{3-52}$$

令 $f_1=f_2$,有

$$\frac{p_1}{24EI_1}a^2(a^2-2s_1a+s_1^2)=\frac{p_2}{24EI_2}b^2(b^2-2s_2b+s_2^2)$$

整理上式,可得

$$\frac{p_1}{p_2}\cdot\frac{I_2}{I_1}\left(\frac{as_1}{bs_2}\right)^2=\frac{\left(\dfrac{b}{s_2}\right)^2-2\dfrac{b}{s_2}+1}{\left(\dfrac{a}{s_1}\right)^2-2\dfrac{a}{s_1}+1} \tag{3-53}$$

这是 L1 与 L2 没有相互作用时需要满足的条件。在本案例中,显然不满足这个条件。L5、L6 是有相互作用的。

图 3-64 所示计算图式仍局限于理想的支承条件,为了更好地对本工程实例加以分析,现采用 PKPM 软件建立结构整体模型进行分析。首先算出预制板传给 L6 的恒载和活荷载。如原设计中,L5 采用 250 mm × 500 mm 的矩形截面,L6 采用十字形截面,矩形部分的尺寸为 250 mm × 740 mm,按上述矩形截面尺寸计算得到正交梁系挠度图、节点力图、弯矩包络图和配筋图。从中可以看出,虽然 L6 比 L5 梁高增大近 50%,但并不是 L6 托 L5,而是 L5 托 L6,即小梁为主,大梁为次。因此,L6 无论跨中还是支座,原设计配筋都有富余,而 L5 的配筋不能满足承载力要求。

下面通过变化某些参数来进一步说明正交梁系中双向梁的相互作用关系。试将 L5 的截面尺寸加大到 250 mm × 740 mm(同 L6)再做计算,结果显示,作为主梁的 L5 刚度增大后,L5、L6 挠度减小,L6 的跨中和支座弯矩也相应降低,L5 的跨中和支座弯矩也有所变化。当 L5 的截面尺寸维持 250 mm × 500 mm,而将 L6 的截面高度加大到一定程度时,由计算结果可以看出,此时 L5、L6 的主次关系已经颠倒过来,内力图形变化明显,L5 成为纯粹的纵向系梁,弯矩大减。理论上讲,当 L6 抗弯刚度无穷大时,无论荷载大小,L6 都是 L5 的刚性支座。

还应指出,如果楼板与梁、柱整体现浇,则图 3-62 所示的正交梁系中各板格均为双向板,因计算图式不同,上述各公式将不再适用,由于楼面荷载从单向 L6 传递变为双向传递,加上纵、横两个方向柱间距离相差不大,若纵、横梁同样是上述尺寸,相互作用会发生变化,主次关系甚至可能颠倒。为了加以说明,将预制板按照自重相等的条件换成现浇板,采用 PKPM 软件进行计算,结果发现,此时的 L5 和 L6 已是小梁为次,大梁为主。可见,如果采用现浇板,按照经验如图 3-62 进行结构布置是可以符合设计预想的,但若不注意楼板方案不同(包括现浇板与预制板的不同、预制板铺板方向的不同等)带来的变化,这种经验就可能导致本案例提到的设计错误,以致必须进行加固处理。

(3)结语

混凝土楼盖中不同方向的梁通过整体现浇交叉结合,这在建筑工程中极为普遍,交叉梁间一般存在相互作用,其主次关系和相互作用的程度不仅取决于各向梁的跨度比、截面刚度比及支承条件,还与荷载比有关,当改变楼板方案时,由于荷载分配有所不同,各向梁的相互作用程度将随之变化,主次关系甚至可能逆转,设计中必须加以注意,以免酿成错误。

3.8.2 某框架结构现浇楼盖裂缝分析

(1)事故概况

重庆某厂房建筑面积为 1 540 m²(共 2 层,长 42 m,宽 18 m),为现浇钢筋混凝土框架结构。框架梁跨度为 9 m,开间 4.2 m(图 3-65);梁截面尺寸为 300 mm × 900 mm;设计板厚 100 mm;C20 混凝土;楼面使用活荷载 5.0 kN/m²。1999 年 3 月开工,9 月竣工。竣工后发现梁及板上出现裂缝。

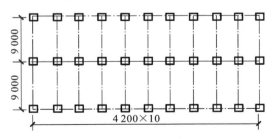

图 3-65 结构平面布置

经检测,该厂房 2 楼框架梁与楼板上均有不同程度的开裂,将裂缝按所在的位置及形态不同分为下列 3 种情况。

裂缝 1:位于框架梁的跨中附近,垂直分布,每跨有 2～3 根,裂缝形态为中间大、两头小,呈枣核状,靠近梁的上缘及下缘处逐渐消失,梁底部没有裂缝(图 3-66)。

裂缝2:位于楼板上表面跨中部分,沿板的短跨方向发展,缝浅而细,最大宽度约为0.2 mm,板底没有裂缝(图3-67)。

裂缝3:位于楼板面上框架梁两侧,沿梁长度方向,裂缝宽度约为0.8 mm,板底无裂缝(图3-67)。

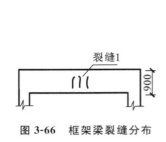

图3-66 框架梁裂缝分布

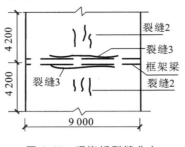

图3-67 现浇板裂缝分布

(2)事故原因分析

经现场检测,混凝土强度达到了设计要求,施工振捣密实,内部无明显缺陷。对钢筋检测时发现板面负弯矩位置偏下,保护层厚度达到了40～50 mm,经证实是施工时踩踏所致。经图纸复核,原设计图纸中仅在框架梁梁高的中部每侧设置1φ8的腰筋,与现行规范相比偏少。

① 梁上的裂缝(裂缝1)分析。

a.混凝土收缩。这是由于梁施工时存在拆模早、养护不当的情况。这样,当两边固定在柱上的混凝土梁成型时,表面水分蒸发,这种蒸发由表及里地逐步发展,内、外干缩量不一样,因而混凝土表面收缩变形受到混凝土内部以及两边柱的约束而在沿长度方向上产生拉应力,当这种拉应力超过混凝土当时的抗拉强度时,会在混凝土表面形成裂缝。裂缝之所以中间宽、两头窄,是因为构件截面上部变形受到板的约束,下部受到较强钢筋的约束,中部却没有强有力的钢筋约束,而使裂缝得以发展形成。

b.构造方面的原因。该工程框架梁截面较大,梁高为900 mm,而设计中仅在梁中部每侧放置1φ8的腰筋,不满足规范的要求。因此,当混凝土收缩产生拉应力时,梁的中部因为钢筋配置过少不足以抵抗这种应力而产生裂缝。

② 板面上跨中裂缝(裂缝2)分析。

从裂缝的形态及分布判断,该工程楼面上的细小裂缝(裂缝2)也是因为混凝土的收缩变形造成的。因为该工程混凝土现浇板板面较大,而板面上又无相应的起约束作用的钢筋,再加上施工时养护不当等原因,使板面上混凝土在收缩应力的作用下开裂。板底混凝土因有较强的钢筋约束,而且在混凝土凝结初期有模板保护而未开裂。

③ 板面上梁侧裂缝(裂缝3)分析。

引起裂缝3的主要原因与前两种裂缝不一样,是板面钢筋位置不正确造成的。由于施工时工人乱踩已绑扎好的钢筋,而使现浇板的板面负钢筋位置普遍偏下。保护层厚度增加,平均为40～50 mm,最大的地方甚至超过50 mm。负钢筋的位置已接近或超过中和轴,板的有效高度减小,板在负弯矩的作用下开裂。另外,由于板厚不足,降低了板的承载力和刚度,对裂缝的发生和扩展也有直接影响。在这种情况下,板的实际承载力已经不能按连续板来考虑,而只能按两端铰支的简支板来计算,这样,其承载力有明显降低。再加上实际板厚比原设计又有减小,进一步降低了板的实际承载力及刚度(其刚度已不满足规范的要求)。因此,对这种情况必须采取加固措施,以提高板的承载力及刚度。

(3)结论及建议

本工程实例并不复杂,但其所存在的问题比较典型,在其他工程中也时有出现。因此,我们应当在设计、施工等各个环节采取综合措施,避免此类问题的发生,以减少不必要的损失。例如,要防止本案例中所提到的因混凝土收缩引起的裂缝,首先要控制混凝土中的水泥用量,水灰比和含砂率不能过大,严格控制砂石含泥量,混凝土应振捣密实,对板面进行抹压;同时,要加强混凝土的早期养护,并适当延长养护时间,覆盖草帘、草袋,避免暴晒,定期洒水保持湿润。对于本案例中所提到的裂缝3的情况,更应引起高度重视。一方面,建筑工程中钢筋位置不正确的情况经常出现,产生这种情况的原因比较多,而本案例所提到的由于施工时工人乱踩已绑扎好的钢筋而造成钢筋的错位最为常见,也经常被忽视。另一方面,钢筋的位置不正确在有些情况下会产生相当严重的后果,甚至会导致垮塌事故。因此,必须尽可能避免出现此类问题。这就需要加强施工管理,禁止在钢筋上走动,必要时,设置铁支架支住负钢筋。

知识归纳

1. 楼盖、屋盖、楼梯等梁板结构的设计步骤是:(1)结构选型和布置;(2)结构计算(包括确定简图、计算荷载、内力分析、内力组合及截面配筋计算等);(3)绘制结构施工图(包括结构布置、构件模板及配筋图)。

2. 结构选型和布置对结构的可靠性和经济性有重要影响。因此,应熟悉各种梁板结构的布置方式、受力特点及适用范围,以便在设计中作出合理选择。

3. 在现浇单向板肋梁楼盖中,板和次梁均可按连续梁并取折算荷载(保持总荷载不变,增加恒载,减小活荷载)进行计算。对于主梁,当梁柱线刚度比不小于5时,也可按连续梁计算,忽略柱对梁的约束作用。

4. 计算连续梁、板时,如果考虑塑性内力重分布,为保证塑性铰具有足够的转动能力,使结构实现完全内力重分布,应采用塑性好的 HPB300、HRB335 级钢筋,并保证截面受压区高度 $x \leqslant 0.35h_0$,同时满足斜截面抗剪能力要求。为保证结构在使用阶段裂缝不致过早出现和开展过宽,设计时应对弯矩调幅予以控制。

5. 理论上,单向板和双向板的区别在于:弯曲变形和内力是在一个方向发生还是在两个方向发生。实际上,肋梁楼盖板四边支承在主梁和次梁或墙上,两个方向将同时发生弯曲变形和内力,只有当长边和短边之比大于2时,弹性弯曲变形和内力主要产生在短边方向,工程上才把它视为单向板。此时长跨方向产生的内力很小,不必另行计算,按构造要求配筋即可。

6. 周边支承双向板可按弹性理论和塑性理论两种方法进行设计计算,后者结果较经济。

7. 无梁楼盖是一种点支承双向板体系,应特别注意板中钢筋的上下摆放位置和板柱连接区域的构造要求。

8. 梁式楼梯和板式楼梯的主要区别在于:楼梯梯段是采用斜梁承重还是斜板承重。前者受力较合理,用材较省,但施工较烦琐,不够美观,一般用于梯段较长的楼梯;后者反之。设计时应根据要求适当选型。

9. 梁、板结构构件(包括楼梯)的截面尺寸,通常根据刚度要求的高跨比确定,一般不必进行变形及裂缝宽度验算,其截面配筋按承载力计算,同时需满足规范中有关的构造要求。

独立思考

3-1 混凝土楼盖结构有哪几种类型?它们的受力特点、优缺点及适用范围有何异同?

3-2 现浇单向板肋梁楼盖的结构布置应遵守哪些原则?

3-3 计算单向板肋梁楼盖中板、次梁、主梁的内力时,如何确定其计算简图?

3-4 为什么要考虑荷载最不利组合?

3-5 如何绘制主梁的弯矩包络图及材料图?

3-6 何谓塑性铰？混凝土结构中的塑性铰与结构力学中的理想铰有何异同？

3-7 何谓内力重分布？引起超静定结构内力重分布的主要因素有哪些？如何保证它的实现？

3-8 何谓弯矩调幅法？按塑性内力重分布方法计算混凝土连续梁的内力时，为什么要控制弯矩调幅系数？

3-9 考虑塑性内力重分布方法计算混凝土结构时，应遵守哪些原则？

3-10 梁中纵向受力钢筋弯起或截断应满足哪些条件？

3-11 现浇板肋梁楼盖中板、次梁及主梁的设计与构造要点有哪些？

3-12 单向板与双向板如何区别？其受力特点有何异同？

3-13 利用单跨双向板弹性弯矩系数计算连续双向板跨中和支座最大弯矩时，采用了哪些假定？

3-14 简述双向板破坏特征，并说明按塑性理论计算双向板的大致过程。

3-15 按直接设计法计算无梁楼盖的适用条件是什么？

3-16 常用的楼梯形式分为哪两种？试分别说明其受力特点，描绘其计算简图。

实战演练

3-1 单向板肋梁楼盖设计。

设计资料：某多层工业建筑，平面布置见图 3-68，采用砖混结构，外墙为砌体结构，墙厚为 360 mm 和 480 mm，中柱为钢筋混凝土柱，截面尺寸为 450 mm×450 mm，楼盖要求采用单向板肋梁楼盖。楼盖面层做法为 20 mm 厚水泥砂浆面层，板底采用 15 mm 厚混合砂浆抹灰。楼面可变荷载标准值为 7 kN/m²。材料选用 C30 混凝土，梁内纵向受力钢筋为 HRB400 级钢筋，其他钢筋采用 HPB300 级钢筋。要求：

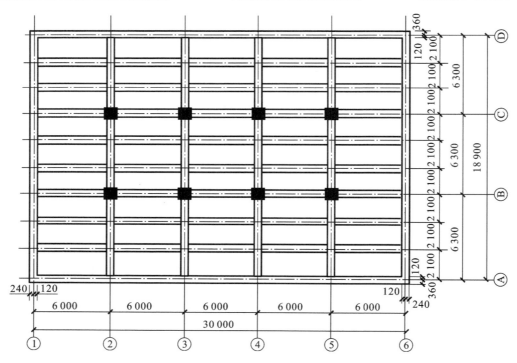

图 3-68 楼盖结构布置图

① 按塑性内力重分布方法设计板和次梁；

② 按弹性方法设计主梁；

③ 对板、次梁和主梁进行裂缝验算；

④ 对主梁的挠度进行验算；

⑤ 绘制出该楼面结构平面布置和板、次梁和主梁的模板及配筋施工图。

3-2 双向板肋梁楼盖设计。

设计资料：某工业建筑采用双向板肋梁楼盖，结构布置见图 3-69。楼面可变荷载设计值为 8 kN/m²，悬挑部分为 2 kN/m²。楼板选用 120 mm 厚，加上面层、粉刷等自重，恒载设计值为 4 kN/m²。材料采用 C25 混凝土，板钢筋采用 HPB300 级钢筋。要求：

① 按弹性理论计算各区格板的弯矩；

② 进行板的配筋设计，并绘制出板的配筋图。

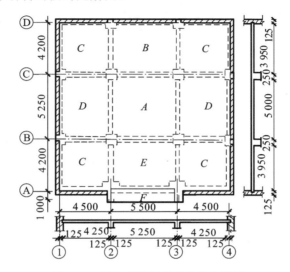

图 3-69 双向板肋梁楼盖结构布置图

参考文献

[1] 余志武,袁锦根.混凝土结构与砌体结构设计.3 版.北京:中国铁道出版社,2013.

[2] 何益斌.建筑结构.北京:中国建筑工业出版社,2005.

[3] 顾祥林.建筑混凝土结构设计.上海:同济大学出版社,2011.

[4] 沈蒲生.楼盖结构设计原理.北京:科学出版社,2003.

[5] 潘明远.建筑工程质量事故分析与处理.北京:中国电力出版社,2007.

[6] 飞渭,江世永.某框架结构现浇混凝土楼盖裂缝分析与处理.四川建筑科学研究,2002,28(3): 22-23.

4

单层厂房排架结构

课前导读

▽ 内容提要

本章主要内容包括：单层工业厂房钢筋混凝土柱排架结构的组成、结构构件布置和选型，排架荷载及内力计算，单层厂房柱及牛腿的设计，柱下独立基础的设计等。本章的重点是单层厂房排架结构的组成和构件的布置、排架荷载及内力计算、牛腿及柱下独立基础的设计；难点是排架结构的布置和排架柱的荷载效应组合。

▽ 能力要求

通过本章教学，学生应掌握单层工业厂房结构的基本理论、基本构造与计算方法，并能熟练运用所学知识进行单层工业厂房排架结构设计。熟悉单层工业厂房排架结构的组成、结构布置原则、主要结构构件选型的方法；掌握各种支撑体系及围护构件作用、布置原则与方法；熟悉排架结构计算简图的确定及荷载的计算方法；掌握等高排架和不等高排架内力计算的方法和步骤、内力组合的原则和计算、排架柱及牛腿的配筋计算及构造要求；熟悉普通柱下独立基础的构造要求；掌握柱下扩展基础的设计方法和步骤。

▽ 数字资源

5分钟看完本章

4.1 概　述　>>>

4.1.1 单层厂房的特点及其应用

工业厂房的结构形式多种多样,按照生产工艺和条件不同,可分为单层厂房(single-story industrial building)和多层厂房(multi-story industrial building)。而对于冶金、机械和纺织工业厂房,如炼钢、轧钢、铸造、锻压、金工、装配、织布车间等,由于需要安装较大、较重的机器和设备,较大轮廓尺寸的产品以及频繁地运输原材料和产品,都需要具备高大的建筑空间,则更多的是采用单层厂房。一般而言,单层厂房结构具有以下特点:① 结构跨度大,高度大,承受的荷载也大,因此结构构件的内力及截面尺寸大,材料用量大;② 结构承受吊车荷载、动力机械设备荷载等动力荷载作用,因此设计时应考虑动力荷载的影响;③ 其属于空旷型结构,柱是承受各种荷载的主要构件;④ 结构的柱下基础受力大,工程地质勘察和地基基础设计工作应引起足够的重视。单层厂房的构件形式标准化,便于定型设计和工业化施工,缩短设计和施工时间,方便扩建和改建。单层工业厂房的主要缺点是占地面积大,对于用地极为紧张的大中城市不利。

工业厂房结构图

实际工程中应用单层厂房结构,不仅需要根据车间内部的生产工艺流程要求确定厂房结构的跨度、跨数、柱距等平面布置参数及厂房高度、剖面、立面及围护结构和构造的技术参数,而且需要根据起重运输或设备安装检修要求预留运输通道和检修场地,还需要根据环境卫生要求综合考虑采光、通风、保温等功能需要,设置天窗,采取屋面保温等措施,有时还需要解决余热、湿气、有害气体的排除,减少噪音及设备振动的干扰,处理好烟尘、废水、废渣、热水对环境的污染。

4.1.2 单层厂房的类型

单层厂房按其主要承重结构的材料不同,分成混合结构、钢筋混凝土结构和钢结构。通常,无吊车或吊车吨位不超过 5 t,且跨度在 15 m 以内,柱顶标高在 8 m 以下,无特殊工艺要求的小型厂房,可采用由砖柱、钢筋混凝土屋架或木屋架或轻钢屋架组成的混合结构。当吊车吨位在 250 t(中级载荷状态)以上,或跨度大于 36 m,或有特殊工艺要求的厂房(如设有 10 t 以上锻锤的车间以及高温车间的特殊部位等),一般采用钢屋架、钢筋混凝土柱或全钢结构。其他大部分单层厂房均可采用钢筋混凝土结构,而且除特别情况以外,一般采用预制钢筋混凝土柱及屋架组成的装配式钢筋混凝土结构。

单层厂房按结构形式可分为排架结构和刚架结构两种。

钢筋混凝土排架结构由屋架或屋面梁、柱和基础组成,柱与屋架铰接,柱与基础刚接。根据生产工艺与使用要求,排架可做成单跨、多跨,也可做成等高[图 4-1(a)]、不等高[图 4-1(b)]和锯齿形[图 4-1(c)]等多种形式,锯齿形排架适用于织布过程中不允许阳光直射,只允许朝北方向开天窗的纺织厂。排架结构是目前单层厂房结构的基本形式,跨度可超过 30 m,高度可达 20~30 m 或更大,吊车吨位可达 150 t 甚至更大。排架结构传力明确,构造简单,有利于实现设计标准化、构配件生产工厂化和系列化、施工机械化,提高建筑工业化水平。

刚架结构的特点是柱和横梁刚接成一个构件,柱与基础铰接,门架顶节点做成铰接的称为三铰门架[图 4-2(a)],做成刚接的称为两铰门架[图 4-2(b)]。为便于施工吊装,两铰门架常做成三段,在横梁弯矩为 0 或很小的截面设置接头,以焊接或螺栓连接成整体。门架横梁的形式有人字形[图 4-2(a)、(b)]和弧形[图 4-2(c)]两种,常用的是前者。门架立柱和横梁截面高度随弯矩变化而做成变截面以省材料,构件截面一般为矩形,但当跨度和高度较大时,也可做成工字形或空腹的以减轻自重。门架与排架相比,优点是梁、柱合一,构件种类少,制作较简单,且结构轻巧,当跨度和高度均较小时经济指标稍优于排架。其缺点是刚度较差,承载后会发生跨变,即横梁产生轴向变形,梁柱转角处易产生裂缝,所以一般适用于吊车吨位不大于 10 t 的厂房,跨度不超过 18~24 m、柱高度不超过 6~10 m 的金工、机修、装配和喷漆等车间及仓库。

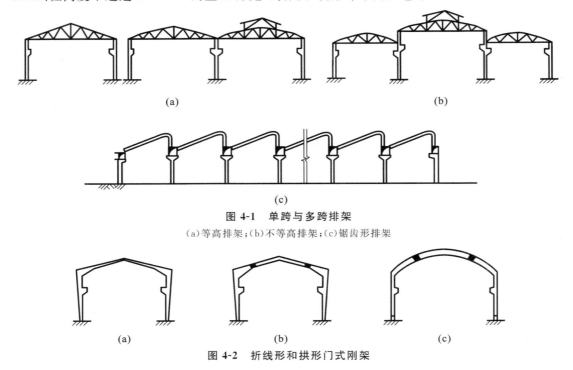

图 4-1 单跨与多跨排架

(a)等高排架;(b)不等高排架;(c)锯齿形排架

图 4-2 折线形和拱形门式刚架

4.1.3 单层厂房的设计方法与步骤

单层厂房设计时,首先由工艺设计人员根据工厂生产流程、设备布置、交通运输及起重要求等,确定厂房的长度、跨度、跨数及柱网布置等平面布置图,厂房的高度、轨顶标高等剖面布置图,此过程为称工艺设计。

根据工艺设计进行单层厂房的建筑结构设计,一般分为 3 个阶段:

① 方案设计阶段。该阶段主要进行柱网布置,确定结构形式、标高、剖面,选择结构构件类型,确定屋面、墙面、地面做法等。

② 技术设计阶段。该阶段需要确定结构计算简图,进行荷载计算及排架的内力分析,进行排架柱和基础等结构构件的设计。

③ 施工图设计阶段。绘制厂房的结构平面布置图(屋面、柱、基础等)、构件布置图与配筋图、节点大样图等。

本书中主要介绍单层厂房装配式钢筋混凝土排架结构体系。进行非抗震设防区的单层厂房排架结构设计时,主要考虑承受恒载、屋面活荷载、吊车荷载和风荷载等作用。实际工程中为了简化计算,一般将其简化为纵向、横向的平面排架结构,按线弹性分析方法分别进行内力计算,当吊车起重量较大时,还应考虑厂房空间作用的影响。进行抗震设防区的单层厂房排架结构设计时,应注重合理的结构布置,注意刚度协调,改进连接构造,加强厂房整体性,必要时进行地震作用下结构的抗震验算。单层厂房的横向抗震验算可按平面结构进行简化计算,但应考虑厂房空间作用和扭转影响,对地震的作用效应予以调整,或考虑屋盖平面内弹性变形和墙体的有效刚度的影响,将单层厂房按多质点空间结构进行分析计算。

此外,在单层厂房结构设计中,应充分利用标准构配件图集,主要包括屋面板、天窗架、支撑、屋架、吊车梁、墙板、连系梁、基础梁等标准图集,可根据工程具体情况选用,不必另行设计,以提高建筑工业化水平。然而,对标准构配件间的连接则必须进行设计。

4.2 单层厂房排架结构的概念设计 >>>

4.2.1 单层厂房结构的组成

通常单层厂房结构由下列结构构件组成(图 4-3):屋面板、屋架、吊车梁、排架柱、抗风柱、基础梁、基础等。这些构件又分别组成屋盖结构、横向平面排架、纵向平面排架和围护结构。

屋盖结构:分有檩体系与无檩体系。有檩体系屋盖多为轻型屋盖,由小型屋面板、檩条、屋架及屋盖支撑组成;无檩体系屋盖多为重型屋盖,由大型屋面板、屋面梁或屋架、屋盖支撑组成。前者用于小型厂房,后者用于大、中型厂房。

横向平面排架:由屋面梁或屋架、横向柱列及柱基础组成,是厂房的基本承重结构,厂房的主要荷载都是通过它传给地基的(图 4-4)。

纵向平面排架:由纵向柱列、柱基础、连系梁、吊车梁及柱间支撑等组成,主要传递沿厂房纵向的水平力以及因材料的温度和收缩变形而产生的内力,并将它们传给地基(图 4-5)。

厂房结构和布置动画

单层厂房结构安装图

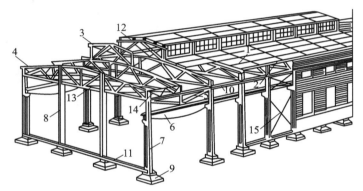

图 4-3 单层厂房结构构件组成

1—屋面板;2—天沟板;3—天窗架;4—屋架;5—托架;6—吊车梁;7—排架柱;8—抗风柱;9—基础;10—连系梁;11—基础梁;12—天窗架垂直支撑;13—屋架下弦横向水平支撑;14—屋架端部垂直支撑;15—柱间支撑

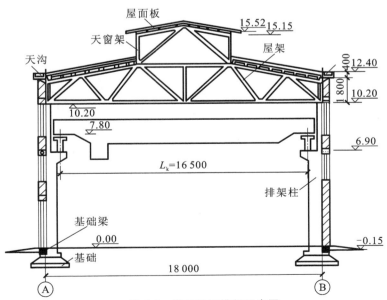

图 4-4 横向平面排架示意图

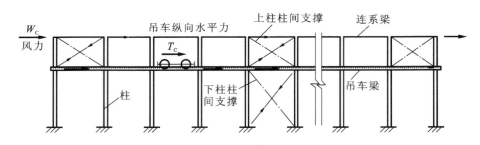

图 4-5　纵向平面排架结构示意图

围护结构:由纵墙、横墙(山墙)、墙梁、抗风柱(有时还有抗风梁或抗风桁架)和基础梁等组成的墙架,主要承受自重以及作用在墙面上的风荷载。

横向和纵向平面排架上的主要构件及其作用见表 4-1。

表 4-1　　横向和纵向平面排架上的主要构件及其作用

天沟板排水动画

构件		作用	荷载作用位置及传递方向
屋盖结构	屋面板	屋面围护用,承受屋面构造层(防水、保温层等)的重力荷载、雪荷载、积灰荷载、屋面施工荷载或检修荷载,且是围护结构	作用在屋架上(无檩体系)、作用在檩条上(有檩体系)
	天沟板	屋面排水用,承受屋面积水及天沟板上构造层的重力荷载	作用在屋架端部
	天窗架	构成天窗,用于采光、通风,承受天窗架上的屋面板荷载及天窗上的风荷载	作用在屋架节点上
	屋架或屋面梁	连接柱形成横向排架,承受屋盖上的全部荷载及自重	作用在柱顶或柱牛腿上或托架上
	托架	当纵向柱间距大于屋架间距时,用来支承屋架	作用在柱顶
	屋架支撑	加强屋盖空间刚度,保证屋架稳定,传递风荷载至排架结构	
	天窗架支撑	保证天窗上弦的侧向稳定,传递天窗端壁所受风力至排架结构	
	檩条	支承屋面板,承受屋面板传来的荷载(有檩体系)	作用在屋架上
吊车梁		承受吊车的竖向轮压和水平刹车力,并构成纵向排架	作用在横向排架柱的牛腿

续表

构件		作用	荷载作用位置及传递方向
柱	排架柱	横向构成横向排架、纵向构成纵向排架,是排架的主要受力构件,承受屋盖结构、吊车梁、外墙、柱间支撑、墙梁传来的竖向力及水平力(风荷载和吊车刹车力)	作用在柱顶、柱牛腿、上柱、下柱等各个部位
	抗风柱	承受山墙传来的风荷载,用作围护结构	将荷载传给屋架上、下弦及基础
	柱间支撑	构成纵向排架,承受纵向风荷载和纵向水平刹车力、纵向地震作用	上、下柱支撑将荷载传至上柱底、基础底部
围护结构	外纵墙、山墙	厂房的围护构件,承受作用在墙面上的风荷载及自重	荷载作用在基础梁或基础上
	连系梁(墙梁)	承受墙体重量,并将其传给柱,也作为纵向柱列的连系构件	将作用传到柱牛腿上
	基础梁	承受墙体重量	作用在基础上
	过梁	承受门窗洞口上的墙体重量,并传给洞口两侧墙体	作用在墙体上
	圈梁	加强厂房空间刚度,抵抗不均匀沉降,传递风荷载	作用在墙体上
	基础	承受柱、基础梁传来的荷载,并将荷载传给地基	荷载由地基承受

柱间支撑形式图

4.2.2 单层厂房结构的平面布置

单层厂房的平面、立面布置宜规则、对称,质量和刚度变化均匀,厂房建筑物的重心尽可能降低,避免高低错落。多跨厂房当高差不大(例如高差小于或等于2 m)时,尽量做成等高。厂房屋面少做或不做女儿墙,必须做时,应尽量降低其高度。厂房平面尽量避免凹凸曲折。当生产工艺设计人员认为确有必要采用较为复杂的平面、立面时,应采用防震缝将厂房分隔成规则的结构单元。

单层厂房的结构体系应具有明确的计算简图和合理的水平作用传力途径,应具备必要的强度、良好的变形能力,位于抗震设防区的结构体系宜设有多道抗震防线,避免因部分结构或结构构件失效而导致整个体系丧失抗震能力或承载能力。

4.2.2.1 柱网布置

厂房承重排架柱的定位轴线在平面上排列所形成的网格,称为柱网。柱网布置就是确定纵向定位轴线(即跨度)之间和横向定位轴线(即柱距)之间的尺寸。柱网布置既确定了柱的位置,又是确定屋架、屋面板及吊车梁等构件跨度的依据,并涉及结构构件的布置。柱网布置恰当与否,将直接影响厂房结构的经济性、合理性及先进性,并与生产工艺的正常进行和正常使用也密切相关。

柱网布置原则:符合生产及使用要求,建筑平面和结构方案经济、合理,厂房结构形式和施工方法先进、合理,符合《厂房建筑模数协调标准》(GB/T 50006—2010)的有关规定,适应生产发展和技术革新要求。

厂房的跨度在18 m及18 m以下,一般取3 m的倍数(30M);在18 m以上时,应采用扩大模数6 m的倍数(60M),必要时也允许采用21 m、27 m、33 m等扩大模数30M的倍数。

厂房的柱距应采用扩大模数 60M 的倍数(图 4-6),也有取 9 m 柱距的。

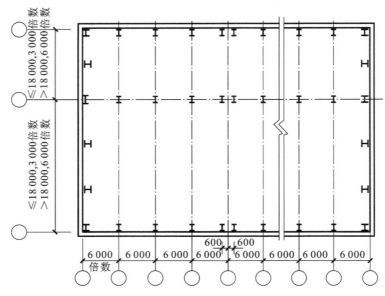

图 4-6 跨度和柱距示意图

目前从经济指标、材料用量和施工条件来衡量,6 m 柱距比 12 m 柱距优越。但从现代化工业发展趋势来看,扩大柱距是有利的,12 m 柱距是 6 m 柱距的模数,在大、小车间相结合时,两者可配合使用,12 m 柱距可以利用托架,屋面板系统仍用 6 m,当条件具备时也可直接用 12 m 的屋面板。

4.2.2.2 变形缝

单层厂房结构中涉及的变形缝,主要包括伸缩缝、沉降缝和防震缝。

(1)伸缩缝

伸缩缝将厂房沿纵向或横向分成若干温度区段,其做法是从基础顶面开始,将相邻温度区段的上部结构完全分开,沿纵向时设双柱,中间留出一定的缝隙,使上部结构在气温变化时,水平方向可以较自由地发生较小的变形,结构的内应力随之降低,有关构件避免开裂。

如果厂房的长度和宽度过大,在气温变化时,厂房的地上部分会热胀冷缩,而厂房埋在地下的部分受温度变化的影响很小,基本上不产生变形,这样暴露在大气中的上部结构的伸缩受到限制,结构内部包括柱、墙、纵向吊车梁、连系梁等产生温度应力,严重时可使墙面、屋面、纵梁拉裂,从而使柱的承载力降低(图 4-7),故通常采取设置伸缩缝的办法来减小温度应力,以保证厂房的正常使用。温度区段的长度即伸缩缝间距(图 4-8),取决于结构类型和年气温变化,按《混凝土结构设计规范》(GB 50010—2010)规定:装配式单层厂房结构(排架结构)伸缩缝最大间距,在室内或土中时为 100 m,露天时为 70 m。当厂房的伸缩缝间距超过规定时,应验算温度应力。

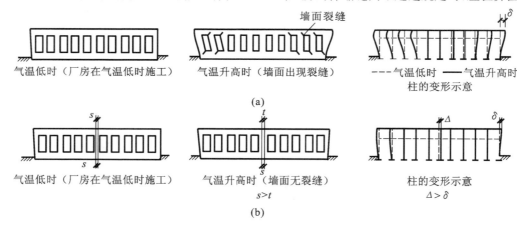

图 4-7 温度变化产生裂缝示意图

(a)无伸缩缝时;(b)有伸缩缝时

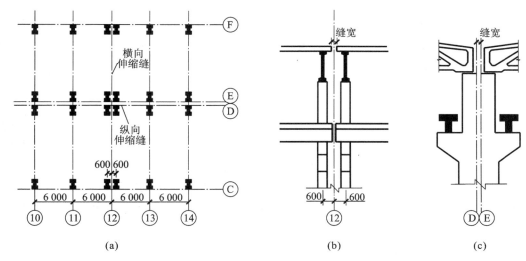

图 4-8 纵、横向伸缩缝
(a)伸缩缝的平面位置；(b)横向伸缩缝；(c)纵向伸缩缝

（2）沉降缝

沉降缝一般单层厂房采用较少，只有在下列情况下设置：相邻厂房高度差异大（如 10 m 以上），地基承载力或下卧层土质有巨大差别，或厂房各部分的施工时间相差很大，土壤压缩程度不同等情况。沉降缝的做法是将建筑物从屋顶到基础全部分开，以使缝两边发生不同沉降时而不致损坏整个建筑物。沉降缝可兼作伸缩缝。

（3）防震缝

防震缝是为了减轻厂房震害而采取的措施之一，当厂房平面、立面复杂或结构高度、刚度相差很大，以及在厂房侧边贴建生活间、变电所、炉子间等坡屋时，应设置防震缝将相邻部分分开。地震区的伸缩缝和沉降缝均应符合防震缝的要求。

4.2.2.3 基础的布置

单层厂房地基基础设计宜符合下列要求：① 同一结构单元的结构，宜采用同一类型的基础；② 同一结构单元的基础宜埋设在同一标高上，同一结构单元不宜设置在性质截然不同的地基土上；③ 抗震设防区的单层厂房厂址宜选择在对建筑物抗震有利的地段（如开阔平坦的坚硬场地土或密实均匀的中硬场地土），避开对建筑物抗震不利的地段（如软弱场地土、易液化土、采空区、河岸和边坡边缘、古河道、暗埋的塘滨沟谷、半填半挖地基等），不应建造在危险的地段上（如地震时可能发生滑坡、地陷、地表错位的地段）。

单层厂房排架柱和抗风柱下一般采用钢筋混凝土的独立基础（杯口基础），围护墙下一般不另设基础，而是在柱下独立基础的顶面搁置基础梁，将围护墙的重量传给柱下独立基础。厂房中的一些大型设备还需要根据设备的性能要求设置设备基础。图 4-9 所示为一单层单跨厂房的基础布置示意图。

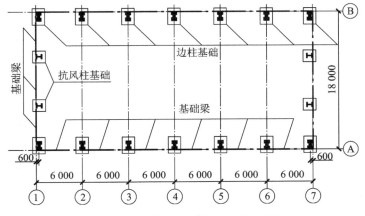

图 4-9 单层单跨厂房基础布置示意图

4.2.3　支撑的布置

在装配式单层厂房中,支撑是联系屋架、柱等的主要构件,是保证厂房整体刚性的重要组成部分,在单层厂房的抗震设计中尤其重要。支撑布置不当,不仅会影响厂房的正常使用,甚至可能会引起工程质量和安全事故,故应当引起足够的重视。

支撑主要有以下几种作用:

① 在施工和使用阶段保证厂房结构的几何稳定性。无论是由屋架和屋面板或檩条连成的屋盖结构,还是由柱和吊车梁连接成的厂房纵向结构,如果不设支撑,都是一个几何可变体系。所以支撑的第一个作用是保证屋盖结构和厂房纵向结构形成几何不变体系,以便充分发挥各种结构构件的作用。

② 保证厂房结构的横向水平刚度、纵向水平刚度及空间整体性。在厂房结构设计中,主要计算厂房横向平面排架的内力,并保证其侧向刚度,而对横向排架外的水平刚度、纵向刚度及空间整体协同工作是不计算的,这就要依靠各种支撑来保证。

③ 为主体结构构件提供适当的侧向支承点,改善它们的侧向稳定性。屋架支撑可以作为屋架弦杆的侧向支承点,减小弦杆在屋架平面外的计算长度;柱间支撑可作为柱的侧向支承点,减小柱的计算长度,提高柱的抗弯和抗扭能力。

④ 将某些水平荷载(如风荷载、吊车纵向刹车力、纵向地震作用等)传给主要承重结构基础。

单层厂房排架结构中的支撑主要包括屋盖支撑和柱间支撑两大类。非地震设防区各类支撑的作用、形式及布置如表 4-2 所示,相应在厂房中的布置如图 4-3 所示。

表 4-2   排架结构中的支撑布置

支撑类别		作用	形式	布置条件及原则
屋盖支撑	上弦横向水平支撑	加强屋盖结构在纵向水平面内的刚度,传递抗风柱纵向水平力	交叉式	屋盖结构的纵向水平面内的刚度不足时,设置在第一或第二柱间、变形缝的范围内、两榀屋架(屋面梁)间上弦平面内及天窗架间上弦平面内
	下弦横向水平支撑	与上弦横向水平支撑形成空间稳定体,传递抗风柱纵向水平力	交叉式	抗风柱与屋架下弦连接,设有硬钩桥式吊车较大的振动设备。厂房跨度 $l \geqslant 18$ m 时,设置在吊车相邻两侧、伸缩缝区段端部的柱距内
屋盖支撑	下弦纵向水平支撑	加强屋盖结构在横向水平面内的刚度,保证屋架上缘的侧向稳定,传递托架区域内的横向水平力	交叉式	设有 5 t 或 5 t 以上的悬臂吊车及较大振动设备,柱高 15～18 m 以上的高大厂房内设有 10 t 以上重级工作制等大型吊车时,沿托架一侧、沿边列柱通长、沿中间柱列通长、沿下弦中部通长布置
	垂直支撑	保证屋架或天窗架平面外的稳定,并传递纵向水平力	W 形或交叉式	布置同下弦横向水平支撑,在厂房伸缩缝区段的两端各设一道
	纵向水平系杆	作为屋架上下弦的侧向支承点	直杆	通长设置,屋架下弦平面内无屋面板或檩条时跨中或跨中附近设置一或两道柔性系杆,在两端设置刚性系杆,有天窗时可在屋脊节点处设置一道刚性水平系杆
	天窗架间的支撑	保证天窗架侧向稳定	交叉式	在有檩体系屋盖天窗架端部第一柱距内布置上弦横向水平支撑及相应布置垂直支撑,天窗设挡风板时在天窗端部柱距内设置挡风板柱的垂直支撑
柱间支撑		提高厂房的纵向刚度和稳定性,传递纵向水平力到两侧纵向柱列	交叉式或门架式	厂房跨度 $l \geqslant 18$ m 或柱高 $h \geqslant 8$ m、有重级或大型中轻级工作制吊车、纵向柱列的柱数在 7 根以下、露天栈桥柱列时,在伸缩缝区段的中央或临近中央设置柱间支撑

4.2.4　围护构件的布置

单层厂房围护结构除了屋面板外,还有抗风柱、圈梁、连系梁、过梁、基础梁和墙体或墙板等构件。围护结构除了遮风挡雨外,还承受风、积雪、雨水、地震作用,以及基础不均匀沉降产生的内力。虽然围护结构构件不是主要的受力构件,但是必须注意其与主体结构构件应有可靠的连接和锚固,以加强结构的整体性,避免地震时倒塌伤人。各类围护构件的作用、形式及布置原则如表 4-3 所示,相应在厂房中的布置位置如图 4-3 所示。

表 4-3　　　　　　　　　　　　　　　　　　排架结构中围护构件的布置

构件类别	作用	形式	布置条件及原则
抗风柱	承受和传递山墙风荷载,将风载传给下部支座基础及上部铰支座屋架的上弦或下弦	上柱矩形,下柱矩形或工形或双肢	当单层厂房的山墙受风荷载的面积较大时,设置抗风柱将山墙分成区格。抗风柱与基础连接一般采用刚接,上端与屋架水平方向连接可靠,竖向脱开,允许一定的相对位移,多采用弹簧板连接,不均匀沉降较大时采用螺栓连接
圈梁	将墙体与厂房柱箍在一起,增强房屋的整体刚度,防止由于地基发生过大的不均匀沉降或较大的振动的不利影响	矩形截面钢筋混凝土梁,平面成封闭状	在檐口处、窗顶处、吊车梁标高处各设置一道圈梁,当外墙高度较高时,还应根据墙体高度每 7～8 m 适当增设一道,有振动的厂房,沿着高度每隔 4 m 距离设置一道圈梁
连系梁	承受上部墙体荷载,连系纵向柱列,增强厂房纵向刚度,传递纵向水平荷载	矩形截面钢筋混凝土梁	墙高超过一定限度(如 15 m 以上),或在设置有高侧悬墙时,在墙下布置连系梁。两端支承在柱的牛腿上,墙体荷载通过牛腿传给柱子,与柱用螺栓或焊接连接
过梁	承受洞口上面墙体重量	矩形截面钢筋混凝土梁	设置在门窗洞口上的钢筋混凝土梁。单独设置的过梁宜采用预制构件,两端搁置在墙体上的支承长度不宜小于 240 mm。尽可能将圈梁、连系梁与过梁结合布置
基础梁	承受墙体自重,代替墙基础	矩形截面钢筋混凝土梁	设置在基础外侧,顶面至少低于室内地面 50 mm,非支座处底部距土层表面应预留 100 mm 空隙,使基础梁可以随柱一起沉降。搁置在柱基础杯口上,基础埋置较深时可放在混凝土垫块上或牛腿上

4.2.5　主要结构构件选型

为了加速工业建设发展,提高设计标准化水平,国家和地方编制了各类工业厂房标准构配件图集。使用标准定型的构配件,有助于逐步实现构配件的统一。全国通用标准图集一般包括设计和施工说明、构件选用表、结构布置图、连接大样图、模板图、配筋图、预埋件详图、钢筋及钢材用量表等。

钢筋混凝土单层工业厂房结构的构件有屋面板、天窗架、支撑、屋架、吊车梁、墙板、连系梁、基础梁、柱、基础等。这些构件除柱和基础外,一般可根据工程具体情况,从工业厂房结构构件标准图集中选用合适的标准构件,不必另行设计。但是要加强结构各构件间的连接,以保证厂房结构的整体性。

4.2.5.1　选型依据

① 工艺和建筑设计要求。厂房的跨度、下弦标高、吊车的吨位和振动,有无悬挂吊车,有无天窗,屋面排水坡度,有无天沟,立面造型等。

② 荷载情况。各种结构构件承受荷载的大小,有无吊车,是否考虑地震作用。

③ 施工条件和结构构件供应情况。吊装能力、焊接技术、运输能力、预应力混凝土构件供应情况等。

④ 各种结构构件的适用范围和技术经济指标。当所设计的结构构件完全符合标准图集中"设计和施工说明"及"构件选用表"等所列的各项要求时,通常可直接选用标准图集中某个型号的构件,但还应考虑经济合理的要求。优先考虑选用自重轻、强度高的预应力混凝土构件,不仅可以减轻屋盖自重、节省柱和基础的材料用量,而且自重较轻、强度较高、延性较好,对结构抗震也非常有利。

4.2.5.2 屋面板

目前常用屋面板的形式、特点和适用条件如图 4-10 所示。无檩体系中,广泛采用 1.5 m×6 m 的预应力混凝土屋面板,其材料用量为混凝土 52 kg/m²,钢材 3.51～4.69 kg/m²(卷材防水屋面,HRB500 级钢筋),也有采用 3 m×6 m、1.5 m×9 m 和 1.5 m×9 m 的。在无檩体系的屋盖中,根据不同的使用要求,还可应用预应力 T 形屋面板、预应力自防水保温屋面板以及钢筋混凝土天沟板。近年来,东欧一些国家采用 3 m×18 m 的预应力混凝土屋面板,面板厚 25 mm,纵肋高 450 mm。大型屋面板通常由面板、横肋和纵肋组成。就结构作用而言,相当于一小型的肋梁楼盖,其中板、横肋和纵肋相当于平面盖中的板、次梁和主梁。根据横肋间距的不同,面板可按连续的单向或双向板计算,横、纵肋按 T 形截面简支梁计算。此处不予赘述。工程应用时,可结合屋面板的跨度、坡度、建筑做法及环境条件等实际情况,根据《单层工业厂房设计选用》(08G118)、《1.5 m×6.0 m 预应力混凝土屋面板》(04G410-1～2)等标准图集选用。

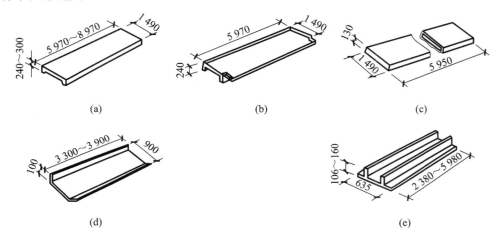

(a) (b) (c)

(d) (e)

图 4-10　常用屋面板

(a)PC 屋面板;(b)PC F 形屋面板;(c)PC 夹心保温屋面板;(d)PC 槽瓦;(e)RC 挂瓦板

注:(a),(b),(c)用于无檩体系;(d)用于有檩体系;(e)用于铺设黏土瓦屋面而不另设檩条。

4.2.5.3 檩条

檩条支承小型屋面板(如预应力混凝土槽瓦),并将荷载传给屋架。与屋架连接应牢固,与支撑构件共同组成整体,以保证厂房的空间刚度,可靠地传递水平力。

檩条形式图

檩条跨度一般为 4 m 和 6 m,也有 9 m 的。钢筋混凝土檩条搁在屋架上的方式有正放[图 4-11(a)]和斜放[图 4-11(b)]两种。正放时受力较好,屋架上弦需作水平支托,斜放时檩条在荷载作用下产生双向弯曲,若屋面坡度大,需在屋架上弦檩条支承处的预埋钢板上焊一短钢板,以防止檩条安装时倾翻。目前常用的有钢筋混凝土 Γ 形檩条、轻钢檩条和组合式檩条(上弦为钢筋混凝土,腹杆及下弦为钢材),如图 4-12 所示。工程应用时,可结合檩条跨度、布置间距及环境条件等实际情况,根据《单层工业厂房设计选用》(08G118)、《钢檩条》(11G521-1)等标准图集选用。

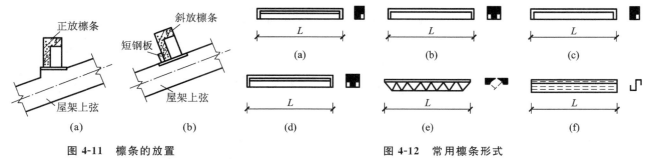

图 4-11 檩条的放置

图 4-12 常用檩条形式
(a)RC Γ形檩条;(b)RC Τ形檩条;(c)PC Γ形檩条;
(d)PC Τ形檩条;(e)钢檩条;(f)冷弯薄壁形钢檩条

4.2.5.4 屋面梁和屋架

屋面梁与屋架是屋盖结构的主要承重构件,直接承受屋面荷载,有的厂房屋架还要承受悬挂吊车、管道或其他工艺设备的荷载。另外,屋架对于保证厂房刚度起着重要作用。屋面梁或屋架形式的选择,应根据选型原则,结合厂房的生产使用及建筑要求、跨度大小、吊车吨位和工作制、施工条件和技术经济指标及使用经验综合考虑。当有抗震要求时,宜优先采用低重心的预应力混凝土屋面梁,重量轻的预应力混凝土屋架或钢屋架、轻型钢屋架。

屋架形式图

在我国,屋面梁的应用范围一般不超过 18 m,而在美、英、法等国则可做到 30 m以上,且屋面梁的高跨比(跨身最大高度与跨度之比)常为 1/25~1/15,屋架为 1/15~1/13,屋面梁和屋架都比较轻巧。屋架可做成拱式,有两铰拱、三铰拱,上弦杆为钢筋混凝土,下弦为角钢,适用于 15 m 及 15 m 以下的厂房;更多的屋架为桁架式,有三角形、梯形、折线形和拱形,除三角形屋架用于小跨度外,其余均可做到 18~36 m 跨度,其中又以预应力混凝土折线形屋架应用最广泛。目前常用屋面梁和屋架的形式如图4-13 所示。作用于屋面梁的荷载,包括屋面板传来的全部荷载、梁自重以及天窗架立柱传来的集中荷载、悬挂吊车或其他悬挂设备重量。屋面梁可按简支受弯构件计算内力,并应作下列各项计算:正截面和斜截面承载力计算;变形验算;非预应力梁需进行裂缝宽度验算,预应力梁则需进行抗裂验算,以及张拉或放张预应力钢筋时的验算和梁端局部受压验算(后张法梁);施工阶段梁的翻身扶直、吊装运输时的验算;必要时对整个梁进行抗倾覆验算。屋架上作用的荷载,有恒载及活荷载两种。恒载包括屋面构造层(面层、保温层、防水层、隔气层等)、屋面板、嵌缝、天窗架、屋架及支撑等的重量;活荷载包括屋面活荷载、雪荷载、积灰荷载、悬挂吊车荷载等。由于雪荷载、屋面活荷载及积灰荷载不仅可以作用于全跨,也可能作用于半跨,而半跨荷载作用时可能使腹杆内力为最大或使内力符号发生变化。因此,荷载组合时除了考虑全跨荷载作用外,还要考虑半跨荷载作用。钢筋混凝土及预应力混凝土屋架由于节点现浇成整体,严格地说,是一个多次超静定刚接桁架,计算较为复杂,一般情况可简化成铰接桁架计算,但应考虑节点的刚性作用及节点位移而产生的次弯矩的影响。工程应用时,可结合厂房的跨度、屋面荷载、坡度、建筑做法及环境条件等实际情况,根据《单层工业厂房设计选用》(08G118)、《钢筋混凝土屋面梁》(04G353-1~6)、《预应力混凝土工字形屋面梁》(05G414-1~5)、《预应力混凝土折线形屋架》(04G415-1)、《轻型屋面梯形钢屋架》(06SG515-1~2)等标准图集选用。

4.2.5.5 天窗架

当单层厂房有采光及通风要求时,有时需设置气楼式天窗,用天窗架来支承屋面板,并将荷载传给屋架或屋面梁,天窗架的设置增加了屋盖构件,削弱了屋盖的整体刚度,增大了受风面积,尤其是地震时高耸于屋面上的天窗极易破坏,应特别注意加强天窗架的支撑,天窗架宜采用钢结构。

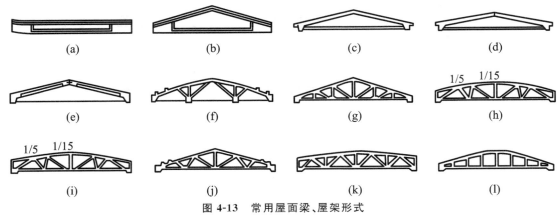

图 4-13 常用屋面梁、屋架形式

(a)RC 单坡屋面梁；(b)RC 双坡屋面梁；(c)RC 两铰拱屋架；(d)RC 三铰拱屋架；(e)PC 两铰拱屋架；(f)RC 组合屋架；
(g)RC 三角形屋架；(h)RC 折线形屋架；(i)PC 折线形屋架；(j)PC 三角形屋架；(k)PC 梯形屋架；(l)PC 直腹杆屋架

目前常用的天窗架有 M 形和 W 形两种(图 4-14)，M 形宽度为 6 m、9 m、12 m，用于 12～15 m 跨度的厂房。W 形宽度为 6 m，常用于 12～15 m 跨度的厂房。当有抗震要求时，宜优先采用低重心天窗，如下沉式(井式)天窗、钢天窗或平天窗。天窗架设计时，应考虑屋面传来的全部荷载，天窗架、天窗侧板和窗扇等的重量以及天窗侧面的风荷载等。计算天窗架的内力时，可先按三铰拱计算各铰接点的反力，再按三角形封闭桁架计算杆件的内力。根据杆件的内力可进行构件的配筋设计，此处不予赘述。

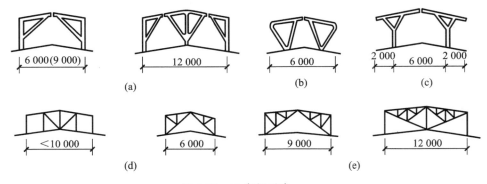

图 4-14 天窗架形式

(a)钢筋混凝土门形天窗架；(b)W 形天窗架；(c)Y 形天窗架；(d)多压杆式钢天窗架；(e)桁架式天窗架

4.2.5.6 托架

当厂房柱距大于大型屋面板或檩条的跨度时，则需沿纵向柱列设置托架，以支承中间屋面梁或屋架，图 4-14 所示为 12 m 跨预应力混凝土桁架式托架的常用形式。当预应力筋为粗钢筋时，一般采用三角形[图 4-15(a)]；当预应力筋为钢丝束时，一般采用折线形[图 4-15(b)]。托架在竖向节点荷载(即屋架的竖向反力)作用下，杆件的轴向力可按桁架计算。内力计算时，还应考虑山墙传来的纵向水平力(山墙传来的风荷载)。屋架竖向反力和托架中心线间往往有偏心距而使托架受扭，托架设计时应考虑托架的整体受扭作用。另外，托架一般平卧制作，故也需要进行扶直和吊装验算。

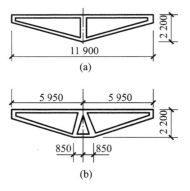

图 4-15 托架形式

4.2.5.7 吊车梁

吊车梁直接承受吊车自重和起重荷载，以及运行时有动力作用的移动荷载。吊车梁不仅直接影响吊车的正常运行和工厂生产，而且沿着纵向布置连接各横向平面排架，其在传递厂房纵向荷载、加强厂房纵向刚度、

吊车梁形式图

保证厂房的空间作用方面起着重要作用。

在选择吊车梁时,通常需要按照吊车在生产中的荷载状态级别、使用等级等确定吊车工作级别,现行国家标准《起重机设计规范》(GB/T 3811—2008)给出的吊车工作级别划分见表4-4。常用吊车梁的形式如图4-16所示。在钢筋混凝土等截面吊车梁、组合式吊车梁、预应力混凝土等截面吊车梁及变截面(鱼腹式)吊车梁、部分预应力混凝土吊车梁中,尤以预应力混凝土等截面吊车梁应用最为广泛。它的工作性能及经济指标好,施工、运输、堆放方便。而鱼腹式吊车梁目前使用日趋减少,当需要大吨位吊车梁时可采用钢结构吊车梁。

表4-4   起重机工作级别的划分

载荷状态级别	名义载荷谱系数 (K_P)	起重机的使用等级									
		U_0	U_1	U_2	U_3	U_4	U_5	U_6	U_7	U_8	U_9
Q_1-轻	$K_P \leqslant 0.125$	A1	A1	A1	A2	A3	A4	A5	A6	A7	A8
Q_2-中	$0.125 < K_P \leqslant 0.25$	A1	A1	A2	A3	A4	A5	A6	A7	A8	A8
Q_3-重	$0.25 < K_P \leqslant 0.5$	A1	A2	A3	A4	A5	A6	A7	A8	A8	A8
Q_4-特重	$0.5 < K_P \leqslant 1.0$	A2	A3	A4	A5	A6	A7	A8	A8	A8	A8

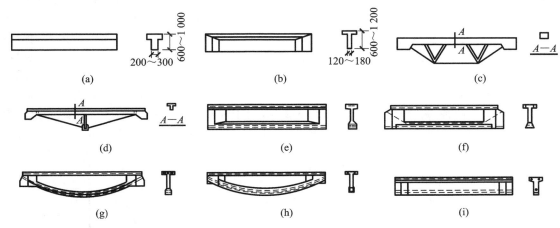

图4-16 常用吊车梁形式

(a)RC厚腹吊车梁;(b)RC薄腹吊车梁;(c)组合式轻型吊车梁;(d)组合式吊车梁;(e)先张PC等截面吊车梁;
(f)后张PC等截面吊车梁;(g)后张PC鱼腹式吊车梁;(h)后张PC鱼腹式吊车梁;(i)先张部分PC吊车梁

设计厂房结构时,应根据工艺要求和吊车的特点,结合当地施工条件和材料供应,对几种可能的吊车梁形式进行技术经济比较,选定合理的吊车梁。工程应用时,可结合吊车梁的跨度、吊车工作级别、使用要求及环境条件等实际情况,根据《单层工业厂房设计选用》(08G118)、《钢筋混凝土吊车梁》(04G323-1~2)、《6m后张法预应力混凝土吊车梁》(04G426)、《钢吊车梁》(03SG520-1)等标准图集选用。

4.2.5.8 柱

柱是单层厂房中的主要承重构件,常用柱的形式有矩形、工字形、双肢柱及管柱等。选择柱子形式时,应力求受力合理、模板简单、节约材料、维护简便;要考虑有无吊车及吊车规格、柱高和柱距等因素;同时应因地制宜,考虑制作、运输、吊装及材料供应等具体情况。在同一工程中,柱型及规格不宜多,为施工工厂化、机械化创造条件。

柱的截面尺寸除了保证柱子有一定的承载力以外,还需保证有足够的刚度,以免造成厂房横向和纵向变形过大,发生吊车轮和轨道过早磨损,影响吊车正常运行或造成墙及屋盖产生裂缝,影响厂房的正常使用。实际上,厂房结构是空间体系,影响柱刚度的因素很多,如厂房跨度、跨数、柱子高度、屋盖刚度、吊车吨位、吊车台数、工作制、两端山墙的刚度等,其中最主要的因素是吊车起重量和柱子高度,一般根据已建厂房

柱脚形式图

的实际经验和实测试验资料来控制柱截面尺寸,表 4-5 所列的数据可供参考,对于一般厂房柱,满足表 4-5 最小柱截面尺寸的限制时,刚度可得到保证,不必验算柱的横向水平位移值,但在吊车吨位较大时,为安全计,还需进行验算。

表 4-5   6 m 柱距单层厂房矩形、工字形截面尺寸限值

柱的类型	b	h		
		$Q \leqslant 10\ t$	$10\ t < Q < 30\ t$	$30\ t \leqslant Q \leqslant 50\ t$
有吊车厂房下柱	$\geqslant H_L/25$	$\geqslant H_L/14$	$\geqslant H_L/12$	$\geqslant H_L/10$
露天吊车柱	$\geqslant H_L/25$	$\geqslant H_L/10$	$\geqslant H_L/8$	$\geqslant H_L/7$
单跨无吊车厂房柱	$\geqslant H/30$	$\geqslant 1.5 H_L/25$(或 $0.06H$)		
多跨无吊车厂房柱	$\geqslant H/30$	$\geqslant H_L/20$		
仅承受风荷载与自重的山墙抗风柱	$\geqslant H_b/40$	$\geqslant H_L/25$		
同时承受由连系梁传来山墙重的山墙抗风柱	$\geqslant H_b/30$	$\geqslant H_L/25$		

注:H_L——下柱高度(算至基础顶面);
　　H——柱全高(算至基础顶面);
　　H_b——山墙抗风柱从基础顶面至柱平面外(宽度)方向支撑点的高度。

矩形柱外形简单、施工方便、刚度好,且在偏心受压时不能充分利用混凝土的承载力,自重大、费材料,一般用在小型厂房及阶梯柱的上柱[图 4-17(a)]。工字形柱受力性能及材料使用都较合理,整体性能较双肢柱好,但重量比双肢柱大,模板较复杂,特别是尺寸较大($h>1\ 600$ mm)时,自重大,吊装较困难,使用受到限制[图 4-17(b)]。双肢柱受力性能好,省材料,自重轻,可利用肢间空格布置设备管道,对于平腹杆双肢柱[图 4-17(d)],肢间还可作为走道,且构造简单、制作方便、应用广泛;当承受水平荷载较大时,斜腹杆双肢柱受力性能更好[图 4-17(d)],但制作较复杂。平腹杆双肢柱的缺点是吊装刚度差,且节点多,构造复杂。管柱有圆管和外方内圆管两种,可做成单肢、双肢或四肢柱,应用较多的是双肢。管柱可在离心机上制管,机械化程度高,混凝土质量好,自重轻,但节点构造复杂,且受离心制管机的限制,尚难广泛推广[图 4-17(e)]。

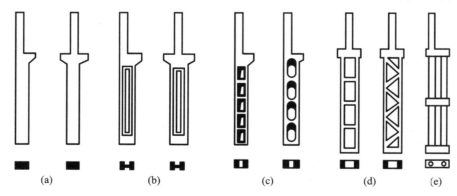

(a)　　　　　(b)　　　　　(c)　　　　　(d)　　　　　(e)

图 4-17　常用柱的形式

单层厂房柱的形式及截面尺寸一般可参照柱的截面高度 h 选用:当 $h \leqslant 500$ mm 或变阶柱的上柱,采用矩形实腹柱;当 $h = 600 \sim 800$ mm 时,采用工字形及矩形;当 $h = 900 \sim 1\ 200$ mm 时,采用工字形;当 $h = 1\ 300 \sim 1\ 500$ mm 时,采用工字形或双肢柱。最终采用何种柱型,还需考虑是否有抗震及生产工艺要求,如矩形截面柱在火电厂汽机房中采用较多,因为车间内管道多、预埋铁件多,加上抗震要求及建筑物的重要性,其截面高度 $h = 1\ 600$ mm;而在一般的单层厂房中工字形截面用得较多。工程应用时,可结合排架柱的上下柱高、使用要求、截面尺寸、环境条件及抗震设防要求等实际情况,根据《单层工业厂房设计选用》(08G118)、《单层工业厂房钢筋混凝土柱》(05G335)等标准图集选用。

典型的工字形截面柱轮廓尺寸要求如图 4-18 所示,工字形翼缘高度不小于 100 mm,腹板厚度不小于 80 mm,且为了脱模方便,翼缘做成斜坡;为了施工吊装,在牛腿下应留有 200 mm 矩形实心截面;为了防止地坪附近的碰撞及起吊、翻身,在地坪以上宜有部分实心矩形截面。

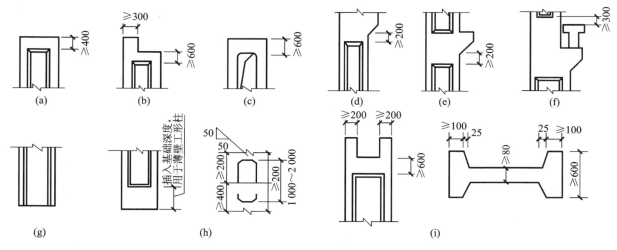

图 4-18 工字形柱的外形尺寸

4.2.5.9 基础

基础承受着厂房上部结构的全部重量和作用力,并将它们传递到地基中去,起着承上传下的作用,是厂房的重要受力构件。

单层厂房的柱下基础目前一般都采用单独杯形基础,其外形简单,施工方便,按外形又分为阶梯形和锥形两种[图 4-19(a)、(b)]。阶梯形基础比锥形基础混凝土用量多,但施工支模简单,每阶高度为300~500 mm。锥形基础的斜面坡度不宜太大,否则施工时需设置斜模才能保证混凝土的密实,一般大型的单独基础宜用锥形,锥形基础边缘高度不小于 200 mm。单独杯形基础按埋置深度分为浅埋的低杯口基础和深埋的高杯口基础[图 4-19(c)]。当地质条件限制或附近有较深的设备基础或地坑等要求时,必须把基础埋得较深,为了不使预制柱过长,可做成高杯口基础,它由杯口、短柱和底板组成,台阶以上部分称为短柱[图 4-19(c)]。

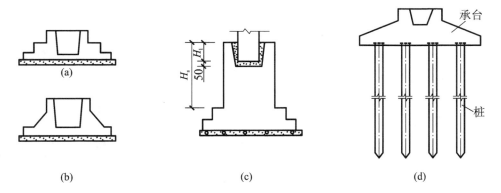

图 4-19 柱下独立基础的形式及桩基础

当上部荷载大、地基土质差时,对于基础沉降要求较严的厂房,一般用桩基础[图 4-19(d)]。

除此之外,单层工业厂房中天窗架、托架、抗风柱、柱间支撑、基础梁、连系梁、过梁等构件,可分别结合各自的实际情况,根据《单层工业厂房设计选用》(08G118)、《钢天窗架》(05G512)、《钢托架》(05G513)、《钢筋混凝土抗风柱》(10SG334)、《柱间支撑》(05G336)、《钢筋混凝土基础梁》(04G320)、《钢筋混凝土连系梁》(04G321)、《钢筋混凝土过梁》(04G322-1~4)等标准图集选用。

4.3 单层厂房排架的结构分析 >>>

4.3.1 单层厂房排架结构的荷载种类和传力路径

4.3.1.1 荷载种类

单层厂房结构在施工和使用期间承受的主要荷载有以下几种。

① 恒载:各种结构构件的自重,各种建筑构造层如屋面保温层、防水层、各构件表面的粉刷层等。

② 吊车竖向荷载:吊车自重和起重物重量在厂房内运行时的移动集中荷载。

③ 吊车纵、横向制动力:吊车起吊重物后,启动和制动时在纵向或横向所产生的水平荷载。

④ 风荷载:用基本风压计算的作用在厂房各部分表面上的风压(吸)力。

⑤ 地震作用:地震时作用于厂房结构上的惯性力。

⑥ 施工荷载:施工或屋面检修作用的荷载。

⑦ 积灰荷载:附近有灰源作用在屋面上的荷载。

⑧ 其他荷载:如设备工作平台施加于厂房结构的荷载、管道荷载等。

在这些荷载中,恒载、吊车竖向荷载及吊车横向制动力和风荷载对结构内力影响较大,在计算时要予以重视。竖向荷载主要由横向排架承担,水平荷载则由横向排架和纵向排架共同承担。下面分别介绍横向排架和纵向排架的荷载及其传递路径。

4.3.1.2 横向平面排架所受的荷载及其传递路径

横向平面排架所受荷载的作用位置及方向如图 4-20 所示。竖向荷载和水平荷载的传递路径分别如图 4-21、图 4-22 所示。

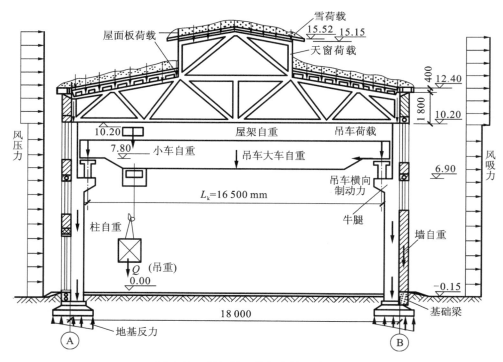

图 4-20 横向平面排架上作用的荷载

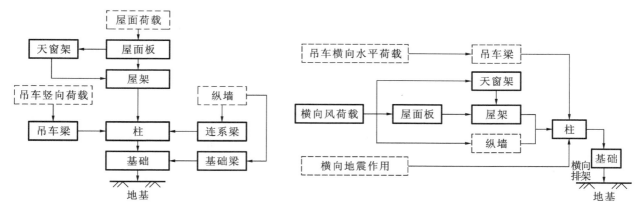

图 4-21 排架竖向荷载的传递　　　　　　**图 4-22** 排架横向水平荷载的传递

4.3.1.3　纵向平面排架所受的荷载及其传递路径

纵向平面排架主要承受水平荷载,如图 4-23 所示,其传递路径如图 4-24 所示。

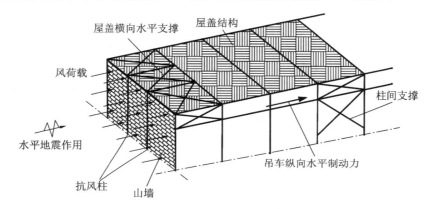

图 4-23 纵向平面排架承受的荷载

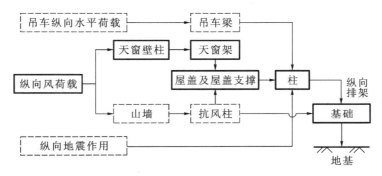

图 4-24 排架纵向水平荷载的传递

4.3.2　排架分析时的计算假定和计算简图

单层厂房排架结构实际上是空间结构,为了计算方便,将其简化为平面结构进行计算,即在跨度方向按横向平面排架计算,在纵向按纵向平面排架计算。又由于纵向平面排架的柱较多,抗侧移刚度较大,每根柱承受的水平力不大,因此往往不考虑柱受弯矩的影响,不必计算;仅当纵向抗侧刚度较差、柱较少及需要考虑水平地震作用或温度内力时才进行计算,所以以下讲的均是横向平面排架,简称排架。

排架计算的目的是为柱和基础设计提供内力数据,作为柱和基础配筋的依据。其主要内容有:确定计算简图、荷载计算、内力分析和控制截面的内力组合,必要时应验算排架的侧移。

4.3.2.1　计算单元

由于厂房的屋面荷载、雪荷载、风荷载及结构刚度都是均匀分布的,一般柱距相等,故可以从任意两个相邻的柱距中线截出一个典型区段,该区段称为计算单元,各个平面排架之间互不影响,各自独立工作(图4-25)。对于厂房端部和伸缩缝处的排架,其负荷范围只有中间排架的一半,且为便于设计和施工,通常也不再另外单独分析计算,而按中间排架的计算单元进行设计。

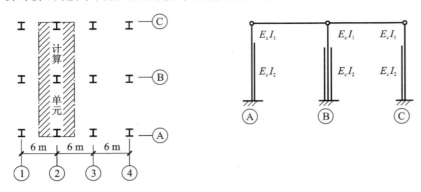

图 4-25 计算单元

计算单元中的排架将承受计算单元范围内的屋面荷载、雪荷载和风荷载。吊车荷载是移动的局部荷载,不可能同时作用在每一个排架上,所以吊车荷载应根据吊车梁传给柱的力来计算。

4.3.2.2 基本假定

① 排架柱上端与屋架(屋面梁)铰接,下端固接于基础顶面。

屋架或屋面大梁与顶连接处,仅用预埋钢板焊牢,抵抗转动的能力很小,焊缝只考虑传递竖向力和水平剪力,按铰接点考虑。

排架柱与基础的连接是将预制柱插入基础杯口一定深度内,柱和基础间空隙用高强度的细石混凝土浇筑密实而成为一个整体,同时地基变形是受控制的,基础的转动很小,所以柱下端可视为固定端,固定端位于基础顶面上。但是当地基土质较差、变形较大或有比较大的地面堆载时,则应考虑基础位移和转动对排架的影响。

② 屋架或屋面梁轴向变形忽略不计,即横梁为刚性杆,排架受力后横梁两端两柱顶水平位移相等。

这一假定对于一般钢筋混凝土和预应力混凝土屋架或屋面梁是成立的,但对于下弦杆为小型圆钢或角钢的组合式屋架、两铰拱、三铰拱屋架却不够合理,应考虑轴向变形对排架内力的影响,即应把横梁当作可以轴向变形的弹性杆考虑,称此为有跨变的排架。

4.3.2.3 计算简图

柱总高 H 为柱顶标高减去基础顶面标高,基础顶面标高一般为-0.5m 左右,基础高度按构造要求初估,一般为 $0.9\sim1.2$ m。上柱高度 H_1 为柱顶标高减去牛腿顶面标高,牛腿顶面标高为吊车轨顶标高减去吊车梁与其上轨道构造高度之和。

排架柱的轴线应分别取上、下柱截面的形心线,当为变截面柱时,排架柱轴线为一折线(图4-26)。

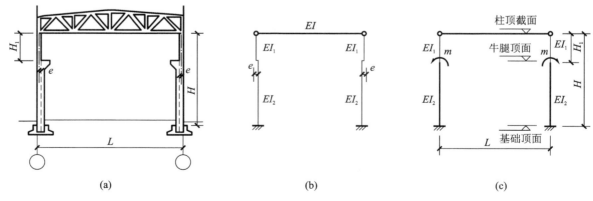

图 4-26 横向排架计算简图

屋面梁或屋架用一根没有轴向变形的刚性杆表示,只起连接两个柱的作用。排架结构是超静定结构,计算时首先要确定柱子的型式及几何尺寸,柱子的型式开始设计时已经选定,截面尺寸可按前述选型原则或参照已建的类似厂房事先确定,当柱最后所需截面的惯性矩与计算前假定尺寸算得的惯性矩相差在30%以内时,计算结果认为有效,可不必重算。

4.3.3 排架上的荷载计算

作用在排架上的荷载分为恒载(即永久荷载)和活荷载(即可变荷载)两类,恒载一般包括屋盖自重 F_1,上柱自重 F_2,下柱自重 F_3、吊车梁及轨道、连接件等自重 F_4,作用在柱牛腿上连系梁及墙体自重或作用在柱上的墙板重 F_5 及其他等。活荷载包括屋面活荷载 Q_1,吊车荷载 D_{max}、D_{min}、T_{max},风载。各个恒载的作用位置见图4-27(a)。

4.3.3.1 恒载

屋盖恒载包括屋面板自重及其上的构造层(即保温层、隔热层、防水层、隔离层、找平层等)的自重,屋面板、天沟板、屋架、天窗架、屋盖支撑以及与屋架连接的设备管道重量,可按屋面构造详图及各种构件标准图进行计算。对于屋面坡度较大的三角形屋架,负荷面积应按斜面积计算。上柱自重 F_2、牛腿自重 F_3 及吊车梁自重 F_4 可直接根据构件的体积及容重计算确定。绘制恒载 F 作用下的计算简图时,应注意恒载作用位置相对于构件轴线的偏心,如图4-27所示,例如 F_1 作用在上柱顶,与上柱轴线的偏心距为 e_1,$e_1 = h_1/2 - 150$ mm,即上柱偏心受压,按受力等效将 F_1 移至上柱轴线处,并加上力矩 $M_1 = F_1 e_1$,F_1 未移动前对下柱的力矩为 $F_1(e_1 + e_2)$,e_2 为上、下柱轴线间距离,当 F_1 移到下柱轴线上时,下柱顶还作用有力矩 $M_1' = F_1 e_2$,移动后的 F_1 只对下柱产生轴力;对 M_1、M_1' 作用下的排架进行内力分析,如图4-27(b)所示。

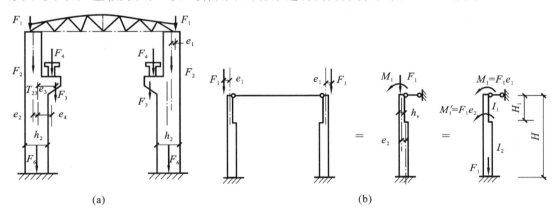

图4-27 恒载作用位置及其计算简图
(a)恒载作用位置示意图;(b)恒载作用下排架柱的计算简图

4.3.3.2 屋面活荷载

屋面活荷载包括屋面均布活荷载、雪荷载和积灰荷载,均应按屋面水平投影面积计算。

屋面活荷载应按《荷载规范》取值。对于一般不上人的钢结构或钢筋混凝土结构上的钢筋混凝土屋面,取 0.5 kN/m² 或大于此值的施工荷载。

屋面雪荷载根据屋面形式及所在地区按《荷载规范》采用,其雪荷载标准值为

$$S_k = \mu_r S_0 \tag{4-1}$$

式中 S_0——基本雪压,由《荷载规范》中全国雪压分布图查得。S_0 是以一般空旷平坦地面上50年一遇最大积雪自重为标准。

μ_r——屋面积雪分布系数,根据屋面形式由《荷载规范》查得,如单跨、等高双跨或多跨厂房,当屋面坡度不大于25°时,$\mu_r = 1.00$。各种不同外形的厂房 μ_r 取值见附表4-1。雪荷载与屋面均布活荷载不同时,考虑取两者中的较大值。

设计生产中有大量排灰的厂房及其邻近建筑物时,应考虑积灰荷载。对于具有一定除尘设施和保证清灰制度的机械、冶金、水泥厂房的屋面,其水平投影面上的屋面积灰荷载,应分别按《荷载规范》表4.4.1-1和表4.4.1-2取值。积灰荷载应与雪荷载或屋面均布活荷载中的较大值同时考虑。计算简图与屋盖恒载类

似,即以集中力的形式通过屋架传到上柱顶,且是偏心受压荷载,如图 4-28 所示。

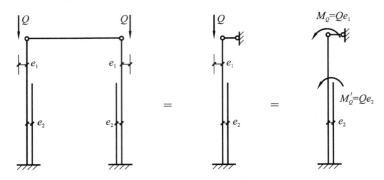

图 4-28 活荷载计算简图

4.3.3.3 吊车荷载 D_{max}、D_{min} 和 T_{max}

单层厂房中常用的吊车种类有桥式吊车、单梁桥式吊车、梁式悬挂吊车、悬(旋)臂吊车、壁行吊车(移动式悬臂吊车)。

桥式吊车是起重量大,采用最多的吊车型式。吊车的桥架即钢梁两端通过轮子支承在吊车梁上面的轨道上[图 4-29(a)],其荷载传递路径为:轮压通过轨道→吊车梁→柱。

大车自重 G、小车自重 g 与起吊重量 Q 之和,产生压力分配到各轮子上产生轮压。当小车走到一端的极限位置时,按求简支梁支座反力的方法求两边轮子的压力,此时将靠近小车一端的每个轮压称为最大轮压标准值 $P_{max,k}$,相应的另一端轮压为最小轮压标准值 $P_{min,k}$,两者同时出现。$P_{max,k}$ 通常可通过吊车制造厂提供的产品规格目录或根据吊车型号、规格等查阅专业标准《起重机基本参数和尺寸系列》(ZQ1-62～ZQ8-62)得到。

(1)吊车竖向荷载 D_{max}、D_{min}

对于一般桥架有 4 个轮子的吊车,每边为两个轮子,有

$$P_{min,k} = G + g + Q - P_{max,k}$$

吊车最大轮压的设计值:

$$P_{max} = \gamma_Q P_{max,k}$$

吊车最小轮压的设计值:

$$P_{min} = \gamma_Q P_{min,k}$$

式中 γ_Q——吊车荷载的分项系数,取 1.4。

因为吊车在吊车梁上往返行驶,所以吊车轮压是一组移动荷载,通过吊车梁传给柱子的竖向荷载将随吊车所在位置而变化,故要利用影响线原理求出吊车对柱子产生的最大竖向荷载 D_{max} 及另一侧相应的 D_{min}。一般吊车梁为单跨预制的简支梁,D_{max} 和 D_{min} 值可按简支梁支座反力影响线原理求出[图 4-29(c)]。

厂房中同一跨内可能有多台吊车。《荷载规范》规定:在排架计算中,有多台吊车的竖向荷载时,对于一层吊车的单跨厂房的每个排架,不宜多于 2 台;对于一层吊车的多跨厂房的每个排架,不宜多于 4 台。对于多台吊车,应考虑多台吊车荷载折减系数 ξ(表 4-6)。

表 4-6 多台吊车的荷载折减系数

参与组合的吊车台数	吊车工作级别	
	A1～A5	A6～A8
2	0.9	0.95
3	0.85	0.90
4	0.8	0.85

$$\begin{cases} D_{max} = \xi P_{max} \sum Y_i \\ D_{min} = \xi P_{min} \sum Y_i \end{cases} \tag{4-2}$$

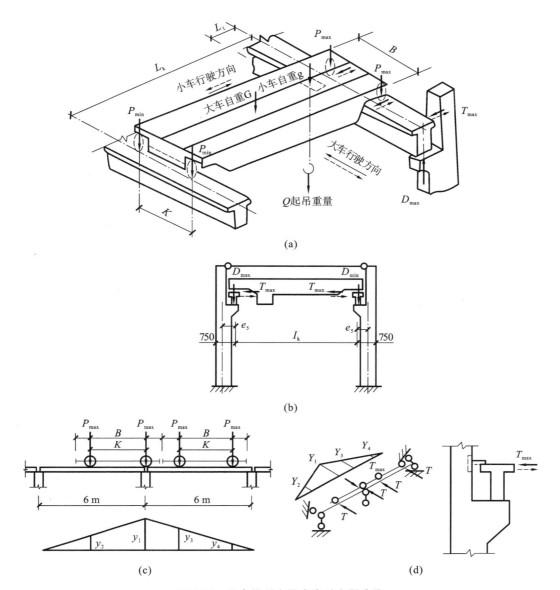

图 4-29 吊车梁受力及支座反力影响线

(a)桥式吊车受力状况;(b)吊车梁计算简图;(c)吊车梁竖向支座反力影响线;
(d)吊车梁横向支座反力影响线

最大竖向荷载 D_{max} 作用于吊车梁中心线,与下柱中心线距离为 e_5,D_{min} 作用点至下柱中心线的距离为 e_5,其计算简图如图 4-29(b)所示。

(2)吊车横向水平荷载 T_{max}

小车吊着重物在桥架上横向运行时,启动和制动都将产生横向水平力,即吊车横向水平荷载,这种横向惯性力通过小车制动轮与桥架间的摩擦力传给桥架,由桥架通过大车车轮在吊车梁轨顶传给吊车梁,再经过吊车梁顶面的连接钢板传给排架柱的上柱,吊车横向荷载作用在排架柱的位置是吊车梁顶面标高处,方向与轨道垂直,并应考虑正、反两个方向的情况[图 4-29(d)]。

对于一般的四轮吊车,其满载运行时,每个车轮上产生的横向水平刹车力 T 为

$$T = \frac{\alpha}{4} \cdot (Q+g) \tag{4-3}$$

式中 Q——吊车额定起重量产生的重力,kN。

  g——小车重量产生的重力,kN。

  α——横向水平荷载系数(或称小车制动力系数),对于软钩吊车(采用钢索,通过滑轮组带动吊钩起吊重物),当额定起重量不大于 10 t 时,$\alpha=0.12$(车轮数为 4 个);当额定起重量为 15~50 t 时,

α＝0.10(车轮数为 4 个)；当额定起重量大于等于 75 t 时，α＝0.08(车轮数为 8 个)。对于硬钩吊车(吊车用钢臂起吊重物或进行操作的特种吊车)，其工作频繁，运行速度大，小车附设的刚性悬臂结构使吊重不能自由摆动，以致刹车时惯性力较大，且硬钩吊车的卡轨现象严重，因此横向水平荷载系数取得较高，一般取 α＝0.2。

《荷载规范》规定，无论单跨还是多跨厂房，计算桥式吊车的水平刹车力时，最多考虑两台，同是要考虑多台吊车的荷载折减系数 ξ。计算排架横向水平刹车力时，同样要利用影响线原理，这时吊车的位置与轮压的反力时相同，由图在 4-29 可求出作用在排架柱上的吊车横向水平荷载 T_{max} 为

$$T_{max} = \xi T \sum Y_i \qquad (4-4)$$

当吊车竖向荷载只考虑 2 台时，多台吊车荷载折减系数 ξ 和各轮对应的 Y_i 与 D_{max} 完全相同，则

$$T_{max} = D_{max} T / P_{max} \qquad (4-5)$$

由于小车可向左或向右刹车，故吊车横向水平荷载有向左或向右的两种可能性，且作用在两侧的排架柱上，大小相等，方向相同，其作用点在排架上柱吊车梁面标高处。计算简图如图 4-29(d)所示。

(3) 吊车纵向水平荷载 T_0。

当沿厂房纵向运行的桥架在启动或突然刹车时，吊车自重和吊重的惯性将产生吊车纵向制动力，并由吊车一侧的制动轮传至轨道，最后通过吊车梁传给纵向柱列或柱间支撑。每台吊车纵向制动力 T_0(图 4-30)为

$$T_0 = mT = m \frac{nP_{max}}{10} \qquad (4-6)$$

式中 P_{max}——吊车最大轮压；

n——吊车每侧的制动轮数，一般对于四轮吊车，n＝1；

m——起重量相同的吊车台数，不论是单跨还是多跨厂房，当 $m>2$ 时，取 m＝2。

吊车纵向水平荷载的作用点位于刹车轮与轨道的接触点，方向与轨道一致。T_0 由纵向排架或柱间支撑承担，在横向排架计算时，不予考虑。

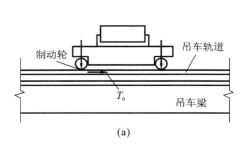

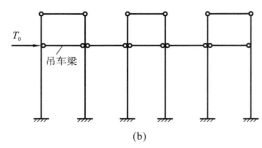

图 4-30   作用于纵向排架的吊车水平荷载

4.3.3.4   风荷载

风是空气流动形成的，当遇到建筑物受阻时，即在建筑物的迎风面形成压力而在背风面或侧风面形成吸力，这种风力作用称为风荷载。风荷载是随时间而波动的动力荷载，但在房屋设计中把它看成静荷载，仅在高度较大的建筑中考虑动力效应影响。

风荷载的方向垂直于建筑物表面，计算主要受力结构时，作用在建筑物表面单位面积上的风荷载标准值 w_k 按下式计算：

$$w_k = \beta_z \mu_z \mu_s w_0 \qquad (4-7)$$

式中 w_0——基本风压，kN/m²，以当地空旷平坦地面上离地 10 m 高统计所得的 50 年一遇 10 s 最大风速 V_0(m/s)为标准，按 $w_0 = V_0^2/1600$ 确定，w_0 取值按《荷载规范》中附表 E.5 采用，且 $w_0 \geqslant 0.3$ kN/m²。

μ_s——风荷载体型系数，指作用在建筑物表面实际压力(或吸力)与基本风压的比值，表示建筑物表面在稳定风压作用下的静态压力分布规律，主要与建筑物的体型、尺度、表面位置、表面状况有关，见附表 5-1。

μ_z——风压高度变化系数，在 10 m 高度以上风压、风速随高度增加，建筑物在离地面 300～500 m 以内时，风速随高度增加的规律与地面粗糙度有关，《荷载规范》规定，地面粗糙度可分为 A、B、

C、D 四类，A 类指近海海面、海岛、海岸、湖岸及沙漠地区，B 类指田野、乡村、丛林、丘陵及房屋比较稀疏的乡镇，C 类指有密集建筑群的城市市区，D 类指有密集建筑群且房屋较高的城市市区，μ_z 可查《荷载规范》中的表 8.2.1 确定，如表 4-7 所示。

　　β_z——高度 z 处的风振系数，对于高度大于 30 m 且高宽比大于 1.5 的房屋，应考虑风振的影响，通常对于单层厂房，$\beta_z=1$。

表 4-7　　　　　　　　　　　　　　　　　　　风压高度变化系数 μ_z

离地面或海平面高度/m	地面粗糙度类别				离地面或海平面高度/m	地面粗糙度类别			
	A	B	C	D		A	B	C	D
5	1.17	1.00	0.74	0.62	90	2.34	2.02	1.62	1.19
10	1.38	1.00	0.74	0.62	100	2.40	2.09	1.70	1.27
15	1.52	1.14	0.74	0.62	150	2.64	2.38	2.03	1.61
20	1.63	1.25	0.84	0.62	200	2.83	2.61	2.30	1.92
30	1.80	1.42	1.00	0.62	250	2.99	2.80	2.54	2.19
40	1.92	1.56	1.13	0.73	300	3.12	2.97	2.75	2.45
50	2.03	1.67	1.25	0.84	350	3.12	3.12	2.94	2.68
60	2.12	1.77	1.35	0.93	400	3.12	3.12	3.12	2.91
70	2.20	1.86	1.45	1.02	≥450	3.12	3.12	3.12	3.12
80	2.27	1.95	1.54	1.11					

　　作用在排架上的风荷载是由计算单元上的屋盖和墙面传来的。作用在柱顶以下的风荷载按均布考虑，其风压高度变化系数可按柱顶离地面的高度取值；作用在柱顶以上的风荷载仍为均布的，其 μ_z 取值按天窗檐口（有天窗时）或厂房檐口离地面的高度确定，风荷载垂直于建筑物表面，如图 4-33 所示的 q_1、q_2；柱顶以上的风荷载通过屋架以集中力的形式作用于排架柱顶，如图 4-33 所示的 F_w。当以砖墙作围护结构时，由于排架柱只做到屋架下面，屋架与柱顶是通过螺栓或焊缝连接，仅传递水平力，故柱顶只有集中力；当围护结构是采用钢筋混凝土墙板时，排架柱有一小柱需做到与屋架端部同高，这部分风荷载平移到排架柱顶时，还有弯矩产生。

4.3.4　等高排架的内力分析——剪力分配法

　　排架内力分析的目的首先是求出在各种荷载作用下，起控制作用截面的最不利内力，作为柱截面设计及配筋的依据，其次是求出柱传给基础的最不利内力，作为基础设计的依据。为了求出最不利内力，须先计算单项荷载作用下的排架内力，再将计算结果综合起来，通过内力组合确定最不利内力。

　　从排架计算的观点来看，柱顶水平位移相等的排架为等高排架，等高排架包括柱顶标高相同以及柱顶标高不相同但柱顶有倾斜横梁贯通相连的两种（图 4-31），由于假定横梁无轴向变形，上述两种情况下柱顶位移相等。

　　柱顶水平位移不相等的排架，称为不等高排架，用结构力学的力法计算，这里只介绍计算等高排架的方法——剪力分配法，用来计算荷载对称、结构不对称或结构对称、荷载不对称的情况，即排架柱顶有水平位移的情况。

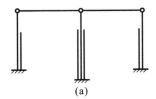
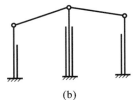

(a)　　　　　　　　　　　　　　　　(b)

图 4-31　属于按等高排架计算的两种情况

(a)柱顶标高相同；(b)柱顶倾斜横梁贯通

　　由结构力学可知，当单位水平力作用在单阶悬臂柱顶时（图 4-32），柱顶水平位移为

$$\delta=\frac{H^3}{3E_cI_x}\left[1+\lambda^3\left(\frac{1}{n}-1\right)\right]=\frac{H^3}{C_0E_cI_x} \tag{4-8}$$

$$\lambda=\frac{H_0}{H}, \quad n=\frac{I_s}{I_x}, \quad C_0=\frac{3}{1+\lambda^3(1/n-1)} \qquad (4\text{-}9)$$

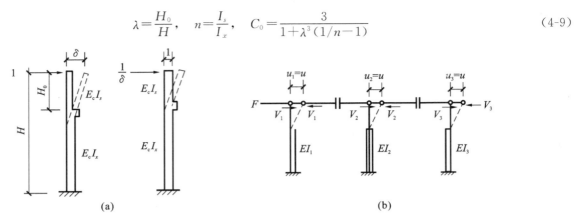

图 4-32　等高排架的抗剪高度和剪力分配

(a)单阶悬臂柱的抗剪刚度；(b)柱顶作用水平集中力时的剪力分配

C_0 可由附录查得，H_0 为上柱高，H 为柱总高，I_s、I_x 分别为上、下柱截面惯性矩。

要使柱顶产生单位水平位移，则须在柱顶施如 $1/\delta$ 的水平力。$1/\delta$ 反映了柱抵抗侧移的能力，一般称为柱的抗剪刚度或抗侧刚度，各柱的抗剪刚度都可用上式求得。

(1) 排架在柱顶作用水平集中力时的内力计算

柱顶作用水平集中力 F 的等高排架，各柱顶侧移为 $u_1=u_2=u_3=u_i=u$，沿柱顶将横梁与柱切开，柱顶与横梁间的剪力为 V_1、V_2、V_3，如图 4-33 所示。

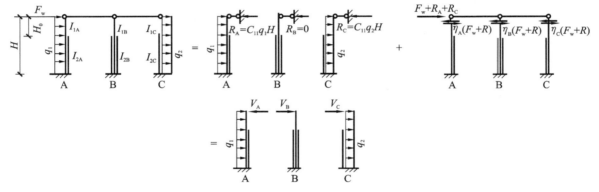

图 4-33　等高排架结构的内力计算

根据平衡条件，有：

$$\sum X=0, \quad F=V_1+V_2+V_3+V_i=\sum_{i=1}^{n}V_i \qquad (4\text{-}10)$$

根据变形协调条件，有：

$$u_1=u_2=u_3=u_i=u$$

根据柱顶剪力和柱顶位移关系 $\Delta_i=V_i\delta_i$，柱顶位移等于柱顶剪力乘以柱顶单位力产生的位移 δ_i，则

$$\begin{cases} u_1=V_1d_1, \quad V_1=\dfrac{u_1}{d_1}=\dfrac{u}{d_1} \\[2mm] u_2=V_2d_2, \quad V_2=\dfrac{u_2}{d_2}=\dfrac{u}{d_2} \\[2mm] u_3=V_3d_3, \quad V_3=\dfrac{u_3}{d_3}=\dfrac{u}{d_3} \end{cases} \qquad (4\text{-}11)$$

$$\delta_i=\frac{H^3}{C_0E_cI_i}$$

将求得的 V_1、V_2、V_3 代入式(4-10)，得

$$F=u\left(\frac{1}{\delta_1}+\frac{1}{\delta_2}+\frac{1}{\delta_3}+\cdots+\frac{1}{\delta_i}\right)=u\sum\frac{1}{\delta_i}$$

或

$$u = \frac{F}{\dfrac{1}{\delta_1} + \dfrac{1}{\delta_2} + \dfrac{1}{\delta_3} + \cdots + \dfrac{1}{\delta_i}} \tag{4-12}$$

将式(4-12)代入式(4-11),得

$$V_i = \frac{u}{\delta_i} = \frac{\dfrac{1}{\delta_i}}{\sum \dfrac{1}{\delta_i}} F \tag{4-13}$$

从式(4-13)可知,在柱顶水平力的作用下,排架任一柱的剪力按抗剪刚度分配,称 $\eta_i = \dfrac{1/\delta_i}{\sum 1/\delta_i}$ 为剪力分配系数。求出柱顶剪力,各排架柱可按悬臂柱求弯矩。

(2)任意荷载作用

由于排架顶端有侧移,计算可分两步进行。

① 在排架柱顶端附加一个不动铰支座以阻止水平侧移(图 4-33),求出支座反力 R_A、R_B、R_C。求 R_A、R_B、R_C 时,各排架柱为下端固定、上端为不动铰的单独柱,可利用附录 7 中系数 C_{11},$R_A = q_1 H C_{11}$,$R_C = q_2 H C_{11}$,总支座反力 $R = R_A + R_B + R_C(\leftarrow)$,$R$ 的方向与荷载作用方向相反。

② 撤除附加不动铰支座,并将 R 以反方向作用于排架柱顶(图 4-33),以恢复原来结构体系情况。利用剪力分配法,得到各柱柱顶剪力 $\eta_i (R = R_A + R_B + R_C)$,$F_w$ 是直接作用在柱顶的集中力,直接进行剪力分配,柱顶剪力方向与荷载作用方向一致。

③ 将上述两个步骤叠加,得到排架柱的计算简图,其中各柱顶剪力如下:

$$V_A = R_A - \eta_A(F_w + R_B + R_C)$$
$$V_B = \eta_B(F_w + R_A + R_C)$$
$$V_C = R_C - \eta_C(F_w + R_A + R_C)$$

④ 在其他各种荷载作用下都可利用附录 7 中附图 7-1~附图 7-9 计算柱顶为不动铰支座的反力。

(3)柱顶为不动铰支座的排架内力计算

结构对称且荷载对称的排架以及两端有山墙的两跨或两跨以上的无檩屋盖等高厂房排架,由于荷载对称,没有不对称的位移,即柱顶不产生水平位移,可按不动铰支座计算。而对于不少于两跨的等高排架(无檩体系),当吊车起重量 $Q \leqslant 30$ t 时,首先是吊车荷载(局部荷载),引起柱顶的水平位移很小,其次是排架的抗剪刚度较大,空间受力也可按柱顶为不动铰支座考虑,其计算简图为下端固定、上端不动铰支座的单柱,只要利用附录查出或计算出柱顶反力系数 C_1、C_3,计算出反力作用在柱顶上,各柱成为静定的悬臂柱,即可求出排架内力。

4.3.5 不等高排架的内力分析——力法

如图 4-34 所示为常见的不等高排架的计算简图,在荷载作用下,由于高、低跨的柱顶位移不等,用力法直接求解比较方便。

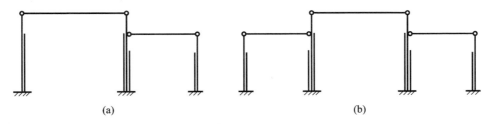

(a)   (b)

图 4-34 不等高排架的计算简图

4.3.5.1 柱顶作用水平集中力时的内力计算

图 4-35(a)所示为两跨不等高排架,A 柱顶作用一水平集中力 F,该排架为二次超静定结构,将排架的两

根横梁切开，代以基本未知力 x_1 和 x_2，排架成为图 4-35(b)所示的基本结构。根据横梁为刚性连杆的假定，横梁两端的水平位移相等，即变形条件 $\Delta_a = \Delta_b$、$\Delta_c = \Delta_d$。根据两个变形条件可建立两个含有未知力 x_1、x_2 的方程，即可解出 x_1、x_2。

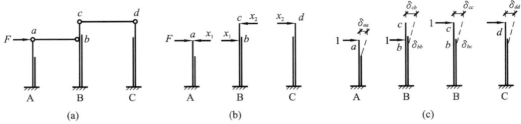

图 4-35　用力法求解不等高排架

在基本结构上，各悬臂柱的水平位移 Δ_a、Δ_b、Δ_c、Δ_d [图 4-35(c)]可以利用叠加的方法求得。位移的符号以自左向右的水平位移为正值，反之为负值。未知力 x 以图中所示方向为正，当未知力 x 或水平力 F 与位移方向一致时求出的 Δ_i 为正值，反之为负值。

$$\begin{cases} \Delta_a = -\delta_{aa}x_1 + F\delta_{aa} \\ \Delta_b = \delta_{bb}x_1 - \delta_{bc}x_2 \\ \Delta_c = -\delta_{cc}x_2 + \delta_{cb}x_1 \\ \Delta_d = \delta_{dd}x_2 \end{cases}$$

由变形条件 $\Delta_a = \Delta_b$，$\Delta_c = \Delta_d$，可建立力法方程为

$$\begin{cases} (\delta_{aa}+\delta_{bb})x_1 - \delta_{bc}x_2 - F\delta_{aa} = 0 \\ (\delta_{cc}+\delta_{dd})x_2 - \delta_{cb}x_1 = 0 \end{cases} \tag{4-14}$$

式中　δ_{aa}，δ_{bb}，δ_{cc}，δ_{dd}——单阶柱上单位水平力分别作用在 a、b、c、d 点时[图 4-35(c)]所产生的位移，可直接用附表 8-1 柱位移系数计算公式计算；

　　δ_{cb}，δ_{bc}——单位水平力分别作用在 b、c 点时，在 c、b 点所产生的位移。

将求得的位移代入力法方程，即可解出 x_1 和 x_2，求出结果为负值时，即与所设方向相反。

4.3.5.2　柱上作用任意荷载时的内力计算

当任意荷载作用于柱上时，计算原理与方法同前，以图 4-36 所示的低跨作用吊车垂直荷载简化为集中力矩为例，设横梁内力为 x_1 和 x_2，仍利用变形条件 $\Delta_a = \Delta_b$，$\Delta_c = \Delta_d$。

$$\begin{cases} \Delta_a = -\delta_{aa}x_1 + M_e\Delta_{ae} \\ \Delta_b = \delta_{bb}x_1 - \delta_{bc}x_2 - M_f\Delta_{bf} \\ \Delta_c = \delta_{cc}x_2 \\ \Delta_d = \delta_{cb}x_1 - \delta_{dd}x_2 - M_f\Delta_{cf} \end{cases}$$

合并、移项得

$$\begin{cases} (\delta_{aa}+\delta_{bb})x_1 - \delta_{bc}x_2 - M_e\Delta_{ae} - M_f\Delta_{bf} = 0 \\ (\delta_{cc}+\delta_{dd})x_2 - \delta_{cb}x_1 + M_f\Delta_{ef} = 0 \end{cases} \tag{4-15}$$

式中　Δ_{ae}——单位力矩作用在 e 点时，在 a 点产生的位移；

　　Δ_{bf}，Δ_{ef}——单位力矩作用在 f 点时，在 b、e 点产生的位移，仍可用附表 8-1 公式计算。

　　其他符号含义同前。

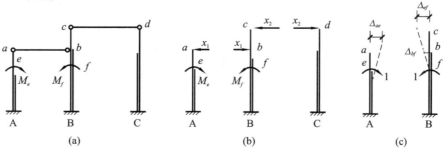

图 4-36　用力法求解吊车垂直荷载作用下的内力

4.3.6　不规则排架的内力分析

4.3.6.1　纵向柱距不等的排架内力计算

单层厂房中,有时由于工艺要求(如火电厂汽轮机间汽机横向布置以抽出发电机的转子),在局部区段少放置若干根柱(习惯上称为抽柱),或者中列柱的柱距比边列柱的大,从而造成纵向柱距不等的情况。

当屋面刚度较大,或者设有可靠的下弦纵向水平支撑时,可以选取较宽的计算单元,以图 4-37(a)中的阴影部分来进行内力分析,并且假定计算单元中同一柱列的柱顶位移相同。因此,计算单元内的几种排架可以合并为一种平面排架来计算内力。合并后的平面排架柱的惯性矩,应按合并后的考虑,例如,Ⓐ、Ⓒ轴线的柱应由两根(即一根和两个半根)合并而成,当同一柱列的截面尺寸相同时,计算简图如图 4-37(b)所示。按此原则计算时应注意下列几点。

a. 为保证同列柱的柱顶位移相等,计算单元的宽度不能太大。对于柱距为 6 m 的无檩体系屋盖,其宽度不能超过 18 m(当厂房跨度 $l \leqslant 18$ m 时)及 24 m(当 $l \geqslant 21$ m 时),对设有纵向下弦水平支撑的有檩体系屋盖,其宽度还宜适当减小。

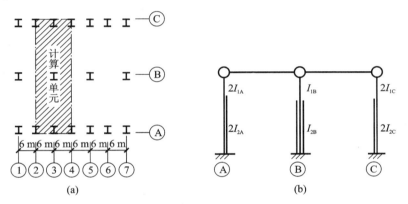

图 4-37　合并单元计算简图

b. 合并排架的恒载、风荷载等的计算方法与一般排架相同,但吊车荷载则应按计算③轴的中间排架 D_{3max}、D_{3min}、T_{max} 时的吊车位置来计算(图 4-38),即合并排架的吊车竖向荷载和横向水平荷载为

$$\begin{cases} D_{max} = D_{3max} = (D_2 + D_4)/2 \\ D_{min} = D_{max} P_{min}/P_{max} \\ T_{max} = D_{max} T/P_{max} \end{cases} \quad (4\text{-}16)$$

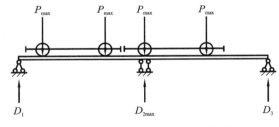

图 4-38　合并排架的吊车荷载计算简图

c. 按计算简图和荷载求得内力后,必须进行还原,以求得柱的实际内力。例如,计算简图中Ⓐ、Ⓒ轴线的柱是由两根柱合并成的,此时应将它们的 M、V 除以 2 才等于原结构中Ⓐ、Ⓒ轴线各根柱的 M、V。但对于吊车竖向荷载 P_{max}、P_{min} 引起的轴力 N,则不能把合并排架求得的轴力除以 2,而应该按这根柱实际承受的最大、最小吊车竖向荷载来计算。

4.3.6.2　单层厂房有附属跨排架

单层厂房在主跨边上有图 4-39(a)所示的用砖柱或钢筋混凝土柱构成的附属排架时,若边跨柱截面的刚度 $E_1 I_1$ 不大于与其相连的主跨排架柱截面刚度 $E_2 I_2$ 的 1/20,则排架内力可按图 4-39(b)进行简化。

① 附跨柱的内力按柱底固定于基础顶面,柱顶为不动铰支点的独立柱计算。当风荷载作用时,考虑主排架有较大的侧移,可取柱顶反力为其不动铰支座反力 R 的 80%。

② 主跨排架内力计算时,不考虑附跨柱参与工作,仅考虑附跨柱的柱顶不动铰支座反力通过附跨横梁作用于主跨排架上的垂直荷载及水平荷载。

4.3.6.3　复式排架

由排架和框架组成的复式排架,其内力计算应考虑排架柱与框架的共同工作(图 4-56)。

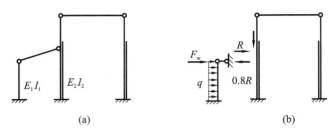

图 4-39 有附属跨排架计算简图

① 当与排架横梁连接处的框架抗剪刚度大于柱抗剪刚度的 20 倍时,可将框架作为排架柱的不动铰支点进行简化计算,即取图中 $X_1 = R$[图 4-40(a)]。

② 当不满足上述条件时,可取 $X_1 = 0.95R$[图 4-40(b)]。

③ 当排架中屋架下弦高于框架顶层高时,取 $X_1 = 0.85R$[图 4-40(c)]。

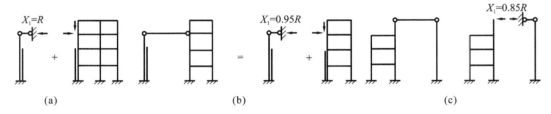

图 4-40 复式排架计算简图

4.3.7 单层厂房排架内力分析中的空间作用

4.3.7.1 单层厂房整体空间工作的概念

单层厂房是由排架、屋盖系统、山墙、吊车梁和连系梁等纵向构件组成的空间结构,计算时取横向平面排架只是一种简化,在某些情况下与实际有差别。为了说明这种差别,图 4-41 给出了单跨厂房在柱顶水平荷载作用下的 4 种水平位移图。图 4-41(a)代表厂房一个伸缩缝区段,两端无山墙,各柱顶均受有水平集中力 F,这时各排架的受力相同,柱顶水平位移也相同,均为 u_a,互不制约,实际上与没有纵向构件联系着的单个排架相同,属于平面排架。图 4-41(b)所示为两端有山墙,受力同前,由于两端山墙侧向刚度很大,故该处水平位移很小,对其他排架有不同程度的约束,柱顶水平位移呈曲线,$u_b < u_a$。图 4-41(c)代表厂房一个伸缩缝区段,两端无山墙,仅有一个排架柱顶作用有水平集中力,其他排架虽未直接承受荷载,但受到受力排架的牵连也将产生水平位移。图 4-41(d)所示为厂房两端有山墙,仅有一个排架柱顶受力,各排架的位移都比图 4-41(c)所示的情况小,$u_d < u_c$。可见在后 3 种情况下,各个排架或山墙都不能单独变形,而是互相制约成一整体。

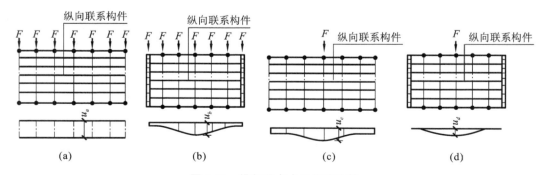

图 4-41 排架顶点水平位移比较

排架与排架、排架与山墙之间相互关联的整体作用称为厂房的整体空间作用。产生整体空间作用的条件有两个,一是各横向排架(包括山墙,山墙可理解为广义的横向排架)之间必须有纵向构件联系,二是各横向排架的刚度不同,如有山墙,或者承受的荷载不同,如局部荷载。由此可以得出,由于无檩屋盖比有檩屋盖纵向联系强,局部荷载作用下的厂房整体空间作用要大些,两端有山墙又比一端有山墙的整体空间作用大。

在实际工程中,一个伸缩缝区段内两端无山墙的情况是有的,各个横向排架都受到相同的荷载,如恒载、屋面活荷载、风荷载、雪荷载等,不应考虑厂房的整体空间作用,按平面排架计算;当一端或两端有山墙时,各排架受到相同的荷载,仍按平面排架计算,其结果偏于安全。仅在吊车的竖向及水平荷载作用时是局部荷载,才考虑厂房的整体空间作用。

4.3.7.2 吊车荷载下单跨单层厂房整体空间作用的计算方法

(1) 单个水平荷载作用下的空间作用分配系数 μ_k

厂房在单个水平荷载 R_k 作用于排架柱顶的情况下[图 4-42(a)],将这种承载排架截离出来[图 4-42(b)]与平面排架[图 4-42(c)]作比较,可以看出平面排架柱顶位移 $\mu_k > \mu'_{k,max}$,在受力方面,平面排架受到水平力 R_k,横梁内力 X_k;当考虑空间作用时,直接受荷排架受到的水平力为 R'_k,横梁内力为 X'_k。由于厂房的空间整体作用,$R'_k < R_k$,即 $R'_k + R''_k = R_k$,其中,R''_k 是通过屋盖纵向联系构件传给相邻排架所承担的水平荷载。

$$\mu_k = \frac{R'_k}{R_k} \leqslant 1 \tag{4-17}$$

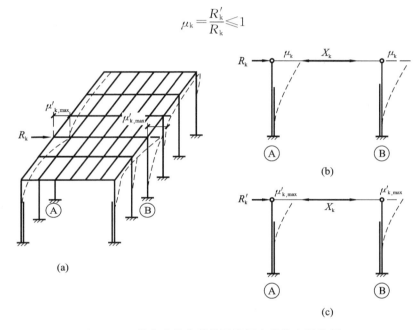

图 4-42 单个水平荷载作用下厂房整体空间作用

由于是按弹性结构计算,力与柱顶水平位移成正比。

$$\mu_k = \frac{R'_k}{R_k} = \frac{X'_k}{X_k} = \frac{\mu'_{k,max}}{\mu_k} \leqslant 1 \tag{4-18}$$

μ_k 称为单个水平荷载作用下的空间作用分配系数,它的物理意义是:当 $R_k = 1$ 时,直接承载的排架所分担到的荷载,$\mu_k \leqslant 1$。μ_k 越小,通过纵向联系构件传到其余排架的水平力 $R''_k = (1 - \mu_k)R_k$ 就越大,即单个水平荷载作用下的空间作用越大。

影响空间作用分配系数 μ_k 的主要因素如下。

① 屋盖刚度:屋盖刚度愈大,空间作用就愈大,所提供的水平力 R'_k 愈大,μ_k 愈小。

② 承载排架刚度:若承载排架本身刚度大,则分担的外荷载也大,R'_k 就小,空间作用小,μ_k 则大。

③ 厂房两端有无山墙:由于山墙的抗侧移刚度比排架柱大得多,所以两端有山墙的厂房比无山墙的厂房空间作用大,相应地,μ_k 比无山墙 μ_k 小。

④ 厂房的山墙间距:山墙间距愈小,则屋盖的平面刚度愈大,空间作用则大,μ_k 小。反之,则 μ_k 大,空间作用小。

(2) 吊车荷载作用下空间作用分配系数 μ_k

在吊车荷载作用下,直接受力排架及相邻排架共同受力。以吊车横向水平荷载为例,在 T_{max} 作用下,若按平面排架计算,传到排架柱顶的水平力为 $R = 2C_5 T \sum Y_i$[图 4-43(a)]。当为空间排架时,计算排架上的力会传到其他排架,其他排架上所受的力也会传到计算排架,要考虑这种相互影响,就必须把排架柱空间作用受力影响线求出,这个影响线实际上就是一个单位水平力作用下,各个排架柱的受力分配图。对此,清华大学根据实测和理论分析,给出了无檩和有檩体系的计算方法。图 4-43(a)所示为两端有山墙,10 个柱距排架的受力影响线。图 4-44 为排架的空间位移。

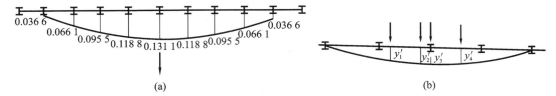

图 4-43 空间排架受力影响线

(a)空间排架受力影响线;(b)排架柱顶受力

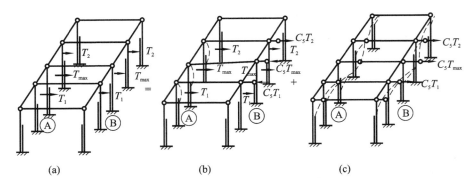

图 4-44 排架空间位移

由图 4-43(b)可知,排架柱顶受力为

$$R' = 2C_s T \sum Y_i' = 2C_s T(y_1' + y_2' + y_3' + y_4') \tag{4-19}$$

引进 μ_k 的概念,单个吊车荷载下厂房空间作用分配系数为

$$\mu_k = \frac{R_k'}{R_k} = \frac{2C_s T \sum y_i'}{2C_s T \sum y_i} = \frac{\sum y_i'}{\sum y_i} \tag{4-20}$$

但实际 μ 值(表 4-8)是经过较大幅度的增加和调整的,即留有余地。为了慎重,对于大型屋面板体系,吊车额定起重量在 75 t 以上及轻型有檩体系,吊车吨位在 30 t 以上的厂房,建议暂不考虑空间作用。

表 4-8 单层厂房空间作用分配系数 μ

厂房情况		吊车起重量/t	厂房长度/m	
			≤60	>60
有檩屋盖	两端无山墙及一端有山墙	≤30	0.90	0.85
	两端有山墙		0.85	
无檩屋盖	两端无山墙及一端有山墙	≤75	跨度/m	
			12~27 / >27	12~27 / >27
			0.90 / 0.85	0.85 / 0.80
	两端有山墙	≤75	0.80	

考虑厂房整体空间作用除了受吊车吨位的限制,还必须在计算和构造上考虑下列要求:

① 无檩屋盖的大型屋面板肋高 $h \geqslant 150$ mm,且板与屋架的连接为焊接。

② 有檩屋盖的檩条与屋架的连接为焊接。

③ 厂房山墙应为实心砖墙,当山墙上开孔洞时,其在山墙水平截面的削弱面积不应大于山墙全部水平截面面积的 50%,否则应视为无山墙情况;对于将来扩建时拆除山墙的厂房,也应按无山墙情况考虑。

④ 当厂房没有温度伸缩缝时,表 4-8 中的厂房长度应按一个伸缩缝区段为单元进行考虑,此时应将伸缩缝处视为无山墙情况。

⑤ 厂房柱距不大于 12 m 时(包括一般柱距小于 12 m,但个别柱距不等且最大柱距超过 12 m 的情况)。

（3）考虑厂房结构整体空间作用时的实用计算方法

以图 4-45 所示的单跨厂房为例，说明内力计算步骤，计算方法仍为剪力分配法。

① 在吊车垂直荷载 D_{max} 及 D_{min} 作用下，其计算简图如图 4-45（a）所示，$M_{max} = D_{max}e_3$，$M_{min} = D_{min}e_4$，e_3、e_4 分别为 A 柱、B 柱吊车梁中心线至各下柱轴线的距离。

② 假设排架无侧移，按下端固定、上端不动铰求出柱顶反力，$R_A = M_{max}C_3/H$，$R_B = M_{min}C_3/H$，柱顶总反力 $R = R_A - R_B$，称为固定状态［图 4-45（b）］。

③ 撤去不动铰支座，恢复排架变形，称为放松状态，确定空间作用分配系数 μ，将 μR 反向作用于柱顶，其余荷载由其他排架柱承担；按剪力分配系数 η_A、η_B 分配柱顶剪力，在单跨厂房中，$\eta_A = \eta_B = 0.5$［图 4-45（c）］。

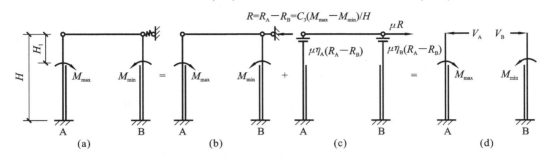

图 4-45　单跨厂房内力计算简图

$$\begin{cases} V'_A = \eta_A \mu R = 0.5\mu C_3 (M_{max} - M_{min})/H(\rightarrow) \\ V'_B = \eta_B \mu R = 0.5\mu C_3 (M_{max} - M_{min})/H(\rightarrow) \end{cases} \tag{4-21}$$

④ 排架实际受力 = 固定状态 + 放松状态［图 4-45（d）］。

排架柱顶总剪力：

$$\begin{cases} V_A = R_A - 0.5\mu R = M_{max}C_3/H - 0.5\mu C_3(M_{max} - M_{min})/H = -0.5C_3[M_{max}(2-\mu) + \mu M_{min}]/H(\rightarrow) \\ V_B = R_B - 0.5\mu R = M_{min}C_3/H + 0.5\mu C_3(M_{max} - M_{min})/H = 0.5C_3[M_{min}(2-\mu) + \mu M_{max}]/H(\rightarrow) \end{cases} \tag{4-22}$$

式中　μ——厂房空间作用分配系数；

　　　C_3——反力系数。

⑤ 求各悬臂柱内力。

同理，对于吊车水平荷载，则可得图 4-46，图中 C_s 为支座反力系数，柱顶水平剪力为

$$V_A = V_B = C_s T_{max} - \mu C_s T_{max} = (1 - \mu)C_s T_{max} \tag{4-23}$$

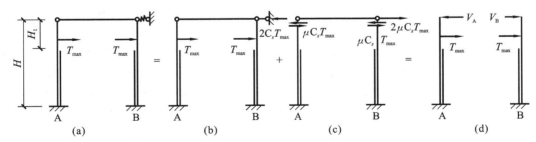

图 4-46　吊车横向水平荷载作用下单跨厂房整体空间工作计算简图

4.3.7.3　多跨厂房的空间作用分配系数

等高多跨厂房的空间作用分配系数，按下列公式计算：

$$\frac{1}{\mu} = \frac{1}{n}\left(\frac{1}{\mu'_1} + \frac{1}{\mu'_2} + \cdots + \frac{1}{\mu'_n}\right) = \frac{1}{n}\sum_{i=1}^{n}\frac{1}{\mu'_i} \tag{4-24}$$

式中　μ——等高多跨厂房的空间作用分配系数；

　　　n——排架跨数；

　　　μ'_i——第 i 跨的单跨空间作用分配系数。

对于不等高多跨厂房的空间作用分配系数，必须考虑各跨间高差带来的影响，按下列公式计算：

$$\frac{1}{\mu_i} = \frac{1}{1+\xi_i+\xi_{i+1}}\left(\frac{1}{\mu'_i}+\xi_i\frac{1}{\mu'_{i-1}}+\xi_{i+1}\frac{1}{\mu'_{i+1}}\right) \tag{4-25}$$

式中 μ_i——不等高多跨厂房第 i 跨的空间作用分配系数。

ξ_i、ξ_{i+1}——i、$(i+1)$ 柱子高差系数，$\xi_i=\left(\dfrac{h_i}{H_i}\right)^4$，$\xi_{i+1}=\left(\dfrac{h_{i+1}}{H_{i+1}}\right)^4$；其中，$h_i$、$h_{i+1}$ 分别为 i、$(i+1)$ 柱从基础顶面算起到第 $(i-1)$、i 跨屋架（或屋面梁）下表面的高度；H_i、H_{i+1} 分别为 i、$(i+1)$ 柱从基础顶面算起的全高。

μ'_{i-1}、μ'_i、μ'_{i+1}——第 $(i-1)$、i、$(i+1)$ 跨的单跨空间作用分配系数（图 4-47）。

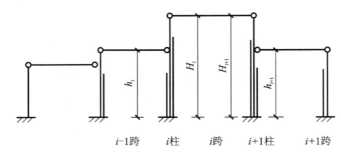

图 4-47 多跨单层厂房空间作用分配系数计算

经验表明，对于两端有山墙的多跨无檩体系厂房，其屋盖在平面内的刚度是非常大的，尤其在吊车起重量比较小时，吊车荷载引起的柱顶侧移很小，可忽略它对排架内力的影响。为简化此类厂房的排架内力计算，对于两端有山墙的两跨以上无檩体系等高厂房，当吊车起重量 $Q<30$ t 时，可根据经验按柱顶为不动铰支承进行计算。

但当存在下列情况之一时，排架内力计算不应考虑厂房整体空间作用，取 $\mu=1$。

① 当厂房一端或两端无山墙，且厂房长度小于 36 m 时。

② 天窗跨度大于厂房跨度，或天窗布置使厂房屋盖沿纵向不连续时，如设有横向带形天窗。

③ 厂房柱距大于 12 m 时（包括一般柱距小于 12 m，但有个别柱距不等，且最大柱距超过 12 m 的情况）。

④ 当屋架下弦为柔性拉杆时，如组合屋架、钢屋架。

4.3.8 排架结构的抗震计算

历次震害调查表明，7 度和 8 度（0.20g）I、II 类场地的露天吊车栈桥，以及 7 度 I、II 类场地，柱高不超过 10 m，且两端有山墙的单跨及等高多跨钢筋混凝土结构厂房（锯齿形厂房除外），仅围护墙有轻微损坏，主体结构基本无损坏。因此，《建筑抗震设计规范》（GB 50011—2010）（以下简称《抗震规范》）规定，上述厂房排架可不进行抗震计算，但需采取抗震构造措施。其他按 7 度或 7 度以上抗震设防的单层厂房，应进行结构的横向和纵向抗震验算。8 度、9 度区跨度大于 24 m 的屋架还需考虑竖向地震作用。8 度 III、IV 类场地和 9 度区的高大单层钢筋混凝土柱厂房，还需对阶形柱的上柱进行罕遇地震的水平地震作用下的弹塑性变形验算。

在对厂房结构进行抗震验算时，要考虑以下计算原则：

① 对于一般单层厂房结构，可以仅在厂房的纵、横两个主轴方向分别考虑水平地震作用，进行强度验算；两个方向的水平地震作用，应该分别全部由该方向的抗侧力构件承担。

② 对于质量和刚度明显不均匀的单层厂房结构，应考虑水平地震作用的扭转影响。

③ 对于设防烈度为 8、9 度的单层厂房结构中跨度大于 24 m 的屋架（屋面大梁）和支承它的托架，还应考虑上、下两个方向的竖向地震作用和水平地震作用的不利组合。

本节将分别简要介绍单层厂房横向和纵向抗震计算，其他复杂的抗震验算参见有关规范和专著。

4.3.8.1 单层厂房的横向抗震计算

混凝土无檩和有檩屋盖厂房，一般情况下，宜计及屋盖的横向弹性变形，按多质点空间结构分析。对于采用压型钢板、瓦楞铁等有檩屋盖的轻型屋盖厂房，柱距相等时，可按平面排架计算。按平面排架计算时，应考虑纵墙及屋架与柱连接的固接作用、空间作用和扭转影响，按规定对基本自振周期、排架柱的地震剪力和弯矩进行调整。

（1）计算简图

进行单层厂房横向抗震强度验算时，一般可简化为平面排架计算，截取一个柱距的单片排架作为计算单元。计算单层厂房结构的基本周期时，认为厂房质量均集中于柱顶处，并假定结构体系中的每一点只发生单一方向的水平振动，且每一个质点只有一个自由度。因此，单跨和多跨等高厂房可简化为单质点体系[图4-48(a)]，两跨不等高厂房可简化为两质点体系[图4-48(b)]，三跨不等高（不对称）厂房可简化为三质点体系[图4-48(c)]等。单层厂房横向抗震的计算简图，可根据不同类型采用。

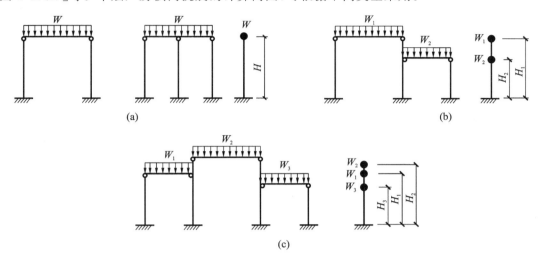

图 4-48　单层厂房横向抗震的计算简图一

(a)单质点体系厂房;(b)两质点体系厂房;(c)三质点体系厂房

（2）集中柱顶处质点重力荷载代表值的计算

在单层厂房抗震验算中，位于柱顶以上部位的重力荷载，如屋盖的恒载和活荷载等，可作为一个质量集中的质点来考虑。柱自重及围护墙自重、吊车梁自重等却是一些分布的或集中于竖杆不同标高处的重力荷载，属于无限多个质点的体系。在结构动力计算中，为了简化计算，通常采用等效原理简化为集中屋盖标高处的质点等效重力荷载代表值。由于在计算周期和计算地震作用时采取的简化假定各不相同，故其计算简图和重力荷载集中方法要分别考虑。

计算厂房自振周期时，集中屋盖标高处的质点等效重力荷载代表值，是根据"动能等效"原则求得的，所谓"动能等效"，就是原结构体系的最大动能 U_{max} 与质点集中到柱顶点的折算体系的最大动能 $\overline{U}_{max}$ 相等的原则。根据这一原则，可得出单层厂房结构各部分重力荷载在横向抗震验算时的质量折减系数 ε，如表4-9所示。对于单跨及多跨等高排架单层厂房，集中到柱顶的总重力荷载代表值[图4-48(a)]为

$$G_1 = 1.0(G_{屋盖} + 0.5G_{雪} + 0.5G_{积灰}) + 0.5G_{吊车梁} + 0.25G_{柱} + 0.25G_{纵墙} + 1.0G_{横墙} \tag{4-26}$$

对于两跨不等高排架厂房[图4-48(b)]，则为

$$G_1 = 1.0(G_{低跨屋盖} + 0.5G_{低跨雪} + 0.5G_{低跨积灰}) + 0.5G_{低跨吊车梁} + 0.25G_{低跨边柱} + 0.25G_{低跨纵墙} + 1.0G_{低跨横墙} +$$
$$1.0G_{高跨吊车梁中} + 0.25G_{中柱下柱} + 0.5G_{中柱上柱} + 0.5G_{高跨外墙} \tag{4-27a}$$

$$G_2 = 1.0(G_{高跨屋盖} + 0.5G_{高跨雪} + 0.5G_{高跨积灰}) + 0.5G_{高跨吊车梁} + 0.25G_{高跨边柱} + 0.25G_{高跨纵墙} + 1.0G_{高跨横墙} +$$
$$1.0G_{高跨檐墙} + 0.5G_{中柱上柱} + 0.5G_{高跨外墙} \tag{4-27b}$$

式中，$G_{雪}$、$G_{积灰}$ 前的系数 0.5 为抗震验算时的荷载折减系数，其余系数均为质量折算系数。$1.0G_{高跨吊车梁中}$ 和 $0.5G_{高跨吊车梁}$ 分别为高跨中柱一侧的吊车梁自重和高跨边柱一侧的吊车梁自重。

表 4-9　　　　　　　　　　　　**横向抗震验算时的质量折减系数 ε**

序号	厂房结构各部分重力荷载	ε 理论值	ε 近似取值
1	位于柱顶以上部位的重力荷载	1.0	1.0

序号	厂房结构各部分重力荷载	ε 理论值	ε 近似取值
2	柱、与柱等高的墙体重力荷载		0.25
3	单跨及等高多跨厂房的吊车梁自重、不等高厂房边柱吊车梁自重	$\left(1-\cos\dfrac{\pi H_i}{2H}\right)^2$ H_i 为集中质量离基础顶面的高度	0.50
4	其他集中质量		按具体情况计算
5	不等高厂房的高低跨交接处的中柱： a.集中到低跨柱顶的下柱重力荷载； b.上柱自重,分别集中到高跨柱顶和低跨柱顶； c.高跨封墙,分别集中到高跨柱顶和低跨柱顶； d.位于高、低跨柱顶之间的吊车梁自重,分别集中到高跨柱顶和低跨柱顶； e.靠近低跨屋盖的吊车梁自重,集中到低跨柱顶		0.25 各 0.50 各 0.50 各 0.50 1.0
6	吊车桥机自重及吊重	求厂房基本周期时： a.一般不考虑； b.一跨厂房内大于 50 t 的吊车多于两台时,取全部吊车重量平均分配到每排架的吊车梁处,再计算其折算重量	

计算地震作用时的重力荷载代表值,吊车梁、柱和纵墙的等效换算系数是按柱底或墙底截面处弯矩等效的原则确定的。对于单跨及多跨等高排架单层厂房,集中到柱顶的总重力荷载代表值[图 4-48(a)]为

$$G_1=1.0(G_{屋盖}+0.5G_{雪}+0.5G_{积灰})+0.75G_{吊车梁}+0.5G_{柱}+0.5G_{纵墙}+1.0G_{横墙} \tag{4-28}$$

对于两跨不等高排架厂房[图 4-48(b)],则为

$$G_1=1.0(G_{低跨屋盖}+0.5G_{低跨雪}+0.5G_{低跨积灰})+0.75G_{低跨吊车梁}+0.5G_{低跨边柱}+0.5G_{低跨纵墙}+$$
$$1.0G_{低跨横墙}+1.0G_{高跨吊车梁}+0.5G_{中柱下柱}+0.5G_{高跨外墙} \tag{4-29a}$$

$$G_2=1.0(G_{高跨屋盖}+0.5G_{高跨雪}+0.5G_{高跨积灰})+0.75G_{高跨吊车梁}+0.5G_{高跨边柱}+0.5G_{高跨纵墙}+$$
$$1.0G_{高跨横墙}+0.5G_{中柱上柱}+0.5G_{高跨外墙} \tag{4-29b}$$

在对设有桥式吊车的单层厂房排架进行地震作用下的内力分析时,除了把厂房各部分的质量集中于柱顶处以外,还应考虑吊车桥架重力荷载,如硬钩吊车,且应考虑最大吊重的30%。一般是把某跨吊车桥架重力荷载集中于该跨任一柱吊车梁的顶面标高处,还需将每跨间吊车的重量集中于该跨任一个柱子的吊车梁顶面处,集中于屋盖标高处外。对于柱距为 12 m 或 12 m 以下的厂房,单跨时应取一台,多跨时不超过 2 台。图 4-49 所示为三跨不对称单层高跨厂房的内力计算简图。

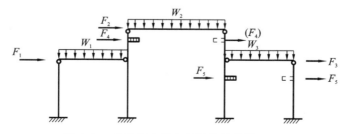

图 4-49 单层厂房横向抗震的计算简图二

（3）横向基本自振周期计算与调整

单跨和等高多跨单层厂房可按单质点体系计算其横向基本周期 T_1（以 s 计），计算公式为

$$T_1 = h \cdot 2\pi \sqrt{\frac{G_{eq}\delta_{1i}}{g}} \approx 2k\sqrt{G_{eq}\delta_{1i}} \tag{4-30}$$

式中　G_{eq}——质点等效重力荷载，kN。

δ_{1i}——单位水平力作用于排架顶部时，该处发生的沿水平方向的位移（图 4-50），m/kN，可由式 $\delta_{1i}=(1-x_1)\delta_{11}$ 算得。

x_1——单位水平力作用于排架顶部时算得的横梁内力。

δ_{11}^a——当 A 柱为竖向悬臂杆，在顶端作用有单位水平力时，在该处发生的沿水平方向的位移（图 4-50），m/kN。

k——考虑在实际排架结构中纵墙以及屋架与柱连接的固结作用而引入的计算周期调整系数：其中由钢筋混凝土屋架与钢筋混凝土柱或钢柱组成的排架结构在有砖砌纵墙时，$k=0.30$，在无砖砌纵墙时，$k=0.90$；由钢筋混凝土屋架（或组合屋架）与砖柱组成的斜架结构，$k=0.90$；由轻型钢屋架、钢木屋架或木屋架与砖柱组成的排架结构，$k=1.0$。

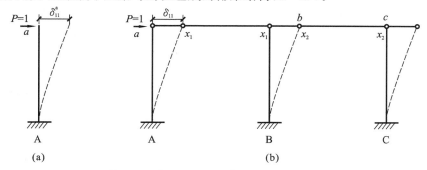

图 4-50　单位水平力作用下单质点体系各柱柱顶的水平位移

简化为两质点体系的不等高单层厂房的横向基本周期，可按下式计算：

$$T_1 = 2k\sqrt{\frac{G_1\Delta_1^2 + G_2\Delta_2^2}{G_1\Delta_1 + G_1\Delta_2}} \tag{4-31}$$

$$\begin{cases} \Delta_1 = G_1\delta_{11} + G_2\delta_{12} \\ \Delta_2 = G_1\delta_{12} + G_1\delta_{22} \end{cases} \tag{4-32}$$

式中　G_1, G_2——集中于低跨和高跨柱顶处的质点等效重力荷载，kN。

$\delta_{11}, \delta_{12}(=\delta_{21}), \delta_{22}$——单位水平力作用于排架顶部时，各柱柱顶所发生的沿水平方向的位移（图 4-51），m/kN，可由式 $\delta_{11}=(1-x_{21})\delta_{11}^a$，$\delta_{21}=x_{21}\delta_{22}^a$，$\delta_{22}=(1-x_{22})\delta_{22}^a$ 算得，其中 x_{11}、$x_{12}(=x_{21})$、x_{22} 分别为单位水平力作用于排架顶部时算得的横梁内力。

$\delta_{11}^a, \delta_{22}^a$——当 A、C 为竖向悬臂杆，在 A、C 柱顶作用有单位水平力时，该处发生的水平方向位移（图 4-51），m/kN。

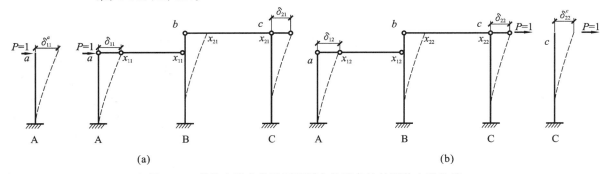

图 4-51　单位水平力作用下两质点体系各柱柱顶的水平位移

简化为 n 个质点体系的不等高单层厂房的横向基本周期，可按下式计算：

$$T_1 = 2k \sqrt{\dfrac{\sum\limits_{i=1}^{n} G_i \Delta_i^2}{\sum\limits_{i=1}^{n} G_i \Delta_i}} \tag{4-33}$$

$$\begin{cases} \Delta_1 = G_1 \delta_{11} + G_2 \delta_{12} + \cdots + G_n \delta_{1n} \\ \Delta_n = G_1 \delta_{n1} + G_2 \delta_{n2} + \cdots + G_n \delta_{nn} \end{cases} \tag{4-34}$$

上述方法计算横向基本自振周期均是按铰接排架的计算简图计算的,实际上屋架与柱顶之间的连接总有某些固结作用,且计算时也没有考虑围护墙对排架的侧向变形的约束影响,故计算所得的周期比实际偏长,需要进行调整。为此《抗震规范》规定,由钢筋混凝土屋架或钢屋架与钢筋混凝土柱组成的排架厂房有纵墙时,其基本自振周期取计算值的80%,无纵墙时取计算值的90%。

(4)横向水平地震作用的计算

单层厂房在横向水平地震作用下,可视为多质点体系,如图4-52所示。通常,单层厂房的高度不超过40 m,质量和刚度沿高度分布比较均匀时,可以假定地震时各质点的加速度反应分布与质点的高度成比例,因此,一般单层厂房横向排架的地震作用可按照底部剪力法进行计算;但当高低跨厂房低跨与高跨的高差较大时,按底部剪力法的计算结果误差较大,此时应采用振型分解反应谱法进行计算。

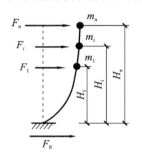

采用底部剪力法计算其横向水平地震作用的基本步骤如下。

① 先计算结构的总水平地震作用标准值 F_{Ek}。

$$F_{Ek} = \alpha_1 \cdot G_{eq} \tag{4-35}$$

式中　α_1——相应于结构基本周期 T_1 的水平地震影响系数,参见《抗震规范》;
　　　G_{eq}——结构的等效重力荷载代表值,单质点体系取全部的重力荷载代表值,多质点体系取全部的重力荷载代表值的85%。

② 对 F_{Ek} 进行分配,计算各质点处的水平地震作用。

图 4-52　横向水平地震作用下多质点体系的单层厂房

$$F_i = \dfrac{G_i H_i}{\sum\limits_{j=1}^{n} G_j H_j} F_E \quad (i = 1, 2, \cdots, n) \tag{4-36}$$

式中　F_i——质点 i 的横向水平地震作用标准值,位置在柱顶或吊车梁侧面,方向如图4-52所示或相反;
　　　G_i, G_j——集中于质点 i、j 的重力荷载代表值;
　　　H_i, H_j——质点 i、j 的计算高度,一般自基础顶面算起。

采用振型分解反应谱法具体计算步骤如下。

① 计算各振型的自振周期 T_j 及振型 X_{ji}。

② 计算各振型的地震作用 F_{ij}。

$$F_{ij} = \gamma_j \alpha_j X_{ji} G_i \tag{4-37}$$

③ 将 F_{ij} 作为外荷载作用在排架上,求出各振型的排架地震作用效应。

④ 按平方和开方法求出各振型作用效应的组合 S。

$$S = \sqrt{\sum S_j^2} \tag{4-38}$$

(5)考虑空间作用及扭转影响的横向水平地震作用折减

当单层厂房的两端有山墙时,由于两端山墙平面内的刚度比排架计算单元的平面内刚度大得多,当厂房山墙之间的距离不太大,且为钢筋混凝土屋盖时,施加在柱顶部位的横向水平地震作用将部分通过屋盖传至山墙,使各榀排架所受的横向水平地震作用有所减少。这种现象即为单层厂房的整体空间作用。

此外,对于一端有山墙、一端开口的无檩体系厂房单元,由于其单元内质量中心与刚度中心不重合,地震时产生扭转,还要考虑因厂房刚度不对称带来的扭转问题,在这种情况下,还应考虑扭转对伸缩缝两侧排架柱内力的影响。

为此,对于满足下列条件的钢筋混凝土柱排架(高低跨交接处除外),《抗震规范》给出了考虑整体空间作用及扭转影响的横向地震作用调整系数 ζ_1(表4-10)。

① 设防烈度为7度和8度。设防烈度大于8度时,由于山墙破坏严重,地震作用无法传给山墙,不能考

虑整体空间作用。

② 山墙或到顶横墙的间距 L 与厂房总跨度 B 之比 $L/B \leqslant 8$，或 $B > 12$ m 时。此时，厂房屋盖的横向水平刚度较大，能保证将地震作用通过屋盖按相应的比例传给山墙或到顶横墙。

③ 山墙或到顶横墙厚度不小于 2 400 mm，用实心砖砌筑，墙顶与屋盖以及两侧与纵墙均有可靠的连接，墙下设有条形基础，墙的水平截面开洞率不大于 50%。

④ 柱顶高度不大于 15 m。

表 4-10　　钢筋混凝土排架柱(除高低跨交接处外)考虑整体空间作用和扭转影响的调整系数 ζ_1

屋盖	山墙		L/m											
			$\leqslant 30$	36	42	48	54	60	66	72	78	84	90	96
钢筋混凝土无檩屋盖	两端山墙	等高厂房			0.75	0.75	0.75	0.80	0.80	0.80	0.85	0.85	0.85	0.90
		不等高厂房			0.85	0.85	0.85	0.90	0.90	0.90	0.95	0.95	0.95	1.0
	一端山墙		1.05	1.15	1.20	1.30	1.30	1.30	1.30	1.30	1.35	1.35	1.35	1.35
钢筋混凝土	两端山墙	等高厂房			0.80	0.85	0.90	0.95	0.95	1.0	1.0	1.05	1.05	1.10
		不等高厂房			0.85	0.90	0.95	1.0	1.0	1.05	1.05	1.10	1.10	1.15
	一端山墙		1.0	1.05	1.10	1.10	1.15	1.15	1.15	1.20	1.20	1.20	1.25	1.25

4.3.8.2　单层厂房的纵向地震作用计算

大量的震害调查结果表明，在纵向地震作用下单层厂房的破坏程度重于横向地震作用下的破坏，许多单层厂房纵向抗震能力较为薄弱，应加强对其进行分析计算。为此，《抗震规范》规定，一般情况下，宜计及屋盖的纵向弹性变形、围护墙与隔墙的有效刚度，不对称时还宜计及扭转的影响，按多质点进行空间结构分析；柱顶标高不大于 15 m 且平均跨度不大于 30 m 的单跨或等高多跨的钢筋混凝土柱厂房宜采用修正刚度法计算；纵墙对称布置的单跨厂房和轻型屋盖的多跨厂房，可按柱列法分片独立计算。下面分别对这些计算方法进行介绍。

(1) 空间分析法

考虑屋盖的水平刚度并非绝对刚性，纵向地震作用下边柱列由于围护墙和柱间支撑的存在使其变形小于中柱列的变形，使边柱列和支撑的震害减轻，因此，建立单层厂房纵向抗震的空间分析模型时，可将屋盖视为有限刚度的水平等效剪切梁，各个纵向柱列视为柱子、支撑和纵墙的并联体(图 4-53)。

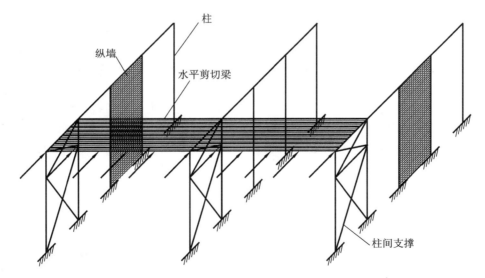

图 4-53　单层厂房纵向地震作用空间力学模型

实际分析中多采用数值分析法计算结构地震反应，对具有连续分布质量的结构要进行离散化处理。通常对于边柱列，宜取不少于 5 个质点；对于中柱列，宜取不少于 2 个质点。若要同时计算出屋面构件节点及屋架端部竖向支撑的地震内力，对于无天窗屋盖，每跨不少于 6 个质点，对于有天窗屋盖，每跨不少于 8 个质点，使之形成"串并联多质点系"(图 4-54)。若仅需确定柱列水平地震作用,而不需验算屋面构件及其连接的抗震强度,也可按照动能等效原则(确定自振周期)或内力等效原则(确定地震作用)把每一柱列全部质量集中换算到柱顶,将等高或不等高厂房分别抽象为具有较少质量的"并联多质点系"或"串并联多质点系"计算模型。

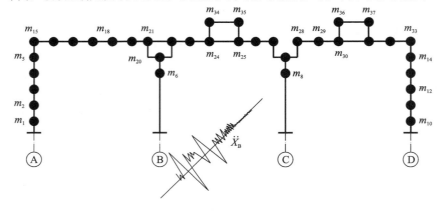

图 4-54　厂房纵向分析简图

基于模型采用动力学方法先建立多质点系的自由振动方程,再求解得出特征周期和振型,进而计算各质点的地震作用、空间结构的侧移、柱列的地震作用,最后得出构件的地震内力。此处不再赘述。

(2)柱列法

纵墙对称布置的单跨厂房两边柱列纵向刚度相同,其纵向振动基本上是同步的,可忽略两柱列独向振动的相互影响。对于轻屋盖多跨等高厂房,边柱列和中柱列纵向刚度虽有差异,但因屋盖刚度小,协调各柱列变形的能力差,各柱列的纵向振动也可认为是相互独立的。屋盖对各柱列纵向振动的影响可通过调整柱列纵向基本周期来解决。因此,对于上述两类厂房,以跨度中线为界分解成两个或多个独立的柱列进行分析,可以大大简化计算。

采用柱列法分析纵向地震作用的基本步骤如下:先计算各柱列内各抗侧构件(柱、支撑、纵墙)的抗侧刚度,然后将其求和得到该柱列的抗侧刚度和柔度,再计算柱列的地震作用、柱列的自振周期,最后根据柱列内各抗侧构件的刚度分配纵向水平地震作用。

(3)修正刚度法

采用钢筋混凝土无檩和有檩屋面的弹性屋盖厂房,屋盖的纵向水平刚度较大,空间作用显著,地震时厂房沿纵向振动特性较接近于刚性屋盖厂房,因此,确定等高厂房的纵向水平作用以及地震作用在各柱列之间的分配时,采用类似于刚性屋盖厂房的"总刚度法"的修正刚度法所得的结果误差较小。

采用修正刚度法分析纵向地震作用的基本步骤如下:先计算厂房的纵向基本自振周期并考虑屋盖变形及围护墙的修正系数,再采用底部剪力法计算厂房结构总的底部剪力及各柱列的水平地震作用标准值,最后计算柱列内各抗侧构件的纵向水平地震作用。

除此之外,对于钢筋混凝土无檩及有檩屋盖的两跨不等高厂房,还可采用拟能量法进行纵向抗震验算,其基本思路如下:以跨度中线划分的柱列作为分析计算的对象,但柱列的等效重力荷载代表值需要根据剪扭振动空间分析结果进行调整,然后用能量法计算厂房纵向自振周期,按底部剪力法计算柱列地震作用。此处不再赘述。

4.3.9　排架的荷载作用效应组合

4.3.9.1　控制截面

荷载作用下柱子内力是沿柱高变化的,设计时选择对全柱配筋起控制作用的截面进行内力组合。在一般单阶柱中为便于施工,整个上柱截面及整个下柱截面各自配筋相同,因此需分别找出上柱及下柱的控制截面。

对于上柱,底截面内力 M、N 一般比上柱其他截面大,因此取图 4-55 中的 Ⅰ—Ⅰ 截面为控制截面。

对于下柱,在吊车竖向荷载作用下,牛腿面处 Ⅱ—Ⅱ 截面的 M 最大,在风荷载或吊车横向水平力作用下,柱底截面 Ⅲ—Ⅲ 的 M 最大,同时 Ⅲ—Ⅲ 截面内力 M、V、N 也是设计基础的依据,故下柱常取 Ⅱ—Ⅱ、Ⅲ—Ⅲ 作为控制截面。

4.3.9.2 荷载作用效应组合

作用在单层厂房上的各种活荷载同时达到最大值,即厂房内两台吊车正起吊最大的重物,室外刮着 50 年一遇的大风,同时屋面正在检修,这种情况发生的可能性极小,因此《荷载规范》规定,在进行各种荷载引起的结构最不利内力组合时,应予适当降低,即乘以小于 1 的组合值系数。对于一般非抗震设防地区的单层工业厂房排架结构,通常应考虑由可变荷载效应控制的组合式、由永久荷载效应控制的组合。根据以上原则,对不考虑抗震设防的单层工业厂房,荷载组合可有如下情况:

① 1.2×恒载效应标准值+0.9×1.4×(活荷载+风荷载+吊车荷载)效应标准值。

② 1.2×恒载效应标准值+0.9×1.4×(吊车荷载+风荷载)效应标准值。

③ 1.2×恒载效应标准值+0.9×1.4×(屋面活荷载+风荷载)效应标准值。

④ 1.2×恒载效应标准值+1.4×(活荷载+吊车荷载)效应标准值。

⑤ 1.2×恒载效应标准值+1.4×吊车荷载效应标准值。

⑥ 1.2×恒载效应标准值+1.4×风荷载效应标准值。

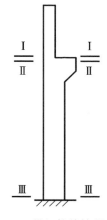

图 4-55 排架柱的控制截面

以上 6 种荷载组合中,内力不利组合由情况①、②、③ 控制较多,上柱有时由情况③控制,而由情况④、⑤、⑥ 控制较少。当风荷载较小,吊车吨位较大时,可能由情况④、⑤ 控制;当风荷载较大而吊车吨位较小,以及有高天窗时,可能由情况⑥控制。

抗震设防地区单层工业厂房排架结构还应考虑地震作用效应与其他荷载效应的基本组合。抗震设计中单层厂房排架的地震作用效应与其他相应的荷载效应组合时,一般不考虑风荷载效应、吊车横向水平制动力同时参与组合,除了 8、9 度时的大跨度结构通常也不考虑竖向地震作用参与组合。单层厂房排架抗震设计时,应采用下式进行结构构件的截面抗震验算:

$$S_d \leqslant \frac{R}{\gamma_{RE}} \tag{4-39}$$

式中 γ_{RE}——承载力抗震调整系数,对于混凝土梁受弯,取为 0.75;对于轴压比小于 0.15 和不小于 0.15 的混凝土柱的偏心受压,分别取为 0.75 和 0.80;对于混凝土构件的受剪和偏拉,取为 0.85。

当考虑地震作用内力组合(包括荷载分项系数、抗震承载力调整系数影响)小于无地震作用的内力组合时,取无地震作用的内力组合。

4.3.9.3 内力组合

内力组合的目的是为了对钢筋混凝土柱配筋。根据排架结构的受力特点,排架柱通常不需要考虑"强柱弱梁""强剪弱弯"等抗震措施。除了双肢柱外,剪力对柱配筋不起控制作用,而对基础设计,M、V、N 都对其有影响;在 M、N 作用下,排架柱为偏心受压构件,其截面上的内力有 $\pm M$、N、$\pm V$,因有异号弯矩,柱截面往往采用对称配筋 $A_s = A_s'$。对于大偏心受压构件,在内力组合时 M 愈大,N 愈小,$e_0 = M/N$ 愈大,配筋愈多;对于小偏心受压构件,M 愈大,N 愈大,配筋愈多。因此,在内力组合时应尽量使 M 大,在风荷载及水平刹车力作用下,轴力为 0,弯矩不为 0,组合时应考虑以下 4 种组合:① $+M_{max}$ 及相应 N、V;② $-M_{max}$ 及相应 N、V;③ N_{max} 及相应 M、V;④ N_{min} 及相应 M、V。

通常,单层厂房排架结构的内力组合具有以下特点:

① 恒载在任何情况下都应参与组合。

② 在吊车竖向荷载中,对单跨厂房应在 D_{max} 和 D_{min} 两者中取一;对多跨厂房因一般按不多于 4 台吊车考虑,因此对 D 最多只能在不同跨各取一项。当取两项时,吊车荷载折减系数应取 4 台吊车的值,故对其内力值应乘以转换系数,轻级和中级时为 0.8/0.9,重级和超重级时为 0.85/0.95。

③ 吊车横向水平荷载 T_{max} 同时作用于其左、右两边的柱上,其方向可向左或向右,不论是单跨还是多跨厂房,因为只考虑 2 台吊车,因此组合时只能取一项。

④ 同一跨内的 D_{max} 和 T_{max} 不一定同时产生,但组合时有 T_{max} 则必有 D_{max} 或 D_{min},不能仅组合 T_{max}。T_{max} 不能脱离吊车竖向荷载而单独存在;有 D_{max} 或 D_{min} 也必有 T_{max}。

⑤ 风荷载有左来风和右来风,两者取其一。

⑥ 在每一种组合中,M、V、N 应是相对应的,即应是在相同荷载作用下产生的。

⑦ 在 N_{max} 或 N_{min} 组合时,应使相应的 $|M|$ 尽可能大,因此当 $N=0$ 而 $M \neq 0$ 时的荷载项,只要对截面不利,也应参与组合。

内力组合通常列表进行,如表 4-11 所示。

表 4-11　　　　　　　　　　　　　排架柱的内力组合表

柱号、控制截面及正向内力	荷载类型		恒载		活荷载							
	荷载编号		①屋面恒载	②柱、吊车梁自重	③屋面均布活荷载	④D_{max}在右柱	⑤D_{min}在右柱	⑥T_{max}	⑦左风	⑧右风		
	内力		M V N	M N	M V N	M V N	M V N	M V	M V	M V		
	控制截面	内力值	(内力图)	(内力图)	(内力图)	(内力图)	(内力图)	(内力图)	(内力图)	(内力图)		

控制截面	内力值	恒载+0.9×(任意两个及两个以上活荷载)				恒载+任一活荷载			
		组合项目	M	N	V	组合项目	M	N	V
I—I	+M_{max}及相应 N、V	①+②+0.9×(③+⑦)				①+②+⑦			
	−M_{max}及相应 N、V	①+②+0.9×(④+⑥+⑧)				①+②+⑧			
	N_{max}及相应 M、V	①+②+0.9×(③+④+⑥+⑧)				①+②+③			
	N_{min}及相应 M、V	①+②+0.9×(④+⑥+⑧)				①+②+⑦			
II—II	+M_{max}及相应 N、V	①+②+0.9×(④+⑥+⑦)				①+②+④			
	−M_{max}及相应 N、V	①+②+0.9×(③+⑧)				①+②+⑦			
	N_{max}及相应 M、V	①+②+0.9×(③+④+⑥)				①+②+④			
	N_{min}及相应 M、V	①+②+0.9×(③+⑦)				①+②+⑧			
III—III	+M_{max}及相应 N、V	①+②+0.9×(③+④+⑥+⑦)				①+②+⑦			
	−M_{max}及相应 N、V	①+②+0.9×(⑤+⑥+⑧)				①+②+⑧			
	N_{max}及相应 M、V	①+②+0.9×(③+④+⑥+⑦)				①+②+④			
	N_{min}及相应 M、V	①+②+0.9×(③+⑦)				①+②+⑦			

4.3.10 排架的横向刚度验算

一般情况下,当矩形、工字形柱的截面尺寸满足表 4-5 的要求时,就可以认为排架的横向刚度已得到保证,不必验算水平位移值。但在某些情况下,例如吊车吨位较大时,为安全计,还需对水平位移进行验算。最有实际意义的是算出吊车梁顶面与柱连接处 K 的水平位移值(图 4-56),要求该值不超过水平位移限值,这是因为吊车的轨距与柱在 K 处的水平位移值有关,若柱在 K 处的水平位移较大,吊车沿纵向轨道行驶,轨道变形也较大,将影响吊车安全行驶。

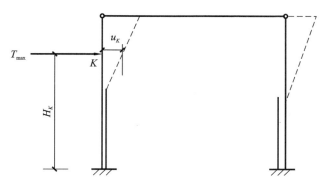

图 4-56 吊车梁顶位置柱的水平位移

对排架的横向刚度进行验算,属正常使用极限状态,荷载取排架内一台起重量最大的吊车的横向水平荷载作用于 K 点时进行内力、位移验算,刹车属于短期荷载效应,不考虑长期荷载效应的效果,计算时荷载应取标准值。

K 点的水平位移值,应满足下列规定。

① 当 $u_K \leqslant 5$ mm 时,满足正常使用要求。

② 当 5 mm $< u_K <$ 10 mm 时,其水平位移限值如下:

轻、中级工作制吊车的厂房柱

$$u_K \leqslant H_K / 1\,800$$

重级工作制吊车的厂房柱

$$u_K \leqslant H_K / 2\,200$$

露天栈桥柱

$$u_K \leqslant 10 \text{ mm} \text{ 且 } u_K \leqslant H_K / 2\,500$$

4.4 单层厂房吊车梁的设计 ❯❯❯

吊车梁是单层厂房中的主要承重构件之一,它直接承受吊车起重、运输时产生的各种移动荷载。同时,它又是厂房的纵向构件,对于传递作用在山墙上的风力,加强厂房纵向刚度,连接平面排架,保证厂房结构的空间工作起着重要作用。装配式吊车梁是支承在柱上的简支梁,其受力特点取决于吊车荷载的特性,主要有以下 4 点:

① 吊车荷载是两组移动的集中荷载,一组是移动的竖向垂直轮压,另一组是移动的横向水平制动力。

② 吊车荷载具有冲击和振动作用。

③ 吊车荷载是重复荷载。

④ 吊车荷载使吊车梁上产生扭矩荷载。

由于吊车荷载具有这些特点,所以在设计吊车梁时,需要考虑吊车荷载移动时对内力的影响,考虑吊车荷载的动力影响、吊车梁的疲劳问题,以及吊车梁的扭转问题。

4.4.1 吊车梁的受力分析及内力计算

(1) 移动荷载下的内力计算

在计算吊车梁时,为了使其具有必要的强度、刚度和抗裂性,需要知道吊车梁在移动荷载作用下各控制截面可能出现的最大内力,因此必须解决以下几个问题。

① 指定截面的最大内力。简支梁在一组移动荷载作用下,对于任何一指定截面[图 4-57(a)中截面

Ⅰ—Ⅰ］，荷载位置的任何一点变动，都有一个与之相对应的内力值，可利用影响线的方法求得。根据结构力学原理，截面Ⅰ—Ⅰ的弯矩达到极大值时，必定有一个集中力作用在影响线图顶点的截面上。根据这一条件，计算图4-57(a)中梁截面Ⅰ—Ⅰ的最大弯矩时，有4种可能［图4-57(c)］。分别算出这4种荷载位置下截面Ⅰ—Ⅰ的弯矩值，其中的最大者就是该截面在这组移动荷载下的最大弯矩。相应于某一截面最大弯矩时的荷载位置，称为该截面的荷载最不利位置。

经分析可知，有些荷载情况显然不可能使这个截面产生最大弯矩，如图4-57(c)中的第4种情况，就不必进行计算比较，以减小计算工作量。

计算支座最大反力与指定截面最大剪力的方法类似。

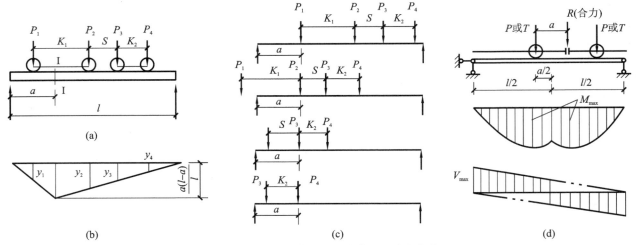

图4-57　吊车梁指定截面的最大内力及内力包络图
(a)计算图；(b)M_1影响线；(c)几种可能的荷载不利位置；(d)吊车作用下吊车梁的内力包络图

② 包络图。一个简支梁的每一个截面，根据荷载组的间距和荷载值，都可计算出任一移动荷载下该截面的最大内力，然后将各截面的内力连起来，成为内力包络图。包络图是整个吊车梁各截面可能出现的最大内力图，是设计吊车梁的主要依据。图4-57(d)所示为两台吊车作用下，吊车梁的弯矩包络图和剪力包络图。

③ 简支梁的绝对最大弯矩。从简支梁的包络图中可以发现，梁的绝对最大弯矩并不是在跨度中央截面上，而是在靠近跨中的一个截面上。为了求得梁的绝对最大弯矩，首先要找出绝对最大弯矩的截面位置。图4-58所示吊车梁上作用着一组已知荷载(图4-58中的P_1、P_2、P_3)。先确定它们的合力P的位置，若梁的中线平分此合力和相邻一集中力的间距时，则此集中力所在位置截面就可能出现绝对最大弯矩。

图4-58中的梁有两种可能，应分别计算其截面弯矩，其中较大值就是此梁的绝对最大弯矩。

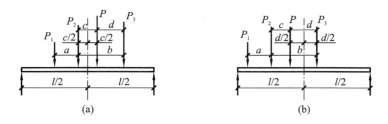

图4-58　最大弯矩作用位置

(2) 吊车荷载的重复作用特性

实际调查表明，若车间使用期为50年，则在这期间重级工作制吊车荷载的重复次数可达到$4×10^6 \sim 6×10^6$次，中级工作制吊车一般可达到$2×10^6$次。直接承受这种重复荷载的结构或构件，材料会因疲劳而降低强度。所以对超重级、重级和中级工作制吊车梁，除静力计算外，还要进行疲劳强度验算。在疲劳强度验算中，荷载取用标准值，对吊车荷载要考虑动力系数，对于跨度不大于12 m的吊车梁，可取用一台最大吊车荷载。

(3) 吊车荷载的动力特性

吊车荷载具有冲击和振动作用，因此对吊车竖向荷载要考虑动力系数μ；对吊车横向水平荷载要考虑横向力修正系数α。

① 吊车竖向荷载的动力系数 μ，可按表 4-12 选用。

表 4-12　　　　　　　　　　　　　　　　　**吊车荷载作用的动力系数 μ**

序号	吊车类别	μ
1	悬挂吊车、电动葫芦、A1～A5 级软钩吊车	1.05
2	硬钩吊车、特种吊车、A6～A8 级软钩吊车	1.1

② 吊车横向水平荷载的横向力修正系数 α。

对于吊车横向水平荷载，一般不考虑动力系数，但由于结构、吊车桥架的变形等因素，常在轨道与大车轮之间产生水平挤压力（习惯上称为卡轨力），这个力最大时可达横向水平荷载的 2.7～7.4 倍。因此，在计算重级工作制钢筋混凝土吊车梁与柱的连接强度时，应将横向水平荷载乘以表 4-13 所示的横向力修正系数 α。

表 4-13　　　　　　　　　　　　　　　　　**横向力修正系数 α**

吊车起重量 /t	α
$Q \leqslant 10$	5.0
$Q = 15 \sim 20$	4.0
$Q \geqslant 30$	3.0

（4）吊车荷载的偏心影响——扭矩

吊车竖向荷载 μP_{max} 和横向水平荷载 T 对吊车梁横截面的弯曲中心是偏心的，如图 4-59 所示。每个吊车轮产生的扭矩按两种情况计算。

① 静力计算时，考虑两台吊车，则

$$t = (\mu P_{max} e_1 + T e_2) \times 0.7 \tag{4-40}$$

② 疲劳强度验算时，只考虑一台吊车，且不考虑吊车横向水平荷载的影响，则

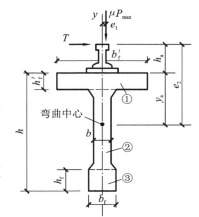

图 4-59　吊车荷载的偏心影响

$$t^f = 0.8 \mu P_{max} e_1 \tag{4-41}$$

式中　t，t^f——静力计算和疲劳强度验算时，由一个吊车轮产生的扭矩值，上角码 f 表示"疲劳"；

0.7，0.8——扭矩和剪力共同作用的组合系数；

e_1——吊车轨道对吊车梁横截面弯曲中心的偏心距，一般取 $e_1 = 20$ mm；

e_2——吊车轨顶至吊车梁横截面弯曲中心的距离，$e_2 = h_a + y_a$，h_a 为吊车轨顶至吊车梁顶面的距离，一般可取 $h_a = 200$ mm，y_a 为吊车梁横截面弯曲中心至梁顶面的距离。

当为 T 形截面时：

$$y_a = \frac{h_f'}{2} + \frac{\frac{h}{2}(h - h_f')b^3}{h_f' b_f'^3 + (h - h_f')b^3} \tag{4-42}$$

当为工形截面时：

$$y_a = \frac{\sum I_{yi} y_i}{\sum I_{yi}} \tag{4-43}$$

式中　h，b 和 h_f'，b_f'——截面高、肋宽和翼缘的高、宽；

I_{yi}——每一分块截面①、②、③（图 4-59）对 y—y 轴的惯性矩，均不考虑预留孔道、钢筋换算因素；

$\sum I_{yi}$——整个截面对 y—y 轴的惯性矩，$\sum I_{yi} = I_{y1} + I_{y2} + I_{y3}$；

y_i——每一分块截面的重心至梁顶面的距离。

求出 t 和 t^f 后，再按影响线法求出扭矩 T 和 T^f 的包络图。

疲劳强度
验算动画

4.4.2 钢筋混凝土吊车梁的计算及构造要求

（1）钢筋混凝土吊车梁的承载力计算及结构验算

钢筋混凝土吊车梁应进行静力计算和疲劳强度验算，其中静力计算包括正截面和斜截面承载力计算，以及变形和裂缝宽度验算。这时所采用的吊车台数、动力系数及横向水平荷载可按表 4-14 取用。

表 4-14   吊车梁的验算项目及相应的荷载

序号	验算项目			恒载	吊车		附注
					台数	荷载	
1	受弯	强度	垂直截面受弯	g	2	μP_{max}	
2			水平荷载下受弯	—	2	T	
3		垂直截面抗裂性	使用阶段	g	2	μP_{max}	
4			施工阶段 制作		—	—	
5			运输	g	—	—	动力系数取 1.5
6	受剪	强度	斜截面受剪	g	2	μP_{max}	
7			受扭	—	2	μP_{max} T	
		斜截面抗裂性		g	2	μP_{max}	
8	疲劳强度	垂直截面		g	1	μP_{max}	
9		斜截面		g	1	μP_{max}	
10	变形			g	2	P_{max}	
11	裂缝宽度			g	2	P_{max}	

注：g——恒载总和；P_{max}——吊车最大轮压；T——吊车横向制动力；μ——动力系数。

吊车梁是双向弯曲的弯、剪、扭的构件，故应把弯、剪、扭三者分开来单独计算，并且把剪、扭两者的计算结果叠加起来，即把抗剪用的箍筋用量与抗扭附加箍筋用量相加，另外在验算主应力时，把竖向剪应力与扭剪应力相加。对于双向弯曲，则仅在正截面承载力计算中予以考虑，并且当同时满足式（4-44）的两个条件时，可以忽略水平弯矩，只按竖向弯曲计算，即

$$\begin{cases} \dfrac{M_y}{M_x} = \dfrac{T}{\mu P_{max}} \leqslant 0.1 \\ \dfrac{M_{u,x}}{M_x} \geqslant 1.05 \end{cases} \qquad (4\text{-}44)$$

式中　M_x，M_y——水平弯矩、竖向弯矩设计值；

　　　$M_{u,x}$——竖向弯曲时的正截面受弯承载力。

T 形及工形截面的抗扭计算可以采用把整个截面承受的扭矩分配给各个矩形分块的方法。静力承载力计算时，按各矩形分块的塑性抗扭矩分配，有

$$T_i = T \cdot \dfrac{\overline{W}_{t,i}}{\overline{W}_t} \qquad (4\text{-}45)$$

疲劳强度验算时，按各矩形分块的弹性抗扭矩分配，则

$$T_i^f = T^f \cdot \dfrac{I_{t,i}}{I_t} \qquad (4\text{-}46)$$

式中　T，T^f——静力计算、疲劳强度验算时，整个截面所承受的扭矩；

$\overline{W}_t$——整个截面的塑性抗扭抵抗矩,可近似地按 $\overline{W}_t = \sum \overline{W}_{t,i}$ 计算;

$\overline{W}_{t,i}$——任一矩形分块 i 的塑性抗扭抵抗矩;

I_t——整个截面的弹性抗扭惯性矩, $I_t = \sum I_{t,i}$;

$I_{t,i}$——任一矩形分块 i 的弹性抗扭惯性矩, $I_{t,i}$ 按下式计算。

上、下翼缘:

$$I_{t,1} = k_1 b_f' h_f'^3, \quad I_{t,3} = k_2 b_f h_f^2$$

腹板:

$$I_{t,3} = k_1 b(h - h_f - h_f')^3$$

式中 k_1, k_2——系数,按矩形分块的长边与短边的比值 a 由表 4-15 查得。

表 4-15 k_1、k_2值

a	1.0	1.2	1.5	1.75	2.0	2.5	3.0	4	5	6	8	10	∞
k_1	0.141	0.166	0.196	0.214	0.229	0.249	0.263	0.281	0.291	0.299	0.307	0.312	0.330
k_2	0.208	0.219	0.231	0.239	0.246	0.258	0.267	0.282	0.291	0.299	0.307	0.312	0.330

① 承载力计算。

钢筋混凝土 T 形等截面吊车梁的截面设计主要包括:a. 正截面受弯承载力计算;b. 斜截面受剪承载力计算;c. 受扭承载力计算;d. 剪力与扭矩作用力截面验算。吊车梁与普通钢筋混凝土 T 形截面梁承载力计算方法的步骤一致,但剪力与扭矩作用下截面验算时,当 $h_w/b < 6$ 时,应满足:

$$\frac{V}{bh_0} + \frac{T}{W_t} \leqslant 0.7 f_t$$

为了控制斜裂缝宽度,还应满足:

对于中级工作制

$$\frac{V'}{f_c bh_0} \leqslant \frac{1}{9m + 4.5} + 0.04 \tag{4-47a}$$

对于重级工作制

$$\frac{V'}{f_c bh_0} \leqslant \frac{1}{9m + 5} + 0.03 \tag{4-47b}$$

式中 m——剪跨比;

V, V'——剪力设计值及不计吊车动力系数 μ 的剪力设计值。

V 及 V',对于重级工作制取支座处的数值;对于中、轻级工作制可按下述规定减小其取值,即取轮压距支座为 h_0 或 $l_0/6$ 处的剪力值(取两者中的较小值),如图 4-60 所示。

此处,h_0 为截面的有效高度,l_0 为计算跨度。这种考虑方法习惯上称为退轮,其实质是根据设计经验适当地利用小剪跨时受剪承载力的潜力。弯起钢筋和腹板内的受剪竖向箍筋用量 A_{sv},则需根据计算确定,对中、轻级工作制吊车梁仍可考虑上述退轮方法。

② 变形和裂缝宽度验算。

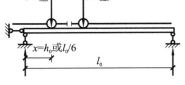

图 4-60 吊车梁按退轮方法计算剪力

验算时,裂缝间纵向钢筋应变不均匀系数 ψ 取为 1.0;对于轻、中级工作制吊车梁,可将计算所求得的最大裂缝宽度乘以 0.85;同时,当采用 Ⅲ 级钢筋作纵筋时,应将计算求得的最大裂缝宽度乘以系数 1.1。

对于纵向受拉钢筋沿肋高分散布置的情况,由于上述求得的最大裂缝宽度 w_{max} 是指纵向受拉钢筋重心处的,因此还必须验算最下一排钢筋处的最大裂缝宽度 w'_{max},它由 w_{max} 按平截面假设求得。这时,如截面有效高度 $h_0 = (0.85 \sim 0.9)h$,可近似地取平均受压区为 $0.275h_0$ 计算,通常 w'_{max} 比 w_{max} 大 5% ~ 15%。

对于吊车梁的允许挠度,手动吊车为 $l/500$,电动吊车为 $l/600$,l 为吊车梁跨度。

③ 疲劳强度验算。

疲劳强度验算包括正截面和斜截面疲劳强度验算两方面。对前者应验算正截面受压区边缘纤维的混凝土应力和纵向受拉钢筋的应力幅(受压钢筋可不进行疲劳验算);对后者应验算中和轴处混凝土的剪应力和箍筋的应力幅。

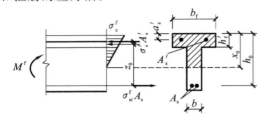

图 4-61　正截面疲劳强度验算

必须指出的是,疲劳验算是针对正常使用条件下进行的,故吊车取一台,荷载取标准值,正截面疲劳应力验算时按容许应力法进行计算,并采用以下假定:

a. 截面应变保持平面;

b. 受压区混凝土的正应力图形为三角形(图 4-61);

c. 受拉区出现裂缝后,受拉区混凝土不参与工作,拉应力全部由钢筋承受;

d. 采用换算截面计算,即取钢筋弹性模量与混凝土疲劳变形模量的比值,$a_E^f = E_s/E_c^f$。

正截面的疲劳应力验算公式如下:

$$\sigma_{c,max}^f = \frac{M_{max}^t x_0}{I_0^f} \leqslant f_c^f \tag{4-48}$$

$$\Delta\sigma_{si}^f = a_E^f \frac{(M_{max}^f - M_{min}^f)(h_{0i} - x_0)}{I_0^f} \leqslant \Delta f_y^f \tag{4-49}$$

式中　$\sigma_{c,max}^f$——疲劳验算时截面受压区边缘纤维的混凝土压应力;

$\Delta\sigma_{si}^f$——疲劳验算时截面受拉区第 i 层纵向钢筋的应力幅;

f_c^f——混凝土轴心抗压疲劳强度设计值,按《混凝土结构设计规范》(GB 50010—2010)4.16 条确定;

Δf_y^f——钢筋的疲劳应力幅限值,按《混凝土结构设计规范》(GB 50010—2010)表 4.2.5-1 采用;

M_{max}^f,M_{min}^f——疲劳验算时同一截面上在相应荷载组合下产生的最大弯矩值、最小弯矩值;

a_E^f——钢筋的弹性模量与混凝土疲劳变形模量的比值,$a_E^f = E_s/E_c^f$;

I_0^f——疲劳验算时相应于弯矩 M_{max}^f 与 M_{min}^f 为相同方向时的换算截面惯性矩;

x_0——疲劳验算时相应于弯矩 M_{max}^f 与 M_{min}^f 为相同方向时的换算截面受压区高度;

h_{0i}——相应于弯矩 M_{max}^f 与 M_{min}^f 为相同方向时表面受压区边缘至受拉区带第 i 层纵向钢筋截面重心的距离。

对于受拉钢筋,可仅验算最外层钢筋的应力,当内层钢筋的疲劳强度小于外层钢筋的疲劳强度时,则应分层验算。

T 形截面的换算截面受压区高度 x_0 和换算截面惯性矩按以下公式计算。

当 $x_0 < h_f'$ 时

$$\frac{b_f' x_0^2}{2} - \frac{(b_f' - b)(x_0 - h_f')^2}{2} + a_E^f A_s'(x_0 - a_s') - a_E^f A_s(x_0 - a_s) = 0 \tag{4-50}$$

$$I_0^f = \frac{b_f' x_0^3}{3} - \frac{(b_f' - b)(x_0 - h_f')^3}{3} + a_E^f A_s'(x_0 - a_s')^2 + a_E^f A_s(x_0 - a_s)^2 = 0 \tag{4-51}$$

当 $x_0 \leqslant h_f'$ 时,按宽度为 b_f' 的矩形截面计算,即在式(4-50)、式(4-51)中,取 $b = b_f'$。

当受拉钢筋沿截面高度多层布置时,式(4-50)、式(4-51)中,$a_E^f A_s(x_0 - a_s)^2$ 项可用 $a_E^f \sum_{i=1}^{n} A_{si}(x_{0i} - a_s)^2$ 代替,此处 n 为受拉钢筋的总层数,A_{si} 为第 i 层全部钢筋的截面面积。

应注意的是,受压钢筋的应力应符合 $a_E^f \sigma_c^f \leqslant f_y'$ 的条件;当不满足时,以上各公式中 $a_E^f A_s$ 应以 $\frac{f_y'}{\sigma_c^f} A_s'$ 代替,此处 f_y' 为受压钢筋的强度设计值,σ_c^f 为受压钢筋合力点处相应的混凝土应力。

斜截面疲劳强度验算可按以下方法进行。

a. 计算中和轴处的剪应力 τ^f。

$$\tau^{\mathrm{f}} = \frac{V_{\max}^{\mathrm{f}}}{bz_0} \tag{4-52}$$

式中 $V_{\max}^{\mathrm{f}}$——疲劳验算时,在相应荷载组合下构件验算截面的最大剪力值;

      b——肋宽;

      z_0——受压区合力点至受拉钢筋合力点的距离,此时受压区高度 x_0 按式(4-50)计算。

b. 若 $\tau^{\mathrm{f}} \leqslant 0.6 f_{\mathrm{t}}^{\mathrm{f}}$,该区段的剪力全部由混凝土承受,箍筋按构造要求设置。式中,$f_{\mathrm{t}}^{\mathrm{f}}$ 为混凝土轴心抗拉疲劳强度。

c. 若 $\tau^{\mathrm{f}} > 0.6 f_{\mathrm{t}}^{\mathrm{f}}$,该区段的剪力由箍筋和混凝土共同承受。此时箍筋的应力幅 $\Delta\sigma_{\mathrm{sv}}^{\mathrm{f}}$ 为

$$\Delta\sigma_{\mathrm{sv}}^{\mathrm{f}} = \frac{(\Delta V_{\max}^{\mathrm{f}} - 0.1\eta f_{\mathrm{t}}^{\mathrm{f}} bh_0)s}{A_{\mathrm{sv}} z_0} \tag{4-53}$$

$$\Delta V_{\max}^{\mathrm{f}} = V_{\max}^{\mathrm{f}} - V_{\min}^{\mathrm{f}} \tag{4-54}$$

$$\eta = \frac{\Delta V_{\max}^{\mathrm{f}}}{V_{\max}^{\mathrm{f}}} \tag{4-55}$$

式中 $\Delta V_{\max}^{\mathrm{f}}$——疲劳验算时构件验算截面的最大剪力幅值;

      $V_{\min}^{\mathrm{f}}$——疲劳验算时在相应荷载组合下验算截面的最小剪力值;

      η——最大剪力幅相对值;

      s——箍筋的间距;

      A_{sv}——配置在同一截面内箍筋各肢的全部截面面积。

箍筋应力幅 $\Delta\sigma_{\mathrm{sv}}^{\mathrm{f}}$ 应满足以下条件:

$$\Delta\sigma_{\mathrm{sv}}^{\mathrm{f}} \leqslant \Delta f_{\mathrm{yv}}^{\mathrm{f}} \tag{4-56}$$

式中 $\Delta f_{\mathrm{yv}}^{\mathrm{f}}$——箍筋的疲劳应力幅限值,按《混凝土结构设计规范》(GB 50010—2010)表 4.2.5-1 中的 $\Delta f_{\mathrm{yv}}^{\mathrm{f}}$ 采用。

显然,通过式(4-56)可以计算箍筋的配置数量。

(2)材料选用及构造要求

混凝土强度等级可采用 C30～C50,预应力混凝土吊车梁一般宜采用 C40,必要时采用 C50。吊车梁中先张法的预应力钢筋,宜采用冷拉(双控)Ⅳ级、Ⅲ级变形钢筋,也可采用冷拉(双控)Ⅱ级钢筋。后张法的预应力钢筋,宜采用冷拉(双控)Ⅳ级钢筋、碳素钢丝或钢绞线,也可采用冷拉(双控)Ⅲ级或Ⅱ级钢筋。吊车梁中的非预应力钢筋,除纵向受力钢筋、腹板纵筋采用Ⅱ级钢筋外,其他部位的钢筋可采用Ⅰ级钢筋。

吊车梁尚应满足下列构造要求:

① 截面尺寸。梁高可取跨度的 1/12～1/4,一般有 600 mm、900 mm、1 200 mm 和 1 500 mm 4 种;钢筋混凝土吊车梁的腹板一般取 $b = 140$ mm、160 mm、180 mm,在梁端部分逐渐加厚至 200 mm、250 mm、300 mm。预应力混凝土工形截面吊车梁的最小腹板厚度,先张法可为 120 mm(竖捣)、100 mm(卧捣),后张法当考虑预应力钢筋(束)在腹板中通过时可为 140 mm,在梁端头均应加厚腹板而渐变成 T 形截面。上翼缘宽度取梁高的 1/3～1/2,不小于 400 mm,一般采用 400 mm、500 mm、600 mm。

② 连接构造。轨道与吊车梁的连接以及吊车梁与柱的连接可详见有关标准图集,图 4-62 所示为其一般做法。其中,上翼缘与柱相连的连接角钢或连接钢板承受吊车横向水平荷载的作用,按压杆计算。所有连接焊缝高度也应根据计算确定,且不小于 8 mm。

③ 配筋构造。对于纵向受力钢筋,由于其直接承受重复荷载,因此不宜采用光面钢筋;先张法预应力混凝土吊车梁中,除有专门锚固措施外,不应采用光面碳素钢丝;中、重和超重级工作制吊车梁不得采用焊接骨架,其纵向受拉钢筋不得采用绑扎接头,也不宜采用焊接接头,并且不得焊任何附件(端头锚固除外)。上部预应力钢筋截面面积 A_{p}' 应根据计算确定,一般宜为下部预应力钢筋截面面积的 1/8～1/4。上、下部预应力钢筋均应对称放置。在薄腹的钢筋混凝土吊车梁中,为防止腹中裂缝开展过宽、过高,应沿肋部两侧的一定高度内设通长的腰筋 $\phi 10$。为此,主筋可分散布置以便部分代替这种腰筋,宜上疏下密,直径上小下大,并使

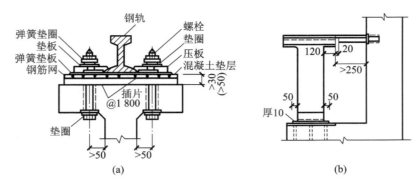

图 4-62　吊车梁的连接构造

（a）轨道与吊车梁的连接；（b）吊车梁与柱的连接

截面有效高度 h_0 基本控制为 $(0.85\sim0.9)h$。

对于箍筋，不得采用开口箍，但不需考虑互搭 $30d$ 的抗扭要求，箍筋直径一般不宜小于 6 mm。箍筋间距，在跨中一般为 200～250 mm；在梁端（$l_a + 1.5h$）范围内，箍筋面积应比跨中增加 20%～25%，间距一般为 150～200 mm。此处，h 为梁的跨中截面高度，l_a 为主筋锚固长度。上翼缘内的箍筋一般是按构造配筋，通常采用 $\phi6$ 或 $\phi8$，间距为 200 mm，与腹板中的箍筋间距相同。

对于端部构造钢筋，为了防止预应力混凝土吊车梁端部横截面在放张或施加预应力时产生水平裂缝，应沿梁高设置焊在端部锚板上的竖向钢筋及水平的封闭箍筋。对于后张预应力混凝土吊车梁，还应在锚孔附近增设封闭箍筋。为了防止在支座附近发生短柱式破坏，在钢筋混凝土吊车梁的端部也应设置竖向构造钢筋和水平箍筋，竖向构造钢筋应焊在支承钢板（或型钢）上，并伸入梁的上翼缘内。

4.5　单层厂房柱的设计　>>>

4.5.1　单层厂房柱的设计内容

单层工业厂房柱的设计内容一般包括构件选型和截面尺寸确定，排架结构的内力分析，根据各控制截面的最不利内力组合进行截面设计，施工吊装运输阶段的强度和裂缝宽度验算，与屋架、吊车梁等构件的连接构造设计和绘制施工图等，当厂房内有吊车时还需专门设计牛腿。本节主要介绍单层工业厂房应用最为广泛的矩形或 I 形截面钢筋混凝土排架柱及牛腿的设计，并简要介绍双肢柱的设计要点。

4.5.2　矩形和 I 形截面排架柱的设计

4.5.2.1　柱的计算长度

对于刚性屋盖的单层工业厂房排架柱、露天吊车柱和栈桥柱，其计算长度 l_0 按《混凝土结构设计规范》（GB 50010—2010）第 7.3.11 条给出的采用（表 4-16）。其中，H 为从基础顶面算起的柱子全高；H_1 为从基础顶面至牛腿顶面或现浇式吊车梁顶面的柱子下部高度；$H_u = H - H_1$，H_u 为柱子上部高度。

表 4-16   **采用刚性屋盖的单层工业厂房排架柱、露天吊车柱和栈桥柱的计算长度**

柱的类型		排架方向	垂直排架方向	
			有柱间支撑	无柱间支撑
无吊车厂房柱	单跨	$1.5H$	$1.0H$	$1.2H$
	两跨及多跨	$1.25H$	$1.0H$	$1.2H$

柱的类型		排架方向	垂直排架方向	
			有柱间支撑	无柱间支撑
有吊车厂房柱	上柱	$2.0H_u$	$1.25H_u$	$1.5H_u$
	下柱	$1.0H_l$	$0.8H_l$	$1.0H_l$
露天吊车柱和栈桥柱		$2.0H_l$	$1.0H_l$	—

注：1. 表中 H 为从基础顶面算起的柱子全高；H_l 为从基础顶面至装配式吊车梁底面或现浇式吊车梁顶面的柱子下部高度；H_u 为从装配式吊车梁底面或从现浇式吊车梁顶面算起的柱子上部高度。

2. 表中有吊车厂房排架柱的计算长度，当计算中不考虑吊车荷载时，可按无吊车厂房采用，但上柱的计算长度仍应按有吊车厂房采用。

3. 表中有吊车厂房排架柱的上柱在排架方向的计算长度，仅适用于 $H_u/H_l \geqslant 0.3$ 的情况；当 $H_u/H_l < 0.3$ 时，宜采用 $2.5H_u$。

4.5.2.2　矩形和Ⅰ形截面排架柱的配筋计算

单层工业厂房矩形和Ⅰ形截面钢筋混凝土排架柱配筋计算时，主要依据排架结构的内力分析和各控制截面的最不利内力组合进行截面设计。通常，上柱的控制截面为底截面，一般为矩形，即控制截面Ⅰ—Ⅰ；下柱的控制截面为牛腿顶面及下柱底面，即控制截面Ⅱ—Ⅱ、Ⅲ—Ⅲ，如图 4-55 所示。

单层工业厂房排架柱通常为一偏心受压构件。各个控制截面有四组不利内力组合，一般情况下 M_{max} 及相应 N、$-M_{max}$ 及相应 N、N_{min} 及相应 M 三组内力，由于弯矩较大，轴力较小，往往属于大偏心受压；而 N_{max} 及相应 M 这一组，则可能是小偏心受压也可能是大偏心受压，至于选择哪一组内力，应首先根据组合结果进行判断。

工程中排架柱常采用对称配筋，通常，对于矩形截面对称配筋，取 $A_s = A_s'$，当计算受压区高度满足 $x = N/(\alpha_1 f_c b) \leqslant \xi_b h_0$ 时，则为大偏心受压；否则为小偏心受压。对于工字形截面，当 $x = N/(\alpha_1 f_c b) \leqslant h_f' \leqslant \xi_b h_0$ 时，为大偏心受压；当 $x > h_f'$ 时，重算 $x = [N - \alpha_1 f_c b(b_f' - b)h_f']/\alpha_1 f_c b \leqslant \xi_b h_0$ 时，仍为大偏心受压；一般选择 M 较大，$e_0 = M/N$ 较大的一组；否则为小偏心受压，选择 M 大、N 大的一组。若 M 相同时，大偏压构件需要的纵筋 A_s 多。

抗震设计时，当有地震作用参与的组合起控制作用时，需根据《建筑抗震设计规范》（GB 50011—2010）选用承载力抗震调整系数 γ_{RE} 进行排架柱的正截面抗震验算。对于铰接排架柱，在屋架或屋面梁与柱连接的柱顶、上下柱变截面处等位置按构造要求配置箍筋时，一般情况下可不进行斜截面受剪承载力计算。当设有工作平台等特殊情况下，排架柱的剪跨比较小时，可采用下式进行抗震斜截面受剪承载力计算：

$$V_c \leqslant \frac{1}{\gamma_{RE}}\left(\frac{1.05}{\lambda+1}f_t b h_0 + f_{yv}\frac{A_{sv}}{s}h_0 + 0.056N\right) \tag{4-57}$$

式中　λ——排架柱的计算剪跨比，当 $\lambda < 1.0$ 时，取 1.0，当 $\lambda > 3.0$ 时，取 3.0；

　　　N——考虑地震组合的排架柱轴向压力设计值，当 $N > 0.3f_c A$ 时，取 $0.3f_c A$。

4.5.2.3　构造要求

排架柱宜采用强度较高的混凝土，常用的混凝土强度等级为 C20、C25、C30、C35、C40。纵向受力钢筋一般采用 HRB400 级和 HRB335 级钢筋，箍筋和构造钢筋可用 HPB300 级或 HRB335 级钢筋。在非抗震设防区，排架柱需满足下列构造要求：

① 纵向受力钢筋直径不宜小于 12 mm，全部纵向钢筋的配筋率不应大于 5%。柱截面每一侧纵向钢筋的最小配筋率：对于受压钢筋，为 0.2%；对于受拉钢筋，C35 以下为 0.15%，C40~C60 为 0.2%，由于是对称配筋，实际上每侧均为 0.2%。

② 当柱截面高度 $h \geqslant 600$ mm 时，在侧面应设置 Φ6~Φ10 的纵向构造钢筋，间距小于 500 mm，并相应设置附加箍筋；工字形截面箍筋的形式如图 4-63 所示，翼缘箍筋与腹板箍筋的关系以点焊成封闭环式为好。

③ 柱与外纵墙用预留拉筋连接。预留拉筋 Φ6@500 沿柱高设置（图 4-64）。

④ 柱与屋架、吊车梁、柱间支撑的连接都是通过在柱中预埋铁板的方法处理的（图 4-65）。

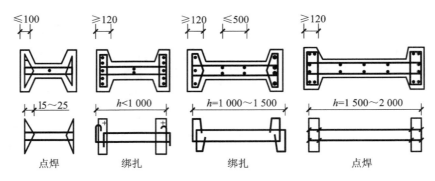

图 4-63 工字形柱箍筋形式

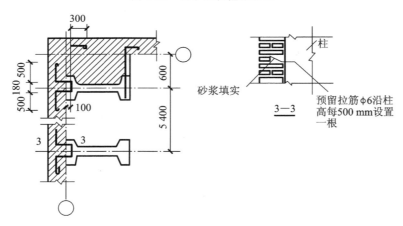

图 4-64 柱与墙连接

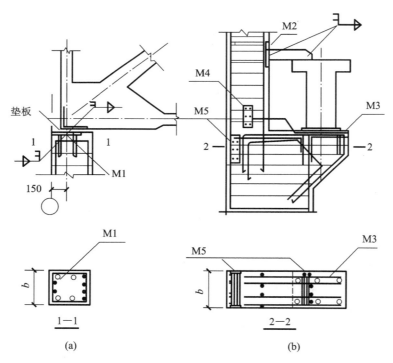

图 4-65 柱与屋架、吊车梁连接

(a)柱与屋架连接;(b)柱与吊车梁连接

在地震设防区,大柱网厂房排架柱还需满足下列构造要求:

① 柱截面宜采用正方形或接近正方形的矩形,边长不宜小于柱全高的 1/8~1/6。

② 重屋盖厂房地震组合的柱轴压比,6、7 度时不宜大于 0.8,8 度时不宜大于 0.7,9 度时不应大于 0.6。

③ 纵向钢筋宜沿柱截面周边对称配置,间距不宜大于 200 mm,角部宜配置直径较大的钢筋。

④ 柱头和柱根的箍筋应加密,加密区箍筋间距不应大于 100 mm。加密范围柱根取基础顶面至室内地坪以上 1 m,且不小于柱全高的 1/6;柱头取柱顶以下 500 mm 且不小于柱截面长边尺寸;上柱取阶形柱自牛腿面至起重机梁顶面以上 300 mm 高度范围内,牛腿(柱肩)处取全高;柱间支撑与柱连接节点和柱变位受平台等约束的部位取节点上、下各 300 mm。箍筋肢距和最小直径应满足《建筑抗震设计规范》(GB 50011—2011)表 9.1.2 的规定。

4.5.3 牛腿的设计

在单层厂房中,通常采用柱侧伸出来的牛腿来支承屋架(屋面梁)、托架、吊车梁等构件,由于这些构件负荷大或者是动力作用,故牛腿虽小,但受力复杂,是一个重要部件。

根据牛腿的受力将其分为长牛腿及短牛腿,牛腿竖向力 F_v 的作用点至下柱边缘的距离为 a,牛腿与下柱交接处垂直截面的有效高度为 h_0,$a \leqslant h_0$ 的为短牛腿,$a > h_0$ 的为长牛腿(图 4-66)。

长牛腿的受力特点与悬臂梁相似,可按悬臂梁设计。支承吊车梁等构件的牛腿均为短牛腿(以下简称牛腿),它实质上是一个变截面深梁,受力性能与普通悬臂梁不同。

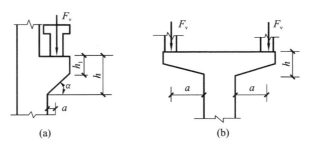

图 4-66 牛腿分类

4.5.3.1 试验研究

(1)弹性阶段的应力分布

图 4-67(a)所示为环氧树脂牛腿模型取 $a/h_0 = 0.5$ 进行光弹试验得到的主应力轨迹线。从图中看出,牛腿上部主拉应力轨迹线基本上与牛腿上边缘平行,其拉应力沿牛腿长度方向分布比较均匀。牛腿下部主压应力轨迹线大致与从加载点到牛腿下部转角的连线 ab 相平行。牛腿中下部主拉应力轨迹线是倾斜的,所以加载后裂缝有向下倾斜的现象。

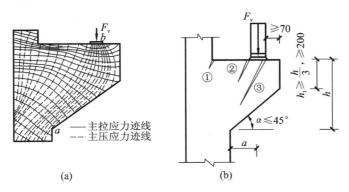

图 4-67 牛腿光弹试验结果示意及裂缝

(2)斜裂缝的出现与开展

对弹塑性材料的钢筋混凝土牛腿的试验表明,一般在极限荷载的 20%～40% 时出现垂直裂缝②[图 4-67(b)],这是由于上柱根部与牛腿交界处存在着应力集中现象,裂缝②很细,对牛腿受力性能影响不大。随着荷载增加至极限荷载的 40%～60% 时,在加载板内侧附近产生第一条斜裂缝③,其方向大体与受压轨迹线平行,继续加载裂缝③不断发展,直到接近破坏(约为极限荷载的 80%),突然出现第二条斜裂缝

③,预示着牛腿即将破坏,在使用过程中,不允许牛腿出现斜裂缝即相对于第一条斜裂缝②而言,它是控制牛腿截面尺寸的主要依据。

(3) 破坏形态

根据试验,随 a/h_0 值的不同,牛腿主要有 3 种破坏形态。

① 剪切破坏。当 $a/h_0 \leqslant 0.1$ 或 a/h_0 值虽较大但牛腿边缘高度 h_1 较小时,可能发生沿加载板内侧接近垂直截面的剪切破坏[图 4-68(a)],这时牛腿内纵筋应力较低。

② 斜压破坏。当 $a/h_0 = 0.1 \sim 0.75$ 时,首先出现斜裂缝①[图 4-68(b)],当加载至极限荷载的 $70\% \sim 80\%$ 时,在斜裂缝①外侧的整个压杆范围内,出现大量短小的斜裂缝,当这些斜裂缝逐渐贯通时,压杆内混凝土剥落崩出,牛腿即宣告破坏。也有少数牛腿出现斜裂缝①,并发展到相对稳定,当加载到某级荷载时,突然从加载板内侧出现一条通长斜裂缝②,然后就很快沿此斜裂缝破坏[图 4-68(c)]。

③ 弯压破坏。当 $a/h_0 > 0.75$ 且纵向钢筋配筋率较低时,一般发生弯压破坏,特点是出现斜裂缝①后,随着荷载的增加而不断向受压区延伸,纵筋应力不断增加并到达屈服强度;这时斜裂缝①的外侧部分绕牛腿下部与柱交接点转动,致使受压区混凝土压碎而引起破坏[图 4-68(d)]。

试验证明,随着 a/h_0 值的增加,导致出现斜裂缝的荷载不断减小。这是因为 a/h_0 增加,水平方向的应力 σ_x 也增加,而垂直方向的应力 σ_y 减小,因此主拉应力增大,斜裂缝提早出现。

此外,还有由于加载板尺寸过小而导致加载板下混凝土局部压坏[图 4-68(e)],以及纵向受力钢筋锚固不良而被拔出等破坏形态。

对同时作用有竖向力 F_v 和水平力 F_h 的牛腿试验结果表明,由于水平拉力的作用,牛腿截面出现斜裂缝的荷载比仅有竖向力的牛腿低。当 $F_h/F_v = 0.2 \sim 0.5$ 时,开裂荷载下降 $36\% \sim 47\%$,可见同时作用有竖向力和水平力对牛腿截面影响较大,同时牛腿的极限承载能力也降低。试验还表明,两种受力情况下,牛腿的破坏规律相似。

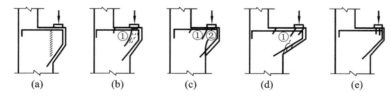

图 4-68 牛腿的破坏形态

4.5.3.2 牛腿的设计

牛腿设计包括两个内容:① 确定牛腿截面尺寸;② 承载力计算和配筋构造。

(1) 截面尺寸的确定

牛腿截面宽度一般取柱宽,主要是要确定牛腿高度 h。由前面可知,牛腿的破坏都是发生在斜裂缝形成和展开以后,因此牛腿截面高度一般以斜截面的抗裂度为标准,即控制牛腿在使用阶段不出现或仅出现细微裂缝为准。因为牛腿出现裂缝给人不安全感,加固也很困难,所以牛腿的截面尺寸应符合下列裂缝控制和构造要求[图 4-67(b)]:

$$F_{vs} \leqslant \beta \left(1 - 0.5 \frac{F_{hs}}{F_{vs}}\right) \frac{f_{tk}bh_0}{0.5 + \dfrac{a}{h_0}} \tag{4-58}$$

式中 F_{vs}——作用于牛腿顶部按荷载短期效应组合计算的竖向力值。

F_{hs}——作用于牛腿顶部按荷载短期效应组合计算的水平拉力值。

β——系数,对于承受重级工作制的牛腿,$\beta = 0.65$;对于承受中、轻级工作制的牛腿,$\beta = 0.70$;对于其他牛腿,$\beta = 0.80$。

a——竖向力的作用点至下柱边缘的水平距离,并应考虑安装偏差 20 mm,当竖向力的作用点位于柱截面以内时,取 $a = 0$。

b——牛腿宽度。

h_0——牛腿与下柱交接处垂直截面的有效高度。

式(4-58)中$(1-0.5F_{hs}/F_{vs})$是考虑在水平拉力F_{hs}同时作用下对牛腿抗裂度的影响;系数β考虑了不同使用条件对牛腿抗裂度的要求。当$\beta=0.65$时,可使牛腿在正常使用条件下基本上不出现斜裂缝,当$\beta=0.70$时,可使大部分牛腿在正常使用条件下也不出现斜裂缝或少数牛腿偶尔出现一些微小的裂缝。对于承受静力荷载的牛腿,抗裂度可降低些,取$\beta=0.80$,可使多数牛腿在正常使用条件下不出现斜裂缝,有的仅出现细微斜裂缝,而牛腿的纵向及弯起钢筋对斜裂缝的出现影响甚微,弯筋对斜裂缝的开展有重要作用。

为了防止加载板内侧近似垂直截面的剪切破坏,牛腿外边缘h_1不应小于$h/3$,且不应小于200 mm[图4-67(b)]。牛腿底面倾角α取45°且不应大于45°,以防止斜裂缝出现后可能引起底面与下柱相交接处产生严重的应力集中。

加载板的尺寸越大,刚度足够时,牛腿的承载力越高;尺寸过小,将导致其下部混凝土局部承压不足而承载力降低。为了防止局部混凝土压坏,需满足下式:

$$\frac{F_{vs}}{A}\leqslant 0.75 f_c \tag{4-59}$$

式中　A——牛腿支承面上的局部受压面积。

若不满足式(4-59),则应加大受压面积,提高混凝土强度或设置钢筋网等。

(2) 承载力计算和配筋构造

① 计算简图。由试验得出,牛腿纵筋受拉,破坏时钢筋应力沿全长分布趋于均匀,如同桁架中的水平拉杆,钢筋应力随着配筋率的增大而减小,在配筋率不大时可达屈服强度。混凝土的斜向压应力集中分布在斜裂缝②外侧不是很宽的压力带内(图4-69),在整个压力带内,压应力分布比较均匀,如同桁架中的压杆。破坏时可达到混凝土的抗压强度。因此,计算简图为以纵向钢筋为拉杆,混凝土斜撑为压杆的三角形桁架,如图4-69所示,其上作用有竖向压力和作用在牛腿顶面的水平拉力。

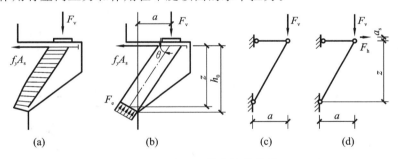

图4-69　牛腿承载力计算简图

② 纵向受拉钢筋的计算和构造。对牛腿与下柱交接处压力合力作用位置取矩,得

$$\sum M_A=0,\quad f_y A_s z=F_v a+F_h(z+a_s)$$

若令力臂$z=0.85h_0$,则得

$$A_s=\frac{F_v a}{0.85 f_y h_0}+\left(1+\frac{a_s}{0.85h_0}\right)\frac{F_h}{f_y}$$

令$a_s/0.85h_0=0.2$,则

$$A_s=\frac{F_v a}{0.85 f_y h_0}+1.2\frac{F_h}{F_y} \tag{4-60}$$

式中　F_v——作用在牛腿顶部的竖向力设计值;

F_h——作用在牛腿顶部的水平拉力设计值。

当$a\leqslant 0.3h_0$时,取$a=0.3h_0$。

纵向受力钢筋宜采用变形钢筋,承受竖向力所需的纵向受拉钢筋的配筋率(按全截面进行计算)不应小于0.2%,也不宜大于0.6%,且根数不宜少于4根,直径不应小于12 mm。纵向受拉钢筋不得下弯兼作弯筋,因纵筋受拉各截面应力相同,同时伸入柱内应有足够的受拉钢筋锚固长度,另一端应全部直通至牛腿外边缘再沿斜边下弯,并超过下柱边缘150 mm。

承受水平拉力的锚筋应焊在预埋件上，且不应少于 2 根，其直径不应小于 12 mm。

③ 水平箍筋和弯起钢筋的构造要求。在总结我国的工程设计经验和参考国外有关规范的基础上，牛腿除按计算配置纵向受拉钢筋外，还应配置水平箍筋，《混凝土结构设计规范》(GB 50010—2010)规定：水平箍筋直径为 $\phi 6 \sim \phi 12$，间距为 $100 \sim 150$ mm，且在上部 $2h_0/3$ 范围内的水平箍筋总截面面积不应小于承受竖向力的受拉钢筋截面面积的 $1/2$，如图 4-70 所示。

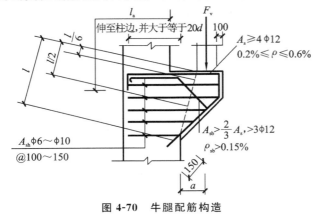

图 4-70 牛腿配筋构造

试验表明，弯起钢筋对牛腿的抗裂度影响不大，但对限制斜裂缝开展的效果较显著。试验还表明，当剪跨比 $a/h_0 > 0.2$ 时，弯起钢筋可提高牛腿的承载力 $10\% \sim 30\%$，剪跨比较小时，在牛腿内设置弯起钢筋不能充分发挥作用。因此《混凝土结构设计规范》(GB 50010—2010)规定，当 $a/h_0 \geqslant 0.3$ 时，应设置弯起钢筋。弯起钢筋宜采用变形钢筋，并宜设置在牛腿上部 $l/6 \sim l/2$(图 4-70)，其截面面积不应小于承受竖向力的受拉钢筋截面面积，且不应小于 $0.001bh$，其根数不应少于 2 根，直径不应小于12 mm。当满足以上构造要求时，即能满足牛腿受剪承载力的要求。柱顶支承屋架(或屋面梁)的牛腿配筋构造如图 4-71 所示。

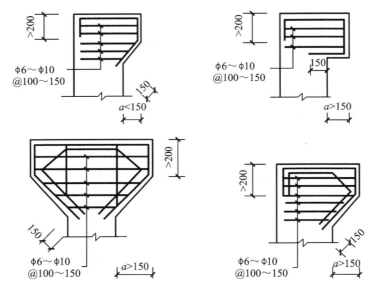

图 4-71 柱顶牛腿的配筋构造

4.5.4 双肢柱的设计要点

双肢柱是由大量挖除实腹桩的腹部而演变来的。当挖孔较小时，仍具有实腹柱的性质，可按实腹柱设计。当挖孔率超过一定的数量界限(见对工字形柱的规定)时，柱的受力性能和刚度特性均发生很大的变化，因而不能再按实腹柱设计，应按双肢柱设计。

斜腹杆柱采用较多，但平腹杆柱混凝土用量较省，自重较轻，支模较方便，在中小型厂房中有时也被采用。本节将简述双肢柱的设计特点。

4.5.4.1 双肢柱的外形尺寸

① 斜腹杆双肢柱的截面尺寸应符合图 4-72(b)的要求。

② 平腹杆双肢柱的截面尺寸应符合图 4-72(a)的要求，平腹杆劲度 $K_f(K_f = I_f/l_f)$ 宜大于 5 倍肢杆劲度 $K_z(K_z = I_z/l_z')$。

双肢柱的截面高度 h,应较同高的实腹柱大10%,宽度仍与实腹柱相同,因为双肢柱的刚度较实腹柱小。
肢杆厚度 h_z 宜取 $h/5$ 左右,且 $h_z \geqslant 250$ mm,肢杆宽度同柱宽。

平腹杆截面高度宜取 $h_f = 1.4h$ 且 $h_f \geqslant 250$ mm,宽度 $b_f = b$ 或 $b_f = b - 100$ mm;平腹杆净距 $l_f \leqslant 10h_f$,$l_f = 1\,800 \sim 2\,000$ mm,且 $l_f \geqslant 2h_z$,如图4-72所示。

斜腹杆与水平面夹角 $\beta = 35° \sim 55°$,以45°为宜,斜腹杆截面高度 $h_f \geqslant 120$ mm,且 $h_f \leqslant 0.5h_z$;斜腹杆宽度 $b_f \geqslant 150$ mm,$b_f \leqslant b - 100$ mm,如图4-72所示。

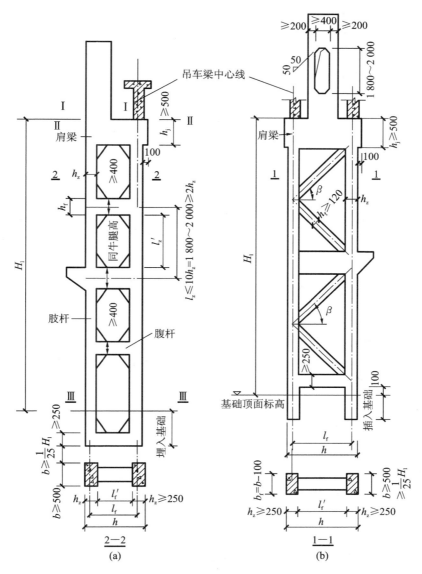

图4-72　双肢柱截面尺寸

在双肢柱段上设牛腿时,应设置与牛腿整体相连且截面高度与牛腿高度相同的平腹杆。

当双肢柱下端采用分肢插入基础杯口时,在距基础顶面100 mm处需设置一道平腹杆,其高度不小于250 mm。

为了防止肢杆与腹杆交接处的应力集中而引起混凝土过早开裂,宜采用三角形加肋。

③ 双肢柱肩梁高度应符合下列要求:

肩梁高度 $h_j \geqslant 2h_z$,且不小于500 mm;应满足柱与上柱内纵向受力钢筋锚固长度的要求,即肩梁劲度 K_J ($K_J = I_J / l_j'$)宜为肢杆劲度 K_z($K_z = I_z / l_z'$)的20倍以上。

④ 双肢柱的柱肢中心应尽量与吊车梁中心线重合,如不能重合,吊车梁中心线也不宜超出柱肢外缘。斜腹杆双肢柱设有吊车梁的柱肢上端应为斜腹杆的设置起点;若两柱肢均设有吊车梁,则以承受吊车荷载

较大的柱肢为斜腹杆的设置起点,见图 4-72。

⑤ 双肢柱的上柱设置人孔时,人孔底面标高应高出吊车梁顶面 150 mm。在柱肢段上设置牛腿时,在牛腿范围内的一段应做成实腹矩形截面(图 4-72)。

⑥ 当基础设计为单杯口时,双肢柱的柱脚应采用图 4-72(a)所示的形式;当柱脚采用分肢插入基础杯口时,应采用图 4-72(b)的形式。

4.5.4.2 双肢柱截面刚度折减系数

在进行排架计算时,首先需计算双肢柱的截面抗弯刚度。实践证明,由于空腹,双肢柱截面刚度较相应的实腹柱小。这是因为双肢柱除整体弯曲外,还有剪力引起的局部变形(对于平腹杆双肢柱,主要为单肢和腹杆的弯曲变形;对于斜腹杆双肢柱,主要为腹杆的轴向变形)。

在一般工程设计中,为简化计算,可将双肢柱视为假想的实腹柱,但其截面抗弯刚度应乘以折减系数 a,以考虑剪力引起的局部变形的影响,即

$$B = 0.85aE_c I \tag{4-61}$$

式中 I——双肢混凝土截面的惯性矩,其值为 $I = 2[bh_z^3/12 + bh_z(l_f/2)^2]$;

a——考虑肢杆或腹杆局部变形对双肢柱截面刚度影响折减系数。

确定 a 值的原则是:实际的双肢柱与假想的实腹柱在相同荷载作用下,同一点处的水平位移相等。显然,对于同一双肢柱,a 值将随荷载形式、作用点以及所考虑的水平位移点的不同而不同,设计时,一般在竖向荷载作用下,不考虑折减,即取 $a=1.0$;在水平荷载作用下,为简化计算,实用中一般按照在柱顶作用单位水平力,双肢柱与假想实腹柱的柱顶水平位移相等来确定 a 值。对于平腹杆双肢柱,按此法确定 a 值为 $0.89\sim 0.97$,故平腹杆双肢柱的截面惯性矩折减系数 a 可取 0.9;而影响斜腹杆双肢柱惯性矩折减系数的主要因素是腹杆的面积 A_f 及材料弹性模量 E_f,当腹杆为钢筋混凝土时,a 值接近 1.0;当腹杆采用型钢时,$a<0.8$。因此,在有重级工作制大吨位吊车的厂房中,不宜采用钢腹杆。

4.5.4.3 双肢柱内力计算

① 斜腹杆双肢柱各杆内力可近似按铰接桁架计算,但应考虑次弯矩的影响。当已知柱截面最不利内力 $M、N、V$ 和最大剪力 V_{max} 后,根据平衡条件计算肢杆轴力 N_z、N_z' 和斜腹杆轴力 N_f。以柱在基础顶面的截面 Ⅲ—Ⅲ 为例(图 4-73)加以说明。

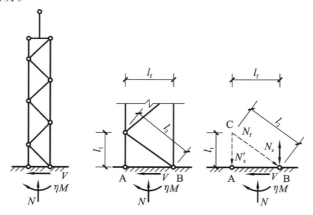

图 4-73 按铰接桁架计算斜腹杆双肢柱内力

$$\begin{cases} \sum M_B = 0, & N_z' = \dfrac{N}{2} - \dfrac{\eta M}{l_f} \\[2mm] \sum M_C = 0, & N_z = \dfrac{N}{2} + \dfrac{\eta M}{l_f} - \dfrac{Vl_1}{l_f} \\[2mm] \sum X = 0, & N_f = \dfrac{V_{max}l_2}{l_f} \end{cases} \tag{4-62}$$

式中 N_z, N_z', N_f——柱肢和腹杆的轴力,正号受压,负号受拉;

V——相应于截面最不利内力 $M、N$ 的剪力;

$V_{\max}$——截面最大剪力；

η——纵向力偏心距增大系数。

柱截面内力的不同组合，对两肢产生的轴力也不一样，应选择每肢可能产生的最大轴力（压力或拉力），分别按中心受压或受拉验算两肢和腹杆的强度，进行配筋计算。

② 平腹杆双肢柱实为一单跨多层框架，可用解超静定的方法计算出各杆内力。但该计算方法工作量太大，为简化起见，一般均采用近似计算方法。一种方法是完全按弹性体系计算，称为弹性法。在垂直荷载作用下，按整片双肢组合体分解截面的轴力和弯矩；在水平荷载作用下，按多层框架反弯点法计算肢杆的弯矩。由于设计时要求腹杆的线刚度（$E_{\mathrm{f}}I_{\mathrm{f}}/l_{\mathrm{f}}'$）要大于肢杆线刚度（$E_zI_z/l_z'$）的 5 倍，故反弯点可近似取在肢杆节间的中点。另一方法是考虑混凝土裂缝出现而引起肢、腹杆刚度变化的计算方法，简称弹塑性法。其特点是破坏前，拉肢钢筋的最大应力接近屈服强度时，受拉肢刚度已降至压肢刚度的 1/6～1/3，压肢的实测弯矩比按弹性法计算的结果大 50％以上。四川省建筑科学研究院等单位建议：平腹杆双肢柱肢杆内力可按表 4-17 中所列实用公式计算（图 4-74）。

表 4-17　　　　　　　　**平腹杆双肢柱肢杆、腹杆内力计算公式**

杆件		$I/I_z<50$	$I/I_z\geqslant 50$
肢杆	$N_{\mathrm{A}\mathrm{II}}$	$-\dfrac{N}{2}+\dfrac{I-2I_z}{I}\cdot\dfrac{1}{l_{\mathrm{f}}}\left(\eta M\mp\dfrac{Vl_z'}{2}\right)$	$\dfrac{N}{2}+\dfrac{\eta M\mp 0.5Vl_z'}{l_{\mathrm{f}}}$
	$N_{\mathrm{B}\mathrm{II}}$	$\dfrac{N}{2}-\dfrac{I-2I_z}{I}\cdot\dfrac{1}{l_{\mathrm{f}}}\left(\eta M\mp\dfrac{Vl_z'}{2}\right)$	$\dfrac{N}{2}-\dfrac{\eta M\mp 0.5Vl_z'}{l_{\mathrm{f}}}$
	$M_{\mathrm{A}\mathrm{II}}$	$K\left(\dfrac{I_z}{I}\eta M\pm\dfrac{I-2I_z}{I}\cdot\dfrac{Vl_z'}{4}\right)$	$K\cdot\dfrac{Vl_z'}{4}$
	$N_{\mathrm{A}\mathrm{II}}$	$(2-K)\left(\dfrac{I_z}{I}\eta M\pm\dfrac{I-2I_z}{I}\cdot\dfrac{Vl_z'}{4}\right)$	$(2-K)\dfrac{Vl_z'}{4}$
	$V_{\mathrm{A}\mathrm{II}}$	$K\cdot\dfrac{V}{2}$	$K\cdot\dfrac{V}{2}$
	$V_{\mathrm{B}\mathrm{II}}$	$(2-K)\dfrac{V}{2}$	$(2-K)\dfrac{V}{2}$
腹杆	M_{f}	$K\cdot\dfrac{I-2I_z}{I}\cdot\dfrac{Vl_z}{2}$	$K\cdot\dfrac{Vl_z}{2}$
	V_{f}	$\dfrac{I-2I_z}{I}\cdot\dfrac{Vl_z}{l_{\mathrm{f}}}$	$\dfrac{Vl_z}{l_{\mathrm{f}}}$

注：表中，M,V,N——柱计算截面上的弯矩、剪力和轴力，均取排架分析中规定的正、负号，受弯、受剪顺时针为正，轴力受压为正；I_z,I——肢杆单肢和双肢的截面惯性矩，其值为 $I=2(I_z+A_zl_{\mathrm{f}}^2/4)$（$A_z$ 为肢杆单肢截面面积）；η——偏心距增大系数；K——考虑杆件刚度变化影响的内力修正系数，$K=1.0\sim1.2$。

公式中的"±"号或"∓"号中，上、下面符号分别计算Ⅲ—Ⅲ截面肢杆的内力及Ⅱ—Ⅱ截面（图 4-74）下肢杆在肩梁底面处的内力（图 4-74）方法，简称弹塑性法。详见表 4-17。

4.5.4.4　双肢柱的截面设计和构造要求

斜腹杆双肢柱各杆件可按轴心受压或轴心受拉构件进行截面设计；关于上述次弯矩的影响，在一般情况下，可近似地用提高结构重要性系数 γ_0（当一个柱段内腹杆数 $n\geqslant 4$ 时，可近似取 $\gamma_0=1.05$；当 $n<4$ 时，可取 $\gamma_0=1.1$），或适当降低构件承载力的方法来考虑。

平腹杆的肢杆为偏心受力构件，腹杆为受弯构件，可分别按偏心受压或偏心受拉及受弯构件进行截面设计。

双肢柱的肩梁承受上柱传来 M、N 和 V，根据静力平衡条件，即可求得其内力。当 $a\leqslant h_{\mathrm{j}0}$ 时，可按倒置的牛腿设计；当 $a>h_{\mathrm{j}0}$ 时，可按梁设计。此处 a 为肢杆轴线至上柱边缘的距离，$h_{\mathrm{j}0}$ 为肩梁截面有效高度。当肩梁符合深梁条件时，也可按深梁设计。

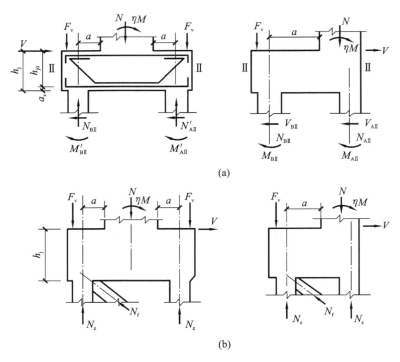

图 4-74　平腹杆双肢柱肢杆内力计算简图

（a）平腹杆双肢柱Ⅱ—Ⅱ截面计算简图；（b）斜腹杆双肢柱肩梁计算简图

双肢柱的混凝土强度等级不宜小于 C30，对承受吊车吨位较大者，宜尽量采用高等级混凝土。纵向受力钢筋一般采用 HRB400 和 HRB335 级钢筋，箍筋可采用 HPB325 级或冷拔低碳钢丝。

肢杆纵向受力钢筋的直径不宜小于 12 mm，且应采用双排对称配筋；全部纵向钢筋的配筋率不宜超过 3%，也不应小于 0.4%。腹杆纵向钢筋的直径不宜小于 12 mm，受拉钢筋的配筋率不宜超过 20%，也不应小于 0.5%。

箍筋直径：当纵向钢筋最大直径 $d \leqslant 25$ mm 时，采用 6 mm（Ⅰ级钢筋）或 5 mm（冷拔低碳钢丝）；当 $d > 25$ mm 时，应不小于 $d/4$。箍筋间距：当 h_z（或 h_f）$\leqslant 300$ mm 时，应不大于 200 mm；当 300 mm $< h_z$（或 h_f）$\leqslant 500$ mm 时，应不大于 300 mm；当 h_z（或 h_f）> 500 mm 时，应不大于 350 mm，并且在绑扎骨架中应不大于 15d，在焊接骨架中应不大于 20d（此处 d 为纵向钢筋的最小直径）。

双肢柱肢杆的配筋构造如图 4-75 所示。

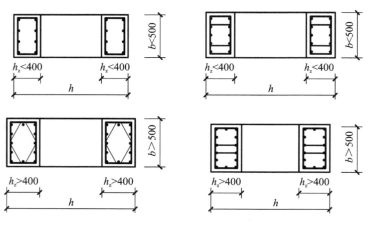

图 4-75　双肢柱肢杆配筋构造

双肢柱腹杆受力钢筋应根据计算确定，并应对称配置。斜腹杆的受力钢筋每边不应少于 2 根，如图 4-76（a）所示；平腹杆的受力钢筋每边不应少于 4 根，如图 4-76（b）所示。钢筋伸入柱肢内的长度符合锚固长度的要求。

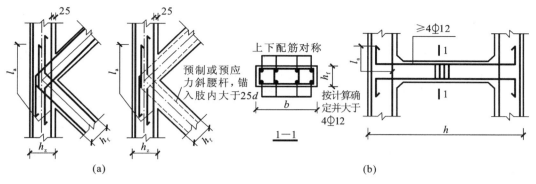

图 4-76 双肢柱腹杆配筋构造

双肢柱肩梁的纵向受力钢筋或弯起钢筋应根据计算确定,上、下水平钢筋均不宜少于 4 根,其直径不宜小于 16 mm。肩梁水平箍筋一般采用 φ8～φ12 的 I 级钢筋,间距为 150～200 mm;竖向钢筋一般为 φ8@150 mm。边柱肩梁的配筋构造见图 4-77(a),中柱肩梁的配筋构造见图4-77(b)。

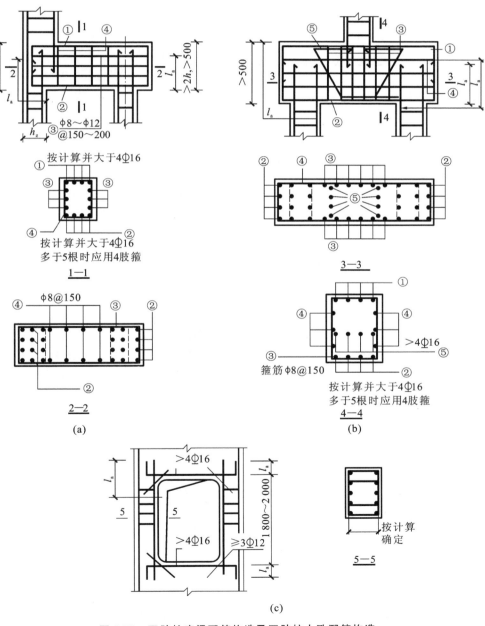

图 4-77 双肢柱肩梁配筋构造及双肢柱人孔配筋构造

当双肢柱开设人孔时,人孔处的柱肢纵向受力钢筋应根据计算确定,其配筋构造如图4-77(c)所示。

4.5.5　矩形和Ⅰ形截面柱施工时的运输和吊装验算

对于钢筋混凝土预制柱,施工吊装时可以采用平吊或者翻身起吊。此时混凝土的强度需达到设计强度的70%,当要求达到100%设计强度才能吊装、运输时应在设计图上说明;当柱中配筋能满足吊装、运输中的承载力和裂缝的要求时,宜采用平吊[图4-78(a)],以简化施工。但当平吊需增加柱中较多纵筋时,则应考虑翻身起吊[图4-78(d)]。

吊装一般采用一点起吊,即将吊点设在牛腿的下边缘处,考虑起吊时的动力作用,柱自重需乘以动力系数1.5(根据吊装情况可适当增减),此时的安全等级可较使用阶段降低一级,取重要性系数$\gamma_0=0.9$。

当采用翻身起吊时,截面的受力方向与使用阶段一致,因而承载力和裂缝均能满足要求,一般不必进行验算。

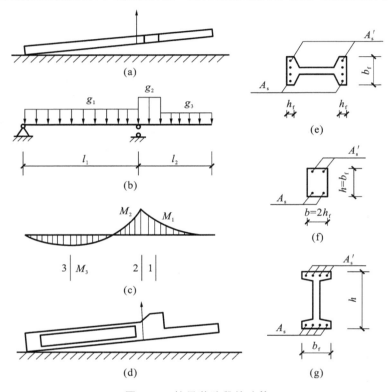

图4-78　柱吊装阶段的验算
(注:1,2,3表示控制截面的位置。1,2,3及对应位置的竖线对其上方的水平线镜像。)

当采用平吊时,截面高度为b_f,截面宽度一般取$2h_f$,而受力钢筋只有两翼缘最外边的两根钢筋[图4-78(e)]。

施工阶段承载力验算采用弯矩设计值,按双筋截面校核强度;裂缝宽度验算属正常使用极限状态,用弯矩标准值、受弯构件进行验算。

4.6　单层厂房柱下独立基础的设计　>>>

4.6.1　排架柱下独立基础设计概况

排架柱的基础是单层厂房的重要受力构件之一。上部结构传来的荷载都是通过基础传给地基的。因此,基础设计需要从地基和基础两方面来考虑。就地基来说,要具有足够的稳定性和不发生过大的变形,为此要合理地选择基础的埋置深度,合理地确定地基的容许承载力,进行必要的地基沉降量验算,满足沉降差的限制;而对于基础,则要求基础底面积足够,满足地基承载力要求,基础本身不产生冲切破坏、受弯破坏及剪切破坏,要具有足够的强度、刚度及耐久性,为此要进行基础类型的选择,进行基础的结构设计计算。

柱下独立基础是基础类型中最简单、使用最多的一种,本节所介绍的基础设计限于只需满足地基承载力要求,而不需作地基变形验算的情况。

按受力性能,柱下独立基础可分为轴心受压基础和偏心受压基础两种;按施工方法可分为预制柱基础和现浇柱基础。在以恒载为主要荷载的多层框架房屋中,其中间柱单独基础因轴力大而弯矩很小,可以按轴心受压基础考虑;在单层厂房中,作用在柱顶上的 M、N 都较大,则通常为偏心受压基础。

单层厂房柱下独立基础的形式是扩展基础。这种基础有锥形和阶梯形两种[图 4-79(a)],因与预制柱连接的部分做成杯口,故又称为杯形基础,当由于地质条件限制或附近有较深的设备基础、地坑,必须把基础埋得较深时,为了不使预制柱过长,可做成带短柱的扩展基础。它由杯口、短柱和底板组成,因为杯口位置较高,故也称为高杯口基础[图 4-79(b)]。短柱很高时,也可做成空腹的,即用 4 根预制柱代替,而在其上浇筑杯底和杯口[图 4-79(c)]。

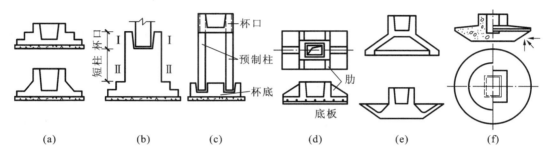

图 4-79　柱下独立基础形式

当上部结构荷载大,地基差时,对不均匀沉降要求严格的厂房,一般采用桩基础。

柱下扩展基础设计的主要内容有下面几项。

① 按地基承载力确定基础底面尺寸。当基础底面积尺寸不足时,地基将发生较大的沉降,甚至引起土体流动破坏,因此基础底面积必须满足地基承载力要求[图 4-80(a)]。

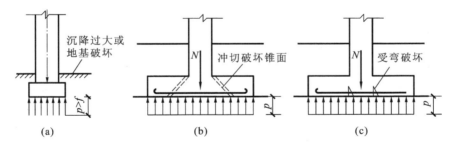

图 4-80　地基基础的破坏形式
(a)地基破坏;(b)冲切破坏;(c)弯曲破坏

② 按混凝土冲切、剪切强度确定基础高度和变阶处的高度。在基础底面地基土的反力产生的剪力作用下基础底板发生冲切破坏[图 4-80(b)],这种破坏大约沿柱边 45°方向发生,破坏面为锥形斜截面,是一种混凝土斜截面上的主拉应力超过混凝土抗拉强度的斜拉破坏,为了防止这种破坏,要求基础的高度足够大,起到传递荷载和保持稳定的作用。

③ 按基础受弯承载力计算基础底板钢筋。底板受弯破坏是在土反力作用下发生的弯曲破坏[图 4-80(c)]。这种破坏沿柱边发生,裂缝平行于柱边。在一般配筋率情况下,主裂缝截面上的纵向受力钢筋首先达到屈服,然后压区混凝土发生受压破坏。为了防止底板弯曲破坏,要求基础各竖直截面上的弯矩小于该截面材料的抵抗弯矩,以此条件确定基础底板配筋。

4.6.2　确定基础底面尺寸

基础底面尺寸是根据地基承载力条件和地基变形条件确定的。由于柱下独立基础的底面积不太大,故假定基础是绝对刚性的,地基土反力为线性分布。

4.6.2.1 轴心受压柱基础

假定基础底面压力均匀分布,设计时应满足下式:

$$p = \frac{F+G}{A} \leqslant f_a \tag{4-63}$$

式中　F——上部结构传至基础面的竖向力设计值。

　　　G——基础自重设计值和基础上土重标准值。

　　　A——基础底面面积。

　　　f_a——地基承载力设计值,按《建筑地基基础设计规范》(GB 50007—2011)采用,即对承载力标准值 f_k 进行深度与宽度修正,$f_a = f_k + \eta_b \gamma (b-3) + \eta_d \gamma_0 (d-1.5)$。其中,$\eta_b$、$\eta_d$ 为基础宽度和埋深的承载力修正系数;γ 为基底下土的重度设计值,取基底以下土的天然密度 ρ 与重力加速度 g 的乘积(地下水位以下取有效重度),以 kN/m³ 计,而 γ_0 为基础底面以上的加权平均重度(地下水位以下取有效重度)的设计值,以 kN/m³ 计。b 为基础底面宽度,m,当其小于 3 m 时,按 3 m 考虑;大于 6 m 时,按 6 m 考虑。d 为基础埋置深度,m,一般自室外地面算起。在填方整平地区,可自填土地面算起,但填土在上部结构施工完成时,应从天然地面算起,对于内柱基础,应从室内地面算起。

设计时取基础自重和土重的平均容重为 γ_m,近似取 $\gamma_m = 20$ kN/m³,则 $G = \gamma_m \cdot d \cdot A$,代入式(4-63),得

$$A = \frac{N_k}{f_a - \gamma_m d} \tag{4-64}$$

设计时先计算出 A,再选定基础长边尺寸 b,即可求得另一边尺寸 $L = A/b$;对于轴心受压基础,采用正方形较好,$b = l = \sqrt{A}$。

除《建筑地基基础设计规范》(GB 50007—2011)规定的可不作验算的两级建筑物外,其他柱下独立基础的基础底面尺寸,除了应按地基承载力计算确定外,还需要进行地基变形验算最后综合确定。

4.6.2.2 偏心受压柱基础

当偏心荷载作用时,假定基础底面的压力按线性非均匀分布(图 4-81),这时基础底面边缘的最大和最小压力可按下式计算:

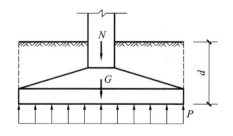

图 4-81　偏心受压柱下独立基础计算简图

$$\begin{cases} p_{k,max} = \dfrac{N_{bk}}{A} + \dfrac{M_{bk}}{W} \\ p_{k,min} = \dfrac{N_{bk}}{A} - \dfrac{M_{bk}}{W} \end{cases} \tag{4-65a}$$

式中　M——作用于基础底面的力矩设计值;

　　　W——基础底面面积的抵抗矩,$W = lb^2/6$。

令 $e = M/(F+G)$,并将 $W = lb^2/6$ 代入上式可得

$$\begin{cases} p_{k,max} = \dfrac{N_{bk}}{lb}\left(1 + \dfrac{6e_0}{b}\right) \\ p_{k,min} = \dfrac{N_{bk}}{lb}\left(1 - \dfrac{6e_0}{b}\right) \end{cases} \tag{4-65b}$$

由式(4-65b)可知,当 $e < b/6$ 时,$p_{k,min} > 0$,地基反力图形为梯形[图 4-82(a)];当 $e = h/6$ 时,$p_{k,min} = 0$,地基反力图形为三角形[图 4-82(b)];当 $e > h/6$ 时,$p_{k,min} < 0$[图 4-82(c)],这说明基础底面积的一部分将产生拉应力,但由于基础与地基的接触面不可能受拉,因此基础与地基接触面之间是脱开的,亦即这时承受地基反力的基础底面积不是 bl 而是 $3al$。因此,$p_{k,max}$ 应按下式计算:

$$p_{k,max} = \frac{2(N_k + G_k)}{3al} \tag{4-66}$$

式中　a——合力($F+G$)作用点至基础底面最大受压边缘的距离,$a = b/2 - e_0$;

　　　l——垂直于力矩作用方向的基础边长。

在确定偏心受压柱下基础底面积时,应符合下列要求:

$$p = \frac{p_{k,max} + p_{k,min}}{2} \leqslant f_a \tag{4-67}$$

$$p_{\mathrm{k,max}} \leqslant 1.2 f_a \tag{4-68}$$

式(4-68)中,将地基承载力设计值提高20%,是因为 $p_{\mathrm{k,max}}$ 只在基础边缘的局部范围内,其中的大部是由活荷载而不是由恒载产生的。

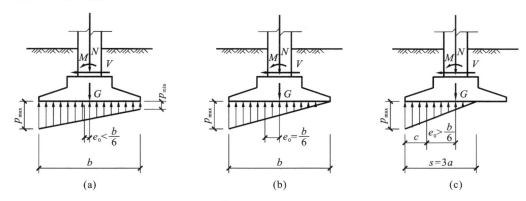

图 4-82　偏心受压柱下独立基础基底土的反力分布

由于地基土的压缩性,如果 $p_{\mathrm{k,max}}$ 和 $p_{\mathrm{k,min}}$ 相差太大,将会使基础边缘的土产生不均匀变形,从而使基础发生倾斜,有时还会影响建筑物正常使用。因此,《冶金工业厂房钢筋混凝土柱基础设计规程》(YS10-77)提出应对基础底面上压力分布作以下限制:

① 对于 $f_k < 180 \ \mathrm{kN/m^2}$、吊车起重量 $Q > 75 \ \mathrm{t}$ 的单层厂房柱基,或对于 $f_k < 105 \ \mathrm{kN/m^2}$、吊车起重量 $Q > 15 \ \mathrm{t}$ 的露天跨柱基,要求 $p_{\mathrm{k,min}}/p_{\mathrm{k,max}} \geqslant 0.25$。

② 对于承受一般吊车荷载的柱基,要求 $p_{\mathrm{k,min}} \geqslant 0$。

③ 对于仅有风荷载而无吊车荷载的柱基,允许基础底面不完全与地基接触,但接触部分长度 l' 与基础长度 l 之比 $l'/l \geqslant 0.75$,同时,还应验算基础底板受拉一边在底板自重及上部土的重力荷载作用下的抗弯强度。

确定偏心受压基础底面尺寸一般采用试算法:先计算轴心受压基础所需的底面积 A,增大 $20\% \sim 40\%$,即取 $(1.2 \sim 1.4)A$,初步选定长、短边尺寸,然后验算是否满足地基承载力要求,如不符合则另行规定,一般假定 $b/l = 1.5 \sim 2$,至多 $b/l = 3$,直到满足地基承载力要求。

4.6.3　确定基础高度

柱下独立基础的高度需要满足两个要求:一个是构造要求;另一个是抗冲切承载能力要求。设计中往往先根据构造要求和设计经验初步确定基础高度,然后进行抗冲切承载能力验算。

4.6.3.1　构造要求

对于现浇柱下基础,为锚固柱中的纵向受力钢筋,要求基础有效高度 $h_0 \geqslant l$(l 为柱中纵向受力钢筋的锚固长度)[图 4-83(a)]。纵筋搭接接头长度,受拉为 $1.2 l_a \geqslant 300 \ \mathrm{mm}$,受压为 $0.85 l_a \geqslant 250 \ \mathrm{mm}$。

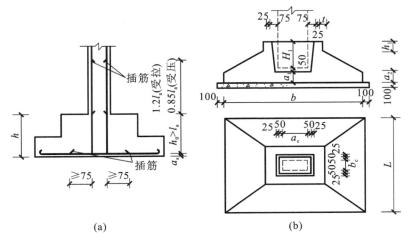

图 4-83　基础高度的构造要求

对于预制柱下基础,为嵌固柱子,要求杯口有足够的深度;同时,为抵抗在吊装过程中柱对杯底底板的冲击,要求杯底有足够的厚度 a_1。此外,为了使预制柱与基础牢固地结合为一体,柱和杯底之间还应留 50 mm,以便浇灌细石混凝土,因此,基础的高度(图 4-83)为

$$h \geqslant H_1 + a_1 + 50 \tag{4-69}$$

式中　H_1, a_1——柱的插入深度和杯底的厚度,可分别按表 4-18、表 4-19 采用。

表 4-18　柱的插入深度 H_1 　　　　　　　　　　　　　　　(单位:mm)

矩形或工形截面柱				单肢管柱	双肢柱
$h < 500$	$500 < h < 800$	$800 < h < 1\,000$	$h > 1\,000$		
$H_1 = (1.0 \sim 1.2)h$	$H_1 = h$	$H_1 = 0.9h \geqslant 800$	$H_1 = (1.0 \sim 1.2)h$	$H_1 = 1.5D \geqslant 500$	$H_1 = (1/3 \sim 1/2)h_a$ $= (1.50 \sim 1.80)h_b$

注:1. h 为柱截面长边尺寸;D 为管柱外直径;h_a 为双肢柱整个截面长边尺寸;h_b 为双肢柱整个截面短边尺寸。
　　2. 柱为轴心受压或小偏心受压时,H_1 可适当减小;偏心距 $e_0 > 2h$ 或 $e_0 > 2D$ 时,H_1 应适当加大。

表 4-19　基础杯底厚度和杯壁厚度 　　　　　　　　　　　　(单位:mm)

柱截面高度	杯底厚度 a_1	杯壁厚度 t	柱截面高度	杯底厚度 a_1	杯壁厚度 t
$h < 500$	$\geqslant 150$	$150 \sim 200$	$1\,000 \leqslant h < 1\,500$	$\geqslant 250$	$\geqslant 350$
$500 \leqslant h < 800$	$\geqslant 200$	$\geqslant 200$	$1\,500 \leqslant h < 2\,000$	$\geqslant 300$	$\geqslant 400$
$800 \leqslant h < 1\,000$	$\geqslant 200$	$\geqslant 300$			

注:双肢柱的杯底厚度 a_1 可适当加大,当有基础梁时,基础梁下面杯壁厚度应满足其支撑宽度的要求。

4.6.3.2　基础抗冲切强度验算

当初步拟定柱的高度后,应根据柱与基础交接处混凝土抗冲切承载力要求验算基础高度。此外还应满足剪切承载力要求。

(1) 冲切荷载计算

作用在基础底板上的荷载包括由柱传来的 M_c、N_c、V_c 及基础自重与填土重 G,在基础底板产生向上的线性反力 P_{max}、P_{min}。在计算基础的冲切破坏时,取出脱离体可知,由基础自重及填土重产生的均匀的向下的压力与底板下向上的反力相互抵消了一部分,即冲切破坏的荷载仅由柱传来的荷载 M_c、N_c、V_c 产生,将此部分反力称为净反力 $P_{n,max}$ 及 $P_{n,min}$。

$$\begin{cases} P_{n,max} = P_{max} - \dfrac{G}{A} \\[2mm] P_{n,min} = P_{min} - \dfrac{G}{A} \end{cases} \tag{4-70}$$

式中　A——基础底面积。

也可以理解为只有柱子的集中荷载才可能产生冲切破坏。作用在底板上的基础自重及填土重不可能使柱产生冲切破坏,对于基础板的弯曲也是同样道理,即由净反力产生弯曲破坏。

作用在基础底板破坏锥体以外的净反力的合力,若按一个抗冲切面考虑,冲切荷载设计值 F_l 为

$$F_l = P_{n,max} A_l \tag{4-71}$$

式中　A_l——冲切破坏面以外的基础底冲切力作用面积[图 4-84(b)、(c)中的阴影部分面积];

　　　　$P_{n,max}$——偏心受压基础近似取最大净反力,轴心受压基础取平均净反力。

对于矩形截面柱的矩形基础,一般假设破坏锥面与基础底面的夹角为 45°,由几何关系可得:

① 当 $l \geqslant 2h_0 + b_c$ 时,$A_l = (b/2 - h_c/2 - h_0)l - (l/2 - b_c/2 - h_0)^2$;

② 当 $l < 2h_0 + b_c$ 时,$A_l = (b/2 - h_c/2 - h_0)l$。

(2) 抗冲切承载力计算

矩形截面柱的矩形基础,通常不设抗剪的箍筋和弯筋,仅依靠混凝土抗冲切。当柱在集中力作用下有向下移动的趋势时,由柱边开始的破坏锥面上混凝土抵抗剪切变形引起斜拉破坏[图 4-84(d)、(e)];当斜截

面上的主拉应力超过混凝土的抗拉强度时,则产生冲切破坏。因此,抗冲切承载力取混凝土的抗拉强度乘以相应斜截面的水平投影面积,对于一个冲切面上的承载力设计值,可按下列经验公式计算:

$$[F_l]=0.7\beta_{hp}f_tb_mh_0 \tag{4-72}$$

式中　h_0——基础冲切破坏的锥体有效高度,当计算柱与基础交接处的抗冲切承载力时,h_0为基础的有效高度;当计算基础变阶处的抗冲切承载力时,取下阶的有效高度 h_{01}。

β_{hp}——受冲切承载力的高度影响系数,$h\leqslant800$ mm 时取 1.0,$h=2\ 000$ mm 时取 0.9,其间按线性内插法取用。

b_m——冲切破坏锥体截面的上边长 b_t 和下边长 b_b 的平均值。b_t 为冲切破坏锥体的上边长,当计算柱与基础交接处的冲切承载能力时,取柱宽 b_c;当计算基础变阶处的承载能力时,取上阶宽 b_1。b_b 为冲切破坏锥体的下边长,当计算柱与基础交接处的冲切承载能力时,$b_b=b_c+2h_0$;当计算基础变阶处的冲切承载能力时,$b_b=b_1+2h_0$。

0.7——经验系数。

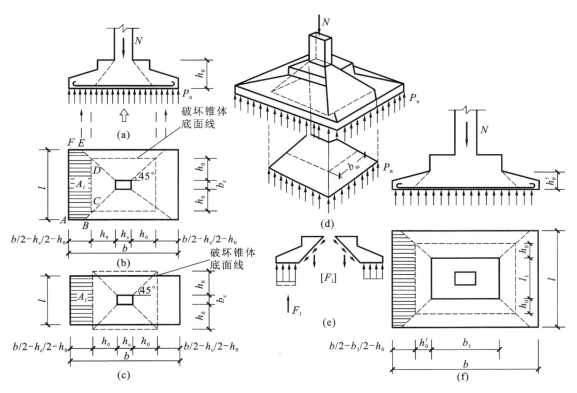

图 4-84　轴心受压单独柱下基础冲切破坏计算简图

（3）抗冲切强度验算

为避免发生冲切破坏,冲切荷载设计值应不大于抗冲切承载力,即

$$F_l\leqslant[F_l]=0.7\beta_{hp}f_tb_mh_0 \tag{4-73}$$

当式(4-73)不满足时,应调整基础高度及分阶高度,直到满足要求。基础高度确定后,若为阶形基础则可分阶,当 $h\geqslant1\ 000$ mm 时,分为三阶;当 500 mm$\leqslant h<1\ 000$ mm 时,分为二阶;当 $h<500$ mm 时,只做一阶。当基础底面落在 45°线以内时可不进行冲切验算。

（4）受剪承载力验算

当基础底面短边尺寸小于等于柱宽加两倍基础有效高度时,应验算柱与基础交接处截面受剪承载力:

$$V_s\leqslant0.7\beta_{hs}f_tA_0 \tag{4-74}$$

式中　V_s——验算截面处的剪力设计值。

β_{hs}——受剪承载力截面高度影响系数,$\beta_{hs}=(800/h_0)^{1/4}$,当 $h_0<800$ mm 时,取 $h_0=800$ mm;当 $h_0\geqslant2\ 000$ mm 时,取 $h_0=2\ 000$ mm。

A_0——验算截面处的有效受剪截面面积,当验算截面为阶形或锥形时,可将其截面折算成矩形截面。

4.6.4 基础底板配筋计算

试验表明,基础底板在地基净反力作用下,在两个方向都产生向上的弯曲,因此需在底板两个方向都配置受力钢筋。

(1) 控制截面

取柱与基础交接处 I—I 、Ⅱ—Ⅱ 及阶形基础的变阶处Ⅲ—Ⅲ、Ⅳ—Ⅳ(图 4-85)。

(2) 计算简图

计算两个方向的弯矩时,基础作为固定在柱四边的悬臂板。为了便于计算,将柱四角与基础板四角对应相连(图 4-85),将板划分为四块,并将每一块视为一端固定于柱边,三边自由的悬臂板,彼此互无联系。

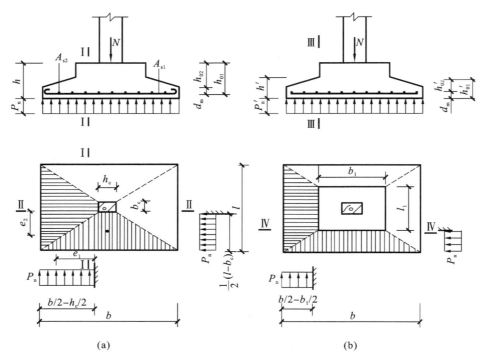

图 4-85 轴心受压单独基础的配筋计算简图

(3) 内力计算

对于矩形基础,当台阶的宽高比小于等于 2.5 及偏心距小于等于 1/6 基础宽度时,即偏心受压基础整个底板受压时,对轴心受压基础,沿长边 b 方向的 I—I 截面处的弯矩 M_I 等于作用在梯形截面积 $ABCD$ 上的净反力 P_n 的合力作用在梯形截面积 $ABCD$ 的形心上,再乘以力臂,即该面积形心到柱边的距离,这样可求出 M_I 为

$$M_I = \frac{1}{24} P_n (b - h_c)^2 (2l + b_c) \tag{4-75}$$

同理,沿短边 l 方向,对柱边截面Ⅱ—Ⅱ的弯矩 M_{II} 为

$$M_{II} = \frac{1}{24} P_n (l - b_c)^2 (2b + h_c) \tag{4-76}$$

(4) 配筋计算

由于配筋率较低,截面抗弯的内力臂 r 变化很小,一般近似取 $0.9h_0$,所以沿长边方向底板配筋 A_{s1} 为

$$A_{s1} = \frac{M_I}{0.9 f_y h_{01}} \tag{4-77}$$

沿短边布置的底板配筋 A_{s2} 一般布置在长边钢筋上面,即

$$A_{s2} = \frac{M_2}{0.9 f_y (h_{01} - d)} \tag{4-78}$$

式中　d——钢筋直径，一般可取 $d=10$ mm。

对于整个底板受压的偏心受压基础，如图 4-86 所示，M_{I}、M_{II} 按式(4-75)、式(4-76)计算。

配筋计算方法同轴心受压基础。当 $e_0/b > 1/6$ 时，地基有一部分与土脱开，只需求出净反力分布，以同样方法求配筋。

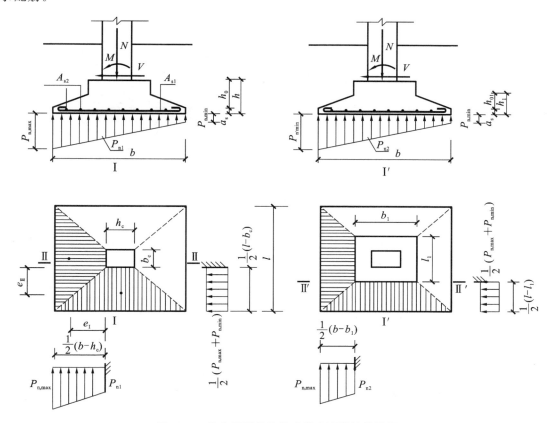

图 4-86　偏心受压单独基础基底配筋计算简图

4.6.5　构造要求

4.6.5.1　一般要求

柱下独立基础的构造应符合下列规定：

① 轴心受压基础，其底面一般采用正方形。偏心受压基础，其底面应采用矩形，长边与弯矩作用方向平行；长、短边长度的比值为 1.5～2.0，且不应超过 3.0。锥形基础的边缘高度不宜小于 200 mm，且两个方向的坡度不宜大于 1:3。阶梯形基础的每阶高度宜为 300～500 mm。

② 基础混凝土强度等级不应低于 C20。垫层的厚度不宜小于 70 mm，垫层混凝土强度等级不宜低于 C10。当有垫层时，钢筋保护层的厚度不应小于 40 mm；无垫层时，不应小于 700 mm。

③ 扩展基础底板受力钢筋一般采用 HRB335 级或 HPB300 级钢筋，最小配筋率不应小于 0.15%，底板受力钢筋的最小直径不应小于 10 mm，间距不大于 200 mm，也不应小于 100 mm。当独立基础的边长大于等于 2.5 时，底板受力钢筋的长度可取边长或宽度的 90%，并宜交错布置，如图4-87(b)所示。

④ 现浇柱基础与柱不同时浇灌时，其插筋的根数应与柱内纵向受力钢筋相同。插筋在基础内的锚固长度 l_a 及与柱的纵向受力钢筋的搭接长度，应根据现行《混凝土结构设计规范》(GB 50010—2010)有关规定确定；抗震设防烈度为 6 度、7 度、8 度和 9 度地区的排架柱，纵向受力钢筋的抗震锚固长度 l_{aE} 分别按一级、二级抗震时 $l_{aE}=1.15 l_a$，三级抗震时 $l_{aE}=1.05 l_a$，四级抗震时 $l_{aE}=l_a$ 计算。

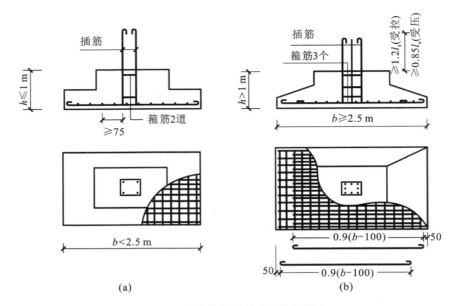

图 4-87 现浇柱单独基础的构造要求

4.6.5.2 预制基础的杯口形式和柱的插入深度

当预制柱的截面为矩形及工形时,柱基础采用单杯口形式;当为双肢柱时,可采取双杯口形式,也可采用单杯口形式。杯口的构造见图 4-88。

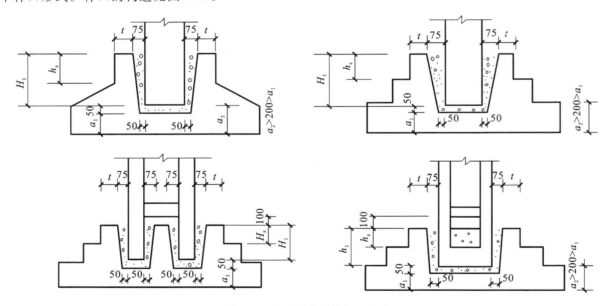

图 4-88 预制柱基础的杯口构造

预制柱插入基础杯口应有足够的长度,使柱可靠地嵌固在基础中;插入深度 H_1 可按表 4-18 选用。此外,H_1 还应满足柱纵向受力钢筋锚固长度 l_a 的要求(HPB235 级钢筋 $l_a=30d$;HRB335、HRB400 级钢筋分别为 $l_a=40d$ 和 $l_a=45d$,d 为纵向钢筋直径)和柱吊装时的稳定性要求,即应使 H_1 不小于 50%柱长(指吊装时的柱长)。

基础的杯底厚度 a_1 和杯壁厚度 t 可按表 4-19 选用。

4.6.5.3 无短柱基础杯口的配筋构造

当柱为轴心或小偏心受压,且 $t/h_2 \geqslant 0.5$ 时,或为大偏心受压,且 $t/h_2 \geqslant 0.75$ 时,杯壁可不配筋(图 4-89);当柱为轴心或小偏心受压,且 $0.5 \leqslant t/h_2 < 0.65$ 时,杯壁可按表 4-20 的要求构造配筋(图 4-89);其他情况下,应按计算配筋。

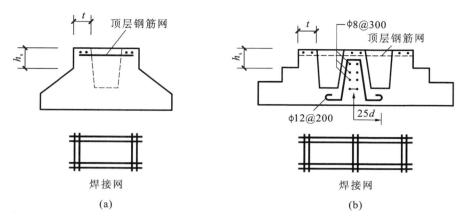

图 4-89　无短柱基础的杯口配筋构造

表 4-20　　　　　　　　　　　　　　杯壁构造配筋

柱截面长边尺寸/mm	$h<1\ 000$	$1\ 000{\leqslant}h<1\ 500$	$1\ 500{\leqslant}h<2\ 000$
钢筋直径/mm	8~10	10~12	12~16

当双杯口基础的中间隔板宽度小于 400 mm 时,应在隔板内配置Φ12@200 的纵向钢筋和Φ8@300 的横向钢筋,见图 4-89(b)。

4.6.6　带短柱独立基础设计要点

带短柱独立基础(又称高杯口基础),其底面尺寸、底板冲切承载力验算和配筋计算,以及柱与杯口的连接构造等均与普通独立基础相同。对短柱和杯口部分的计算和构造,某些文献提出了规定,兹简述如下。

4.6.6.1　短柱计算

一般分别根据偏心距的大小,按矩形截面混凝土偏心受压构件验算短柱底部截面。当 $e_0<0.225h$ 时,按矩形应力图形验算抗压强度;当 $0.225h{\leqslant}e_0<0.45h$ 时,考虑塑性系数 $\gamma=1.75$ 验算其抗拉强度;当 $e_0>0.45h$ 或虽 $e_0{\leqslant}0.45h$ 但抗拉强度验算不足时,应按钢筋混凝土对称配筋偏心受压构件验算其强度。

杯口为空心矩形截面即当作为工形截面,根据上述划分的 e_0 条件对杯底截面的混凝土抗压和抗拉承载力分别进行验算,或按钢筋混凝土构件确定纵向钢筋,计算时应考虑工形截面的特点。

4.6.6.2　构造要求

杯口的杯壁厚度 t 应满足:当 600 mm$<h{\leqslant}$800 mm 时,$t{\geqslant}$250 mm;当 800 mm$<h{\leqslant}$1 000 mm 时,$t{\geqslant}$300 mm;当 1 000 mm$<h{\leqslant}$1 400 mm 时,$t{\geqslant}$350 mm;当 1 400 mm$<h{\leqslant}$1 600 mm 时,$t{\geqslant}$400 mm。

基础短柱符合下列情况时,其周边的纵向钢筋应按构造要求配筋,其直径采用 12~16 mm,间距 300~500 mm:偏心距 $e_0<0.225h$,且满足混凝土抗压强度 f_c;$e_0{\geqslant}0.225h$,且满足混凝土抗拉强度 f_t。当 $0.225h{\leqslant}e_0<0.45h$,满足 f_c 但不满足 f_t 时,其受力方向每边的配筋率不应小于短柱全截面面积的 0.05%,非受力方向每边则按构造要求配筋。

基础短柱四角的纵向钢筋,应伸至基础底部的钢筋网上,中间的纵向钢筋应每隔 1 m 左右伸下一根,并做 100 mm 长的直钩,以支持整个钢筋骨架,其余钢筋应符合锚固长度 l_a 的要求。基础短柱内的箍筋直径一般采用 8 mm,间距不应大于 300 mm。当短柱长边 $h{\leqslant}2\ 000$ mm 时,采用双肢封闭式箍筋;当 $h>2\ 000$ mm 时,采用四肢封闭式箍筋。

基础短柱杯口杯壁外侧的纵向钢筋与短柱的纵向钢筋配置相同。如在杯壁内侧配置纵向钢筋,则应配置Φ10@500 的构造钢筋,自杯口顶部伸入杯口底面以下 l_a。基础短柱杯口的横向钢筋,当 $e_0{\leqslant}h/b$ 时,杯口顶部应按表 4-20 配置一层钢筋网,并在杯壁外侧配置Φ8~Φ10@150 mm 的双肢封闭式箍筋;当 $e_0>h/b$ 时,杯口内的横向钢筋按计算配置,如图 4-90 所示。

《建筑地基基础设计规范》(GB 50007—2011)规定,当满足下列要求时,其杯壁配筋可按图 4-91 的构造要求配置:

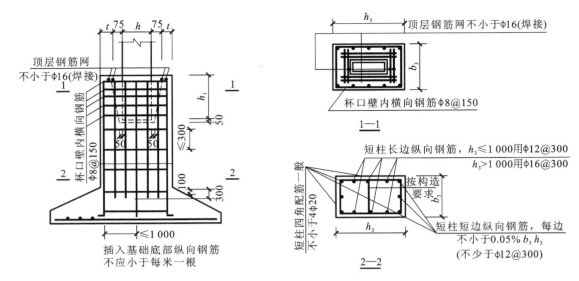

图 4-90　高杯口基础的配筋构造要求

① 吊车在 75 t 以下,轨顶标高在 14 m 以下,基本风压小于 0.5 kN/m²。

② 基础短柱的高度不大于 5 m。

③ 杯壁厚度符合前述要求。

当基础短柱为双杯口时,杯口内的横向钢筋不需计算,可按构造配置 Φ8～Φ10@150 mm 的四肢箍筋。

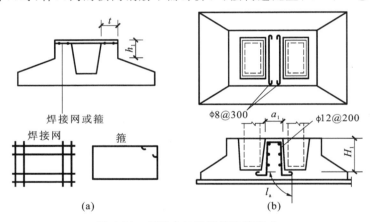

图 4-91　杯壁内加强钢筋构造要求

4.7　单层厂房案例

4.7.1　重屋盖单层工业厂房设计案例

(1) 工程概况

本工程为一般机械加工车间,厂房的建筑平面图、立面图及剖面图如图 4-92～图 4-94 所示。在生产过程中不排放侵蚀性气体和液体,生产环境的温度低于 60 ℃;屋面无积灰荷载,修建在寒冷地区;当地的基本雪压为 0.4 kN/m²,雪荷载准永久值系数分区为Ⅱ区,基本风压为 0.5 kN/m²,地面粗糙度类别为 B 类;抗震设防烈度为 8 度,设计基本地震加速度为 0.2g,设计地震分组为第一组。该车间为两跨 21 m 等高钢筋混凝土柱厂房,安装有 4 台(每跨两台)大连重工·起重集团有限公司生产的 DQQD 型电动桥式吊车,其工作级别为 A5,起重量为(20/5)t,吊车跨度为 19.5 m,吊车轨顶标高为 9.50 m。

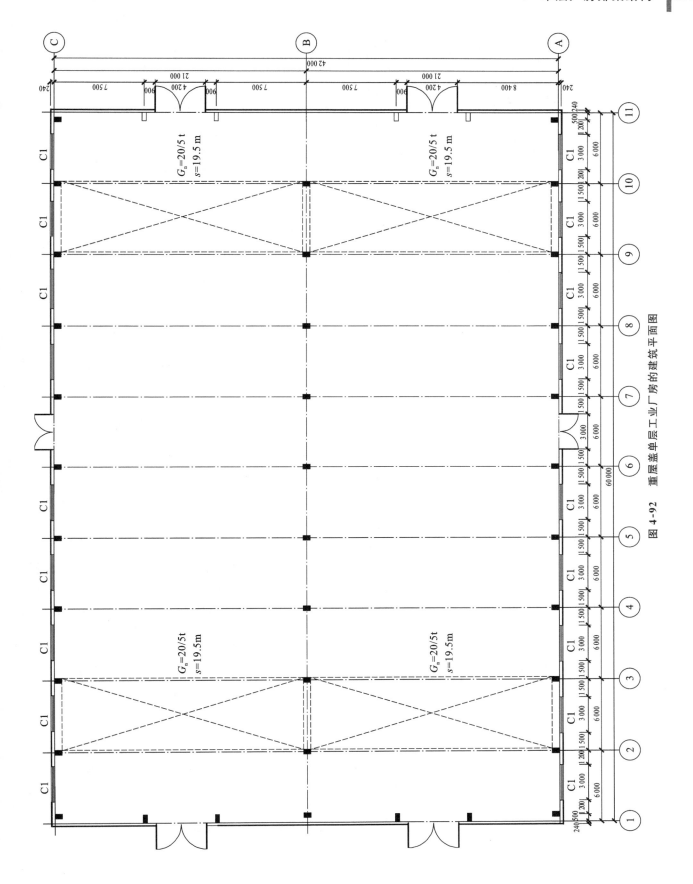

图 4-92 重屋盖单层工业厂房的建筑平面图

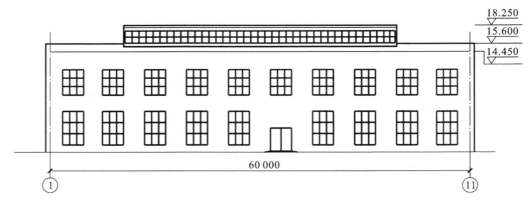

图 4-93 重屋盖单层工业厂房的建筑立面图

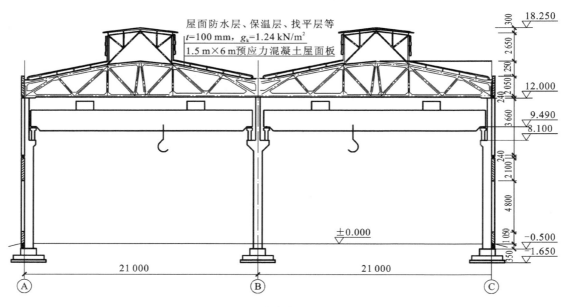

图 4-94 重屋盖单层工业厂房剖面图

根据岩土工程勘察报告,该车间所处地段为对建筑有利地段,场地类别为 I 类,在基础底面以下无软弱下卧层,室外地面以下 15 m 范围内无液化土层,地基的标准冻结深度位于室外地面下 1 m,车间室内外高差为 0.15 m,基础埋深为室外地面以下 1.40 m,基础底面地基持力层为中砂,承载力特征值 $f_{ak} = 200$ kPa。

主体结构设计年限为 50 年,结构安全等级为二级,结构重要性系数 $\gamma_0 = 1.0$。该车间抗震设防分类为丙类建筑,地基基础设计等级为丙级。

对于屋面建筑,永久荷载(包括屋面防水层、保温层、找平层等)标准值为 1.24 kN/m²,其做法为:总厚度为 0.10 m,屋面排水为内天沟;天沟建筑,其永久荷载标准值为:防水层 0.15 kN/m²,找坡层(按平均厚度计算)1.3 kN/m²,沟内积水 2.3 kN/m²。

(2)构件选型与结构布置

根据当地预制混凝土构件供应及车间生产工艺情况等因素,通过技术经济比较后确定,主要结构构件采用预制厂的预制构件(屋面板、屋架、钢天窗架、吊车梁、钢柱间支撑、排架柱、基础梁等),选用下列国家标准图集:

《1.5 m×6.0 m 预应力混凝土屋面板》(04G410-1~2);

《钢天窗架》(05G512);

《预应力混凝土折线形屋架》(04G415-1)(预应力钢筋为钢绞线,跨度为 18~30 m);

《钢筋混凝土吊车梁(工作级别 A4、A5)》(04G323-2);

《吊车轨道联结及车挡(适用于混凝土结构)》(04G325);

《单层工业厂房钢筋混凝土柱》(05G335);

《柱间支撑》(05G336);

《钢筋混凝土基础梁》(04G320)。

该车间的围护墙采用贴砌页岩实心烧结砖砌体墙,墙厚 240 mm,外贴 50 mm 厚挤塑板保温层,双面抹灰各厚 20 mm,砖强度等级为 MU10,砂浆强度等级为 M5。山墙钢筋混凝土抗风柱及排架柱为工地预制混凝土构件,其混凝土强度等级为 C30,钢筋采用 HRB400 级(主筋)、HPB235 级(箍筋)。圈梁及柱下台阶形独立基础为工地现浇混凝土构件,其混凝土强度等级为 C30,主筋采用 HRB400 级,箍筋采用 HPB235 级钢筋。

(3) 设计依据

设计依据下列国家标准:

《建筑结构荷载规范》(GB 50009—2012);

《建筑地基基础设计规范》(GB 50007—2011);

《混凝土结构设计规范》(GB 50010—2010);

《建筑抗震设计规范》(GB 50011—2010);

《钢结构设计规范》(GB 50017—2003);

《砌体结构设计规范》(GB 50003—2011);

《建筑工程抗震设防分类标准》(GB 50223—2008);

《建筑设计防火规范》(GB 50016—2006);

《房屋建筑制图统一标准》(GB/T 50001—2010);

《建筑结构制图标准》(GB/T 50105—2010);

《厂房建筑模数协调标准》(GB/T 50006—2010)。

(4) 设计内容

按选用的国家标准图集确定主要结构构件型号,复核建筑专业提供的设计作业图中有关吊车运行的尺寸是否满足使用要求,采用中国建筑科学研究院编制的 PKPM 系列软件建立单层工业厂房结构模型并进行电算,绘制柱、屋面板、天窗架、屋架、屋架支撑、吊车梁等主要构件布置图及详图。屋架及屋面板布置如图 4-95 所示,屋架上弦支撑及下弦系杆平面布置如图 4-96 所示,排架柱及柱间支撑布置如图 4-97 所示,排架柱模板及配筋如图 4-98 所示。

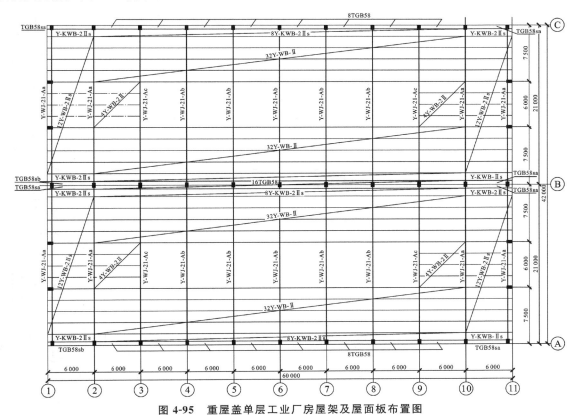

图 4-95　重屋盖单层工业厂房屋架及屋面板布置图

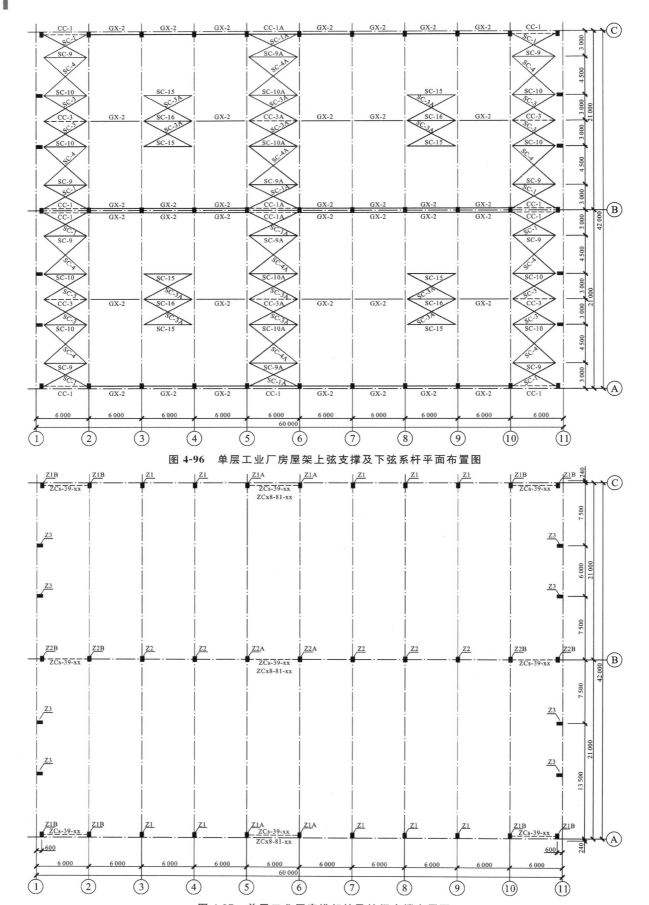

图 4-96　单层工业厂房屋架上弦支撑及下弦系杆平面布置图

图 4-97　单层工业厂房排架柱及柱间支撑布置图

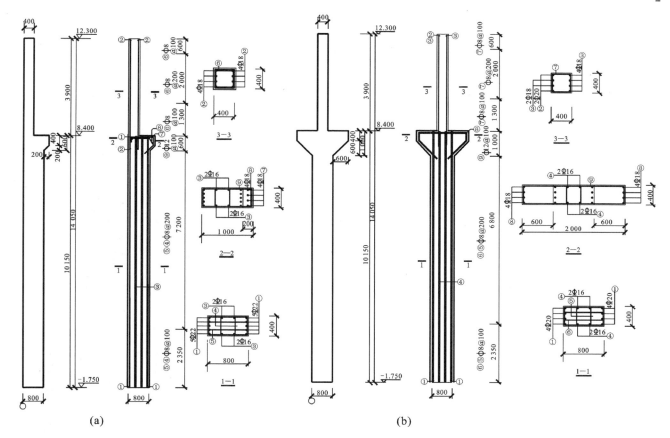

图 4-98　单层工业厂房排架柱模板及配筋图
(a)边柱 Z1；(b)中柱 Z2

4.7.2　轻屋盖单层工业厂房设计案例

（1）工程概况

本工程为一般机械加工车间，厂房的建筑平面图、立面图及剖面图如图 4-99～图 4-101 所示。生产过程中不排放侵蚀性气体和液体，生产环境的温度低于 60 ℃，屋面无积灰荷载，修建在寒冷地区；当地的基本雪压为 0.4 kN/m²，雪荷载准永久值系数分区为 Ⅱ 区；基本风压为 0.4 kN/m²，地面粗糙度类别为 B 类；抗震设防烈度为 8 度，设计基本地震加速度为 0.2g，设计地震分组为第一组，场地类别为 Ⅱ 类。该车间为两跨 21 m 等高钢筋混凝土柱厂房，安装有 4 台（每跨两台）北京起重运输机械设计研究院生产的电动桥式吊车，工作级别为 A5、起重量为 10 t、吊车跨度为 19.5 m、吊车轨顶标高为 8.0 m。

根据岩土工程勘察报告，该车间所处地段为对建筑有利地段，场地地势平坦，类别为 Ⅱ 类，在基础底面以下无软弱下卧层，室外地面以下 15 m 范围内无液化土层，地基的标准冻结深度为 1 m，车间室内外高差为 0.15 m，基础埋深为室外地面以下 1.4 m（相对标高为 -1.55 mm），绝对标高为×××，地基持力层为细砂，承载力特征值 f_{ak}=150 kPa。

主体结构设计年限为 50 年，结构安全等级为二级，结构重要性系数 γ_0=1.0。该车间抗震设防分类为丙类建筑，地基基础设计等级为丙级。

屋面建筑做法为：彩色压型金属复合保温板（金属面硬质聚氨酯夹芯板），彩色钢板面板厚 0.6 mm，保温绝热材料为聚氨酯，其厚度为 80 mm，型号为 JxB42-333-1000，自重标准值为 0.6 kN/m²。

（2）构件选型与结构布置

根据当地的材料供应情况及施工条件等因素，主要结构构件选用下列国家标准图集：

《钢檩条　钢墙梁（冷弯薄壁卷边槽钢檩条）》（05SG521-1）；

《钢檩条　钢墙梁（冷弯薄壁卷边槽钢、高频焊接薄壁 H 型钢墙梁）》（05SG521-4）；

《轻型屋面钢天窗架》（05G516）；

《轻型屋面梯形钢屋架》（05G515）；

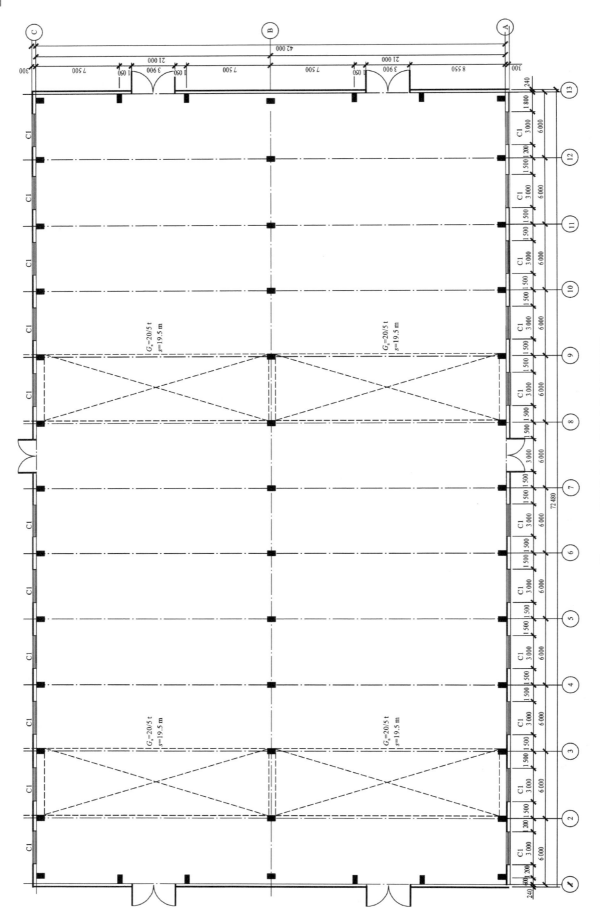

图 4-99 轻屋盖单层工业厂房的建筑平面图

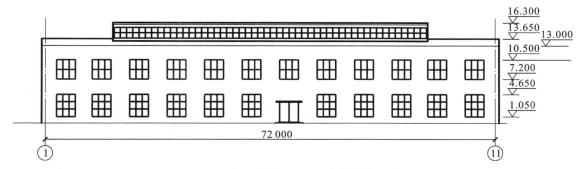

图 4-100 轻屋盖单层工业厂房的建筑立面图

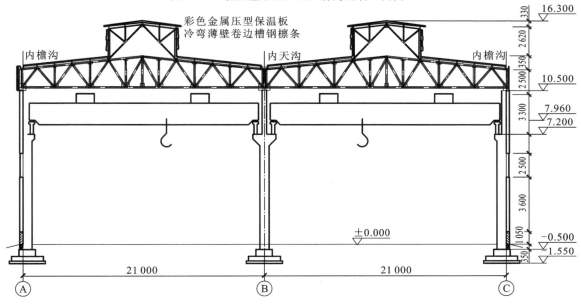

图 4-101 轻屋盖单层工业厂房的建筑剖面图

《钢吊车梁（中轻级工作制 Q235 钢）》(03SG520-1)；

《吊车轨道联结及车挡（适用于钢吊车梁）》(05G525)；

《单层工业厂房钢筋混凝土柱》(05G335)；

《柱间支撑》(05G336)；

《钢筋混凝土基础梁》(04G320)。

该车间钢筋混凝土排架柱及山墙抗风柱均为工地预制混凝土构件，其混凝土强度等级为 C30，钢筋采用 HRB400 级（主筋）、HPB235 级（箍筋）。柱下台阶形独立基础为工地现浇混凝土构件，其混凝土强度等级为 C30，主筋采用 HRB400 级钢筋，预埋件钢材为 Q235B，锚筋为 HRB400 级。

该车间的围护墙，窗台以下采用贴砌页岩实心烧结砖砌体墙，墙厚 240 mm。双面抹灰各厚 20 mm，窗台以上采用外挂彩色压型金属复合保温墙板，彩色钢板面板厚度为 0.6 mm，保温绝热材料为聚氨酯，其厚度为 80 mm，型号为 JxB-Qy-1000，自重标准值为 0.16 kN/m²。围护墙车间内侧也采用单层彩色压型金属墙板，厚度为 0.6 mm，自重标准值为 0.10 kN/m²，型号为 Yx35-125-750(V-125)。

（3）设计依据

设计依据同 4.7.1 节所述有关现行国家标准。

（4）设计内容

按选用的国家标准图集确定主要结构构件型号，复核建筑专业提供的设计过程作业图中有关吊车运行的尺寸是否满足使用要求。采用中国建筑科学研究院编制的系列软件 PKPM 程序电算确定厂房中部开间横向排架柱配筋及柱下独立基础尺寸与配筋，进行厂房的纵向抗震验算，选择柱间支撑并核算其承载力，计算山墙抗风柱配筋等，并绘制基础、柱及柱间支撑、檩条、天窗架、钢屋架、屋架支撑、钢吊车梁、围护墙与柱等主要构件布置图及详图。基础布置及底板配筋图如图 4-102 所示，排架柱及柱间支撑布置如图 4-103 所示，排架柱模板及配筋如图 4-104 所示，屋架上弦支撑及下弦支撑平面布置如图 4-105 所示。

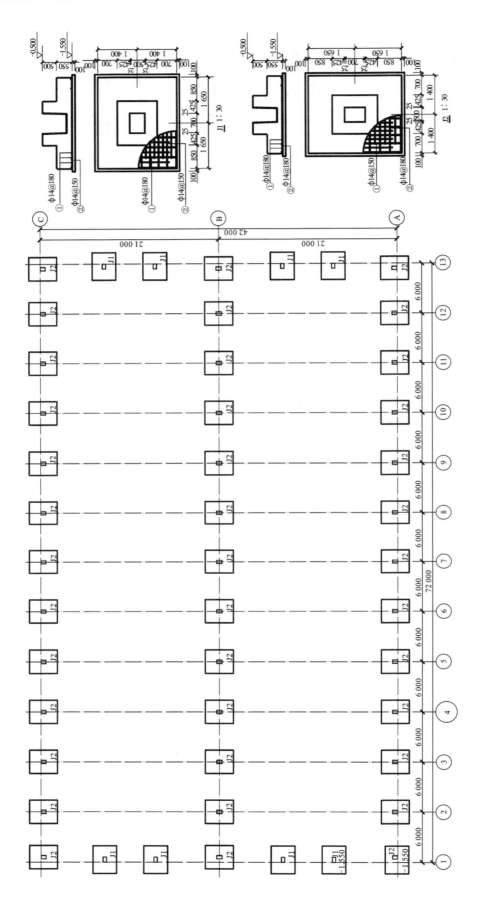

图 4-102 轻屋盖单层工业厂房的基础布置及底板配筋图

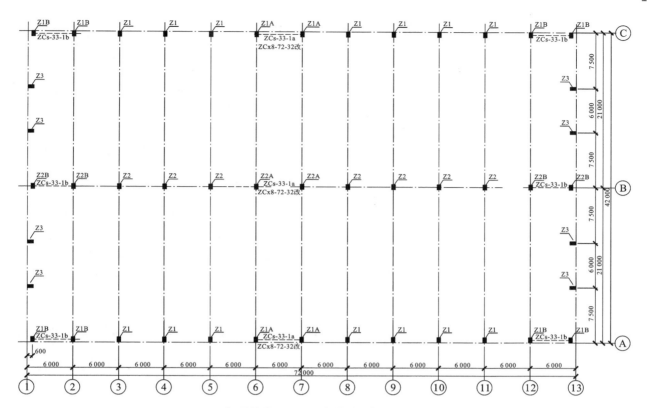

图 4-103　轻屋盖单层工业厂房的排架柱及柱间支撑布置图

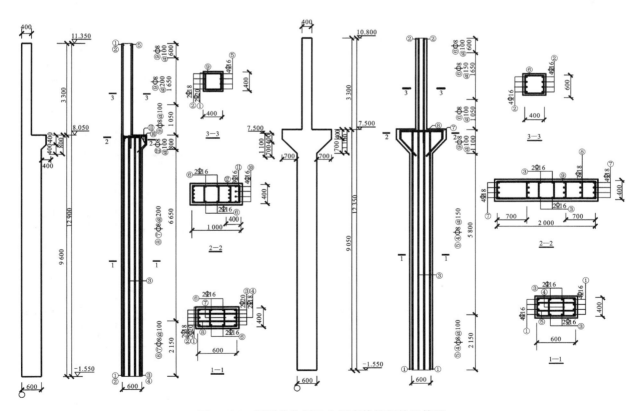

图 4-104　轻屋盖单层工业厂房的排架柱配筋图

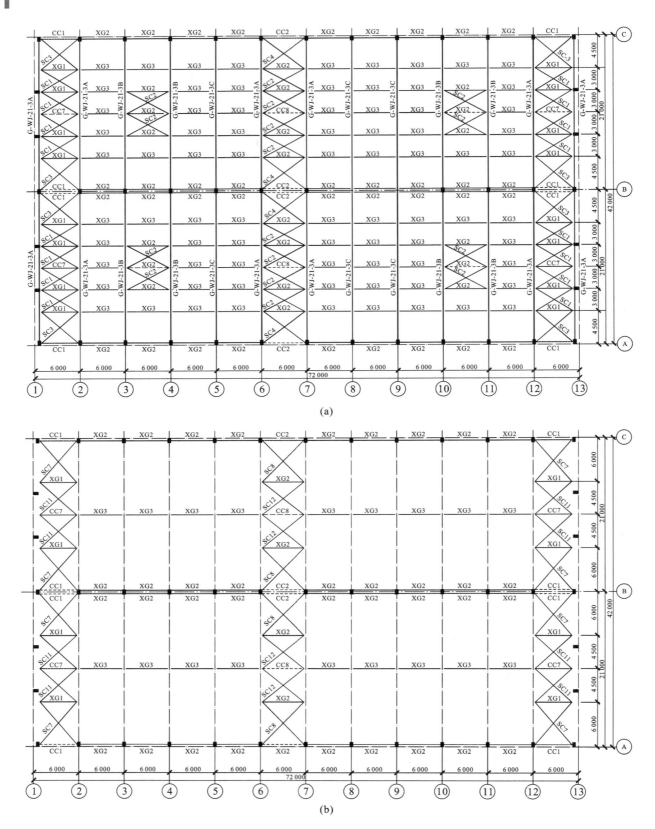

图 4-105　轻屋盖单层工业厂房的屋架及屋架支撑平面布置图

(a)上弦支撑;(b)下弦支撑

4.7.3 单层工业厂房事故案例

2008年5月12日14时28分,我国四川省汶川县发生里氏8.0级强烈地震。位于震中附近的汶川、绵竹、青川、北川等地区地震烈度达到10～11度,都江堰、绵阳地区地震烈度达到8～9度,成都、西安均有震害;震中地区房屋成片倒塌,尚存的建筑也受到严重破坏。从震情看,汶川地震是新中国成立以来破坏性最强、波及范围最广的一次地震,也是破坏性最强的一次特大自然灾害。此次地震后,有关单位对东方汽轮机厂、剑南春集团等大型企业的钢筋混凝土柱单层工业厂房进行了震害调查,总结单层工业厂房在地震中的破坏规律,分析其破坏原因,对加强单层工业厂房的抗震设计具有重要的现实意义和工程价值。

汶川地震中钢筋混凝土柱单层工业厂房的震害主要出现在屋面体系、排架柱、支撑体系及围护结构等,未进行抗震设防的厂房震害明显严重,震害特征主要归纳为下述几个方面。

(1) 屋盖体系典型震害及原因分析

汶川地震中屋盖体系的震害十分常见,大型屋面板坠落、屋架整体垮塌等严重震害在高烈度区多次出现。与轻型屋面厂房相比,采用大型屋面板的厂房震害严重得多。屋盖体系主要震害包括:

① 屋面板错动掉落。大型屋面板端预埋件小,如果屋面板搁置长度不足,与屋架焊接不牢或预埋件锚固不足,地震时往往造成屋面板与屋架的拉脱、错动以至掉落[图4-106(a)]。屋面板掉落容易砸坏厂房设备,造成较大的经济损失;此外,屋面板大面积掉落会造成屋架失去上弦支撑而引起屋架平面外失稳破坏,严重的会造成屋架倒塌。

② 天窗架倾倒。天窗架是单层工业厂房纵向受力体系的薄弱部位,主要震害表现在支撑杆件压曲,支撑与天窗立柱连接节点被拉脱,天窗立柱根部开裂或折断等,从而使天窗纵向歪斜,严重者会发生倒塌。天窗架震害如此严重的原因是由于所处的部位高,地震作用力大。

③ 屋架破坏及整跨塌落。其主要震害是端头混凝土酥裂掉角,支撑大型屋面板的支墩折断,端节点上弦剪断等。屋盖的纵向地震作用是由屋架中间向两端传递的,因此屋架两端的地震剪力最大,特别是没有柱间支撑的跨间,屋架端头与屋面板肋连接处剪力最为集中,往往首先被剪坏;屋架杆件及其与屋面板连接部位损伤、断裂;屋架与柱连接部位破坏、移位,严重时导致屋架整跨塌[图4-106(b)]。

(a)　　　　　　　　　　　　　(b)

图4-106　屋盖体系典型震害
(a)屋面板掉落;(b)屋面体系整体垮塌

(2) 排架柱典型震害及原因分析

汶川地震中钢筋混凝土柱工业厂房竖向承重构件表现出较好的抗震性能,地震烈度达到9度时才出现明显震害,柱子破坏主要出现在柱顶与屋架相连部位及柱身变阶部位。钢筋混凝土柱主要震害为:屋架与柱顶连接节点破坏;牛腿附近或阶梯柱变阶部位破坏、折断;柱底端出现水平裂缝,严重者形成塑性铰;高大山墙抗风柱折断等。如图4-107所示。

① 柱与屋架、支撑连接部位节点破坏。设有柱间支撑的厂房,在其连接部位,由于支撑的拉力作用和应力集中的影响,柱上多有水平裂缝出现,严重者也有柱间支撑把柱脚剪断的震害。

② 上柱根部破坏。吊车梁顶标高处出现水平裂缝、酥裂或折断。该部位刚度突然变化、应力集中,对于

高低跨厂房的中柱还有高振型影响,内力较大,而上柱截面承载能力较低,上柱折断多数是由屋架破坏或倒塌引起的。

③ 下柱破坏。其主要有平腹杆双肢柱和开孔的预制腹板工字形开裂破坏。前者由于刚度较小、腹杆构造单薄,多数在平腹杆两端产生环形裂缝;后者多数在腹板孔间产生交叉裂缝。

(a)　　　　　　　　　　　(b)　　　　　　　　　　　(c)

图 4-107　排架柱典型震害

(a)屋架-柱顶节点破坏;(b)上柱根部破坏;(c)下柱根部破坏

(3) 支撑系统典型震害及原因分析

汶川地震中屋架支撑、天窗架支撑及柱间支撑等支撑系统受压屈曲、节点破坏的震害十分常见,支撑屈曲耗散了地震能量,保护了主体结构。支撑系统主要震害有以下几个方面。

① 屋盖支撑震害。其主要震害是失稳压曲[图 4-108(a)],以天窗架竖向支撑最为严重。若支撑数量不足、布局不合理,在屋面板与屋架无可靠焊接的情况下,发生杆件压曲、焊缝撕开、锚筋拉断等现象,也有个别拉杆拉断的,从而造成屋面破坏和倒塌。

② 柱间支撑压曲及节点破坏。厂房的纵向刚度主要取决于支撑系统,地震时普遍发生杆件压曲、节点板扭折、焊缝撕开等破坏。若柱间支撑数量不足或长细比过大,则支撑多被压曲[图 4-108(b)]。柱间支撑屈曲失效会使厂房的纵向抗震性能大减,严重者会造成主体结构倾倒。

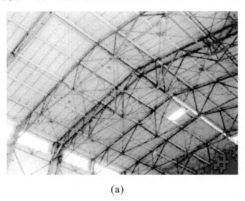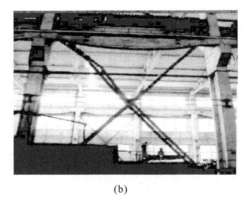

(a)　　　　　　　　　　　　　　　(b)

图 4-108　支撑系统典型震害

(a)屋面支撑受压屈曲;(b)柱间支撑受压屈曲

(4) 围护结构典型震害及原因分析

汶川地震中围护结构中高大墙体顶部外闪、倒塌等震害较为常见,高烈度区工业厂房山墙或纵墙(尤其是未设圈梁的墙体)整体倒塌的震害也时常出现。砖墙震害重于轻型围护结构震害。围护结构典型震害主要包括以下几个方面。

① 纵墙的外闪或塌落破坏。窗洞较大的窗间纵墙、高低跨厂房的封墙容易外闪、倒塌,而且常常把低跨屋面结构砸坏[图 4-109(a)]。

② 山墙的外闪或塌落破坏。其一般从檐口、山尖处脱离主体结构开始,使整个墙体或上下两侧圈梁间的墙外闪或产生水平裂缝。严重时,局部脱落,甚至大面积倒塌[图 4-109(b)]。

③ 圈梁、构造柱、压顶梁断裂破坏。造成围护结构震害的主要原因是维护墙与屋盖和柱子拉结不牢,圈梁与柱子连接不强,布置不合理,加之高低跨厂房有高振型影响等。

 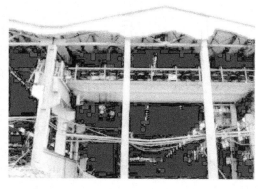

(a)   (b)

图 4-109 围护结构典型震害
(a)纵墙外闪、倒塌；(b)山墙整体倒塌

（5）其他震害

高烈度区吊车及吊车梁可能出现严重震害，主要表现为：屋架或大型屋面板掉落，将吊车砸坏；吊车扭曲变形、坠落；吊车梁破坏或掉落；伸缩缝两侧的结构可能发生碰撞，导致吊车梁梁端、牛腿上表面等部位出现一定程度的损坏。

（6）经验教训

根据对单层工业厂房震害的现场调查，发现钢筋混凝土单层厂房经抗震设防后具有较好的抗震性能，但由于设计、施工、构造措施等原因，汶川地震对混凝土柱单层厂房的安全性及使用性能造成了一定的影响。为了改善单层工业厂房的抗震性能，可采取以下措施。

① 单层工业厂房选址应尽量避开断层。发生地震时断层地面运动强烈，单层工业厂房结构难以承受，尤其当横向框架的两个柱列位于不同的断裂带时，震害尤为严重。

② 应尽量采用新型轻质屋盖体系。优先选用钢屋架加轻质复合屋面板，并保证屋架与柱子、屋架与屋面板的可靠连接；采用大型屋面板时，应将大型屋面板与屋架三点点焊，并保障施工质量。

③ 减少天窗对厂房抗震的不利影响，建议采用抗震性能较好的凸出屋面较小的避风式天窗或下沉式天窗，并注意天窗的设置位置。

④ 控制阶梯形柱的上柱线刚度。为防止阶梯形柱上阶过早破坏，钢筋混凝土排架柱设计过程中，上阶柱截面面积及线刚度不宜比下阶柱低得过多。

⑤ 注重支撑的设计。地震时支撑先于主体结构屈服，支撑是单层工业厂房最主要的减震措施和传力体系，应选用合理的支撑形式，确定合理的设置位置，选取耗能性能好、变形性能好的材料及杆件，严格控制长细比，并注意支撑与主体结构之间的连接。

⑥ 加强屋架与柱顶连接节点构造。应保证节点具有足够的强度和韧性，厂房设计时端跨屋架与柱顶连接节点的抗剪承载力宜高于平面排架计算结果的 2 倍，中间各榀宜高于平面排架计算结果的 1.5 倍。

⑦ 加强围护墙与主体结构之间的拉结。砖墙贴砌时顶部应与屋面板、屋架有效拉结，墙体较高或柱距较大时，控制围护墙的高宽比，适当增加拉结措施，优先选用轻质围护结构。

知识归纳

1.单层厂房施工图阶段结构设计步骤如下。

（1）结构选型和布置。

（2）结构计算：确定计算简图、计算荷载、内力分析和组合、构件截面配筋。

（3）绘制结构施工图：各种结构构件平面布置图、剖面图、模板及配筋图。

2. 钢筋混凝土单层厂房有排架结构和刚架结构两种形式。在排架结构中，屋盖结构、横向平面排架、纵向平面排架、基础及围护结构构成了单层厂房，其中尤其要重视屋面支撑系统及柱间支撑系统的布置。支撑虽然不是主要承重构件，但对厂房的整体性、空间工作性能、防止构件局部失稳、传递局部水平荷载起重要作用。

3. 单层厂房一般只计算横向平面排架，仅当横向排架数少于7或考虑地震作用时，才计算纵向排架。

（1）当竖向荷载对称或厂房空间作用很大时，柱顶为不动铰支排架。

（2）当竖向荷载不对称或水平荷载作用时，厂房空间作用很小，取柱顶无任何支座的排架。

（3）局部荷载作用下考虑厂房空间作用，柱顶为弹性铰支排架。

4. 排架内力计算。对柱顶可动的等高排架用剪力分配法，对不等高排架用力法；排架内力组合则考虑最不利情况与可能性。因此对可变荷载组合时，屋面活荷载或吊车与风荷载同时作用时，均应乘以组合系数0.9。

5. 排架柱的设计。

（1）使用阶段排架平面内按偏心受压、排架平面外按轴心受压柱计算各控制截面的配筋。

（2）施工阶段的吊装验算。

（3）牛腿的设计：根据斜截面抗裂要求确定牛腿的高度；以纵筋为拉杆、以斜裂缝外混凝土为压杆的三角形桁架来计算纵筋，按构造要求确定弯筋、箍筋。

6. 柱下独立基础的底面积应满足地基承载力要求，基础高度应满足抗冲切能力的要求，基础底板的配筋应满足悬臂板抗弯能力的要求及有关构造要求。

7. 在有吊车的单层厂房中，屋架（或屋面梁）、吊车梁、柱和基础是四种主要的承重构件，而吊车梁、屋架一般可选用标准图集，但在遇到非标准件或工程事故时，对其受力特点及设计要点及构造要求，本章也有介绍。

独立思考

4-1　单层厂房由哪些主要承重构件组成？各有什么作用？

4-2　单层厂房中有哪些支撑？各有什么作用？

4-3　排架的计算简图有何基本假定？在什么情况下基本假定不适用？

4-4　排架上承受哪些荷载？作用在排架上的吊车竖向荷载 D_{max}、D_{min} 及横向水平荷载 T_{max} 是如何计算的？风荷载柱顶以上及柱顶以下是怎样计算的？

4-5　画出恒载，屋面活荷载，吊车垂直荷载 D_{max}、D_{min}，吊车水平荷载 T_{max} 以及风荷载的计算简图。

4-6　什么是单层厂房的整体空间作用？单层厂房整体空间作用的程度与哪些因素有关？何种条件下按整体空间作用计算？

4-7　什么叫长牛腿、短牛腿？牛腿的计算简图如何选取？牛腿设计有什么构造要求？

4-8　柱下独立基础设计有哪些主要内容？在确定偏心受压基础底面尺寸时应满足哪些要求？

4-9　基础高度是如何确定的？基础底板配筋的计算简图如何确定？

4-10　为什么确定基础底板尺寸时要采用全部地基反力，而确定基础高度和底板配筋时又用地基净反力？

实战演练

4-1 某双跨等高厂房,每跨各设两台软钩桥式吊车,起重量为(30/5)t,求边柱承受的吊车最大垂直荷载和水平荷载的标准值。吊车数据如表 4-21 所示。

表 4-21 吊车数据

起重量/t	跨度/m	最大轮压/kN	小车重/kN	总重/kN	轮距/mm	吊车宽/mm
30/5	22.5	297	107.6	370	5 000	6 260

4-2 已知某单层厂房柱距为 6m,基本风压 $W_0=0.7$ kN/m²。其体型系数和外形尺寸如图 4-110 所示,求作用在排架上的风荷载,并画出计算简图。B 类,基础顶面标高为 -0.6 m;柱顶标高为 10.2 m。

4-3 某两跨等高排架,跨度为 18 m,温度区段长 60 m,一端有山墙,一端无山墙,每跨内有 20 t 桥式吊车各两台,在 A、B 柱牛腿顶面力矩 $M_{max}=202.1$ kN·m,$M_{min}=88.6$ kN·m,$I_1=2.13\times10^9$ mm⁴,$I_2=14.52\times10^9$ mm⁴,$I_3=5.21\times10^9$ mm⁴,$I_4=17.76\times10^9$ mm⁴,上柱高 $H_1=3.9$ m,柱全高 $H=13.1$ m,求排架内力(用剪力分配法),并画出 M、N、V 图(图 4-111)。

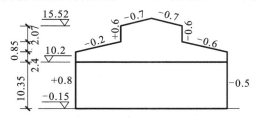

图 4-110 实战演练 4-2 图(单位:m)

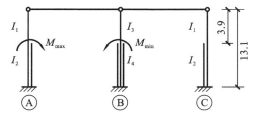

图 4-111 实战演练 4-3 图(单位:m)

4-4 某两跨等高排架,条件同题 4-3,作用风荷载 $q_1=3.06$ kN/m,$q_2=1.9$ kN/m,$F_w=29.3$ kN,用剪力分配法求排架内力,并画出 M、V 图(图 4-112)。

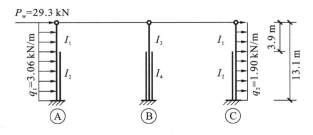

图 4-112 实战演练 4-4 图

4-5 某单跨厂房跨度为 24 m,长度为 72 m,采用大型屋面板屋盖体系,两端有山墙,内设两台 $Q=(20/5)$ t 的软钩桥式吊车,已算出 $D_{max}=603.5$ kN,$D_{min}=179.3$ kN,对下柱的偏心距 $e=0.35$ m,$T_{max}=19.85$ kN,T_{max} 距牛腿顶面距离为 1.2 m(吊车梁高 1.2m),$H_1=3.9$ m,$H=13.1$ m,$I_1=2.13\times10^9$ mm⁴,$I_2=14.52\times10^9$ mm⁴。试求考虑厂房整体空间作用时排架柱的内力,并画出 M、N、V 图(图 4-113)。

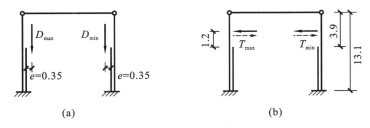

图 4-113 实战演练 4-5 图(单位:m)

4-6 某柱牛腿尺寸如图 4-114 所示,$h_1=350$ mm,$h=950$ mm,$a=350$ mm,$b=400$ mm,$\beta=45°$,吊车梁及轨道自重为 32.4 kN,吊车最大压力 $D_{max}=1\,023.2$ kN(以上均为标准值),重级工作制,混凝土强度等级

为 C30,纵筋为 HRB400 级钢筋,箍筋为 HPB300 级钢筋,试确定牛腿尺寸及配筋。

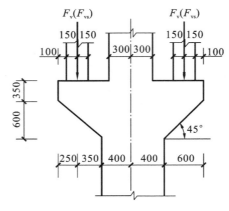

图 4-114 实战演练 4-6 图

4-7 某柱截面尺寸如图 4-115 所示,混凝土强度等级为 C30,采用 HRB400 级钢筋,柱的计算长度 $l_0=7.4$ m,承受下列两组荷载:

第一组 $M=244.2$ kN·m,$N=824.2$ kN·m;

第二组 $M=348.8$ kN·m,$N=613.6$ kN·m。

对称配筋,求 $A_s=A'_s$,并画出配筋图。

4-8 某单层厂房柱,扩展式单独基础,柱截面尺寸为 400 mm×700 mm,杯口顶面承受内力设计值 $N=1\,054.6$ kN,$M=154.86$ kN·m,$V=5.5$ kN,地基承载力设计值 $f=150$ kN,基础剖面尺寸初步拟订如图 4-116 所示,混凝土强度为 C30,采用 HRB335 级钢筋,C15 混凝土垫层,设计基础及配筋,画出相应的平、剖面及配筋图。

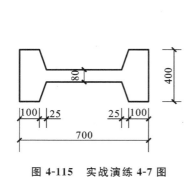

图 4-115 实战演练 4-7 图

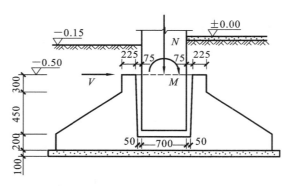

图 4-116 实战演练 4-8 图

参考文献

[1] 余志武,袁锦根.混凝土结构与砌体结构设计.3 版.北京:中国铁道出版社,2013.

[2] 沈蒲生.混凝土结构设计.4 版.北京:高等教育出版社,2012.

[3] 罗福午.单层工业厂房结构设计.2 版.北京:清华大学出版社,1992.

[4] 中华人民共和国住房和城乡建设部,中华人民共和国国家质量监督检验检疫总局.GB/T 50006—2010 厂房建筑模数协调标准.北京:中国计划出版社,2010.

[5] 中国建筑标准设计研究院.08G118 单层工业厂房设计选用.北京:中国建筑标准设计研究院,2009.

[6] 中国建筑标准设计研究院.04G410-1~2 1.5 m×6.0 m 预应力混凝土屋面板.北京:中国建筑标准设计研究院,2004.

［7］中国建筑标准设计研究院.11G521-1 钢檩条.北京：中国建筑标准设计研究院，2011.

［8］中国建筑标准设计研究院.04G353-1～6 钢筋混凝土屋面梁.北京：中国建筑标准设计研究院，2004.

［9］中国建筑标准设计研究院.05G414-1～5 预应力混凝土工字形屋面梁.北京：中国建筑标准设计研究院，2005.

［10］中国建筑标准设计研究院.04G415-1 预应力混凝土折线形屋架.北京：中国建筑标准设计研究院，2004.

［11］中国建筑标准设计研究院.06SG515-1～2 轻型屋面梯形钢屋架.北京：中国建筑标准设计研究院，2006.

［12］中华人民共和国国家质量监督检验检疫总局,中国国家标准化管理委员会.GB/T 3811—2008 起重机设计规范.北京：中国标准出版社，2008.

［13］中国建筑标准设计研究院.04G323-1～2 钢筋混凝土吊车梁.北京：中国建筑标准设计研究院，2004.

［14］中国建筑标准设计研究院.04G426 6 m后张法预应力混凝土吊车梁.北京：中国建筑标准设计研究院，2004.

［15］中国建筑标准设计研究院.03SG520-1 钢吊车梁.北京：中国建筑标准设计研究院，2003.

［16］中国建筑标准设计研究院.05G335 单层工业厂房钢筋混凝土柱.北京：中国建筑标准设计研究院，2005.

［17］中国建筑标准设计研究院.05G512 钢天窗架.北京：中国建筑标准设计研究院，2005.

［18］中国建筑标准设计研究院.05G513 钢托架.北京：中国建筑标准设计研究院，2005.

［19］中国建筑标准设计研究院.10SG334 钢筋混凝土抗风柱.北京：中国建筑标准设计研究院，2010.

［20］中国建筑标准设计研究院.05G336 柱间支撑.北京：中国建筑标准设计研究院，2005.

［21］中国建筑标准设计研究院.04G320 钢筋混凝土基础梁.北京：中国建筑标准设计研究院，2004.

［22］中国建筑标准设计研究院.04G321 钢筋混凝土连系梁.北京：中国建筑标准设计研究院，2004.

［23］中国建筑标准设计研究院.04G322-1～4 钢筋混凝土过梁.北京：中国建筑标准设计研究院，2004.

［24］中华人民共和国住房和城乡建设部,中华人民共和国国家质量监督检验检疫总局.GB 50009—2012 建筑结构荷载规范.北京：中国建筑工业出版社，2012.

［25］中华人民共和国住房和城乡建设部,中华人民共和国国家质量监督检验检疫总局.GB 50007—2011 建筑地基基础设计规范.北京：中国建筑工业出版社，2011.

［26］中华人民共和国住房和城乡建设部,中华人民共和国国家质量监督检验检疫总局.GB 50010—2010 混凝土结构设计规范.北京：中国建筑工业出版社，2010.

［27］中华人民共和国住房和城乡建设部,中华人民共和国国家质量监督检验检疫总局.GB 50011—2010 建筑抗震设计规范.北京：中国建筑工业出版社，2010.

［28］徐建,裘民川,刘大海,等.单层工业厂房抗震设计.北京:地震出版社，2004.

［29］中国建筑标准设计研究院.09SG117-1 单层工业厂房设计示例（一）.北京：中国计划出版社,2009.

［30］中国建筑科学研究院.2008年汶川地震建筑震害图片集.北京:中国建筑工业出版社,2008.

5

多层框架结构

课前导读

◸ 内容提要

本章主要内容包括：多层框架体系布置与结构选型，框架结构计算简图及构件尺寸，荷载作用下框架内力及侧移近似计算、框架结构内力组合、截面配筋及构造要求，常用基础的计算方法，以及典型案例分析与处理。本章重点为荷载作用下框架内力近似计算及框架结构内力组合。

◸ 能力要求

通过本章的学习，学生应了解多层框架设计的内容、步骤和设计原则，掌握框架结构的组成、布置和设计要点，多层框架结构内力计算、截面配筋及构造要求，以及常用基础的计算方法。

◸ 数字资源

5分钟看完本章

5.1　概　　述　>>>

5.1.1　多层与高层房屋的划分

高层建筑是指层数较多、高度较高的建筑。多层建筑是指高层以下、不少于3层的建筑。我国《高层建筑混凝土结构技术规程》(JGJ 3—2010)规定:多层建筑一般是指10层以下或建筑总高度低于28 m的房屋;10层及10层以上或建筑总高度超过28 m(不包括高度超过28 m的单层主体建筑)的房屋则划分为高层建筑;1~3层的住宅为低层建筑。但是,迄今为止,世界各国对多层建筑与高层建筑的划分界限并不统一。同一个国家的不同建筑标准,或者同一建筑标准在不同时期的划分界限可能也不尽相同。表5-1中列出了一部分国家和组织对高层建筑起始高度的规定。

表5-1　　　　　　　　　　　　部分国家和组织对高层建筑起始高度的规定

国家和组织名称	高层建筑起始高度
联合国	不小于9层,分为以下四类。 第一类:9~16层(最高到50 m); 第二类:17~25层(最高到75 m); 第三类:26~40层(最高到100 m); 第四类:40层以上(高度在100 m以上,为超高层建筑)
前苏联	住宅为10层及10层以上,其他建筑为7层及7层以上
美国	22~25 m,或7层以上
法国	住宅为8层及8层以上,或大于等于31 m
英国	24.3 m
日本	11层,31 m
德国	不小于22 m(从室内地面起)
比利时	25 m(从室外地面起)
中国	《高层建筑混凝土结构技术规程》(JGJ 3—2010):大于等于10层,或大于等于28 m; 高度等于和大于100 m的建筑为超高层建筑

5.1.2　多层房屋结构的特点及应用

由于多层房屋与低层房屋相比具有节约用地,节省市政工程费用和拆迁难度小等优点,目前多层建筑形式被广泛采用,如工业建筑中的电子、仪表、轻工等工业的厂房以及各类仓库,由于生产工艺流程和便于管理的要求,常采用多层厂房;民用及公共建筑中的住宅、饭店、办公楼等也多采用多层建筑形式。

作用于房屋上的荷载可归纳为竖向荷载和水平荷载两种,随着房屋高度的增加,它们对房屋的影响程度不同,竖向荷载及其引起的内力随着高度增加按线性比例增加,而水平荷载沿高度并不是均匀分布的,房屋越高,则荷载越大,由此引起的结构内力则与高度的平方成比例。多层房屋与低层房屋相比,随着房屋高度的增加,水平荷载的影响将增大,以致与竖向荷载共同控制结构设计,这就需要房屋有足够的抗倒能力以满足强度和刚度两方面的要求。

多层房屋中常用的结构形式有混合结构与框架结构。所谓框架结构,是指主要由梁和柱连接构成的一种空间结构体系,目前多层框架的建造以钢筋混凝土材料为主。钢筋混凝土多层框架与多层混合结构相比,其强度高,结构自重轻,可以承受较大的楼面荷载,在水平荷载作用下具有较大的延性。此外,框架结构还具有平面布置灵活,可形成较大的建筑空间;容易满足生产工艺和使用要求;建筑方面处理比较方便,工业化程度较高等优点。其主要不足是侧向刚度较小,当层数较多时,侧移量较大,易引起非结构构件损坏,从而限制了框架结构的建筑高度。

装配式结构
施工工艺动画

钢筋混凝土多层框架结构形式可分为装配式、装配整体式及整体现浇式三种(图5-1)。它们在作用阶段的分析是相近的,但在施工过程中有不同的特点。现浇式框架全部在现场浇筑,整体性好,抗震性能好。其缺点是现场施工的工作量大,工期长,并需要大量的模板。装配式框架是指梁、柱、楼板均为预制,然后通过焊接连接成整体的框架结构。由于其所有构件均为预制,可实现标准化、工厂化、机械化生产,现场施工速度快,但需要大量的运输和吊装工作。这种结构整体性较差,抗震能力弱,不宜在地震区应用。装配整体式框架是指梁、柱、楼板均为预制,在吊装就位后,焊接或绑扎节点区钢筋,通过浇捣混凝土形成框架节点并使各构件连接成整体的框架结构。这种框架具有良好的整体性和抗震能力,又可采用预制构件,兼有现浇式框架和装配式框架的优点。其缺点是现场浇筑的施工较复杂。

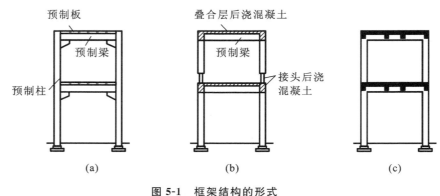

图 5-1　框架结构的形式
(a)装配式;(b)装配整体式;(c)整体现浇式

5.2　多层框架体系布置与结构选型　>>>

多层框架结构布置应在满足建筑功能、工艺和生产使用要求的同时,力求平面和竖向形状简单、整齐,柱网对称,荷载分布均匀,结构传力简捷,构件受力明确,刚度适当,避免刚度突变,并应重视建筑模数选择,以利于最大限度地采用标准构、配件。

5.2.1　跨度、柱距和层高

框架结构的柱网尺寸及层高一般需根据使用要求,全面考虑建筑、结构、施工等各方面因素后再确定,并符合一定的建筑模数要求。

多层工业厂房的平面组合应力求简单。柱网形式有等跨式和内廊式,为了减少构件类型,尽量采用等跨式柱网。

通常等跨式多层厂房的跨度(进深)按 500 mm 进级,宜采用 6.0 m、7.5 m、9.0 m、10.5 m 和 12.0 m;内廊式厂房的跨度按 600 mm 进级,宜采用 6.0 m、6.6 m 和 7.2 m;走廊式跨度按 33 m 进级,宜采用 2.4 m、2.7 m 和 3.0 m。

厂房的柱距(开间)应按 600 mm 进级,宜采用 6.0 m、6.6 m 和 7.2 m。

厂房的层高与厂房内有无吊车以及工艺设备管道布置和空中传递设备等有关,同时还与跨度、采光、通风等因素有关。厂房各层层高一般按 300 mm 进级,当层高在 4.8 m 以上宜按 600 mm 进级,常用层高为 3.9 m、4.2 m、5.4 m、6.0 m 和 7.2 m。为了减少构件类型,除地下室外一幢厂房的层高不宜超过两种。

多层民用建筑种类较多,功能要求各有不同,其跨度、柱距及层高变化较大,与工业厂房相比,其荷载、尺寸较小,通常柱网尺寸及层高按 300 mm 进级,并根据实际要求进行设计。

5.2.2　主要承重框架的布置

框架结构体系是由若干平面框架通过连系梁连接而形成的空间结构体系,在这个体系中,平面框架是基本的承重结构。根据承重框架布置方向的不同,其有 3 种结构布置方案。

（1）横向布置

框架主梁沿建筑物的横向布置,楼板和连系梁沿纵向布置,形成以横向框架为主要承重框架,如图 5-2(a)所示。横向框架既承受全部楼面荷载,又承受横向水平荷载,纵向连系梁与纵向柱列组成的纵向框架承受纵向水平荷载。由于一般房屋纵向尺寸比横向尺寸长,其强度与刚度都比横向易于保证,而房屋横向则相对较弱,采用横向框架承重有利于增加房屋横向刚度。这种布置由于纵向连系梁截面高度较小,在建筑上有利于采光,但横向梁截面较高,对有集中通风要求的多层厂房设置管道不利,楼层净高受到限制。

（2）纵向布置

框架主梁沿建筑物的纵向布置,楼板和连系梁沿横向布置,形成以纵向框架为主要承重框架,如图 5-2(b)所示。纵向框架既承受全部楼面荷载,又承受纵向水平荷载,横向连系梁与横向柱列组成的横向框架承受横向水平荷载。这种布置由于横向只设置截面高度较小的连系梁,可充分利用楼层净高,设置较多架空管道,此外,房屋的使用和划分较灵活,但横向刚度较差,故一般只适用于层数不多的房屋。

（3）纵、横双向布置

当房屋采用如图 5-2(c)所示的布置时,纵、横双向都布置主要承重框架,此时双向框架均承受楼面荷载和水平荷载。这种布置常用于工艺比较复杂、楼板有较重的设备、开洞较多的厂房,以及柱网平面为正方形或接近正方形的房屋。

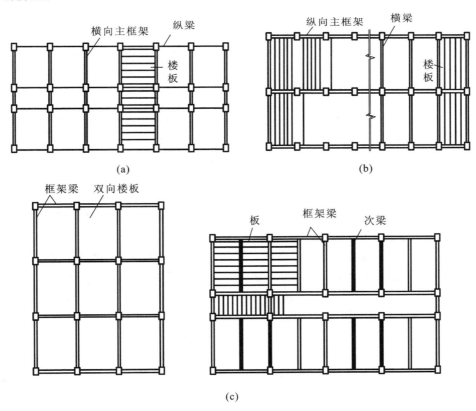

图 5-2　结构布置平面

5.2.3　结构布置的抗震要求

在抗震设计中,结构布置及结构体型的好坏直接影响结构在强烈地震作用下的安全。结构的竖向布置应注意刚度均匀而连续,要尽量避免刚度突变或结构不连续。竖向体型应力求规则、均匀,避免有过大的外挑和内收。

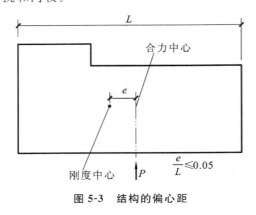

图 5-3 结构的偏心距

平面布置简单、规则、对称则对抗震有利。要使结构的刚度中心和质量尽量重合,以减少扭转,通常偏心距 e 不宜超过垂直于外力作用线连长的 5%(图 5-3)。要注意刚度的均匀对称,也要注意砖填充墙的位置。通常砖填充墙是非结构受力构件,容易被忽略,实际上它们也会影响结构刚度的均匀性。在完全对称的平面中,也应注意凸出部分的尺寸比例。如果凸出部分较长,则要在结构设计中采取相应的措施。复杂、不规则、不对称的结构必然会带来难以计算和处理的复杂地震力,如应力集中和扭转,这对抗震不利。凹凸不规则的平面,在拐角等处容易造成应力集中而遭到破坏。楼板的局部不连续,楼板的尺寸和平面刚度有急剧变化,有效楼板宽度小于结构平面典型宽度过多,或开洞面积过大,这都是对抗震不利的。另外,在拐角部位应力往往比较集中,故应避免在拐角处布置楼梯间、电梯间。

5.2.4 变形缝的设置

变形缝有伸缩缝、沉降缝和防震缝三种。当平面面积较大或形状不规则时,应适当设缝;但对于多层和高层结构,则应尽量少设缝,这可简化构造、方便施工、降低造价、增强结构的整体性和空间刚度。这是一对矛盾体,在建筑设计时,应采取调整平面形状、尺寸、体型等措施;在结构设计时,应通过选择节点连接方式、配置构造钢筋、设置刚性层等措施;在施工方面,应通过分阶段施工、设置后浇带、做好保温隔热层等措施,来防止由于温度变化、不均匀沉降等因素引起的结构或非结构的损坏。

(1)伸缩缝

当房屋的长度较长时,混凝土的收缩和温度的影响将有可能使结构产生裂缝。伸缩缝就是为了避免由于温度应力和混凝土收缩应力引起结构产生裂缝与破坏而设置的。《混凝土结构设计规范》(GB 50010—2010)规定框架结构的最大伸缩间距如表 5-2 所示,装配整体式结构的伸缩间距,可根据结构的具体情况取表中装配式结构与现浇式结构之间的数值。

表 5-2 框架结构伸缩缝最大间距 (单位:m)

施工方法	室内或土中	露天
装配式框架结构	75	50
现浇式框架结构	55	35

当房屋超过此规定长度时,除基础以外上部结构可用伸缩缝断开,划分为几个独立结构单元。伸缩缝的宽度一般可采用 70 mm。但是对于层数较多的房屋,设置伸缩缝不仅会给建筑设计及构造处理带来许多困难,而且多用材料,施工也复杂,因此,在设计中宜调整建筑平面形状和尺寸,采取构造和施工措施,减小混凝土收缩应力和温度应力,尽可能不设置伸缩缝。例如,可通过调整建筑平面,使房屋总长控制在最大伸缩缝间距内,并在屋顶采用有效的保温隔热措施,减小温度变化对屋面结构的影响;或采取构造和施工措施,沿结构平面长向每隔 30~40 m 间距留出施工后浇带,以减小混凝土收缩应力;或在温度应力较大和对温度应力敏感的部位多加一些钢筋以加强结构。

(2)沉降缝

沉降缝是为了避免地基均匀沉降引起结构产生裂缝或破坏而设置的。当具备下列情况之一时,应考虑设置沉降缝:① 土质松软且上层情况突变处;② 基础类型或基础标高相差较大处;③ 房屋层数、荷载或刚度相差较大处;④ 上部结构的类型体系不同处。沉降缝应将房屋从上部到基础全部断开,使各部分自由沉降。沉降缝的宽度与地质条件和房屋高度有关,其确定原则是在考虑施工偏差后,当结构产生不均匀沉降时,房屋各独立单元应互不相碰,一般取 60~120 mm。

沉降缝可利用挑梁或搁置预制板、预制梁的方法做成,如图 5-4 所示。

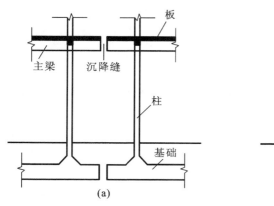
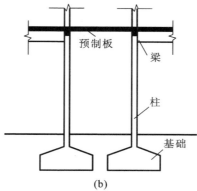

图 5-4 沉降缝的做法
(a)设挑梁;(b)设预制板(梁)

当需要既设伸缩缝又设沉降缝时,伸缩缝应与沉降缝合并设置,使整个房屋缝数减少。这对减小建筑立面处理上的困难、提高房屋的整体性等是有利的。

(3)防震缝

地震区为了防止房屋或结构单元在发生地震后相互碰撞而设置的缝,称为防震缝。抗震设计的高层建筑在下列情况下宜设防震缝:

① 平面长向和外伸尺寸超出了规程限值而又没有采取加强措施;

② 各部分结构刚度相差很远,采取不同材料和不同结构体系时;

③ 各部分质量相差很大时;

④ 各部分有较大错层时。

防震缝两侧结构体系不同时,防震缝宽度应按不利的结构类型确定;防震缝两侧的房屋高度不同时,防震缝宽度应按较低的房屋高度确定;当相邻结构的基础存在较大沉降差时,宜增大防震缝的宽度;防震缝宜沿房屋全高设置;地下室、基础可不设防震缝,但与防震缝对应处应加强构造和连接;结构单元之间或主楼与裙房之间如无可靠措施,不应采用牛腿的做法设置防震缝。

防震缝的最小宽度应符合下列要求:框架结构(包括设置少量抗震墙的框架结构)房屋的防震缝宽度,当高度不超过 15 m 时不应小于 100 mm;高度超过 15 m 时,抗震烈度为 6 度、7 度、8 度和 9 度的分别增加高度5 m、4 m、3 m 和 2 m,且加宽 20 mm。

5.2.5 构件选型

(1)截面形式与尺寸

多层屋盖结构的选型参见第 3 章混凝土楼盖的相关内容。框架梁的截面一般采用矩形、T 形、花篮形、十字形及倒 T 形等,如图 5-5 所示。柱的截面形状一般为正方形或矩形。框架柱的截面形式常为矩形或正方形,有时由于建筑上的需要,也可设计成圆形、八角形、T 形等。

框架梁钢筋的
绑扎视频

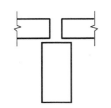

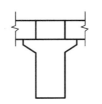
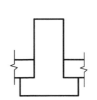

图 5-5 框架梁截面形式

梁、柱截面尺寸的选定,可参考相同类型房屋已有的设计资料或按下述方法估算,并满足强度和刚度要求。

梁的截面尺寸可按弯矩 $M=(0.6\sim0.8)M_0$ 估算,M_0 为简支梁的跨中最大弯矩,也可参考高跨比要求取梁的截面高度 $h=(1/12\sim1/8)l$,其中 l 为梁的跨度。梁的截面宽度 $b=(1/3\sim1/2)h$,一般梁的截面高度和宽度取 50 mm 的倍数。

柱的截面尺寸可将轴力增大 20% ~ 40%,按轴心受压柱进行估算。一般柱的截面高度 $h=(1/15\sim1/6)H$,其中 H 为层高,柱的截面宽度 $b=(2/3\sim1)h$;一般柱的截面高度应取 100 mm 的倍数,柱的截面宽度应取 50 mm 的倍数。

在多层框架结构中,为了减少构件类型,各层梁、柱截面的形状和尺寸往往相同,而仅在设计时对截面配筋加以改变。

(2)梁、柱截面惯性矩

在框架结构内力与位移计算中,现浇楼面可以作为框架梁的有效翼缘,每一侧翼缘的有效宽度可以取至板厚的 6 倍;装配整体式楼面视其整体性可取等于或小于板厚的 6 倍。无现浇面层的装配式楼面,楼面的作用不予考虑。

在设计中可采用下列方法计算框架梁的惯性矩:

① 现浇式楼盖的框架:边框架梁 $I=1.5I_r$,中框架梁 $I=2I_r$;

② 装配整体式楼盖的框架:边框架梁 $I=1.2I_r$,中框架梁 $I=1.5I_r$;

③ 装配式楼盖的框架:框架梁 $I=I_r$。

I_r 为框架梁矩形部分的惯性矩,框架柱的惯性矩按实际截面尺寸计算。

5.3 框架结构计算简图与荷载 >>>

5.3.1 框架结构计算简图

(1)计算单元

多层框架结构是由纵、横向框架组成的空间结构体系,一般情况下,纵、横向框架都是等间距布置的,它们各自的刚度基本相同。在竖向荷载作用下,各个框架之间的受力影响很小,可以不考虑空间刚度对其受力的影响;在水平荷载作用下,这一空间刚度将导致各种框架共同工作,但多层框架房屋所受水平荷载多是均匀的,各个框架相互之间并不产生多大的约束力。为简化计算,通常不考虑房屋的空间作用,可按纵、横两个方向的平面框架进行计算,每个框架按其负荷面积单独承受外荷载。通常选取各个框架中的一个或几个在结构上和所受荷载上具有代表性的计算单元进行内力分析和结构设计(图 5-6)。

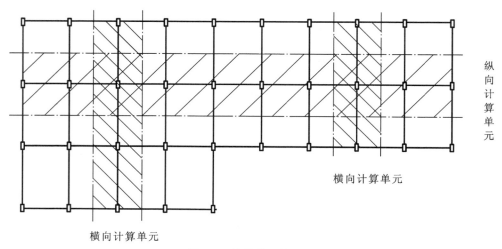

图 5-6 计算单元的划分

（2）计算简图

现浇多层框架结构计算模型是以梁、柱截面几何轴线来确定的，并认为框架柱在基础顶面处为固接，框架各节点纵、横向均为刚接。一般情况下，取框架梁与柱截面几何轴线之间的距离作为框架的跨度和柱高度，底层柱高取基础顶面至二层楼面梁几何轴线间的距离，柱高也可偏安全地取层高，底层则取基础顶面至二层楼面梁顶面，计算模型如图 5-7 所示。

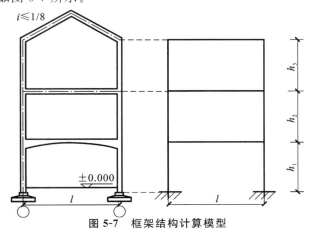

图 5-7 框架结构计算模型

在实际工程计算中，确定计算简图还要适当考虑内力计算方便，在保证必要计算精度的情况下，下列各项计算模型和荷载图式的简化常常被采用：

① 当上、下层柱截面尺寸不同时，往往取顶层柱的形心作为柱子的轴线。

② 当框架梁为坡度 $i<1/8$ 的折梁时，可简化为直杆。

③ 当框架各跨跨度相差不大于 10% 时，可简化为等跨框架，跨度取原跨度的平均值。

④ 当框架梁为有加肋的变截面梁，且 $I_端/I_中<4$ 或 $h_端/h_中<16$ 时，可按等截面梁进行内力计算（$I_端$、$h_端$ 与 $I_中$、$h_中$ 分别为加肋端最高截面和跨中截面的惯性矩和梁高）。

⑤ 计算次梁传给框架主梁的荷载时，不考虑次梁的连续性，按次梁简支于主梁上计算。

⑥ 作用于框架上的三角形、梯形等荷载图式可按支座弯矩等效的原则折算成等效均布荷载。

5.3.2 荷载

作用于框架结构上的荷载，按其对框架受力性质的影响可分为竖向荷载和水平荷载。竖向荷载包括恒荷载、使用的活荷载、雪荷载、屋面积灰荷载和施工检修荷载等。水平荷载在非地震区仅为风荷载。此外，对某些多层厂房还有吊车荷载。

5.3.2.1 竖向荷载

恒荷载可按结构构件的设计尺寸与材料单位体积的自重计算确定。楼面、屋面活荷载的计算，可根据不同房屋类别和使用要求由《建筑结构荷载规范》(GB 50009—2012)查得，但应注意该规范关于使用活荷载折减的规定。该规定要求对民用建筑的楼面梁、柱、墙及基础设计时，作用于楼面的均布活荷载可根据楼面梁从属面积、层数、房屋类别乘以不同的折减系数，以考虑使用活荷载在所有各层不可能同时满载的实际情况。例如，在设计多层住宅、宿舍、旅馆等房屋楼面梁时，若楼面梁从属面积超过 25 m²，则楼面活荷载标准值的折减系数为 0.9。在柱、墙和基础设计时活荷载的折系数按表 5-3 取值。其他类别房屋的折减系数见《建筑结构荷载规范》(GB 50009—2012)。

另外，对于楼面的隔墙重可折算为均布活荷载以 1.25 kN/m² 计算，对楼面上的管道重可按 0.5 kN/m² 计算。吊车荷载计算可参考单层厂房中的计算进行。

表 5-3   **活荷载按楼层数的折减系数**

墙、柱、基础计算截面以上的层数/层	1	2～3	4～5	6～8	9～20	＞20
计算截面以上各楼层活荷载总和的折减系数	1.00(0.9)	0.85	0.70	0.65	0.6	0.55

注：当楼面梁的从属面积超过 25 m²时，采用括号内的折减系数。

5.3.2.2 风荷载

风荷载的大小主要与建筑物体型、高度以及所在地区地形地貌有关。作用于多层框架房屋外墙的风荷载标准值按下式计算：

$$\omega_k = \beta_z \mu_s \mu_z \omega_0 \tag{5-1}$$

式中　ω_k——风荷载标准值，kN/m^2；

　　　ω_0——基本风压值，kN/m^2；

　　　μ_s——风荷载体型系数；

　　　μ_z——风压高度变化系数；

　　　β_z——z 高度处的风振系数，对于高度小于 30 m 且高宽比小于 1.5 的房屋结构，取 $\beta_z = 1$，超过上述范围者应按《建筑结构荷载规范》（GB 50009—2012）的规定取值，以考虑风压的脉动影响。

5.3.2.3 地震作用

（1）地震的发生过程

地震类型与
成因动画

地震就是地球内某处岩层突然破裂，或因局部岩层塌陷、火山爆发等发生了振动，并以波的形式传到地表，引起地面的颠簸和摇晃，从而引起了地面的运动。发生地震的地方称为震源。震源是有一定范围的，但地震学里常常把它当作一个点来处理，这是因为地震学考虑的是大范围的问题，震源相对来说很小，可以当作一个点。震源在地表的投影称为震中。震源至地面的垂直距离称为震源深度。通常把震源深度在 60 km 以内的地震称为浅源地震，60～300 km 以内的称为中源地震，300 km 以上的称为深源地震。

世界上绝大部分地震是浅源地震，震源深度集中在 5～20 km，中源地震比较少，而深源地震为数更少。中国东北吉林省东部地区曾发生过深源地震。一般来说，对于同样大小的地震，当地震震源较浅时，波及范围较小，而破坏程度较大；当震源深度较大时，波及范围则较大，而破坏程度相对较小，深度超过 100 km 的地震在地面上不会造成危害。

（2）地震震级

地震震级是表征地震强弱的指标，是地震释放能量多少的尺度，它是地震的基本参数之一，也是地震预报和相关地震工程学研究中的一个重要参数。

1935 年，里克特首先提出震级的确定方法，称为里氏震级。里氏震级的定义：用标准周期为 0.8 s、阻尼系数为 0.8 和放大倍数为 2 800 倍的标准地震仪，在震中距 100 m 处记录的以微米（μm，$1\mu m = 10^{-3}$ mm）为单位的最大水平地面位移（振幅）A 的常用对数值，即：

$$M = \lg A \tag{5-2}$$

一般来说，小于 2 级的地震人们感觉不到，只有仪器才能记录下来，叫作微震；2～4 级地震，人可以感觉到，叫作有感地震；5 级以上地震会引起不同程度的破坏，统称为破坏性地震；7 级以上地震则称为强烈地震。

（3）地震烈度

地震烈度动画

地震烈度是地震对地面影响的强烈程度，主要依据宏观的地震影响和破坏现象，如从人们的感觉、物体的反应、房屋建筑物的破坏和地面现象的改观（如地形、地质、水文条件的变化）等方面来判断。因此，地震烈度是表示某一区域范围内地面和各种建筑物受到一次地震影响的平均强弱程度的一个指标。这一指标反映了在一次地震中一定地区内地震动多种因素综合强度的总平均水平，是地震破坏作用大小的一个总评价。地震烈度把地震的强烈程度，从无感到建筑物毁灭及山河改观等划分为若干等级，列成表格，以统一的尺度衡量地震的强烈程度。

地震震级和地震烈度是完全不同的两个概念。地震震级近似表示一次地震释放能量的大小,地震烈度则是经受一次地震时对一定地区内地震影响强弱程度的总评价。如果把地震比作一次炸弹爆炸,则炸弹的药量就好比震级,炸弹对不同地点的破坏程度就好比是烈度。一次地震只有一个震级,然而烈度则随地而异。对于中源、浅源地震,震中烈度与震级的大致对应关系如表5-4所示。

表5-4 **地震震级与震中烈度大致对应关系**

地震震级(M)	2	3	4	5	6	7	8	8以上
震中烈度(I_0)	1~2	3	4~5	6~7	7~8	9~10	11	12

(4)高层建筑的抗震设防目标

我国《建筑抗震设计规范》(GB 50011—2010)对建筑结构采用"三水准、二阶段"方法作为抗震设防目标,其要求是:小震不裂,中震可修,大震不倒。

第一水准:高层建筑在其使用期间,遭遇频率较高、强度较低的地震时,建筑不损坏,不需要修理,结构应处于弹性状态,可以假定服从弹性理论,用弹性反应谱进行地震作用计算,按承载力要求进行截面设计,并控制结构弹性变形符合要求。

第二水准:建筑物在基本烈度的地震作用下,允许结构达到或超过屈服极限(钢筋混凝土结构会产生裂缝),产生弹塑性变形,依靠结构的塑性耗能能力,使结构稳定地保存下来,经过修复还可使用。此时,结构抗震设计应按变形要求进行。

第三水准:在预先估计到的罕遇地震作用下,结构进入弹塑性大变形状态,部分产生破坏,但应防止结构倒塌,以免危及生命安全。这一阶段应考虑防止倒塌的设计。

根据地震危险性分析,一般认为,我国地震烈度的概率密度函数符合极值Ⅲ型分布。基本烈度为在设计基准期内超越概率为10%的地震烈度;众值烈度(小震烈度)是发生频率最高的地震烈度,即烈度概率密度分布曲线上的峰值所对应的烈度;大震烈度为在设计基准期内超越概率为2%~3%的地震烈度。众值烈度比基本烈度约低1.55度,大震烈度比基本烈度约高1度(图5-8)。

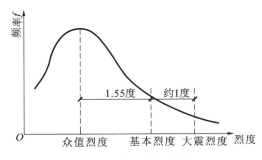

图5-8 三个水准下的烈度

从三个水准的地震出现频率来看,第一水准,即多遇地震,约50年一遇;第二水准,即基本烈度设防地震,约475年一遇;第三水准,即罕遇地震,约2 000年一遇的强烈地震。

二阶段抗震设计是对三水准抗震设计思想的具体实施。通过二阶段设计中第一阶段对构件截面承载力验算和第二阶段对弹塑性变形验算,并与概念设计和构造措施相结合,从而实现小震不裂、中震可修、大震不倒的抗震要求。

① 第一阶段设计。

对于高层建筑结构,首先应满足第一、二水准的抗震要求。为此,首先应按多遇地震(即第一水准,比设防烈度约低1.55度)的地震动参数计算地震作用,进行结构分析和地震内力计算,考虑各种分项系数、荷载组合值系数进行荷载与地震作用产生内力的组合,进行截面配筋计算和结构弹性位移控制,并相应地采取构造措施保证结构的延性,使之具有与第二水准(设防烈度)相应的变形能力,从而实现小震不裂和中震可修。这一阶段设计对所有抗震设计的高层建筑结构都必须进行。

② 第二阶段设计。

对于遇地震时抗震能力较弱、容易倒塌的高层建筑结构(如纯框架结构)以及抗震要求较高的建筑结构(如甲类建筑),要进行易损部位(薄弱层)的塑性变形验算,并采取措施提高薄弱层的承载力或增加变形能力,使薄弱层的塑性水平变位不超过允许的变位。这一阶段设计主要是针对甲类建筑和特别不规则的结构。

(5)地震作用近似计算——底部剪力法

按振型分解反应谱法计算水平地震作用,随着自由度的增加,计算变得冗繁。为简化计算,《建筑抗震

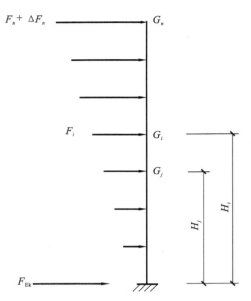

图 5-9 底部剪力法计算示意图

设计规范》(GB 50011—2010)规定,高度不超过 40 m,以剪切变形为主且质量和刚度沿高度分布比较均匀的建筑结构可采用底部剪力法计算地震作用。

结构总的水平地震作用标准值,即底部剪力 F_{Ek} 为:

$$F_{Ek} = \alpha_1 G_{eq} \tag{5-3}$$

当建筑结构为 n 层时,各楼层处地震力为 F_i,如图 5-9 所示。当结构有高振型影响时,顶部位移及惯性力加大。在底部剪力法中,用顶部附加荷载近似考虑高振型影响 ΔF_n。顶层等效地震力为 $F_n + \Delta F_n$。F_i 及 ΔF_n 的计算公式如下:

$$F_i = \frac{G_i H_i}{\sum\limits_{j=1}^{n} G_j H_j} F_{Ek}(1 - \delta_n) \tag{5-4}$$

$$\Delta F_n = \delta_n F_{Ek} \tag{5-5}$$

$$G = \sum\limits_{i=1}^{n} G_i \tag{5-6}$$

$$G_{eq} = 0.85G \tag{5-7}$$

式中　F_{Ek}——结构总水平地震作用标准值;

　　α_1——相应于结构基本自振周期的水平地震影响系数值,多层砌体房屋、底层框架和多层内框架砖房,可取水平地震影响系数最大值;

　　G_{eq}——结构等效总重力荷载;

　　F_i——第 i 楼层的水平地震作用标准值;

　　G_i, G_j, G——第 i 层、第 j 层及总重力荷载代表值;

　　H_i, H_j——质点 i、j 的计算高度;

　　δ_n——顶部附加地震作用系数,多层钢筋混凝土房屋可按表 5-5 采用,多层内框架砖房可采用 0.2,其他房屋可不考虑;

　　ΔF_n——顶部附加水平地震作用。

表 5-5　　　　　　　　　　　　　　　顶部附加地震作用系数 δ_n

T_g/s	$T_1 > 1.4T_g$	$T_1 \leq 1.4T_g$
≤ 0.25	$0.08T_1 + 0.07$	
$0.3 \sim 0.4$	$0.08T_1 + 0.01$	0
≥ 0.55	$0.08T_1 - 0.02$	

注:T_1 为结构基本自振周期;T_g 为场地土特征周期。

5.4　荷载作用下框架内力与侧移近似计算　>>>

5.4.1　结构内力计算精确分析方法与应用程序

框架是典型的杆件体系,"结构力学"中已介绍过超静定刚架(框架)内力和位移的多种计算方法,这些计算方法比较精确,但对计算多层多跨框架却十分烦琐,计算工作量大。目前已有许多种计算机程序供内力、位移计算和截面设计使用。例如,PKPM 系列软件(TAT、SATWE)、TBSA 系列软件(TBSA、TBWE、TBSAP)、广厦系列软件(SS、SSW)、CS 系列软件(ETABS、SAP2000)和 MIDAS 系列软件。尽管如此,作为初学者,仍应该学习和掌握一些简单的手算方法。通过手算,不但可以了解建筑结构的受力特点,还可以对电算结果的正确与否有基本的判断力。除此之外,手算方法在初步设计中对于快速估算结构的内力和变形也十分有用。因此,本节介绍多层框架结构竖向荷载作用下内力计算的分层法,水平荷载作用下内力计算的反弯点法和 D 值法,水平荷载作用下框架侧移近似计算。

5.4.2 竖向荷载作用下框架内力的近似计算——分层法

由力法和位移法精确计算可知,多层多跨框架在竖向荷载作用下,侧移较小,并且每层梁上的荷载只对本层梁、柱产生影响,而对其他层杆件内力影响不大,为了简化计算,可作如下假定:

① 在竖向荷载作用下,框架的侧移忽略不计;

② 每层梁上荷载对其他层杆件内力的影响忽略不计。

在此假定的前提下,可将多层框架简化为单层框架,分层作力矩分配计算,即计算时可将各层梁及上、下柱所组成的框架作为一个独立的计算单元分层计算。分层计算得到的梁弯矩即为其最后弯矩。由于每一根柱都同时属于上、下两层,故柱的最后弯矩由上、下相邻两层计算得到的弯矩值叠加而成,如图 5-10 所示。

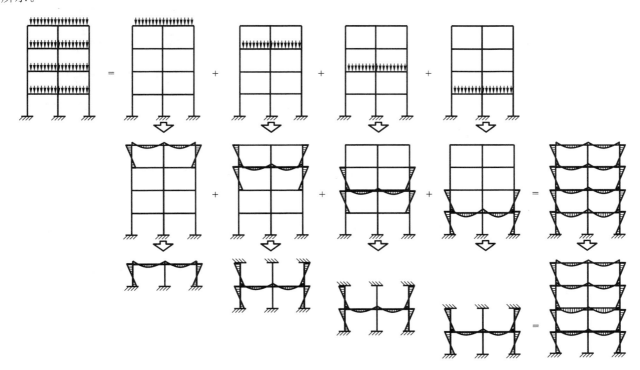

图 5-10 分层法计算过程

"结构力学"中用力矩分配法计算时首先要确定各杆件的转动刚度 S:远端固定时,$S=4i$;远端铰支时,$S=3i$;远端滑动时,$S=i$。其中 i 为线刚度。

然后再确定每个节点各杆的弯矩分配系数,即

$$\mu_{jk} = \frac{S_{jk}}{\sum S_{jk}}, \quad \sum S_{jk} = 1 \tag{5-8}$$

每一杆件由近端至远端的弯矩传递系数 C 取值为:远端固定时,$C=1/2$;远端铰支时,$C=0$;远端滑动时,$C=-1$。

将力矩分配法运用到分层法计算中必须注意:在框架分层计算时,除底层柱下端支座与原结构下端支座相同外,其他各柱的柱端实际上有转角不是固定端,而是介于固定与铰支之间的弹性固定支座。为了修正在分层计算简图中假定上、下柱的远端为固定端所引起的误差,应将除底层柱外的其他层各柱的线刚度乘以折减系数 0.9,并取其传递系数 C 为 1/3。

分层计算结果叠加后,框架节点上的弯矩可能不平衡,但通常不平衡力矩不会很大,如果不平衡力矩较大,计算精度不足,可对这些节点的不平衡力矩再做一次分配。

分层法一般用于结构与荷载沿高度分布比较均匀的多层框架的内力计算,对于侧移较大或不规则的多层框架则不宜采用。

5.4.3 水平荷载作用下框架内力的近似计算——反弯点法

多层框架承受水平荷载作用一般可简化为受节点水平力的作用,其变位图和弯矩图如图 5-11 所示,各梁、柱弯矩图都是直线形,并且每根杆件都有一个反弯点,但位置不一定相同。如果能够求出各柱的剪力 V_{ij} 及反弯点位置 yh,则柱和梁的弯矩都可以求得。因此,对水平荷载作用下的框架内力近似计算,就是要根据不同情况进行必要的简化,确定各柱间剪力分配和各柱反弯点位置。

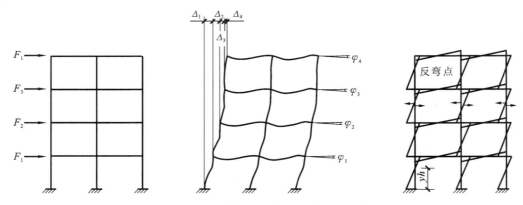

图 5-11 水平荷载作用下框架的变位图和弯矩图

(1) 基本假定

当框架横梁的线刚度 i_b 比柱的线刚度 i_c 大得多时,框架各节点角位移很小,为了方便计算,可作如下假定:

① 在确定各柱间的剪力分配时,假定 $i_b/i_c = \infty$,即各柱上、下两端无转角,只有侧移。

② 在确定各柱的反弯点位置时,假定受力后除底层柱外的各层柱上、下两端转角相同,即除底层柱外各层柱反弯点位置均在柱高度中央。

③ 忽略轴力引起的各杆件的变形,即在同一横梁标高处各柱端产生一个相同的水平位移。

(2) 计算要点

① 柱的侧移刚度。

根据假定①,各柱端转角为零,并由"结构力学"杆件转角位移方程求得

$$d = 12i_c/h^2 \tag{5-9}$$

式中 h——柱高;

i_c——柱的线性刚度,$i_c = EI_c/h$。

② 各柱反弯点位置。

由假定②知,除底层柱外上层各柱反弯点的位置均在柱高中点。底层柱下端为固定端,上端为弹性固定端,其反弯点位置应偏于上端,可取距柱底 2/3 柱高处。

③ 各柱剪力的计算。

以图 5-11 顶层为例,从顶层各柱的反弯点处切开,取上部为隔离体(图 5-12),由平衡条件得

$$F_4 = V_{41} + V_{42} + V_{43}$$

由基本假定可知:

$$\Delta_{41} = \Delta_{42} = \Delta_{43} = \Delta_4$$

则

$$V_{41} = d_{41}\Delta_4, \quad V_{42} = d_{42}\Delta_4, \quad V_{43} = d_{43}\Delta_4$$

式中 d_{41}, d_{42}, d_{43}——各柱侧移刚度。

将 Δ_{41},Δ_{42},Δ_{43} 代入平衡方程式,整理得

$$\Delta_4 = \frac{F_4}{d_{41}+d_{42}+d_{43}} = \frac{F_4}{\sum d_{4j}}$$

其中,$\sum d_{4j}$ 为顶层各柱侧移刚度之和,所以顶层各柱剪力为

$$V_{41} = \frac{d_{41}}{\sum d_{4j}}F_4, \quad V_{42} = \frac{d_{42}}{\sum d_{4j}}F_4, \quad V_{43} = \frac{d_{43}}{\sum d_{4j}}F_4$$

依次将各层柱从反弯点处切开,即可算出各柱剪力。

综上所述,每一层各柱剪力之和等于该层以上水平荷载之和,而每一根柱分配到的剪力与该柱侧移刚度成正比,即各柱剪力为

$$V_{ij} = \frac{d_{ij}}{\sum d_{ij}}\sum F \tag{5-10}$$

式中　V_{ij}——第 i 层第 j 柱承受的剪力;

$\quad\quad d_{ij}$——第 i 层第 j 柱的侧移刚度;

$\quad\quad \sum d_{ij}$——第 i 层各柱侧移刚度之和;

$\quad\quad \sum F$——第 i 层以上水平荷载之和。

④ 各柱端弯矩计算。

求出各柱承受的剪力和反弯点的位置后,即可求出各柱端弯矩。

底层柱上端弯矩:

$$M_{1j\pm}=\frac{V_{1j}h_1}{3} \tag{5-11}$$

底层柱下端弯矩:

$$M_{1j\bar{\text{下}}}=\frac{2V_{1j}h_1}{3} \tag{5-12}$$

其他各层柱上、下端弯矩:

$$M_{ij\pm}=M_{ij\bar{\text{下}}}=\frac{V_{ij}h_1}{2} \tag{5-13}$$

⑤ 梁端弯矩计算。

梁端弯矩可由节点平衡条件求出,并按同一节点上各梁的线刚度大小分配,如图 5-13 所示。

边柱节点:

$$M_b=M_{c\pm}+M_{c\bar{\text{下}}} \tag{5-14}$$

中柱节点:

$$M_{b\bar{\text{左}}}=\frac{i_{b\bar{\text{左}}}}{i_{b\bar{\text{左}}}+i_{b\bar{\text{右}}}}(M_{c\pm}+M_{c\bar{\text{下}}}) \tag{5-15}$$

$$M_{b\bar{\text{右}}}=\frac{i_{b\bar{\text{右}}}}{i_{b\bar{\text{左}}}+i_{b\bar{\text{右}}}}(M_{c\pm}+M_{c\bar{\text{下}}}) \tag{5-16}$$

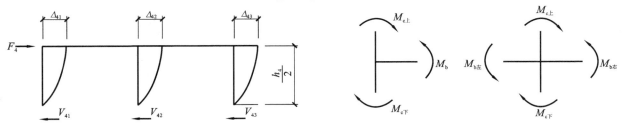

图 5-12　顶层隔离体　　　　　　　　　　　　　图 5-13　柱端弯矩

(3)反弯点法的适用条件

① 适用于规则框架或近似于规则框架(即各层柱高,跨度,梁、柱线刚度变化不大)。

② 在同一框架节点处相连的梁、柱线刚度之比 $i_b/i_c \geqslant 3$。

③ 房屋高宽比 $H/B < 4$。

当不符合上述条件时,不宜使用反弯点法作近似计算(只能用作估算),需对此作进一步修正。

5.4.4 水平荷载作用下框架内力计算的改进反弯点法——D 值法

反弯点法是梁、柱线刚度之比大于 3 时,在前面基本假定的简化下的一种近似计算方法。当上、下层柱高发生变化,柱截面较大,梁、柱线刚度比较小时,用反弯点法计算内力误差较大。这是由于:① 框架柱上、下端转角不可能相同,即反弯点位置不一定都在柱高中点;② 横梁的刚度也不可能无限大,柱的侧移刚度不完全取决于柱本身($d = 12i_c/h^2$),它还与梁的刚度有关。因而应该用调整反弯点位置和修正柱的侧移刚度的方法来计算水平荷载作用下框架的内力,修正后柱的侧移刚度用 D 表示,故称为 D 值法。该方法当确定了柱修正后的反弯点位置和侧移刚度之后,其内力计算与反弯点法相同,故又称为改进反弯点法。现在的问题就是如何确定柱修正后的侧移刚度 D 值和调整后反弯点位置 yh。

(1)基本假定

① 在确定柱侧移刚度 D 值时,假定该柱以及与该柱相连的各杆杆端转角均为 θ,并且该柱与上、下相邻两柱的弦转角均为 φ,柱的线刚度均为 i_c。

② 在确定各柱反弯点位置时,假定同层各节点的转角相等,即各层横梁的反弯点在梁跨度中央且无竖向位移。

③ 忽略各杆轴向变形。

(2)柱侧移刚度 D 值

当梁、柱线刚度比不大时,在水平荷载作用下,框架不但有侧移,而且各节点有转角(图 5-14)。若柱端相对侧移为 Δ,两端转角为 θ_1 及 θ_2,如图 5-15 所示,则由转角位移方程有

$$V = \frac{12i_c}{h^2}\Delta - \frac{6i_c}{h}(\theta_1 + \theta_2) \tag{5-17}$$

产生单位侧移所需的剪力(即侧移刚度)为

$$D = \frac{V}{\Delta} = \frac{12i_c}{h^2}\left(1 - \frac{\theta_1 + \theta_2}{2\Delta} \cdot h\right)$$

令

$$\alpha_c = 1 - \frac{\theta_1 + \theta_2}{2\Delta} \cdot h \tag{5-18}$$

则

$$D = \alpha_c \cdot \frac{12i_c}{h^2} \tag{5-19}$$

式中 α_c——柱侧移刚度修正系数,它反映了梁、柱线刚度比对柱侧移刚度的影响。

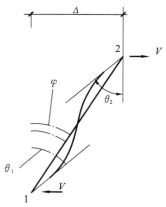

图 5-14 柱端相对侧移及转角

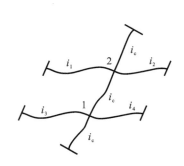

图 5-15 节点 1 和节点 2

从图 5-14 中间取出一部分,如图 5-15 所示,根据基本假设,并假设各层层高相等,则梁柱节点转角相等,均为 $\theta_1=\theta_2=\theta$,各层层间位移相等,均为 Δ。分别取节点 1、2 为隔离体,由平衡条件 $\sum M=0$,可得

$$4(i_3+i_4+i_c+i_c)\theta+2(i_3+i_4+i_c+i_c)\theta-6(i_c+i_c)\Delta/h=0$$
$$4(i_1+i_2+i_c+i_c)\theta+2(i_1+i_2+i_c+i_c)\theta-6(i_c+i_c)\Delta/h=0$$

将以上两式相加,整理得

$$\theta=\frac{2}{2+\dfrac{\sum i}{2i_c}}\cdot\frac{\Delta}{h}=\frac{2}{2+K}\cdot\frac{\Delta}{h} \tag{5-20}$$

其中

$$\sum i=i_1+i_2+i_3+i_4,\quad K=(i_1+i_2+i_3+i_4)/2i_c$$

将 $\theta_1=\theta_2=\theta$ 以及式(5-20)代入式(5-18)中,则得

$$\alpha_c=\frac{K}{2+K} \tag{5-21}$$

对于框架的底层柱,由于底端为固定端,无转角,可用类似方法得出底层柱的 K 值及 α_c 值。表 5-6 给出了框架中常用情况的梁、柱线刚度比 K 值与 α_c 值。

表 5-6　　　　　　　　　　　　　　　　**常用情况 K 值与 α_c 值**

楼层	简图	K	α_c
一般层柱		$K=\dfrac{i_1+i_2+i_3+i_4}{2i_c}$	$\alpha_c=\dfrac{K}{2+K}$
底层柱		$K=\dfrac{i_1+i_2}{i_c}$	$\alpha_c=\dfrac{0.5+K}{2+K}$

注:当为边柱时,取式中 $i_1=i_3=0$。

(3)反弯点位置

各层柱的反弯点位置随柱两端的相对约束程度而变化,即与该柱上、下端转角大小有关。若柱上、下端的转角相同,反弯点就在柱高中点;若柱上端转角大于柱下端转角,则反弯点移向柱上端。影响柱两端约束程度的因素有:① 框架总层数 n 以及计算柱所在楼层数 i;② 所受水平荷载形式;③ 梁、柱线刚度比 K 值;④ 计算柱上、下层与梁线刚度比;⑤ 上、下层柱高的变化。具体确定反弯点位置时,可根据假定先按标准规则框架(各层柱高,跨度,梁、柱线刚度均相同)求出各层柱的反弯点位置,并称这种标准框架柱的反弯点为标准反弯点,然后分别针对上、下梁线刚度比和上、下层柱高变化对标准反弯点位置作出进一步修正,最终结果即为修正后反弯点的位置。于是,框架各层柱经过修正后的反弯点的高度可用下式计算:

$$Y=yh=(y_0+y_1+y_2+y_3)h \tag{5-22}$$

式中　Y——反弯点高度,即反弯点到柱下端的距离;

　　　y——反弯点高度比,即反弯点高度与柱高的比值;

　　　h——计算层柱高;

　　　y_0——标准反弯点高度比;

　　　y_1——上下梁线刚度变化时反弯点高度比修正值;

　　　y_2,y_3——上、下层柱高变化时反弯点高度比修正值。

下面对 y_0、y_1、y_2、y_3 的取值作一简单说明。

① 标准反弯点高度比 y_0:根据框架总层数 n,计算柱所在层数 m,梁、柱线刚度比 K 值以及水平荷载形式由附表 9-1、附表 10-1 查得的,框架层数越多,梁、柱线刚度比较大,则反弯点位置就越接近柱高中点;计算

层越接近顶层,则柱反弯点的位置越低。

② 上下梁线刚度变化时修正值 y_1:根据上下横梁线刚度比 α_1 及 K 值由附表 11-1 查得,对底层柱不考虑 y_1 修正值。若计算的柱上层横梁线刚度大于下层横梁线刚度,则反弯点位置向上移。

③ 上层柱高变化时修正值 y_2:根据上层柱高与计算层柱高之比 $\alpha_2 = h_\text{上}/h$ 及 K 值由附表 12-1 查得,对顶层柱不考虑此项修正。若上层柱较高则反弯点位置向上移。

④ 下层柱高变化时修正值 y_3:根据下层柱高与计算层柱高之比 $\alpha_3 = h_\text{下}/h$ 及 K 值由附表 12-1 查得,对底层柱不考虑此项修正。若下层柱较高则反弯点位置向下移。

当各层框架侧移刚度 D 值和柱反弯点位置 yh 确定后,与反弯点法一样,可求出各柱在反弯点处的剪力值及各杆弯矩,即可按反弯点法相同步骤进行框架内力分析。

5.4.5　水平荷载作用下框架侧移近似计算

多层框架结构的侧移主要是水平荷载引起的。在水平荷载作用下的框架侧移可以近似地认为是由梁柱弯曲变形和柱的轴向变形所引起的侧向位移的叠加。由于层间剪力一般越靠下层越大,则由梁柱弯曲变形(梁柱本身剪切变形甚微,工程上可以忽略)所引起的框架层间侧移具有越靠底层越大的特点,其侧移曲线与悬臂柱剪切变形曲线相似,故称框架这种变形曲线为剪切型变形曲线(图 5-16)。而由柱的轴向变形所引起的框架侧移曲线与一悬臂柱弯曲变形的侧移曲线相似,故称框架这种变形曲线为弯曲型变形曲线(图 5-17)。

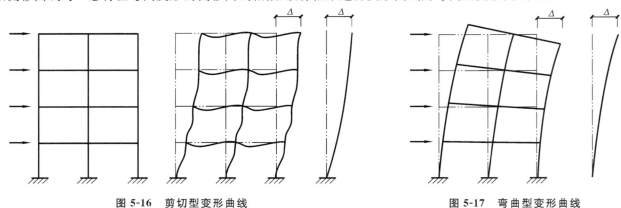

图 5-16　剪切型变形曲线　　　　　　　图 5-17　弯曲型变形曲线

对于层数不多的多层框架结构,一般柱轴向变形引起的侧移很小,可以忽略不计,在近似计算中,只需计算梁柱弯曲引起的侧移,即剪切型变形。

梁柱弯曲变形引起的侧移可用 D 值法近似计算。由式(5-19)可求得框架各柱的侧移刚度 D 值,则第 i 层各柱(共 m 个)侧移刚度之和为 $\sum_{j=1}^{m} D_{ij}$,根据层间侧移刚度的物理意义(即产生单位层间侧移所需的层间剪力)可得近似计算层间侧移 Δu_i 的公式如下:

$$\Delta u_i = \frac{\sum V_{ij}}{\sum D_{ij}} \tag{5-23}$$

由 $\sum F = \sum V_{ij}$,有

$$\Delta u_i = \frac{\sum F}{\sum D_{ij}} \tag{5-24}$$

式中　$\sum V_{ij}$—— 层间剪力,即第 i 层各柱由水平荷载引起的剪力之和;

$\sum F$—— 第 i 层以上所有水平荷载之和。

框架顶点的侧移即为所有层(共 n 层)层间侧移之和,即

$$u = \sum_{i=1}^{n} \Delta u_i \tag{5-25}$$

在正常使用条件下,多层框架结构应处于弹性状态,并且有足够的刚度,避免产生过大的位移而影响结构的承载力稳定性和使用。若框架顶点侧移过大不仅将影响正常使用,还可能使结构出现过大裂缝甚至破坏;若层间侧移过大,将会使填充墙和建筑装饰损坏,因此必须对位移加以限制。

框架层间侧移应满足:

$$\frac{\Delta u_i}{h} \leqslant \frac{1}{550}$$

式中　h——层高。

5.5　荷载效应组合及最不利活荷载组合

通过前面内力计算可求得多层框架在各种荷载作用下的内力值。为了进行框架梁、柱截面设计,还必须求出构件的最不利内力。例如,为了计算框架梁某截面下部配筋,必须找出此截面的最大正弯矩;确定截面上部配筋时,必须找出该截面的最大负弯矩。一般来说,并非所有荷载同时作用时截面的弯矩为最大值,而是某些荷载组合作用下得到该截面的弯矩最大值。对于框架柱也是如此,在某些荷载作用下,截面可能属于大偏心受压;而在另一些荷载作用下,可能属于小偏心受压。因此,在框架梁、柱设计前,必须确定构件的控制截面(能对构件配筋起控制作用的截面),并求出其最不利内力,作为梁、柱以及基础的设计依据。

5.5.1　控制截面的选择

框架在荷载作用下,内力一般沿杆件长度变化。为了便于施工,构件的配筋通常不完全与内力一样变化,而是分段配筋的,设计时可根据内力变化情况选取几个控制截面的内力作配筋计算。对于框架柱,由于弯矩最大值在柱的两端,剪力和轴力在同一层内变化不大,因此,一般选择柱上、下端两个截面作为控制截面。对于框架横梁,至少选择两端及跨中三个截面作为控制截面。在横梁两端支座截面处,一般负弯矩及剪力最大,但也有可能由于水平荷载作用出现正弯矩,而导致在支座截面处最终组合为正弯矩;在横梁跨中截面一般正弯矩最大,但也要注意最终组合可能出现负弯矩。

由于框架内力计算所得的内力是轴线处的内力,而梁两端控制截面应是柱边处截面,因此应根据柱轴线处的梁弯矩、剪力换算出柱边截面梁的弯矩和剪力(图 5-18)。为简化计算,可按下列近似公式计算:

$$M_b = M - \frac{V_b}{2} \tag{5-26}$$

$$V_b = V - \frac{(g+q)b}{2} \tag{5-27}$$

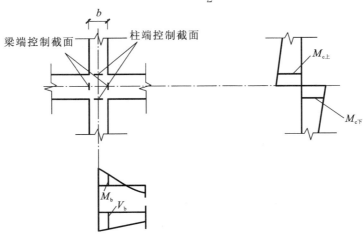

图 5-18　梁、柱端部控制截面

式中　M_b，V_b——柱边处梁控制截面的弯矩和剪力；

　　　M，V——框架柱轴线处梁的弯矩和剪力；

　　　b——柱宽度；

　　　g，q——梁上的恒荷载和活荷载。

框架柱两端控制截面应是梁边处截面，根据梁轴线处柱的弯矩可换算出梁边处柱的弯矩，但一般近似地取轴线处的内力作为柱控制截面的内力。

5.5.2　荷载效应组合

在结构设计时，必须考虑各荷载同时作用时的最不利情况。按承载力极限状态进行构件的承载力设计时，对于基本组合，荷载效应的设计值 S_d 应按由可变荷载效应控制的组合和由永久荷载效应控制的组合中的最不利值确定。

因此，在非抗震时，对于框架结构至少应考虑以下几种荷载效应组合：

① $1.2\times$永久荷载效应$+1.4\times$活荷载效应；

② $1.2\times$永久荷载效应$+1.4\times$风荷载效应；

③ $1.2\times$永久荷载效应$+1.4\times0.9\times$（活荷载效应$+$风荷载效应）；

④ $1.35\times$永久荷载效应$+1.4\times0.7\times$活荷载效应；

⑤ $1.35\times$永久荷载效应$+1.4\times0.6\times$风荷载效应；

⑥ $1.35\times$永久荷载效应$+1.4\times0.7\times$活荷载效应$+1.4\times0.6\times$风荷载效应。

地震作用下，当作用与作用效应按线性关系考虑时，荷载和地震作用效应基本组合的设计值应按下式确定：

$$S_d = \gamma_G S_{GE} + \gamma_{Eh} S_{Ehk} + \gamma_{Ev} S_{Evk} + \psi_w \gamma_w S_{wk} \tag{5-28}$$

式中　S_d——荷载和地震作用效应组合的设计值；

　　　S_{GE}——重力荷载代表值的效应；

　　　S_{Ehk}——水平地震作用标准值的效应，尚应乘以相应的增大系数、调整系数；

　　　S_{Evk}——竖向地震作用标准值的效应，尚应乘以相应的增大系数、调整系数；

　　　γ_G——重力荷载分项系数；

　　　γ_w——风荷载分项系数；

　　　γ_{Eh}——水平地震作用分项系数；

　　　γ_{Ev}——竖向地震作用分项系数；

　　　ψ_w——风荷载的组合值系数，应取 0.2。

荷载和地震作用基本组合的分项系数应按表 5-7 采用。当重力荷载效应对结构的承载力有利时，表 5-7 中 γ_G 的值不应大于 1.0。

表 5-7　　　　　　　　　　　　　　有地震作用组合时荷载和作用的分项系数

参与组合的荷载和作用	γ_G	γ_{Eh}	γ_{Ev}	γ_w	说明
重力荷载及水平地震作用	1.2	1.3	不考虑	不考虑	抗震设计的多、高层建筑结构均应考虑
重力荷载及竖向地震作用	1.2	不考虑	1.3	不考虑	9 度抗震设计时考虑；水平长悬臂和大跨度结构 7 度（0.15g）、8 度、9 度抗震设计时考虑
重力荷载、水平地震作用及竖向地震作用	1.2	1.3	0.5	不考虑	9 度抗震设计时考虑；水平长悬臂和大跨度结构 7 度（0.15g）、8 度、9 度抗震设计时考虑
重力荷载、水平地震作用及风荷载	1.2	1.3	不考虑	1.4	60 m 以上的高层建筑考虑

参与组合的荷载和作用	γ_G	γ_{Eh}	γ_{Ev}	γ_w	说明
重力荷载、水平地震作用、竖向地震作用及风荷载	1.2	1.3	0.5	1.4	60 m 以上的高层建筑,9 度抗震设计时考虑;水平长悬臂和大跨度结构 7 度(0.15g)、8 度、9 度抗震设计时考虑
	1.2	0.5	1.3	1.4	水平长悬臂和大跨度结构 7 度(0.15g)、8 度、9 度抗震设计时考虑

当进行位移计算时,荷载效应与地震效应组合的设计值 S_d 按下式计算。

$$S_d = S_{GE} + S_{Ehk} + S_{Evk} + \psi_w S_{wk} \tag{5-29}$$

式中　ψ_w——风荷载的组合值系数,取 0.2。

5.5.3　最不利内力组合

最不利内力组合就是在控制截面处对截面配筋起控制作用的内力组合。对于某一控制截面,可能有若干组最不利内力组合。对于框架梁,需找出最大负弯矩 $-M_{max}$ 以确定梁端顶部的配筋,找出最大正弯矩 $+M_{max}$ 以确定梁底部的配筋,找出最大剪力 V_{max} 以进行梁端受剪承载力计算。对于框架柱,一般采用对称配筋,需进行下列几项不利内力组合:

① M_{max} 及相应的 N、V;

② N_{max} 及相应的 M、V;

③ N_{min} 及相应的 M、V。

通常框架柱按上述内力组合已能满足工程上的要求,但在某些情况下,它可能都不是最不利的。例如,对大偏心受压构件,偏心距越大(即弯矩 M 越大,轴力 N 越小),截面配筋量往往越多,因此应注意有时弯矩虽然不是最大值,而是比最大值略小,但它对应的轴力却减小很多,按这组内力组合所求出的截面配筋量反而会更大一些。

5.5.4　竖向活荷载的最不利布置

竖向活荷载是可变荷载,它可以单独作用在某层的某一跨或某几跨上,也可能同时作用在整个结构上。对于构件的不同截面或同一截面的不同种类的最不利内力,往往有各不相同的活荷载最不利布置。因此,活荷载的最不利布置需要根据截面的位置及最不利内力的种类来确定。活荷载最不利布置可以有以下几种。

(1)逐跨施荷法

将活荷载逐层逐跨单独地作用于结构上(图 5-19),分别计算出框架的内力,然后叠加求出各控制截面可能出现的几组最不利内力。采用这种方法,各种荷载情况的框架内力计算简单、清楚,但计算工作量大,故多用于计算机求解框架内力。

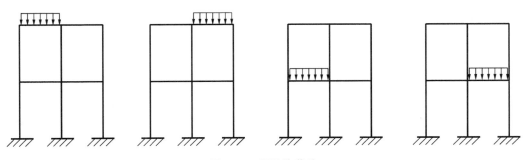

图 5-19　逐跨施荷法

（2）分跨施荷法

当活荷载不是太大时，可将活荷载分跨布置（图 5-20），并求出内力，然后叠加求出控制截面的不利内力。这种方法与逐跨施荷法相比，计算工作量大大减少，但此法求出的内力组合值并非最不利内力。因此，采用此法计算时可不考虑活荷载的折减。

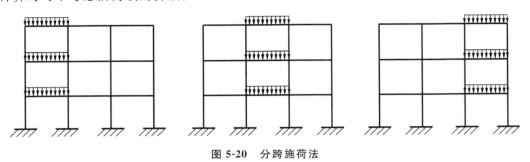

图 5-20　分跨施荷法

（3）最不利荷载位置法

最不利荷载位置法是先确定对某一控制截面产生最不利内力的活荷载位置，然后在这些位置上布置活荷载，进行框架内力分析，所求得的该截面的内力即为最不利内力。在采用分层法近似计算时，实际上还可进一步简化。

对于框架横梁可仅考虑本层活荷载的影响，其控制截面活荷载最不利布置与连续梁相同。对于框架柱的最大弯矩，考虑该柱上、下相邻两层活荷载的不利布置，将该柱上、下两层一侧的两跨布置活荷载，然后隔跨布置活荷载，如图 5-21(a) 表示柱 B_1、B_2 右侧受拉时弯矩最大的活荷载布置；对于柱的轴力，则应考虑将该柱以上各层的轴力传至该柱，如图 5-21(b) 表示柱 B_1、B_2 轴力最大，同时弯矩也较大时活荷载的布置。

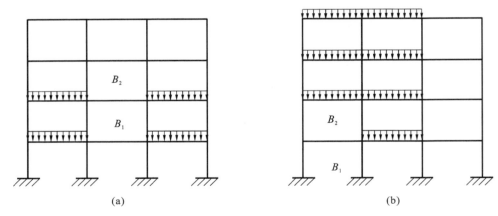

(a)　　　　　　　　　　　　　　　　　　　(b)

图 5-21　最不利荷载布置法

（4）满布荷载法

以上 3 种方法都需要考虑多种荷载情况才能求出控制截面的最不利内力，计算量较大。一般情况下，在多层框架结构中，楼面活荷载较小。为了减小计算工作量，可将竖向活荷载同时作用在所有框架的梁上，即不考虑活荷载的不利布置，而与恒荷载一样按满跨布置。这样求得的支座弯矩足够准确，但跨中弯矩偏低，因而，此法算得的跨中弯矩宜乘以 1.1～1.2 的增大系数。此法对楼面荷载很大（大于 5.0 kN/m²）的多层工业厂房或公共建筑不适用。

5.5.5　框架梁端的弯矩调幅

为了避免框架支座截面负弯矩钢筋过多而难以布置，并考虑到框架在设计时假设设备节点为刚性节点，但一般达不到绝对刚性的要求，因此，在竖向荷载作用下，考虑梁端塑性变形的内力重分布可对梁端负弯矩进行调幅。通常是将梁端负弯矩乘以调幅系数，以降低支座处的负弯矩。

对于装配式框架，梁端负弯矩调幅系数可为 0.7～0.8；对于现浇框架，其调幅系数可为 0.8～0.9。梁端负弯矩减小后，应按平衡条件计算调幅后跨中弯矩。弯矩调幅只对竖向荷载作用下的内力进行，竖向荷载产生的梁的弯矩应先调幅，再与水平荷载产生的弯矩进行组合。

5.6 框架梁、柱截面配筋计算 >>>

在框架内力分析和内力组合完成后,应对每一梁、柱进行截面计算,配置钢筋。

对于现浇框架,可按受弯构件的正截面承载力和斜截面承载力计算纵筋和腹筋。纵筋的弯起与切断位置可根据抵抗弯矩图确定,当横梁相邻跨度相差不超过 20%,且梁上均布恒荷载与活荷载的设计值之比 $q/g \leqslant 3$ 时,可参照梁板结构中连续次梁的配筋构造布置纵筋的弯起与切断。此外,对框架横梁还应进行裂缝宽度的验算。

对于框架柱,可按偏心受压构件进行正截面承载力和斜截面承载力计算,当偏心距较大时,尚应进行裂缝宽度验算。对梁与柱为刚接的钢筋混凝土框架柱,其计算长度按下列规定取用。

① 一般多层房屋的钢筋混凝土框架柱。

现浇楼盖:底层柱 $l_0 = 1.0H$(H 为柱高),其余各层柱 $l_0 = 1.25H$。

装配式楼盖:底层柱 $l_0 = 1.25H$,其余各层柱 $l_0 = 1.5H$。

② 可按无侧移考虑的钢筋混凝土框架结构,如具有非轻质隔墙的多层房屋,当为三跨及三跨以上或为两跨且房屋总宽度不小于房屋总高度的 1/3 时,其各层框架柱的计算长度如下。

现浇楼盖:

$$l_0 = 0.7H$$

装配式楼盖:

$$l_0 = 1.0H$$

③ 不设楼板或楼板上开孔较大的多层钢筋混凝土框架柱,以及无抗侧向力刚性墙体的单跨钢筋混凝土框架柱的计算长度,应根据可靠设计经验或计算确定。

5.7 现浇框架的构造要求 >>>

5.7.1 一般要求

① 现浇框架混凝土强度等级不应低于 C20,梁、柱混凝土强度等级相差不宜大于 5 MPa。纵向受力钢筋可采用 HRB400、HRB500 或 HRB335 级钢筋,箍筋采用 HPB300、HRB400 级钢筋。

② 框架柱宜采用对称配筋,纵向受力钢筋的直径不宜小于 12 mm。全部纵向受力钢筋的配筋率不应大于 5%,也不应小于 0.4%;纵向受力钢筋的间距不应大于 350 mm,净距也不应小于 50 mm。

③ 当偏心受压柱的截面高度 $h \geqslant 600$ mm 时,在柱的侧面应设置直径为 $10 \sim 16$ mm 的纵向构造钢筋,并相应设置复合箍筋或拉筋。

④ 柱的箍筋应做成封闭式,间距不应大于柱截面短边尺寸、不大于 400 mm 以及不大于 $15d$(d 为纵筋直径)。柱的纵向钢筋每边为 4 根及 4 根以上时,应设置复合箍筋。

⑤ 框架梁纵向受拉钢筋的最小配筋率支座不应小于 0.25%,跨中不应小于 0.2%,在梁的跨中上部,至少应配置 2φ12 钢筋与梁支座的负钢筋搭接。

⑥ 框架梁支座截面下部至少应有两根纵筋伸入柱中,如需向上弯,则钢筋自柱进到上弯点水平长度不应小于 $10d$。

⑦ 框架梁的纵筋不应与箍筋、拉筋及预埋件等焊接。

⑧ 框架的填充墙或隔墙应优先选用预制轻质墙板,并必须与框架牢固地连接。

梁柱节点连接图

5.7.2 梁柱节点构造

① 梁纵向钢筋在框架中间层端节点的锚固应符合下列要求：

a. 梁上部纵向钢筋伸入节点的锚固：(a)当采用直线锚固形式时，锚固长度不应小于受拉钢筋的锚固长度 l_a，且伸过柱中心线不宜小于 $5d$(d 为梁上部纵向钢筋的直径)；(b)当柱截面尺寸不足时，梁上部纵向钢筋可采用钢筋端部加机械锚头的锚固方式，梁上部纵向钢筋宜伸至柱外侧纵向钢筋内边，包括机械锚头在内的水平投影锚固长度不应小于 $0.4l_{ab}$(l_{ab} 为受拉钢筋的基本锚固长度)，如图 5-22(a)所示；(c)梁上部纵向钢筋也可以采用 90°弯折锚固方式，此时梁上部纵向钢筋应伸至柱外侧纵向钢筋内边并向节点内弯折，其包含弯弧段在内的水平投影长度不应小于 $0.4l_{ab}$，弯折钢筋在弯折平面内包含弯弧段的投影长度不应小于 $15d$，如图 5-22(b)所示。

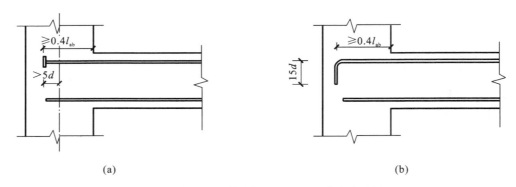

(a) $\qquad\qquad\qquad\qquad$ (b)

图 5-22　梁上部纵向钢筋在框架中间层端节点内的锚固

(a)钢筋端部加锚头锚固；(b)钢筋末端 90°弯折锚固

b. 框架梁下部纵向钢筋伸入端节点的锚固：(a)当计算中充分利用该钢筋的抗拉强度时，钢筋的锚固方式及长度应与上部钢筋的规定相同；(b)当计算中不利用该钢筋的强度或充分利用该钢筋的抗压强度时，伸入节点的锚固长度应分别符合第②条中间节点梁下部纵向钢筋锚固的规定。

② 框架中间层中间节点或连续梁中间支座，梁的上、下部纵向钢筋宜贯穿节点或支座。当必须锚固时，应符合下列锚固要求：

a. 当计算中不利用该钢筋的强度时，其伸入节点或支座的锚固长度对带肋钢筋不小于 $12d$，对光面钢筋不小于 $15d$(d 为钢筋的最大直径)。

b. 当计算中充分利用钢筋的抗压强度时，钢筋应按受压钢筋锚固在中间节点或中间支座内，其直线锚固长度不应小于 $0.7l_a$。

c. 当计算中充分利用钢筋的抗拉强度时，钢筋可采用直线方式锚固在节点或支座内，锚固长度不应小于钢筋的受拉锚固长度 l_a[图 5-23(a)]。

d. 当柱截面尺寸不足时，宜按第①条第 1 款的规定采用钢筋端部加锚头的机械锚固措施，也可采用 90°弯折锚固的方式。

e. 钢筋可在节点或支座外梁中弯矩较小处设置搭接接头，搭接接头长度的起始点至节点或支座边缘的距离不应小于 $1.5h_0$[图 5-23(b)]。

③ 框架柱的纵向钢筋应贯穿中间层中间节点和中间层端节点，柱纵向钢筋接头应设在节点区以外。柱纵向钢筋在顶层中节点的锚固应符合下列要求：

a. 柱纵向钢筋应伸至柱顶，且自梁底算起的锚固长度不应小于锚固长度 l_a。

b. 当截面尺寸不满足直线锚固要求时，可采用 90°弯折锚固措施。此时，包括弯弧在内的钢筋竖直投影长度不应小于 $0.5l_{ab}$，在弯折平面内包含弯弧段的水平投影长度不宜小于 $12d$[图 5-24(a)]。

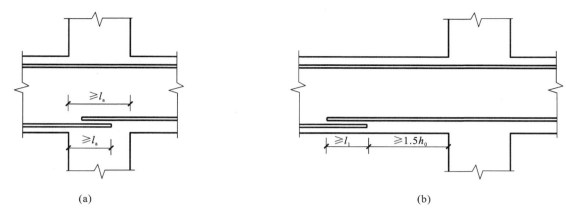

图 5-23 梁下部纵向钢筋在节点范围的锚固与搭接

(a)下部纵向钢筋在节点中直线锚固;(b)下部纵向钢筋在节点或支座范围外的搭接

c. 当截面尺寸不足时,也可采用带锚头的机械锚固措施。此时,包含锚头在内的竖向锚固长度不应小于 $0.5l_{ab}$[图 5-24(b)]。

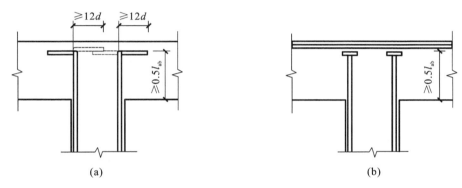

图 5-24 顶层节点中柱纵向钢筋在节点内的锚固

(a)柱纵向钢筋 90°弯折锚固;(b)柱纵向钢筋端头加锚板锚固

d. 当柱顶有现浇楼板且板厚不小于 100 mm 时,柱纵向钢筋也可以向外弯折,弯折后的水平投影长度不宜小于 12d。

④ 顶层端节点柱外侧纵向钢筋可弯入梁内作梁上部纵向钢筋,也可将梁上部纵向钢筋与柱外侧纵向钢筋在节点及附近部位搭接,其搭接可采用下列方式:

a. 搭接接头可沿顶层端节点外侧及梁端顶部布置,搭接长度不应小于 $1.5l_{ab}$[图 5-25(a)]。其中,伸入梁内的外侧柱纵向钢筋截面面积不宜小于外侧柱纵向钢筋全部截面面积的 65%;梁宽度范围以外的外侧钢筋宜沿节点顶部伸至柱内边锚固。当柱外侧纵向钢筋位于柱顶第一层时,钢筋伸至柱内边宜向下弯折不小于 8d 后截断。当柱纵向钢筋位于柱顶第二层时,可不向下弯折。当有现浇板且板厚不小于 100 mm 时,梁宽度范围以外的外侧柱纵向钢筋可伸入现浇板内,其长度与伸入梁内的柱纵向钢筋相同。

b. 当柱外侧纵向钢筋配筋率大于 1.2%时,伸入梁内的柱纵向钢筋应满足第④条第 1 款规定且宜分两批截断,其截断点之间的距离不宜小于 20d(d 为柱外侧纵向钢筋的直径)。梁上部纵向钢筋应伸至节点外侧并向下弯至梁下边缘高度后截断。

c. 纵向钢筋搭接接头也可沿柱外侧直线布置[图 5-25(b)],此时,搭接长度自柱顶算起不应小于 $1.7l_{ab}$。当梁上部纵向钢筋的配筋率大于 1.2%时,弯入柱外侧的梁上部纵向钢筋应满足第④条第 1 款规定的搭接长度,且宜分两批截断,其截断点之间的距离不宜小于 20d(d 为梁上部纵向钢筋的直径)。

d. 当梁的截面高度较大,梁、柱纵向钢筋相对较小,从梁底算起的直线搭接长度未延伸至柱顶即已满足 $1.5l_{ab}$ 的要求时,应将搭接长度延伸至柱顶并满足搭接长度为 $1.7l_{ab}$ 的要求;或者从梁底算起的弯折搭接长度未延伸至柱内侧边缘即已满足 $1.5l_{ab}$ 的要求时,其弯折后包括弯弧在内的水平段的长度不应小于 15d(d 为柱外侧纵向钢筋的直径)。

e.柱内侧纵向钢筋的锚固应符合第①条关于顶层中节点规定。

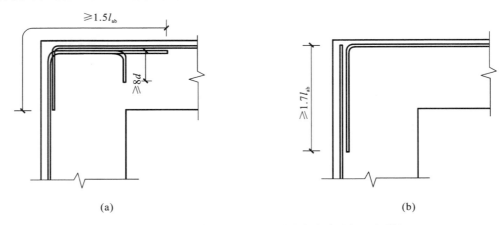

图 5-25　顶层端节点梁、柱纵向钢筋在节点内的锚固与搭接

(a)搭接接头沿顶层端节点外侧及梁端顶部布置；(b)搭接接头沿节点外侧直线布置

⑤ 框架顶层端节点处梁上部纵向钢筋的截面面积 A_s 应符合下列规定：

$$A_s \leqslant \frac{0.35\beta_c f_c b_b h_0}{f_y} \tag{5-30}$$

式中　b_b——梁腹板宽度；

　　　　h_0——梁截面有效高度。

梁上部纵向钢筋与柱外侧纵向钢筋在节点角部的弯弧内半径，当钢筋直径小于 25 mm 时，不宜小于 $6d$；当钢筋直径大于 25 mm 时，不宜小于 $8d$。钢筋弯弧外的混凝土中应配置防裂、防剥落的构造钢筋。

⑥上下柱连接：当下柱截面高度大于上柱截面高度时，可将下柱钢筋弯折伸入上柱后搭接，其弯折角的正切值不得超过 1/6，否则应设置锚固于下柱的插筋或将上柱钢筋锚入下柱内，如图 5-26 所示。

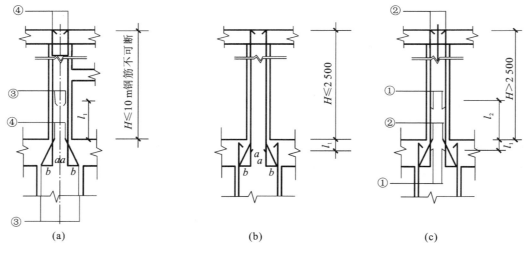

图 5-26　上、下柱连接节点

(a)$\frac{b}{a} \leqslant \frac{1}{6}$时；(b)，(c)$\frac{b}{a} > \frac{1}{6}$时

5.7.3　抗震构造

5.7.3.1　框架梁的抗震构造措施

（1）梁的截面尺寸要求

① 截面宽度不宜小于 200 mm。

② 截面高宽比不宜大于 4；当高宽比较大时，则承担的剪力有较大降低。另外，梁越高，则刚度越大，柱中轴力也增加，柱的轴压比也加大，柱的延性降低。

③ 净跨与截面高度之比不宜小于 4;当净跨与截面高度之比小于 4 时易发生剪切破坏,出现斜裂缝,延性将会降低。

(2)扁梁的截面尺寸要求

当采用梁宽大于柱宽的扁梁时,楼板应现浇,梁中线宜与柱中线重合,扁梁应双向布置,且不宜用于一级框架结构。扁梁的截面尺寸应符合下列要求,并应满足现行规范对挠度和裂缝宽度的规定,即:

$$b_b \leqslant 2b_c \tag{5-31}$$

$$b_b \leqslant b_c + h_b \tag{5-32}$$

$$h_b \geqslant 16d \tag{5-33}$$

式中 b_c——柱截面高度,圆形截面取柱直径的 0.8 倍;

b_b, h_b——梁截面宽度和高度;

d——柱纵筋直径。

(3)梁的钢筋配置要求

① 梁端计入受压钢筋的梁端混凝土受压区高度和有效高度之比,一级不应大于 0.25,二、三级不应大于 0.35。

② 梁端截面的底面和顶面配筋量的比值,除按计算确定外,一级不应小于 0.5,二、三级不应小于 0.3。

③ 梁端箍筋加密区的长度、箍筋最大间距和最小直径应按表 5-8 采用,当梁端纵向受拉钢筋配筋率大于 2% 时,表中箍筋最小直径数值应增大 2 mm。

表 5-8　　　　　**梁端箍筋加密区的长度、箍筋最大间距和最小直径**　　　　(单位:mm)

抗震等级	加密区长度(采用较大值)	箍筋最大间距(采用最小值)	箍筋最小直径
一级	$2h_b$,500	$h/4,6d$,100	10
二级	$1.5h_b$,500	$h_b/4,8d$,100	8
三级	$1.5h_b$,500	$h_b/4,8d$,150	8
四级	$1.5h_b$,500	$h_b/4,8d$,150	6

注:d 为纵向钢筋直径,h_b 为梁截面高度。

④ 箍筋直径大于 12 mm、数量不少于 4 肢且肢距小于 150 mm 时,一、二级的最大间距应允许适当放宽,但不得大于 150 mm。

(4)梁的钢筋配置要求

① 梁端纵向受拉钢筋的配筋率不宜大于 2.5%。沿梁全长顶面、底面的配筋,一、二级不应少于 2Φ14,且分别不应少于梁顶面和底面两端纵向配筋中较大截面面积的 1/4,三、四级不应少于 2Φ12。

② 一、二、三级框架梁内贯通中柱的每根纵向钢筋直径,对矩形截面柱,不宜大于矩形截面柱在该方向截面尺寸的 1/20,或纵向钢筋所在位置圆形截面柱截面弦长的 1/20;对于其他结构类型的框架,不宜大于矩形截面柱在该方向截面尺寸的 1/20,或纵向钢筋所在位置圆形截面柱截面弦长的 1/20。

③ 梁端加密区的箍筋肢距,一级不宜大于 200 mm 和 20 倍箍筋直径的较大值,二、三级不宜大于 250 mm 和 20 倍箍筋直径的较大值,四级不宜大于 300 mm。

5.7.3.2　框架柱的抗震构造措施

(1)柱的截面尺寸要求

① 截面的高度和宽度,四级或不超过两层时均不宜小于 300 mm;一、二、三级且超过两层时不宜小于 400 mm。圆柱的直径,四级或不超过两层时不宜小于 350 mm;一、二、三级且超过两层时不宜小于 450 mm。

框架柱在
地震中的破坏图

② 剪跨比宜大于 2。

③ 截面长边与短边的边长比不宜大于 3。

（2）柱轴压比要求

柱轴压比不宜超过表 5-9 的规定，建造于Ⅳ类场地且较高的高层建筑，柱轴压比限值应适当减小。

轴压比是指柱组合的轴压设计值与柱的全截面面积和混凝土轴心抗压强度设计值乘积的比值。

表 5-9 柱轴压比限值

结构类型	抗震等级			
	一级	二级	三级	四级
框架结构	0.65	0.75	0.85	0.90
框架-抗震墙，板柱-抗震墙， 框架-核心筒，筒中筒	0.75	0.85	0.90	0.95
部分框支抗震墙	0.6	0.7	—	—

对规范规定不进行地震作用计算的结构，取无地震作用组合的轴力设计值。在使用表 5-9 时应注意以下几点：

① 表内限值适用于剪跨比大于 2、混凝土强度等级不高于 C60 的柱；剪跨比不大于 2 的柱，轴压比限值应减小 0.05；剪跨比小于 1.5 的柱，轴压比限值应专门研究并采取特殊构造措施。

② 沿柱全高采用井字复合箍且箍筋肢距不大于 200 mm、间距不大于 100 mm、直径不小于 12 mm，或沿柱全高采用复合螺旋箍且螺旋间距不大于 100 mm、箍筋肢距不大于 200 mm、直径不小于 12 mm，或沿柱全高采用连续复合矩形螺旋箍且螺旋净距不大于 80 mm、箍筋肢距不大于 200 mm、直径不小于 10 mm，轴压比限值均可增加 0.10。上述三种箍筋的配箍特征值均应按增大的轴压比由表 5-10 决定。

表 5-10 框架结构的柱截面纵向钢筋的最小总配筋率 （单位：%）

类别	抗震等级			
	一级	二级	三级	四级
中柱和边柱	0.9(1.0)	0.7(0.8)	0.6(0.7)	0.5(0.6)
角柱、框支柱	1.1	0.9	0.8	0.7

注：表中括号内数值用于框架结构的柱。钢筋强度标准值小于 400 MPa 时，表中数值应增加 0.1；钢筋标准值等于 400 MPa 时，表中数值应增加 0.05；混凝土强度等级高于 C60 时，表中数值应增加 0.1。

③ 在柱的截面中部附加芯柱，其中另加的纵向钢筋的总面积不小于柱截面面积的 0.8%，轴压比限值可增加 0.05；此举措施与上述措施②共同采用时，轴压比限值可增加 0.15，但箍筋的配筋特征值仍可按轴压比增加 0.10 的要求确定。

④ 轴压比不应大于 1.05。

（3）柱中心区配筋附加芯柱的轴压比

轴压比 α 按下式计算，并满足表 5-9 的规定。

$$\alpha = \frac{N}{A_c f_c + \beta_2 A_{s,t} f_{s,t}} \tag{5-34}$$

式中 β_2——柱中心区钢筋强度折减系数，可取 0.5；

$A_{s,t}$，$f_{s,t}$——柱中心区钢筋截面面积和钢筋设计强度。

（4）柱的钢筋配置要求

① 柱纵向钢筋的最小总配筋率应按表 5-10 采用，同时每一侧配筋率不应小于 0.2%，对建造于Ⅳ类场地且较高的高层建筑，最小总配筋率应增 0.1%。

② 柱箍筋在规定范围内应加密，加密区的箍筋间距和直径，应符合下列要求：

a.一般情况下，箍筋的最大间距和最小直径，应按表 5-11 采用，表中的 d 为柱纵筋最小直径。

b. 一级框架柱的箍筋直径大于 12 mm 且箍筋肢距小于 150 mm;二级框架柱的箍筋直径不小于 10 mm 且箍筋肢距不大于 200 mm 时,除底层柱的下端外,最大间距应允许采用 150 mm;三级框架柱的截面尺寸不大于 400 mm 时,箍筋最小直径应允许采用 6 mm;四级框架柱剪跨比不大于 2 时,箍筋直径不应小于 8 mm。

c. 框支柱和剪跨比不大于 2 的框架柱,箍筋间距不应大于 100 mm。

表 5-11　　　　　　　　　　　　　　柱箍筋加密区的箍筋最大间距和最小直径　　　　　　　　　　　　（单位:mm）

抗震等级	箍筋最大间距(采用较小值)	箍筋最小直径
一级	6d,100	10
二级	8d,100	8
三级	8d,150(柱根 100)	8
四级	8d,150(柱根 100)	6(柱根 8)

注:柱根指底层柱下端箍筋加密区。

（5）柱的纵向钢筋配置要求

① 柱的纵向钢筋宜对称布置。

② 截面边长大于 400 mm 的柱,纵向钢筋间距不宜大于 200 mm。

③ 柱的总配筋率不应大于 5%,剪跨比不大于 2 的一级框架柱,每侧纵向钢筋配筋率不宜大于 1.2%。

④ 边柱、角柱及抗震墙边柱在小偏心受压时,柱内纵筋总截面面积应比计算值增加 25%。

⑤ 柱纵向钢筋的绑扎接头应避开柱端的箍筋加密区。

（6）柱的箍筋配置要求

① 柱的箍筋加密区范围,应按下列规定采用:

（a）柱端,取截面高度（圆柱直径）、柱净高的 1/6 和 500 mm 三者的最大值。

（b）底层柱的下端不小于柱净高的 1/3。

（c）刚性底面上、下各 500 mm。

（d）剪跨比不大于 2 的柱、因设置填充墙等形成的柱净高与柱截面高度之比不大于 4 的柱、框支柱、一级和二级框架的角柱,取全高。

② 柱箍筋加密区箍筋肢距,一级不宜大于 200 mm,二、三级不宜大于 250 mm,四级不宜大于 300 mm。至少每隔一根纵向钢筋宜在两个方向有箍筋或拉筋约束;采用拉筋复合箍时,拉筋宜紧靠纵向钢筋并勾住箍筋。

③ 柱箍筋加密区的体积配箍率应符合下式要求:

$$\rho_v = \frac{\lambda_v f_c}{f_{yv}} \tag{5-35}$$

式中　ρ_v——柱箍筋加密区的体积配箍率,一级不应小于 0.8%,二级不应小于 0.6%,三、四级不应小于 0.4%;计算复合箍的体积配箍率时,其非螺旋箍的箍筋体积应乘以折减系数 0.80。

　　　f_c——混凝土轴心抗压强度设计值,强度等级低于 C35 时,应按 C35 计算。

　　　f_{yv}——箍筋或拉筋抗拉强度设计值。

　　　λ_v——最小配箍特征值,宜按表 5-12 采用。

表 5-12　　　　　　　　　　　　　　　柱箍筋加密区的箍筋最小配箍特征值

抗震等级	箍筋形式	柱轴压比								
		≤0.3	0.4	0.5	0.6	0.7	0.8	0.9	1.0	1.05
一级	普通箍、复合箍	0.10	0.11	0.13	0.15	0.17	0.20	0.23	—	—
	螺旋箍、复合或连续复合矩形螺旋箍	0.08	0.09	0.11	0.13	0.15	0.18	0.21	—	—
二级	普通箍、复合箍	0.08	0.09	0.11	0.13	0.15	0.17	0.19	0.22	0.24
	螺旋箍、复合或连续复合矩形螺旋箍	0.06	0.07	0.09	0.11	0.13	0.15	0.17	0.20	0.22

抗震等级	箍筋形式	柱轴压比								
		≤0.3	0.4	0.5	0.6	0.7	0.8	0.9	1.0	1.05
三、四级	普通箍、复合箍	0.06	0.07	0.09	0.11	0.13	0.15	0.17	0.20	0.22
	螺旋箍、复合或连续复合矩形螺旋箍	0.05	0.06	0.07	0.09	0.11	0.13	0.15	0.18	0.20

使用表 5-12 时应注意以下两点:a.框支柱宜采用复合螺旋箍或井字复合箍,其最小配箍特征值应比表内数值增加 0.02,且体积配箍率不应小于 1.5%;b.剪跨比不大于 2 的柱宜采用复合螺旋箍或井字复合箍,其体积配箍率不应小于 1.2%,9 度、一级时不应小于 1.5%。

④ 柱箍筋非加密区箍筋配置,应符合下列要求:

a.柱箍筋非加密区的体积配箍率不宜小于加密区的 50%。

b.箍筋间距,一、二级框架柱不应大于 10 倍的纵向钢筋直径,三、四级框架柱不应大于 15 倍的纵向钢筋直径。

(7) 框架节点核心区箍筋的最大间距和最小直径

宜按"(4)柱的钢筋配置要求"中的有关规定采用,一、二、三级框架节点核心区配箍特征值分别不宜小于 0.12、0.10 和 0.08,且体积配箍率分别不宜小于 0.6%、0.5%和 0.4%。柱剪跨比不大于 2 的框架节点核心区,体积配箍率不宜小于核心区上、下柱端的较大体积配箍率。

5.7.3.3　钢筋混凝土结构中的砌体填充墙的布置要求

① 填充墙在平面和竖向的布置,宜均匀对称,且宜避免形成薄弱层或短柱。

② 砌体的砂浆强度等级不低于 M5,实心块体的强度等级不宜低于 MU2.5,空心块体的强度等级不宜低于 MU3.5,墙顶应与框架梁密切结合。

③ 填充墙应沿框架柱全高每隔 500～600 mm 设 2φ6 拉筋,伸入墙内长度,一、二级沿墙全长设置,三、四级不小于墙长的 1/5,且不小于 700 mm;拉筋伸入墙内长度,6、7 度时宜沿墙全长贯通,8、9 度时应全长贯通。

④ 墙长大于 5 m 时,墙顶与梁宜有拉结;墙长超过 8 m 或层高的 2 倍时,宜设置钢筋混凝土构造柱;墙高超过 4 m 时,墙体半高宜设置与柱相连接且沿墙全长贯通的钢筋混凝土水平系梁。

⑤ 楼梯间和人流通道的填充墙,尚应采用钢丝网砂浆面层加强。

5.8　多层框架结构的基础　>>>

5.8.1　基础的类型及其选择

多层框架结构房屋的基础,一般可做成柱下独立基础、柱下条形基础、十字形基础、片筏基础和桩基础等(图 5-27)。

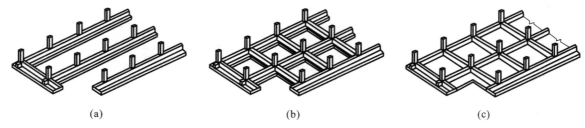

(a)　　　　　　　　　　　(b)　　　　　　　　　　　(c)

图 5-27　基础形式

(a)条形基础;(b)十字形基础;(c)片筏基础

柱下独立基础与单层厂房柱下独立基础相同,多为现浇式,用于层数不多、地基条件较好且柱距较大的框架结构。

柱下条形基础是将纵向柱基础连接成单向条形,其上部各片框架结构由条形基础连成整体。它可用于地基承载力不足,需加大基础底面面积而配置柱下独立基础又在平面尺寸上受到限制的情况。当柱荷载或地基压缩性分布不均匀且建筑物对不均匀沉降敏感时,采用柱下条形基础能收到一定效果。

十字形基础是将纵横向的柱基础都连接成条形,从而使上部结构在纵横向都有联系。

片筏基础是将十字形基础底面扩大成片,使底板覆盖房屋底层面积而形成的满堂基础。此基础具有足够的刚度和稳定性。它适用于软土地基,以满足较弱地基承载力的要求,减少地基的附加应力和不均匀沉降。

当上部结构的荷载较大且浅层地基土又软弱,采用片筏基础也不能满足建筑物对地基承载力和变形的要求时,可考虑深基础方案,常采用桩基础。

基础类型的选择,不仅取决于工程地质与水文地质条件,还必须考虑房屋的使用要求、上部结构对地基土不均匀沉降及倾斜的敏感程度以及施工条件等诸多因素。由于采用浅基础,其埋置深度不大,地基不做处理即可建造房屋,用料较省、造价低、工期短,并且无须复杂的施工设备,为此选择基础方案时通常优先考虑浅基础。

下面仅讨论柱下条形基础的计算与构造。

5.8.2　柱下条形基础的内力计算

在计算柱下条形基础内力之前,应先按常规方法选定基础底面的长度 L 和宽度 B。基础长度可根据主要荷载合力作用点与基底形心尽可能靠近的原则,结合端部伸出边柱以外的长度确定,基础宽度可按下式确定:

$$A = BL \geqslant \frac{F}{f - \gamma_0 d} \tag{5-36}$$

柱下条形基础一方面承受上部结构所传来的荷载,另一方面又承受基底反力的作用,只要确定基底反力的分布规律及大小,条形基础的内力便可算出。

5.8.2.1　按基底反力直线分布假定计算

按基底反力直线分布假定是将基础视为绝对刚性,在外荷载作用下,基础只发生刚体运动而不产生相对变形,因此,基础下的上反力按线性分布。实践中按线性分布假定常采用静定分析法和倒架法两种简化的内力计算方法。

静定分析法是一种沿用很久的简化方法,如图5-28所示,先将柱脚视为固端,经上部结构分析得到固端荷载 $P_1 \sim P_4$、M_3、M_4,基础梁上可能还受有局部分布荷载,假定基底反力按直线分布,通过静力平衡求出基底反力最大值 $P_{\max}$ 和最小值 $P_{\min}$,即

$$\begin{cases} P_{\max} = \dfrac{\sum P}{BL} + \dfrac{6\sum M}{BL^2} \\ \\ P_{\min} = \dfrac{\sum P}{BL} - \dfrac{6\sum M}{BL^2} \end{cases} \tag{5-37}$$

式中　B,L——条形基础宽度和长度;

$\sum P$,$\sum M$——荷载(不含梁自重和覆土重)的合力和合力矩。

将外荷载和基底反力视为已知荷载,在逐个控制截面处截取隔离体按静力平衡求出基础内力 M_i、V_i。倒梁法基础反力的求法与静定分析法不同之处在于:分析基础梁内力时,将柱脚视为铰支,以基底反力和扣除柱脚的竖向集中力后所余下的各种作用为已知荷载,按倒置的普通连续梁(采用弯矩分配法或弯矩系数法)计算基础内力(图5-29)。

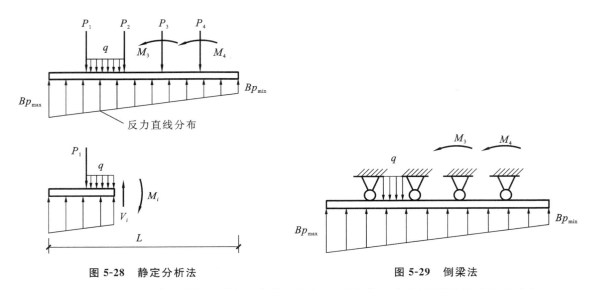

图 5-28　静定分析法　　　　　　　　　　图 5-29　倒梁法

倒梁法所得的支座反力一般不等于原柱脚荷载,对此可采用基底反力局部调整法加以弥补。

上述静定分析法和倒梁法没有考虑基础与地基之间的共同作用,未能反映地基土的物理力学性能对土反力的影响,计算结果有时误差较大。但由于计算简捷,在估算基础截面尺寸或柱距小且基础刚度大的房屋条形基础时常被采用。

5.8.2.2　按地基上梁的理论方法计算

地基上梁的地基计算模型和分析方法有多种,在此仅介绍基床系数法。

（1）基本假定

基床系数法将条形基础看作承受外荷载并支承在弹性地基上的梁,假定基础上任一点基底反力 p 与该点的地基沉降量 y 成正比,即

$$p = ky \tag{5-38}$$

式中, k 为基床系数,它取决于地基土层的分布情况及其压缩性、基底面积大小和形状以及与基础荷载和刚度有关的地基中的应力等因素,一般由建筑现场荷载试验确定。

（2）地基上的无限长梁的计算

地基上等截面梁在位于梁主平面内的外荷载作用下的挠曲曲线,如图 5-30(a) 所示,从宽度为 B 的梁上取长度为 dx 的微段,如图 5-30(b) 所示。由静力平衡并根据材料力学可得梁的挠曲微分方程为

$$EI \frac{\mathrm{d} y^4}{\mathrm{d} x^4} = q(x) - Bp(x) \tag{5-39}$$

式中　E, I——条形基础材料的弹性模量和截面惯性矩;

　　　　$q(x)$——上部结构传来的荷载;

　　　　$p(x)$——作用于条形基础上的地基反力。

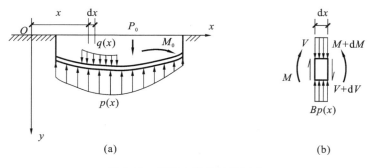

(a)　　　　　　　　　　　　(b)

图 5-30　地基上梁的计算图式

此四阶微分方程的解为

$$y = e^{\lambda x}[A_1\cos(\lambda x) + B_1\sin(\lambda x)] + e^{-\lambda x}[C_1\cos(\lambda x) + D_1\sin(\lambda x)] + \frac{q(x)}{kB} \tag{5-40}$$

$$\lambda = \sqrt[4]{\frac{kB}{4EI}} \tag{5-41}$$

式中 λ——弹性地基梁的柔度系数；

A_1, B_1, C_1, D_1——积分常数。

若一竖向集中力 P_0 作用在无限长梁上，由于梁为无限长，无论 P_0 作用在梁侧哪个部位，取 P_0 的作用点为坐标原点，此时梁总是对称的。下面讨论坐标原点右边的梁，如图 5-31(a) 所示。

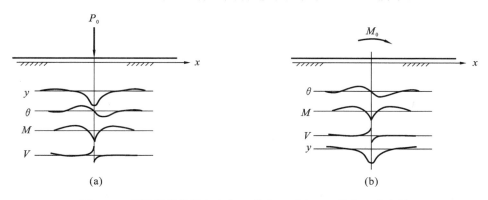

图 5-31 无限长梁的竖向变位 y、转角 θ、弯矩 M、剪力 V 分布图

(a)竖向集中力作用下；(b)集中力偶作用下

利用式(5-40)及边界条件，梁的竖向变位 y、转角 θ、弯矩 M 及剪力 V 都可相应求出，所得公式如下：

$$y = \frac{P_0\lambda}{2k}A_x, \quad \theta = -\frac{P_0\lambda^2}{k}B_x, \quad M = \frac{P_0}{4\lambda}C_x, \quad V = -\frac{P_0}{2}D_x \tag{5-42}$$

式中

$$\begin{cases} A_x = e^{-\lambda x}[\cos(\lambda x) + \sin(\lambda x)], & B_x = e^{-\lambda x}\sin(\lambda x) \\ C_x = e^{-\lambda x}[\cos(\lambda x) - \sin(\lambda x)], & D_x = e^{-\lambda x}\cos(\lambda x) \end{cases} \tag{5-43}$$

A_x、B_x、C_x、D_x 都是 λx 的函数，其值由附表 13-1 查得。式(5-42)是对梁的右半部($x>0$)导出的。对 P_0 左边的截面，x 取距离的绝对值，y 和 M 的正负号与式(5-42)相同。但 θ 与 V 则取相反符号。集中力作用下无限长梁的 y、θ、M、V 分布如图 5-31(a)所示。

若有一个顺时针方向力偶 M_0 作用于无限长梁上，取 M_0 作用在坐标原点，与前面类似，讨论坐标原点右边的梁，可得如下公式：

$$y = \frac{M_0\lambda^2}{2k}B_x, \quad \theta = \frac{M_0\lambda^3}{k}C_x, \quad M = \frac{M_0}{2}D_x, \quad V = -\frac{M_0\lambda}{2}A_x \tag{5-44}$$

其中，系数 A_x、B_x、C_x、D_x 与式(5-43)相同。对梁的左半部($x<0$)，式(5-44)中 x 取绝对值，y 和 M 应取与其相反的符号。力偶作用下无限长梁的 y、θ、M、V 分布如图 5-31(b)所示。

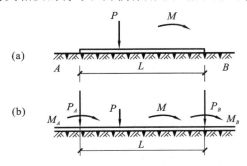

图 5-32 用叠加法计算地基上有限长梁

(a)有限长梁Ⅰ；(b)扩展为无限长梁Ⅱ

(3)地基上有限长梁的计算

实际上地基上梁大多不能看成是无限长的。对有限长梁可利用上面导出的无限长梁的计算公式，利用叠加原理来得到满足有限长梁两自由端边界条件的解答。

如图 5-32 所示，若欲计算有限长梁Ⅰ的内力，设想梁Ⅰ两端都无限延伸，成为无限长梁Ⅱ，则在相应于梁Ⅰ两端 A、B 处必然产生原梁Ⅰ并不存在的内力 M_a、V_a 和 M_b、V_b，要使梁Ⅱ的 AB 段等效于原梁Ⅰ的状态，就必须在梁Ⅱ紧靠 AB 段两端的外侧分别施加上一对集中荷载 P_A、M_A 和 P_B、M_B，并要求这两

对附加荷载在 A、B 两截面中产生的弯矩和剪力分别等于 $-M_a$、$-V_a$ 和 $-M_b$、$-V_b$，以满足原来梁 I 两端 A、B 处无内力的边界条件。利用这个条件可求得梁端边界条件力 P_A、M_A、P_B、M_B，计算公式如下。

$$\begin{cases} P_A = (E_L + F_L D_L)V_a + \lambda(E_L - F_L A_L)M_a - (F_L + E_L D_L)V_b + \lambda(F_L - E_L A_L)M_b \\[2mm] M_A = -(E_L + F_L C_L)\dfrac{V_a}{2\lambda} - (E_L - F_L A_L)M_a + (F_L + E_L C_L)\dfrac{V_b}{2\lambda} - (F_L - E_L D_L)M_b \\[2mm] P_B = (F_L + E_L D_L)V_a + \lambda(F_L - E_L A_L)M_a - (E_L + F_L D_L)V_b + \lambda(E_L - F_L A_L)M_b \\[2mm] M_B = (F_L + E_L C_L)\dfrac{V_a}{2\lambda} + (F_L - E_L A_L)M_a - (E_L + F_L C_L)\dfrac{V_b}{2\lambda} + (E_L - F_L D_L)M_b \end{cases} \tag{5-45}$$

式中

$$E_L = \frac{2e^{\lambda L}\sinh(\lambda L)}{\sinh^2(\lambda L) - \sin^2(\lambda L)}, \qquad F_L = \frac{2e^{\lambda L}\sin(\lambda L)}{\sinh^2(\lambda L) - \sin^2(\lambda L)}$$

E_L、F_L 以及 A_L、C_L、D_L 按 λ_L 值由附表 13-1 查得。

有限长梁 I 上任意点 x 的 y、θ、M、V 的计算步骤如下：

① 按式(5-42)和式(5-44)以叠加法计算在已知荷载有限长梁 II 上相应于有限长梁 I 两端 A、B 截面引起的弯矩和剪力 M_a、V_a、M_b、V_b。

② 按式(5-45)计算梁端边界条件力 P_A、M_A、P_B、M_B。

③ 再按式(5-42)和式(5-44)以叠加法计算在已知荷载和边界条件力的共同作用下梁 II 上相应于梁 I 的 x 点处 y、θ、M、V 值，即得梁 I 所要求的结果。

5.8.3　柱下条形基础的构造要求

柱下条形基础一般为倒 T 形，基础高度宜为柱距的 $1/8 \sim 1/4$，翼板厚度不宜小于 200 mm。当翼板厚度为 $200 \sim 250$ mm 时，宜用等厚翼板，当翼板厚度大于 250 mm 时，宜用变厚翼板，其坡度小于或等于 $1:3$。

一般情况下，条形基础的端部宜向外伸出，其长度宜为边跨距的 25%。

基础梁肋宽 b 应稍大于柱宽，现浇柱与条形基础梁的交接处，其平面尺寸应不小于图 5-33 所示规定。

条形基础梁顶面和底面的纵向受力钢筋，除满足计算要求外，顶部钢筋按计算配筋全部贯通，底部通长钢筋不应少于底部受力钢筋截面总面积的 $1/3$。

梁肋箍筋直径不小于 8 mm，当梁宽 $b \leqslant 350$ mm 时，用双肢箍；$350\,\text{mm} < b \leqslant 800\,\text{mm}$ 时，用 4 肢箍；$b > 800$ mm 时，用 6 肢箍，箍筋应做成封闭式，在距支座 $0.25 \sim 0.3$ 倍跨度范围内箍筋应加密配置。

基础梁高超过 700 mm 时，应在基础梁的两侧沿高度每隔 $300 \sim 400$ mm，各设置一根直径不小于 10 mm 的构造钢筋(图 3-34)。

翼板中受力筋直径不小于 8 mm，间距为 $100 \sim 200$ mm，当翼板的悬臂长度 $l > 750$ mm 时，翼缘受力筋的一半可在距翼板边 $(0.5l + 20d)$ 处截断(d 为钢筋直径)。分布筋直径不小于 6 mm，间距不大于 300 mm。

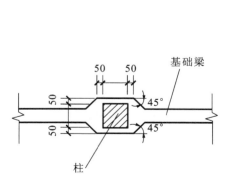

图 5-33　现浇柱与条形基础尺度构造

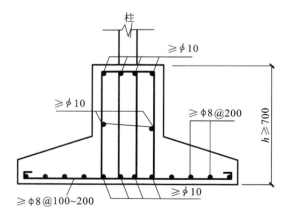

图 5-34　基础截面配筋构造

5.9　案例分析与处理 >>>

5.9.1　设计事故分析与处理

【案例 5-1】

（1）事故概况

北京某旅馆的某区为六层两跨连续梁的现浇钢筋混凝土内框架结构,上铺预应力空心楼板,房屋四周的底层和二层为 490 mm 厚承重砖墙,二层以上为 370 mm 厚承重砖墙。全楼底层 5.00 m 高,用作餐馆,底层以上层高 3.60 m,用作客房。底层中间柱截面为圆形,直径为 550 mm,配置 9 Φ 22 纵向受力钢筋,Φ 6@200 箍筋,如图 5-35 所示。柱基础是底面积为 3.50 m×3.50 m 的单柱钢筋混凝土阶梯形基础;四周承重墙为砖砌大放脚条形基础,底部宽 1.60 m,持力层为黏性土,二者均以地基承载力 f_k＝180 kN/m² ,并考虑基础宽度、深度修正后的地基承载力特征设计的。该房屋的一层钢筋混凝土工程在冬季进行施工,为混凝土防冻而在浇筑混凝土时掺入了水泥用量 3% 的氯盐。该工程建成使用两年后,某日,突然在底层餐厅 A 柱柱顶附近处,掉下一块直径约 40 mm 的混凝土碎块。为防止房屋倒塌,餐厅和旅馆不得不暂时停止营业,检查事故原因。

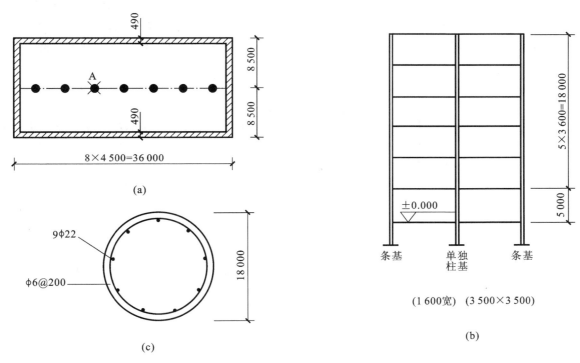

图 5-35　某区示意图

(a)平面图;(b)剖面图;(c)底层钢筋混凝土柱截面

（2）事故分析

经检查发现,在该建筑物的结构设计中,对两跨连续梁施加于柱的荷载,均是按每跨 50% 的全部恒、活荷载传递给柱估算的,另 50% 由承重墙承受,与理论上准确的两跨连续梁传递给柱的荷载相比,少算 25% 的荷载。柱基础和承重墙基础虽均按 f_k＝180 kN/m² 设计,但经复核,两侧承重墙下条形基础的计算沉降量在 45 mm 左右,显然大于钢筋混凝土柱下基础的计算沉降量（34 mm 左右）,它们之间的沉降差为 11 mm,是允许的。但是,由于支承连续梁的承重墙相对"软"（沉降量相对大）,而支承连续梁的柱相对"硬"（沉降量相对小），致使楼盖荷载往柱的方向调整，使得中间柱实际承受的荷载比设计值大，而两侧承重墙实际承受的荷载比设计值要小。

由以上分析可知，柱实际承受的荷载将比设计值要大得多。柱虽按直径为 550 mm 圆形截面钢筋混凝土受压构件设计，配置 9Φ22 纵向钢筋，从截面承载力看是足够的，但箍筋配置不合理，表现为箍筋截面过细、间距太大，未设置附加箍筋，也未按螺旋箍筋考虑，致使箍筋难以约束纵向受压力后的侧向压屈。

底层混凝土工程是在冬季施工的，混凝土在浇筑时掺加了氯盐防冻剂，对混凝土有盐污染作用，且对混凝土中的钢筋腐蚀起催化作用。从底层柱破坏处的钢筋实况分析，纵向钢筋和箍筋均已生锈，箍筋直径原为 6 mm，锈后实为 5.2 mm 左右。因此，箍筋难以承受柱端截面上纵筋侧向压屈所产生的横拉力，其结果必然是箍筋在其最薄弱处断裂，断裂后的混凝土保护层剥落，混凝土碎块下掉。

（3）事故结论及处理

该事故主要是在静力分析、沉降估算和箍筋配置等方面设计不当，以及施工时加氯盐防冻剂而对钢筋未加任何防锈措施的双重原因造成的。

由于问题及时暴露，引起使用者的高度重视，立即停止营业，卸去使用活荷载，采取预防倒塌的临时加固措施，同时进行检查分析，并根据引起事故的原因，对已有柱进行了外包钢筋混凝土加固，从而避免了该旅馆倒塌。

【案例 5-2】

（1）事故概况

某学校综合教学楼共两层，底层及二层均为阶梯教室，顶层设计为上人屋顶，可作为文化活动场所。主体结构采用三跨，共计 14.4 m 宽的复合框架结构，如图 5-36 所示。屋面为 120 mm 现浇钢筋混凝土梁板结构，双层防水。楼面为现浇混凝土大梁，铺设 80 mm 的钢筋混凝土面板，水磨石地面，下为轻钢龙骨、吸音石膏板吊顶。在施工过程中拆除框架模板时发现复合框架有多处裂缝，并发展很快，对结构安全造成危害，被迫停工检测。

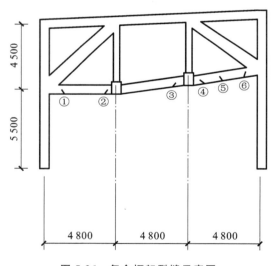

图 5-36　复合框架裂缝示意图

（2）事故分析

经分析，造成此次事故的主要原因是选型不当，框架受力不明确。按框架计算，构件横梁杆件主要受弯曲作用，但本楼框架两侧加了两个斜向杆，有点画蛇添足。斜向杆将对横梁产生不利的拉伸作用。在具体计算时，因无类似的结构计算程序可供选用，简单地将中间竖杆作为横向杆的支座，横梁按三跨连续梁计算，实际上由于节点处理不当和竖杆刚性不够而有较大的弹性变形，斜杆向外的扩展作用明显。按刚性支承的连续梁计算来选择截面本来就偏小，弯矩分布也与实际结构受力不符，加上不利的两端拉伸作用，下弦横梁就出现严重的裂缝。

（3）事故处理

由于本楼为大开间教室，使用人数集中，安全度要求高一些，而结构在未使用时就严重开裂，显然不宜使用，故决定加固。加固方案不考虑原结构承载力，而是采用与原结构平行的钢桁架代替上部结构，基础及柱子也做相应加固，虽然加固及时未造成人员伤亡，但加固费用很大，造成很大的经济损失。

5.9.2　施工事故分析与处理

【案例 5-3】

（1）事故概况

如图 5-37 所示，某剧场观众厅看台为框架结构，底层柱从基础到一层大梁，高 7.5 m，截面为 740 mm×400 mm，在 14 根钢筋混凝土柱子中有 13 根出现严重的蜂窝现象。具体情况是：柱全部侧面面积为 142 m²，蜂窝面积有 7.41 m²,占 5.2%。其中最严重的是 K4,仅蜂窝中露筋面积就有 0.56 m²。露筋位置在地面以上 1 m 处更为集中和严重,而这正是钢筋的搭接部位。

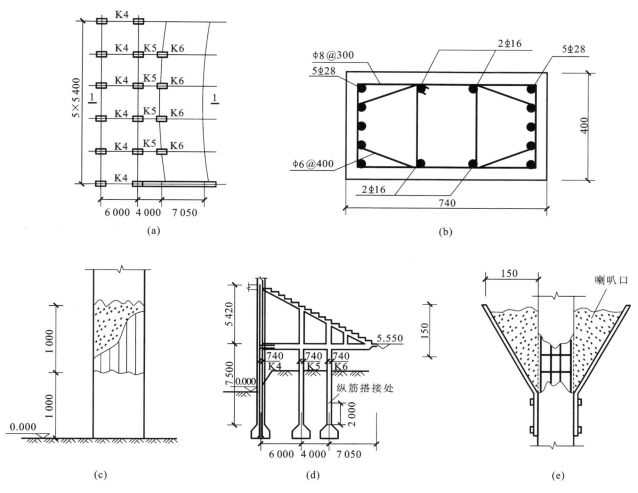

图 5-37 某剧场看台和施工缺陷示意图

(a)平面图;(b)K4、K5、K6 横截面配筋图;
(c)柱内钢筋搭接;(d)剖面图;(e)补强示意图

(2)事故概况

造成此事故的原因有下几方面:

① 混凝土灌注高度太高。7 m 多高的柱子在模板上未留灌注混凝土的洞口,倾倒混凝土时未用串筒、留管等设施,违反施工验收规范中关于"混凝土自由倾落高度不宜超过 2 m"及"柱子分段灌注高度不应大于 3.0 m"的规定,使混凝土在灌注过程中已有离析现象。

② 灌注混凝土厚度太厚,捣固要求不严。施工时未用振捣棒,而采用 6 m 长的木杆捣固,并且错误地规定每次灌注厚度以一车混凝土为准,灌注后捣固 30 下即可。这种情况下,每次浇筑厚度不应超过 200 mm,且要随浇随捣,捣固要捣过两层交界处才能保证捣固密实。

③ 柱子钢筋搭接处的净距太小,只有 31～37.5 mm,小于设计规范规定柱纵筋净距应大于等于 50 mm 的要求。实际上有的露筋处净距仅为 10 mm,有的甚至碰筋。

(3)事故处理

该工程的加固补强措施有以下几个方面:

① 剔除全部蜂窝四周的松散混凝土。

② 用湿麻袋覆盖在凿剔面上,经 24 h 使混凝土湿透厚度至少达 40～50 mm。

③ 按照蜂窝尺寸支以有喇叭口的模板,如图 5-37(e)所示。

④ 将混凝土强度提高一级,灌注加有早强剂的 C30 细石混凝土。

⑤ 养护 14 d,拆模后将喇叭口上的混凝土凿除。

加固补强后,还应对柱进行超声波探伤,查明是否还有隐患。

【案例 5-4】

(1) 事故概况

如图 5-38 所示,某工程框架柱,断面为 300 mm×500 mm,弯矩作用主要沿长边方向,在短边两侧各配筋 5Φ25。在基础施工时,钢筋工误认为长边应多放钢筋,将两排 5Φ25 的钢筋放置在长边,而两短边只有 3Φ25,不能满足受力需要。基础浇筑完毕,混凝土达到一定强度后,绑扎柱子钢筋时,才发现弄错了,基础钢筋与柱子钢筋对不上。

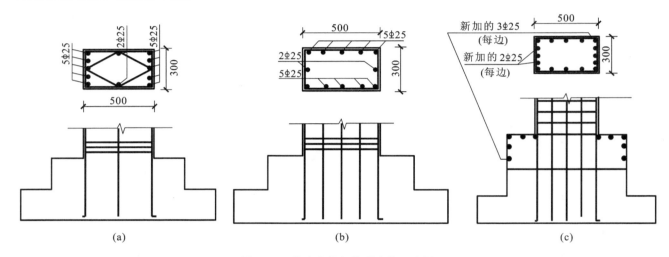

图 5-38 基础中框架柱受力筋示意图
(a)原设计;(b)错误的受力筋位置;(c)处理措施

(2) 事故处理

采取补救措施,处理方法有以下几方面:

① 在柱子的短边各补上 2Φ25 插筋,为保证插筋的锚固,在两短边各加 3Φ25 横向钢筋,将插筋与原 3Φ25 钢筋焊成一整体。

② 将台阶加高 500 mm,采用高一强度等级的混凝土浇筑。在浇筑新混凝土时,将原基础面凿毛,清洗干净用水润湿,并在新台阶的面层加铺 Φ6@200 钢筋网一层。

③ 原设计柱底箍筋加密区为 300 mm,现增加至 500 mm。

5.9.3 使用事故分析与处理

【案例 5-5】

(1) 事故概况

某百货商场,两幢对称的大楼并排组成,地下四层,地上五层,中间在三层处有一走廊将两楼连接起来,总建筑面积为 7.4 万平方米,结构为钢筋混凝土柱、无梁楼盖。某日傍晚,百货商场正值营业高峰时间,大楼坍塌,地下室煤气管破裂,引起大火。事故发生后,50 多辆消防车到现场,1 100 名救援人员和 150 名战士参加救助,动用了 21 架直升机,大批警察封锁现场。救助工作持续 20 余天,最后统计,此次事故造成近 450 人死亡,近千人受伤。

(2) 事故分析

经调查,该大楼建于 1989 年,从交付使用到倒塌已有四年多。在四年中曾多次改建。在查看倒塌现场时,发现混凝土质量不是很高,一踏到底。事故发生后,组成了专门委员会,对事故责任者予以拘捕,追究法律责任。造成该事故的原因是多方面的。

① 设计方面,安全度不够。每根柱子设计要求承载力应达 45 kN 左右,实际复核其承载力没有安全裕度。原设计为由梁、柱组成框架结构与现浇钢筋混凝土楼板,为扩大使用面积,施工时将地上四层改为地上五层,并将有梁楼盖体系改为无梁楼盖,以获取室内有较大的空间。改为无梁楼盖时,虽然增加了板厚,但整体刚性不如有梁体系,且柱头冲切强度比设计要求的强度还略低一些。这是引发事故的根源。

② 施工方面,倒塌现场检测结果表明,混凝土中水泥用量偏小,实际强度达不到设计要求,当时建筑材料紧俏,施工单位偷工减料,这把本来设计安全度就不足的结构更加推向了危险的边缘。

③ 使用方面,原设计楼面荷载为 2 kN/m²,实际上由于货物堆积,柜台布置过密,加之增加了很多附属设备,以及购物人群拥挤,致使实际使用荷载已达 4 kN/m²。为了整层建筑的供水及空调要求,在楼顶又增加了两个冷却塔,每个重 6.7 t,致使结构荷载一超再超。在最后一次改建装修中又在柱头焊接附件,使柱子承载力进一步削弱,最终酿成惨剧,造成罕见的特大事故。

尽管此楼设计不足,施工质量差,使用改建又极为不当,但发生事故仍有一些先兆,说明结构还有一定的延性。如能及时组织人员疏散,还有可能避免大量人员伤亡。事故发生当天上午 9 时 30 分左右,一层一家餐馆的一块天花板掉了下来,并有 2 m² 的一块地板塌了下去。中午,另外两家餐馆有大量水从天花板上哗哗下流,当即报告大楼负责人。负责人为了不影响营业,断然认为没有大问题。直到下午 6 点左右,事故发生前,仍陆续有地板下陷,这本来是事故发生的最后警告,如及时发布警报,疏散人员,则大楼虽然会倒塌,但千余人的生命可以保全。可是业主利令智昏,明知危险,却仍未采取措施,终使惨剧发生。

知识归纳

1. 多层建筑一般是指 10 层以下或建筑高度低于 28 m 的房屋,其常用结构形式有混合结构与框架结构。

2. 多层框架结构设计内容和步骤:(1)结构造型和结构平面布置;(2)确定计算简图;(3)荷载计算;(4)内力计算与组合;(5)截面配筋计算;(6)柱下基础设计;(7)侧移验算;(8)绘制施工图。

3. 在竖向荷载作用下,框架内力近似计算法有分层法和迭代法。在采用分层法时,应注意除底层柱外,柱线刚度和传递系数要折减。

4. 在水平荷载作用下,框架内力和侧移近似计算法有反弯点法和 D 值法。这两种方法只要确定柱侧移刚度及反弯点位置就不难求解。

5. 高度不超过 40 m,以剪切变形为主且质量和刚度沿高度分布比较均匀的建筑结构可采用底部剪力法计算地震作用。

6. 框架内力组合首先应考虑荷载组合,当活荷载不太大时,可采用满布荷载法。

7. 框架梁柱设计除应满足计算要求外,还应满足构造要求。

8. 多层框架结构柱下基础有单独基础、柱下条形基础、片筏基础以及桩基础等多种形式。设计时应视上部荷载的大小以及地基条件选用。

独立思考

5-1 现浇钢筋混凝土框架结构设计的主要内容和步骤是什么？

5-2 多层框架结构的平面布置原则是什么？

5-3 在多层框架结构设计中如何处理伸缩缝、沉降缝和防震缝？

5-4 如何选取框架结构的计算单元？计算简图如何确定？

5-5 多层框架结构主要受哪些荷载作用？它们各自如何取值？

5-6 分别画出一个三跨三层框架在各跨满布竖向力和水平节点力作用下的弯矩、剪力、轴力图。

5-7 为什么说分层法、反弯点法、D 值法是近似计算法？它们各在什么情况下采用？

5-8 采用分层法计算内力时应注意什么？最终弯矩应如何叠加？

5-9 反弯点法中的 d 值与 D 值法中的 D 值有何不同？

5-10 水平荷载作用下，框架柱中反弯点位置与哪些因素有关？D 值法是如何考虑这些因素的？

5-11 地震作用的计算方法有哪几种？它们各适用于什么情况？

5-12 如何计算水平荷载作用下框架的侧移？

5-13 框架梁、柱内力组合原则是什么？如何确定梁柱控制截面的最不利内力组合？

5-14 框架结构设计中，活荷载如何处置？怎样考虑梁端调幅？

5-15 如何处理框架梁与柱的节点构造？

5-16 多层框架常用基础形式有哪几种？柱下条形基础如何计算？

实战演练

5-1 试用分层法计算图 5-39 所示框架，并绘出弯矩图、剪力图。括号内数字为梁柱相对线刚度，各层竖向荷载均为 30 kN/m²。

5-2 试分别用反弯点法、D 值法计算图 5-40 所示框架，绘出弯矩图，并比较计算结果。括号内数字为梁柱相对线刚度。

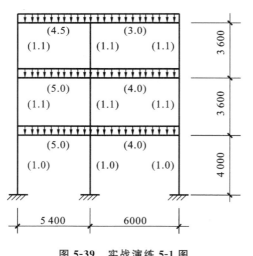

图 5-39 实战演练 5-1 图

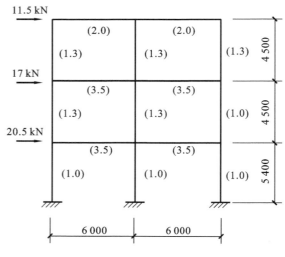

图 5-40 实战演练 5-2 图

5-3 框架的轴线尺寸及荷载如图 5-41 所示，梁的截面尺寸为 250 mm×800 mm，柱的截面为 450 mm×450 mm，梁柱混凝土弹性模量 $E_c = 2.55 \times 10^5$ N/mm²，绘出已知水平荷载作用下框架的弯矩图，并计算框架层间侧移和顶点位移。

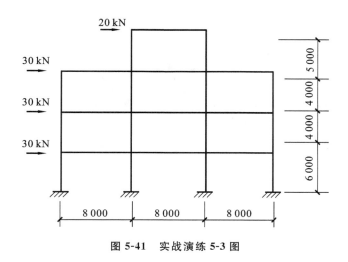

图 5-41 实战演练 5-3 图

参考文献

[1] 余志武,袁锦根.混凝土结构与砌体结构设计.3 版.北京:中国铁道出版社,2013.

[2] 何益斌.建筑结构.北京:中国建筑工业出版社,2005.

[3] 顾祥林.建筑混凝土结构设计.上海:同济大学出版社,2011.

[4] 吕西林,周德源,李思明,等.建筑结构抗震设计理论与实例.3 版.上海:同济大学出版社,2011.

[5] 沈蒲生.高层建筑结构设计.2 版.北京:中国建筑工业出版社,2011.

[6] 潘明远.建筑工程质量事故分析与处理.北京:中国电力出版社,2007.

6 高层建筑结构

课前导读

▽ 内容提要

本章主要内容包括：高层建筑一般知识；高层建筑结构的概念设计；高层框架结构、剪力墙结构、框架-剪力墙结构以及简体结构设计方法。本章教学重点为以现行钢筋混凝土高层建筑结构设计规范、规程为依托，着重讲授高层钢筋混凝土结构的设计原理与方法，具体讲解高层框架结构、剪力墙结构、框架-剪力墙结构以及简体结构的设计方法；教学难点为结构方案的选定和布置，荷载和作用传递路径设置、关键部位和薄弱环节判定与加强、结构整体稳定性保证和耗能作用发挥，以及承载力和结构刚度在平面内和沿高度的均匀分配，结构分析理论的基本假定等。

▽ 能力要求

通过本章的学习，学生应了解高层建筑结构的结构体系及各种体系的受力特点与应用范围；掌握框架结构、剪力墙结构、框架-剪力墙结构的内力及位移计算方法，以及框架和剪力墙构件的配筋计算方法和构造要求；初步掌握高层建筑结构抗震设计原理及方法，并具备应用计算机辅助设计的能力。

▽ 数字资源

5分钟看完本章

6.1　概　　述　　>>>

6.1.1　高层建筑发展概况

什么是高层建筑？世界各国规定不一，但一般均采用建筑物的层数和高度两个主要指标来标定。表 5-1 中列举了部分国家或组织对高层建筑起始高度的规定。

广义上讲，高层建筑很早就出现了。古埃及人建造的金字塔、中国唐宋时期建造的高层塔楼等都可以看作广义的高层建筑。

现代高层建筑作为城市现代化的象征之一，其发展历史只有一百多年。一般认为，世界第一幢近代高层建筑是 1883 年美国芝加哥建成的框架承重结构的 11 层保险公司大楼，高度为 55 m；1931 年在美国纽约曼哈顿又建造了著名的帝国大厦，地上 102 层，高度 381 m，它保持了世界最高建筑纪录接近 40 年。随着经济的发展、材料的进步和技术设备的完善，高层建筑的高度不断突破，2009 年在阿拉伯联合酋长国建成的迪拜大厦[图 6-1(a)]有 160 层，高度为 828 m，是目前世界最高的建筑。

20 世纪 90 年代后，我国的高层建筑发展迅猛，最新统计表明，目前世界十大高层建筑中，内地和港台地区有 7 座，其中 2003 年建成的台北 101 大厦(101 层，高度为 508 m)、2008 年建成的上海环球金融中心大楼(101 层，高度为 492 m)以及 2011 年建成的香港环球贸易广场(118 层，高度为 484 m)高度分别居世界第 2、3、4 位。

在现代高层建筑结构中，建筑高度不断增长，结构形式和结构体系日趋多样化，新型建筑材料不断涌现，施工技术和服务水平得到了持续发展和完善。

(a)　　　　　　　　　(b)　　　　　　　　　(c)

(d)　　　　　　　　　(e)

图 6-1　世界上高度前五的高层建筑

(a)迪拜大厦；(b)台北 101 大厦；(c)上海环球金融中心；

(d)香港环球贸易广场；(e)马来西亚双峰塔

6.1.2 高层建筑结构形式

对高层建筑结构来说,侧向力对结构内力和变形的影响较大,常见的抗侧力基本结构体系有框架结构体系、剪力墙结构体系、框架-剪力墙结构体系和简体结构体系等。在各种基本结构形式基础上,通过灵活组合和布置,可以形成新的抗侧力结构体系,如悬挂式结构、巨型框架结构、竖向桁架结构以及核心筒加复合巨型柱结构等。

6.1.2.1 框架结构

框架结构一般用于钢结构和钢筋混凝土结构中,是以梁和柱为主要构件组成的承受竖向和水平作用的结构,节点一般为刚性节点,框架结构的构件竖向布置和平面布置示意见图6-2。

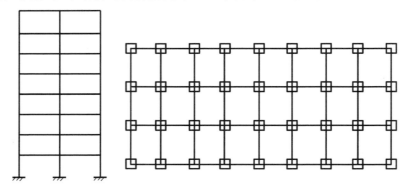

图 6-2 框架结构

框架结构平面布置灵活,可形成大的使用空间,施工简便,经济性能较好。但框架结构侧向刚度小,侧移大,对支座不均匀沉降较敏感,容易产生震害。因而其主要适用于非抗震区和层数较少的建筑。抗震设计的框架结构除需加强梁、柱和节点的抗震措施外,还需注意填充墙的材料以及填充墙与框架的连接方式等,以避免框架变形过大时填充墙的损坏。

6.1.2.2 剪力墙结构

剪力墙结构是由墙体承受全部水平作用和竖向荷载的结构。根据施工方法不同,其可分为现浇剪力墙,预制板装配而成的剪力墙以及内墙现浇、外墙预制装配的剪力墙。在承受水平力作用时,剪力墙相当于一根下部嵌固的悬臂深梁。

高层建筑剪力墙结构以弯曲变形为主,结构层间位移随楼层增高而增加。剪力墙结构抗侧刚度大,侧移小,室内墙面平整。但平面布置不够灵活,结构自重大,吸收地震能量大。

6.1.2.3 框架-剪力墙结构

框架-剪力墙结构是由框架和剪力墙组成的结构。房屋的竖向荷载分别由框架和剪力墙共同承担,而水平作用主要由抗侧刚度较大的剪力墙承担,其结构构件布置的平面图如图6-3所示。框架-剪力墙结构具有两种结构的优点,既能形成较大的使用空间,又具有较好的抵抗水平荷载的能力,因而在实际工程中应用较为广泛。

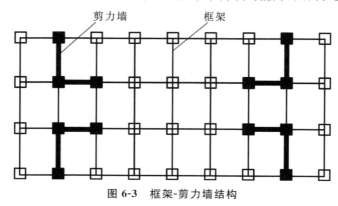

图 6-3 框架-剪力墙结构

6.1.2.4 筒体结构

筒体结构主要形式有筒中筒结构、框架-核心筒结构、框筒结构、束筒结构等。

（1）筒中筒结构

筒中筒结构是指由内外两个筒体组合而成，内筒为剪力墙薄壁筒，外筒为由密柱组成的框筒。一般情况下，筒中筒平面可以为多种形式，如矩形、正方形、圆形、三角形或其他形状。筒中筒结构的内筒和外筒之间的距离以 10～16 m 为宜，内筒占整个筒体面积的比例对结构受力有较大影响。内筒做得大，结构的抗侧刚度大，但内外筒之间的建筑使用面积减小。一般来说，内筒的连长为外筒的连长的 1/3 左右。当内外筒之间的距离较大时，可另设柱子作为楼面梁的支承点，以减少楼盖结构所占的高度。

筒体建筑图

（2）框架-核心筒结构

筒中筒结构外部柱距较密，常常不能满足建筑使用上的要求。有时建筑布置上要求外部柱中在 4～5 m 或更大，这时，周边柱已经不能形成筒的工作状态，而相当于空间框架的作用，此即为框架-核心筒结构。

（3）框筒结构

框筒结构是由周边密集柱和高跨比很大的窗间梁所组成的空腹筒结构。从立面上看，框筒结构犹如四榀平面框架在角部拼装而成。框筒结构在侧向荷载作用下，与侧向力相平行的两榀框架也参加工作，形成一个空间体系。

（4）束筒结构

束筒结构又称为组合筒体系，在平面内设置多个筒体组合在一起，形成整体刚度很大的结构形式。其建筑结构内部空间也很大，平面可以灵活划分，适用于多功能、多用途的超高层建筑。

6.2 高层建筑结构一般规定 >>>

6.2.1 高层建筑结构的概念设计

高层建筑结构设计的基本原则是：注重概念设计，重视结构选型与平、立面布置的规则性，择优选用抗震和抗风性能好且经济的结构体系，加强构造措施。在抗震设计中，应保证结构的整体性能，使整个结构具有必要的承载力、刚度和延性，结构应满足下列基本要求：

① 具有必要的承载力、刚度和变形能力。

② 避免因局部破坏而导致整个结构破坏。

③ 对可能的薄弱部位采取加强措施。

④ 避免局部突变和扭转效应形成的薄弱部位。

⑤ 宜具有多道抗震防线。

概念设计是指根据理论与试验研究结果和工程经验等所形成的基本设计原则和设计思想，进行建筑和结构的总体布置并确定细部构造的过程。结构概念设计是一些结构设计理念、设计思想和设计原则。例如，结构在地震作用下要求"小震不坏、中震可修、大震不倒"的设计思想和结构设计中应尽可能使结构"简单、规则、均匀、对称"的设计原则，都属于概念设计的范畴。结构概念设计有的有明确的标准，有量的界限，但有的可能只有原则，需要设计人员设计时认真去领会，并结合具体情况去创造发挥。概念设计对结构的抗震性能起决定性作用。国内外许多规范和规程都以众多条款规定了结构抗震概念设计的主要内容。

现有抗震设计方法的前提之一是假定整个结构能发挥耗散地震能量的作用,在此前提下,才能按多遇地震作用进行结构计算和构件设计,或采用动力时程分析进行验算,以达到在罕遇地震作用下结构不倒塌的目标。结构抗震概念设计的目标是使整体结构能发挥耗散地震能量的作用,避免结构出现敏感的薄弱部位,地震能量的耗散如果只是集中在极少数薄弱部位,将会导致结构过早破坏。

高层建筑设计中对建筑场地的选择,应选取对建筑抗震有利的地段,尽量避开对建筑抗震不利的地段,当无法避开时,应采取有效措施。高层建筑不应建造在危险地段上。

高层建筑结构概念设计要点如下:

① 结构简单、规则、均匀。

要求建筑师和结构工程师在高层建筑设计中应特别重视有关结构概念设计的各种规定。由于目前编写计算程序时采用的计算模型不能完全反映结构的实际受力情况,因此,设计时不能认为不管结构是否规则,只要计算能通过就可以。结构的规则性和整体性是概念设计的核心。若结构严重不规则、整体性差,则仅按目前的结构设计计算水平,难以保证结构的抗震、抗风性能,尤其是抗震性能。

② 刚柔适度。

对于高层建筑结构来说,通常是以地震或风荷载等水平作用控制结构构件的尺寸和配筋的大小,因此,高层建筑结构的结构性能主要指抗震、抗风能力,这里有承载力足够、刚柔适度和延性好三个方面的要求。

③ 整体稳定性强。

高层建筑的整体稳定性主要取决于楼盖、结构节点、结构与基础连接的可靠性等。

④ 轻质高强、多道设防。

高层建筑结构采用高强、轻质材料,有明显的经济性,而且由于结构自重较轻,地震影响相对较小。鉴于地震作用可能是连续、多次的,高层建筑结构应该设置多道防线。

6.2.2 高层建筑结构的受力特点

高层建筑是复杂的空间结构体系,进行内力计算和位移分析时,应考虑结构体系特性和受力特点,对计算模型合理简化,确定计算简图和受力模式。

(1)水平作用是高层建筑结构设计的主要控制因素

任何建筑结构都同时承受竖向荷载和水平荷载,但在较低结构设计中,往往是以重力为代表的竖向荷载控制着结构设计,水平荷载产生的内力和位移很小,对结构的影响也较小;但在较高楼房中尽管竖向荷载仍对结构设计产生着重要影响,但水平荷载却起着决定性的作用。随着楼房层数的增多,水平荷载愈益成为结构设计中的控制因素。一方面,因为楼房自重和楼面使用荷载在竖构件中所引起的轴力和弯矩的数值,仅与楼房高度的一次方成正比,而水平荷载对结构产生的倾覆力矩,以及由此在竖构件中所引起的轴力,是与楼房高度的二次方成正比;另一方面,对于某一高度的楼房来说,不同楼层的风荷载和地震作用,其数值随结构动力特性的不同而有较大幅度的变化。

① 轴向变形不容忽视。通常在低层建筑结构分析中只考虑弯矩项,因为轴力项影响很小,而剪切项一般可不考虑。但对于高层建筑结构,情况就不同了。由于层数多、高度大,轴力值也很大,再加上沿高度积累的轴向变形显著,轴向变形会使高层建筑结构的内力数值与分布产生显著的变化。

② 侧移成为控制指标。与低层建筑不同,结构侧移已成为高层建筑结构设计中的关键因素,随着楼层的增加,水平荷载作用下结构的侧向变形迅速增大。设计高层结构时,不仅要求结构具有足够的强度,能够可靠地承受风荷载作用产生的内力;还要求结构具有足够的抗侧刚度,使其在水平荷载下产生的侧移被控制在某一限度之内,保证有良好的居住和工作条件。

(2)高层建筑结构设计中应考虑结构各组成部分的协同工作

高层建筑结构中的竖向抗侧力结构(剪力墙、框架和筒体等)通过水平的楼盖结构连成空间整体,水平力通过楼板平面进行传递和分配,要求楼板在自身平面内有足够大的刚度。

在低层建筑结构设计中一般将整个结构划分为若干平面抗侧力结构,按受荷面积分配,对平面结构独立进行分析。而在高层建筑结构中,应考虑高层建筑结构的协同工作性能。

(3)高层建筑结构设计应考虑其结构特点

高层建筑结构具有刚度大、延性差、易损的特点。因此,在进行抗震设计时,应保证结构的整体性能,使整个结构具有必要的承载力、刚度和延性。结构应满足下面的基本要求：

 ① 具有必要的承载力、刚度和变形能力。

 ② 避免因局部破坏而导致整个结构破坏。

 ③ 对可能的薄弱部位采取加强措施。

 ④ 避免局部突变和扭转效应形成的薄弱部位。

 ⑤ 宜具有多道抗震防线。

6.2.3 高层建筑结构布置

  高层建筑常见的结构体系有框架体系、剪力墙体系、框架-剪力墙体系和筒体结构体系，结构形式选定后，要进行结构布置。

  结构布置包括：结构平面布置，主要确定梁、柱、墙、基础等在平面上的位置；结构竖向布置，主要确定结构竖向形式、楼层高度、电梯机房、屋顶水箱、电梯井和楼梯间的位置和高度等。

  结构布置除应满足使用要求外，应尽可能地做到简单、规则、均匀、对称，使结构具有足够的承载力、刚度和变形能力；应避免因局部破坏而导致整个结构破坏，避免局部突变和扭转效应而形成薄弱部位，使结构具有多道抗震防线。

  （1）高层建筑结构的平面布置

  高层建筑结构不应采用不规则的平面布置，平面外形宜简单、规则、对称。结构布置宜对称、均匀，并尽量使结构抗侧刚度中心、建筑平面形心、建筑物质量中心三者重合，以减少扭转的影响。

  常见的平面形式有矩形、方形、圆形、Y形、L形、十字形等，如图6-4所示。

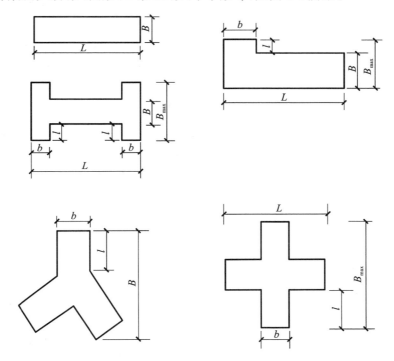

图 6-4 高层建筑平面布置

  当风力成为高层建筑的控制性荷载时，应尽可能采用简单规则的凸平面，如圆形、正多边形、椭圆形、鼓形等平面，这种具有流线型周边的建筑物所受风荷载较小。有较多凹凸的复杂形状平面，如 V 形、Y 形、H 形、弧形等平面，不利于建筑物抗风。从抗震角度考虑，平面对称、长宽比接近、结构抗侧刚度均匀，则结构抗震性能较好。

  对于矩形平面，当平面过于狭长，两端地震波输入存在位差，易产生不规则振动，产生较大的震害，应对 L/B 限值，详见表 6-1。在实际工程中，L/B 在 6、7 度抗震设计中最好不超过 4；在 8、9 度抗震设计中最好不超过 3。当平面有较长的外伸时，外伸段容易产生凹角处破坏，在实际工程设计中最好控制 $L/B \leqslant 1$。角部重叠和细腰的平面容易产生应力集中,使楼板开裂、破坏,宜采取加强措施。

表6-1　　　　　　　　　　　　　　　**建筑平面尺寸限值**

设防烈度	L/B	l/B_{max}	l/b
6、7度	≤6.0	≤0.35	≤2.0
8、9度	≤5.0	≤0.30	≤1.5

规则结构是指体型规则,平面布置均匀、对称,并具有很好的抗扭刚度;竖向质量和刚度无突变的结构。几类不规则平面见表6-2。

表6-2　　　　　　　　　　　　　　　**平面不规则的类型**

不规则的类型	定　　义
扭转不规则	楼层的最大弹性水平位移(或层间位移)大于该楼层两端弹性水平位移(或层间位移)值的1.2倍
凹凸不规则	结构平面凹进的一侧尺寸大于相应投影方向总尺寸的30%
楼板局部不连续	楼板的尺寸和平面刚度急剧变化。例如,有效宽度小于该层楼板典型宽度的50%,或开洞面积大于该层楼面面积的30%,或有较大的楼层错层

(2) 变形缝设置

进行结构平面布置时,除了要考虑梁、柱、墙等结构构件的布置外,还要考虑是否需要设置变形缝。变形缝分为温度伸缩缝(简称伸缩缝)、沉降缝、防震缝。

当高层建筑结构未采取特别措施时,高层建筑结构的伸缩缝的最大间距宜符合表6-3的规定。当采用下列构造措施和施工措施减少温度和混凝土收缩对结构的影响时,可适当放宽伸缩缝的间距:① 提高纵向构件配筋率;② 顶部加强保温隔热措施,外墙设置隔热层;③ 留出后浇带,每30~40 m留一道,带宽为800~1 000 mm,钢筋采用搭接接头,两个月后再浇灌,还可以采取改进混凝土配方等措施。

表6-3　　　　　　　　　　　**钢筋混凝土结构伸缩缝最大间距**　　　　　　　　　　(单位:m)

结构类别		室内或土中	露天
排架结构	装配式	100	70
框架结构	装配式	75	50
	现浇式	55	35
剪力墙结构	装配式	65	40
	现浇式	45	30
挡土墙、地下室墙壁等类结构	装配式	40	30
	现浇式	30	20

高层建筑常设有裙房,主楼与裙房高度和重量相差较大,一般需设置沉降缝。但采用不同的基础形式,使主楼与裙房沉降量基本一致,或预留沉降、预留后浇带时,也可不设置沉降缝。

当结构平面尺寸超过限值,房屋有较大错层,或各部分结构刚度或荷载相差悬殊,又未能采取有效措施时,应沿房屋全高布置防震缝。

(3) 高层建筑结构的竖向布置

高层建筑各种竖向结构的最大适用高度分为A、B两级。A级高度的钢筋混凝土高层建筑的最大适用高度如表6-4所示。B级高度的钢筋混凝土高层建筑的最大适用高度见表6-5。

在结构设计中,高层建筑高度一般是指室外地面至主要屋面高度,不包括局部突出屋面的电梯机房、水箱、构架等高度以及地下室的埋置深度。

对于高度超过A级高度限值的框架结构、板柱-剪力墙结构,以及9度抗震设防的各类结构,因研究成果和工程经验不足,未列入表6-4中。

表 6-4 　　　　　　　　　**A 级高度的钢筋混凝土高层建筑的最大适用高度**　　　　　（单位：m）

结构体系		非抗震设计	抗震设防烈度				
			6 度	7 度	8 度		9 度
					0.20g	0.30g	
框架		70	60	50	40	35	—
框架-剪力墙		150	130	120	100	80	50
剪力墙	全部落地剪力墙	150	140	120	100	80	60
	部分框支剪力墙	130	120	100	80	50	不应采用
简体	框架-核心筒	160	150	130	100	90	70
	筒中筒	200	180	150	120	100	80
板柱-剪力墙		110	80	70	55	40	不应采用

　　高度超过 B 级高度高层建筑的最大适用高度，则应采用专门的构造措施，且需经过专门的审查、论证，补充多方面计算分析及必要的试验研究。

表 6-5 　　　　　　　　　**B 级高度的钢筋混凝土高层建筑的最大适用高度**　　　　　（单位：m）

结构体系		非抗震设计	抗震设防烈度			
			6 度	7 度	8 度	
					0.2g	0.3g
框架-剪力墙		170	160	140	120	100
剪力墙	全部落地剪力墙	180	170	130	130	110
	部分框支剪力墙	150	140	100	100	80
简体	框架-核心筒	220	210	140	140	120
	筒中筒	300	280	170	170	150

　　高层建筑结构竖向体型宜规则、均匀，避免有过大的外挑和内收，避免错层和局部夹层，同一层楼面应尽量设置在同一标高处。高层结构沿竖向的强度和刚度宜下大上小，应逐渐均匀变化，不应采用竖向布置严重不规则的结构。按抗震设计的高层建筑结构，其楼层侧向刚度不宜小于相邻上部楼层的侧向刚度较多，结构竖向抗侧力结构宜上下连续贯通。竖向抗侧力结构上下未贯通时，底层结构易发生破坏。结构顶层空旷时，应进行弹性动力时程分析计算并采取有效构造措施。总之，高层建筑结构的布置应力求简单、规则、对称，使得结构的刚度中心和质量中心尽量重合，以减少扭转，注意凹凸及内收部分的尺寸。

　　（4）高层建筑结构的高宽比限制

　　控制高层建筑结构高宽比，可以从宏观上控制结构抗侧刚度、整体稳定性、承载力和经济合理性。《高层建筑混凝土结构技术规程》(JGJ 3—2010)（以下简称《高规》）规定，高层建筑的高宽比不宜超过表 6-6 的限值。

表 6-6 　　　　　　　　　**钢筋混凝土高层建筑适用的最大高宽比**

结构类型	非抗震设计	抗震设防烈度		
		6、7 度	8 度	9 度
框架	5	4	3	—
板柱-剪力墙	6	5	4	—
框架-核心筒	8	7	6	4
框架-剪力墙、剪力墙	7	6	5	4
筒中筒	8	8	7	5

　　如果选择合理的结构体系进行结构布置，并采取可靠的构造措施，上述高宽比的限值可以突破。但更重要的是竖向构件合理布置并适当连接，形成共同工作的整体，建筑物的侧向刚度才能有效地提高。

（5）基础埋置深度

确定基础埋深时，应考虑建筑物的高度、体型、地基、抗震设防烈度等因素。对于天然地基或复合地基，可取建筑物高度的 1/15；对于桩基础，可取建筑物高度的 1/18。

6.2.4　高层建筑结构上的荷载与作用

施加于高层建筑结构上的荷载与作用，有竖向荷载（恒荷载和活荷载）、风荷载、地震作用、施工荷载以及由于材料体积变化受阻引起的作用（温度、混凝土徐变和收缩）、地基的不均匀沉降等。与低层建筑荷载不同，高层建筑受水平作用的影响显著，抗风和抗震设计对高层建筑结构十分重要。

对于高层建筑结构设计，风荷载可近似按静力风荷载并用动力放大系数考虑脉动风的动力效应。对于主要承重结构，垂直于建筑物表面上的风荷载标准值 w_k，应按式（4-7）计算。当房屋的高度大于 200 m 时，宜采用风洞试验来确定建筑物的风荷载。当建筑平面形状不规则，立面形状复杂时，或当立面开洞时，或为连体建筑，或当周围的地形和环境较复杂时，宜采用风洞试验来确定建筑物的风荷载。

在进行地震作用计算时，高层建筑应按以下原则考虑地震作用：

① 一般情况下，应允许在结构两个主轴方向分别考虑水平地震作用；有斜交抗侧力构件的结构，当相交角度大于 15°时，应分别计算各抗侧力构件方向的水平地震作用。

② 质量和刚度分布明显不对称、不均匀的结构，应计算双向水平地震作用下的扭转影响。

③ 8 度和 9 度抗震设计时，高层建筑中的大跨度和长悬臂结构应考虑竖向地震作用。

④ 9 度抗震设计时，应计算竖向地震作用。

地震作用的计算方法主要有底部剪力法、振型分解反应谱法和时程分析法等。高层建筑结构应按不同的情况，分别采用相应的地震计算方法。高层建筑结构宜采用振型分解反应谱法；对于质量和刚度分布不对称、不均匀的结构以及高度超过 100 m 的高层建筑，应采用考虑扭转耦合振动影响的振型分解反应谱法；高度不超过 40 m，以剪切变形为主且质量与刚度沿高度分布比较均匀的高层建筑结构，可采用底部剪力法；对于甲类高层建筑结构、复杂高层建筑，以及质量沿竖向分布特别不均匀的高层建筑结构，应进行时程分析及多遇和罕遇地震作用下的补充计算。

另外，高层建筑结构是高次超静定结构，温度变化将在结构内产生内力和变形，高度较高的高层建筑结构的温度应力较为明显。温度变化常引起的结构变形有柱弯曲、内外柱的伸缩差以及屋面结构与下部楼面结构之间的伸缩差等。对于 10 层以下，且建筑平面长度在 60 m 以下建筑物，温度变化的作用不明显，可以忽略不计。对于 10～30 层的建筑物，温差引起的结构变形逐渐增大。温度作用的大小主要与结构外露情况、楼盖结构刚度以及结构高度等有关。对隔热构造和结构配筋构造做适当处理，内力计算仍可不考虑温度作用。对于 30 层以上或 100 m 以上的高层建筑，设计中必须注意温度作用。对高层建筑结构设计中如何考虑温度作用，目前在我国还没有具体规定。具体的内力计算方法和构造措施有待进一步研究。

6.2.5　构件承载力计算、结构稳定验算和抗倾覆验算

6.2.5.1　构件承载力计算

高层建筑结构设计应保证结构在荷载作用下有足够的承载力。《建筑结构可靠度设计统一标准》（GB 50068—2001）规定，构件按极限状态设计，采用荷载效应组合的构件不利内力，进行构件承载力验算。结构构件承载力验算的一般表达式为：

无地震作用组合时

$$\gamma_0 S \leqslant R \tag{6-1}$$

有地震作用组合时

$$S \leqslant \frac{R}{\gamma_{RE}} \tag{6-2}$$

式中　γ_0——结构重要性系数，对安全等级为一级或设计使用年限为 100 年及 100 年以上的结构构件，不应小于 1.1，对安全等级为二级或设计使用年限为 50 年的结构构件，不应小于 1.0。

S——作用效应组合设计的设计值。

R——构件承载力设计值，$R = R(f_c, f_s, a_k, \cdots)$，$R(\cdot)$ 为结构构件的承载力函数，f_c、f_s 分别为混凝土、钢筋的强度设计值，α_k 为几何参数的标准值，当几何参数的变异性对结构性能有明显不利影响时，可另增减一个附加值。

γ_{RE}——构件承载力抗震调整系数。钢筋混凝土构件的承载力抗震调整系数应按表 6-7 取用，型钢混凝土构件和钢构件的承载力抗震调整系数应按表 6-8、表 6-9 采用。当仅考虑竖向地震作用组合时，各类结构构件的承载力抗震调整系数均应取为 1.0。

表 6-7 　　　　　　　　　　　　钢筋混凝土构件承载力抗震调整系数

构件类别	梁	轴压比小于 0.15 的柱	轴压比不小于 0.15 的柱	剪力墙		各类构件	节点
受力状态	受弯	偏压	偏压	偏压	局部受压	受剪、偏拉	受剪
γ_{RE}	0.75	0.75	0.80	0.85	1.0	0.85	0.85

表 6-8 　　　　　　　　　　　　型钢混凝土构件承载力抗震调整系数

正截面承载力计算				斜截面承载力计算	连接
梁	柱	剪力墙	支撑	各类构件及节点	焊缝及高强螺栓
0.75	0.80	0.85	0.85	0.85	0.90

注：对轴压比小于 0.15 的偏心受压柱，其承载力抗震调整系数取 0.75。

表 6-9 　　　　　　　　　　　　钢结构承载力抗震调整系数

钢梁	钢柱	钢支撑	节点及连接螺栓	连接焊缝
0.75	0.75	0.80	0.85	0.90

6.2.5.2 稳定和抗倾覆验算

分析表明，高层建筑在竖向重力荷载作用下产生整体失稳的可能性很小。高层建筑结构稳定验算主要是控制结构在风荷载或水平地震作用下，重力荷载产生的二阶效应（重力 P-Δ 效应）不致过大，以免引起结构的失稳倒塌。考虑到二阶效应分析的复杂性，可只考虑结构的刚度与重力荷载之比（刚重比）对二阶效应的影响。为使结构的稳定具有适应的安全储备，高层建筑结构的稳定应满足：

对于剪力墙结构、框架-剪力墙结构、简体结构

$$EI_d \geqslant 1.4 H^2 \sum_{i=1}^{n} G_i \tag{6-3}$$

对于框架结构

$$D_i \geqslant 10 \sum_{j=1}^{n} \frac{G_j}{h_i} \quad (i = 1, 2, 3, \cdots, n) \tag{6-4}$$

式中 EI_d——结构一个主轴方向的弹性等效侧向刚度，可按倒三角形分布荷载作用下结构顶点位移相等的原则，将结构的侧向刚度折算为竖向悬臂受弯构件的等效侧向刚度；

H——建筑物总高度；

G_i, G_j——第 i、j 楼层重力荷载设计值；

h_i——第 i 楼层层高；

D_i——第 i 楼层的弹性等效侧向刚度，可取该楼层剪力与层间位移的比值；

n——结构计算总层数。

如果结构的刚重比满足式（6-3）或式（6-4）的规定，则重力 P-Δ 效应可控制在 20% 之内，结构的稳定具有适宜的安全储备。若结构的刚重比再进一步减小，则重力 P-Δ 效应将会呈非线性关系急剧增长，直至引起结构的整体失稳。在水平力作用下，高层建筑结构的稳定应满足上述要求，不应放松；如不满足，应调整并增大结构的侧向刚度。

《高规》对高层建筑的稳定和抗倾覆验算提出了要求,但由于高层建筑的刚度一般较大,又有许多楼板作为横向隔板,整体稳定一般都可以满足要求,故很少进行验算。

为避免倾覆发生,高层建筑必须满足

$$\frac{M_S}{M_O} \geqslant 1.0 \tag{6-5}$$

式中　M_S——稳定力矩,计算时,恒荷载取 90%,楼面活荷载取 50%;

　　　M_O——倾覆力矩,按风荷载或地震作用计算其设计值。

6.2.6　高层建筑结构水平位移限值和舒适度要求

6.2.6.1　水平位移限值

高层建筑结构应具有足够的侧向刚度,因此,《高规》规定,在风荷载和多遇水平地震作用下,高层建筑的水平位移按弹性理论分析时,结构楼层层间最大位移与层高之比 $\Delta u/h$ 不宜大于以下限值:

① 高度不大于 150 m 的高层建筑,其楼层层间最大位移与层高之比 $\Delta u/h$ 不宜大于表 6-10 的限值。

表 6-10　　　　　　　　　　楼层层间最大位移与层高之比的限值

结构类型	$\Delta u/h$ 限值
框架	1/550
框架-剪力墙、框架-核心筒、板柱-剪力墙	1/800
筒中筒、剪力墙	1/1000
除框架结构外的转换层	1/1000

② 高度不小于 250 m 的高层建筑,其楼层层间最大位移与层高之比 $\Delta u/h$ 不宜大于 1/500。

③ 高度为 150~250 m 的高层建筑,其楼层层间最大位移与层高之比 $\Delta u/h$ 的限值按线性插值法取用。

6.2.6.2　舒适度要求

高层建筑在风荷载的作用下会发生强烈的动力反应,使人产生不舒适感觉,因此要进行舒适度验算。

房屋高度不小于 150 m 的高层混凝土建筑结构应满足舒适度要求。在现行国家标准《建筑结构荷载规范》(GB 50009—2012)规定的 10 年一遇的风荷载标准值作用下,结构顶点的顺风向和横风向振动最大加速度不应超过表 6-11 的限值。结构顶点的顺风向和横风向振动最大加速度可按现行行业标准《高层民用建筑钢结构技术规程》(JGJ 99—1998)的有关规定计算,也可通过风洞试验结构判断确定。

表 6-11　　　　　　　　　　结构顶点风振加速度限值 a_{lim}

使用功能	$a_{lim}/(\mathrm{m/s^2})$
住宅、公寓	0.15
办公、旅馆	0.25

楼盖结构宜具有适宜的刚度、质量及阻尼,其竖向振动舒适度应符合下列规定:

① 钢筋混凝土楼盖结构竖向自振频率不宜小于 3 Hz,轻钢楼盖结构竖向自振频率不宜小于 8 Hz。计算自振频率时,楼盖结构的阻尼比可取 0.02。

② 不同使用功能、不同自振频率的楼盖结构,其振动峰值加速度不宜超过表 6-12 限值。

表 6-12　　　　　　　　　　楼盖竖向振动加速度限值

人员活动环境	峰值加速度 $a_{lim}/(\mathrm{m/s^2})$	
	竖向自振频率不大于 2 Hz	竖向自振频率不小于 4 Hz
住宅、公寓	0.07	0.05
办公、旅馆	0.22	0.15

注:楼盖结构竖向自振频率为 2~4 Hz 时,峰值加速度限值可按线性插值法取用。

6.2.7　罕遇地震作用下弹塑性变形验算

按《建筑抗震设计规范》（GB 50011—2010）规定，抗震设防按三个水准的要求，采用两阶段设计方法来实现。第一阶段设计，通过计算并采用若干构造措施来达到"小震不坏、中震可修"的目的；第二阶段的抗震设计，实现"大震不倒"的目的，需对高层建筑结构在罕遇地震作用下薄弱层的弹塑性变形进行验算。

应进行弹塑性变形验算的结构包括：① 8 度 Ⅲ、Ⅳ 类场地和 9 度时，高大的单层钢筋混凝土柱厂房的横向排架；② 7～9 度时楼层屈服强度系数小于 0.5 的钢筋混凝土框架结构；③ 高度大于 150 m 的钢结构；④ 甲类建筑和 9 度时乙类建筑中的钢筋混凝土结构和钢结构；⑤ 采用隔振和消能减震设计的结构。

宜进行弹塑性变形验算的结构包括：① 采用时程分析的房屋和竖向不规则类型的高层建筑结构；② 7 度 Ⅲ、Ⅳ 类场地和 8 度时乙类建筑中的钢筋混凝土结构和钢结构；③ 板柱-抗震墙结构和底部框架砖房；④ 高度不大于 150 m 的高层钢结构。

楼层屈服强度系数 ξ_y 定义为：

$$\xi_y = \frac{\text{按构件实际配筋和材料强度标准值计算的楼层受剪承载力}}{\text{按罕遇地震作用标准值计算的楼层弹性地震剪力}} \quad (6\text{-}6)$$

结构薄弱层层间弹塑性位移应符合：

$$\Delta u_P \leqslant [\theta_P] h \quad (6\text{-}7)$$

式中　Δu_P——层间弹塑性位移；

　　　$[\theta_P]$——层间弹塑性位移角限值，按表 6-13 采用，对于框架结构，当柱的轴压比小于 0.40 时，可提高 10%，当柱全高的箍筋构造采用比框架柱箍筋最小含箍特征值大 30% 时，可提高 20%，但累计不超过 25%；

　　　h——薄弱层层高。

表 6-13　　　　　　　　　　　　　　　　　　　　**层间弹塑性位移角限值**

结构类别	$[\theta_P]$
框架	1/50
框架-剪力墙、板柱-剪力墙、框架-核心筒	1/100
剪力墙、筒中筒	1/120
框支层	1/120

对 7～9 度抗震设计的高层建筑结构，在罕遇地震作用下，薄弱层（部位）弹塑性变形 Δu_P 的计算，分以下两种情况。

① 对于不超过 12 层且层侧向刚度无突变的框架结构，可采用简化方法求得 Δu_P。结构薄弱层的位置为：a. 当楼层屈服强度系数沿高度分布均匀时，取底层；b. 当楼层屈服强度系数沿高度分布不均匀时，取屈服强度系数最小的楼层及相对较小的楼层，一般不超过 2～3 处。

层间弹塑性位移简化计算式为

$$\Delta u_P = \eta_P \Delta u_e \quad (6\text{-}8)$$

或

$$\Delta u_P = \mu \Delta u_y = \frac{\eta_P}{\xi_y} \Delta u_y \quad (6\text{-}9)$$

式中　Δu_P——层间弹塑性位移。

　　　Δu_y——层间屈服位移。

　　　μ——楼层延性系数。

　　　Δu_e——罕遇地震作用下按弹塑性分析的层间位移，此时，水平地震影响系数最大值按表 6-14 采用。

　　　η_P——弹塑性层间位移增大系数，当薄弱层（部位）的屈服强度系数不小于相邻层（部位）该系数平均值的 80% 时，可按表 6-15 采用，当不大于该平均值的 50% 时，可按表 6-15 内相应数据的 1.5 倍采用。其余情况采用内插法取值。

表 6-14 　　　　　　　　　　　水平地震影响系数最大值 α_{max}

地震影响	6 度	7 度	8 度	9 度
多遇地震	0.04	0.08(0.12)	0.16(0.24)	0.32
罕遇地震	—	0.50(0.72)	0.90(1.20)	1.40

注:括号内数值分别用于设计基本地震加速度为 0.15g 和 0.30g 的地区。

表 6-15 　　　　　　　　　　　结构弹塑性层间位移增大系数

ξ_y	0.5	0.4	0.3
η_p	1.8	2.0	2.2

② 除第一种情况外,其他建筑结构可采用弹塑性时程分析方法计算结构薄弱层层间弹塑性位移,且符合:

a.应按建筑场地类别和所处地震动参数区划的特征周期选用不少于两条实际地震波和一组人工模拟地震波的加速度时程曲线。

b.地震波延续时间不少于 12 s,时距可取为 0.01 s 或 0.02 s。

c.输入地震波的最大加速度按表 6-16 采用。

表 6-16 　　　　　　　　　　弹塑性时程分析时输入地震波加速度的峰值

抗震设防烈度	7 度	8 度	9 度
加速度峰值 / (cm/s²)	220(310)	400(510)	620

注:括号内数值分别对应于设计基本加速度为 0.15g 和 0.30g 的地区。

6.2.8　高层建筑结构设计要点

建筑结构设计的目的是能够保证结构构件在各种作用下,具有足够的承载力和良好的变形性能,以及足够的结构整体稳定性,并尽可能避免局部破坏导致的结构整体破坏。在结构设计中,应重视以下设计要点。

6.2.8.1　结构设计方案的选取

对于同一建筑设计方案,在进行结构设计方案选取时,不仅要注意结构平面布置形式、竖向布置、变形缝设置、高宽比确定、基础形式选取,还应注意基本结构形式的灵活组合,以及不同结构形式间的协同工作性能,并进行多方面比选,在结构可靠性与经济性之间取得平衡。同时,还应对当地环境、材料供应情况、施工设备条件、施工人员技术水平等进行分析,并注重与建筑、水、电、暖等相关专业的协调,研究方案实施的可行性。在此基础上进行结构的选型和结构方案的确定。对于较为复杂的工程,宜进行多方案的比较,择优选用。

6.2.8.2　结构计算

结构计算应注意计算模型的选取、荷载的取值、内力计算和特殊构件及结构特殊部位的计算等方面。

(1)计算模型选取

计算模型是合理进行结构计算的前提,选择的计算模型只有尽量接近结构真实工作状态以及结构实际受力情况,才能得到合理可用的计算结果,选择恰当的计算模型是保证结构安全的重要条件。对于复杂的高层建筑,应至少用两种不同力学模型的结构分析软件进行整体计算,并对结果进行比较分析。对《高规》中规定的复杂高层建筑结构,还应采用弹性时程分析法进行补充计算,并宜采用弹塑性静力或动力分析方法验算薄弱层弹塑性变形。

(2)荷载取值

荷载取值要与实际荷载相一致,高层建筑结构的荷载还应按《建筑结构荷载规范》(GB 50009—2012)采用。

（3）计算软件的选用

选用计算软件需特别注意其适用范围和通用性，以及输入数据间的相互协调。计算完毕后，要对计算结果进行综合分析，校核结果的真实性。进行结构时程分析时，要明确地震波特性，尽可能采用与场地性能一致的地震波。对计算结果，应从结构的自振周期、振型、位移曲线、层间位移值、顶点位移值、底部总剪力与总质量的比值等参数进行综合分析，并判断结果的合理性。

（4）特殊构件的计算

在结构整体计算中，对结构中一些重要的、较特殊的构件计算，宜采用单独分析，对其边界条件进行认真分析，并重新进行计算比较分析，如中庭中的柱、框支剪力墙的托梁、大跨度梁的挠度和裂缝的宽度等构件。

（5）注意结构体系的协同工作性能

在高层建筑结构中，外荷载作用下楼层的总水平力不是简单地按荷载面积分配到各框架、各剪力墙，由于各抗侧力结构的刚度、形式不相同，变形特征也不一样，如果按荷载面积、间距分配，会使刚度大、起主要作用的结构分配的水平力过小，偏于不安全，因此，应考虑高层建筑结构的协同工作性能。

6.2.8.3 抗震设计

（1）抗震等级的确定

按建筑物的设防烈度、结构类型及高度，高层建筑抗震设计分为不同抗震等级，并采用相应计算和构造措施。抗震等级是根据高层建筑震害、工程设计经验以及研究成果划分的，不同结构类型进行组合后，抗震等级一般不予降低，个别情况会更加严格。如框架-核心筒结构与框架-剪力墙结构相比，框架-核心筒结构中，剪力墙组成的筒体提高了结构体系抗侧力能力，但周边稀柱框架较弱，因此，其抗震设计与框架-剪力墙结构基本相同。框架-剪力墙结构中，由于剪力墙部分的刚度远大于框架部分的刚度，因此对框架部分的抗震能力要求比纯框架结构可以适当降低。当剪力墙部分的刚度相对较小时，则框架部分仍应按普通框架考虑，抗震等级不应降低。

（2）多道设防

抗震设计多道设防有两层含义：一是在一个抗震结构体系内，应由若干个延性较好的分体系组成，并由延性较好的结构构件将各分体系联系起来协同工作；二是指抗震结构体系应有最大可能数量的内部、外部赘余度，建立一系列分布的屈服区，使结构能吸收并消耗大量地震能量，即便遭受地震破坏也易于修复。

多道抗震设防的目的是通过合理的设计，在结构适当部位（或构件）设置屈服区，在地震作用下，这些部位或构件首先屈服，形成塑性铰耗散大量地震能量，从而减小主要承重构件的损坏程度。地震后，结构修复主要在次要构件上，修复位置明确，修复费用也较低。交叉耗能支撑、耗能阻尼器等均属于多道抗震设防体系。

在实际建筑结构体系中，框架-剪力墙体系由延性框架和剪力墙两个系统组成，剪力墙为第一道防线，框架为第二道防线；框架-筒体体系由延性框架和筒体组成，筒体为第一道防线，框架为第二道防线；筒中筒体系由内实腹筒和外空腹筒组成，内实腹筒为第一道防线，外空腹筒为第二道防线；在交叉耗能支撑及耗能阻尼器的结构中，交叉耗能支撑和耗能阻尼器为第一道防线，结构本身为第二道防线。

6.2.8.4 延性

抗震设计主要是合理地处理结构承载能力和变形能力的关系，如果承载力较低，延性较好，虽然破坏早，但变形能力较好，可能不至于倒塌；相反，如果承载力较高，延性差，尽管破坏较晚，但因变形能力差，可能导致倒塌。延性是结构屈服后变形能力大小的一种性质，合理的做法应是允许结构在基本烈度下进入非弹性工作阶段，某些杆件屈服形成塑性铰，降低结构刚度，加大非弹性变形，但非弹性变形仍控制在结构可修复范围内，使建筑物在强震作用下不至于倒塌。

结构的延性不仅和组成结构构件的延性有关，还与节点区设计和各构件连接及锚固有关。结构构件的延性与纵筋配筋率、钢筋种类、混凝土的极限压应变及轴压比等因素有关。要使结构具有较好的延性，有以下几点值得注意。

① 强柱弱梁:通过设计,使梁先屈服,可使整个框架有较大的内力重分布和能量的耗散能力,极限层间位移增大,抗震性能较好。国内外多以设计承载力来衡量,将钢筋抗拉强度乘以超强系数或采用增大柱端弯矩设计值的方法,将承载力不等式转为内力设计值的关系式,并使不同抗震等级的柱端弯矩设计值有不同程度的差异。

② 强剪弱弯:通过设计,防止梁端部、柱和剪力墙底部在弯曲破坏前出现剪切破坏,保证构件发生弯曲延性破坏,不发生剪切脆性破坏。在设计上采用将承载力不等式转化为内力设计表达式,对不同抗震等级采用不同的剪力增大系数,从而使强剪弱弯的程度有所差别。

③ 强节弱杆:通过设计,防止杆件破坏之前发生节点的破坏。节点发生剪切破坏或锚固钢筋失效后,结构赘余约束大大减少,抗震性能明显降低,甚至可能导致结构变为可变结构或倒塌。

④ 强压弱拉:构件破坏特征是受拉区钢筋先屈服,压区混凝土后压坏,构件破坏前,其裂缝和挠度有一明显的发展过程,故而具有良好的延性,就是要求构件发生类似梁的适筋破坏或柱的大偏心受压破坏。

6.2.8.5 基础方案

基础形式的选择应根据工程地质条件、上部结构的类型及荷载分布、施工条件及相邻建筑物影响等多种因素进行综合分析,设计时宜最大限度地发挥地基承载力,进行必要的地基变形验算。基础应采用整体性好、能满足地基承载力和建筑物容许变形要求的基础形式,选择经济合理的基础方案。

对于基础埋置深度,一般对天然地基,可取房屋高度的 1/15;对桩基础,可取房屋高度的 1/18。为保证建筑物的稳定,基础的形心宜与上部结构竖向永久荷载的重心重合。一般情况下,同一结构单元不宜采用两种不同类型的基础。对于高层建筑基础和与其相连的裙房基础,可通过计算确定是否应分开,如需设置沉降缝分开,应保证高层建筑主体基础有可靠的侧向约束和有效埋深,以保证主楼的稳定;当不设置沉降缝时,应采用有效措施减小沉降差。

6.2.8.6 构造措施

为使结构具有足够的协作性能,要满足一定的构造要求,主要包括:

① 强调"强柱弱梁、强剪弱弯、强节弱杆及强压弱拉"的设计原则及相应构造措施,以保证构件的延性性能。

② 尽量采用轻质隔墙材料,以减轻结构总重量,实现与主体结构的柔性连接,如采用玻璃、铝板和不锈钢板等轻质隔墙材料。

6.3　高层框架结构设计　>>>

高层建筑结构是复杂的三维空间受力体系,计算分析时应根据结构实际情况,选取能较准确地反映结构中各构件的实际受力状况的力学模型。对于平面和立面布置简单、规则的框架结构,可采用平面框架空间协同模型;对于复杂布置的框架结构,应采用空间分析模型。如需要采用简化方法或手算方法,为方便计算,常忽略结构纵、横墙之间的空间联系,可近似地按两个方向的平面框架分别计算。高层框架结构的近似计算方法,譬如在竖向荷载作用下的分层法、在水平荷载作用下采用的反弯点法和改进的 D 值法,都与第 5 章多层框架结构中的计算方法相同。高层框架结构的构造要求可参考第 5 章多层框架结构设计,此处不再赘述。

6.3.1　高层框架结构延性设计的基本概念

我国抗震规范采用三水准的设防目标通常采用二阶段设计方法来实现,即在多遇地震作用下,建筑主体结构不受损坏,非结构构件(包括围护墙、隔墙、幕墙、内外装修等)没有过重破坏并未导致人员伤亡,能保证建筑的正常使用功能;在罕遇地震作用下,建筑主体结构遭受破坏或严重破坏而不倒塌。这就需要建筑结构具有一定的延性。

对于框架结构而言,弹性状态是指外荷载与结构位移呈线性关系的状态,当结构中某些部位出现塑性铰后,荷载与位移将呈现非线性关系。当外荷载增加很少而位移迅速增加时,可认为结构开始屈服,相应的位移为屈服位移;当承载能力明显下降或结构处于不稳定状态时,可认为结构破坏,达到极限位移,结构的延性常常用顶点位移延性比表示,见式(6-9)。

根据国内外近30年来对钢筋混凝土框架延性的研究成果,只要设计合理,钢筋混凝土框架结构完全可以设计成具有较好塑性变形能力的延性框架。震害调查分析和结构试验研究表明,钢筋混凝土结构的"塑性铰控制"理论在抗震结构设计中具有重要的作用。

(1)"塑性铰控制"的基本要点

① 钢筋混凝土结构可以通过选择合理的截面形式及配筋构造控制塑性铰出现部位。

② 通过合理的设计控制塑性铰的出现位置和出现次序,其对整体框架结构抗震有利。所谓有利,就是一方面要求塑性铰本身有较好的塑性变形能力和吸收耗散能量的能力;另一方面要求这些塑性铰能使结构具有较大的延性而不会造成其他不利后果,如不会使结构局部破坏或出现不稳定现象。

③ 在预期出现塑性铰的部位,应通过合理的配筋构造增大它的塑性变形能力,防止过早出现脆性的剪切破坏及锚固破坏。

(2)提高框架延性的基本措施

根据这一理论及试验研究结果,提高钢筋混凝土框架延性的基本措施有:

① 塑性铰应尽可能出现在梁的两端,设计成强柱弱梁框架。

② 避免梁、柱构件过早剪坏,在可能出现塑性铰的区段内,应设计成强剪弱弯。

③ 避免出现节点区破坏及钢筋的锚固破坏,要设计成强节点、强锚固。

许多经过地震考验的结构证明,上述措施是有效的。由于延性框架设计方法的改进,近20年来,在美国、日本及我国都已相继建成许多高层的抗震钢筋混凝土框架结构,而延性框架结构的理论和设计方法仍在继续研究和改进。

6.3.2 框架梁设计

6.3.2.1 剪压比的限制

剪压比是截面上平均剪应力与混凝土轴心抗压强度设计值的比值,以 V/f_cbh_0 表示,用以说明截面上名义剪应力的大小。梁塑性铰区的截面剪应力大小对梁的延性、耗能及保持梁的刚度和承载力有明显的影响。根据反复荷载作用下配箍率较高的梁剪切试验资料,其极限剪压比约为0.24。当剪压比大于0.30时,即使增加箍筋,也容易发生斜压破坏。

为了保证梁截面不至于过小,使其不产生过高的主压应力,抗震设计时,对于跨高比大于2.5的框架梁,其截面尺寸与剪力设计值应符合式(6-10)的要求,即:

$$V \leqslant \frac{1}{\gamma_{RE}}(0.20f_cbh_0) \tag{6-10}$$

对于一般受弯构件,当截面尺寸满足此要求时,可以防止在使用荷载下出现过宽的斜裂缝。对于跨高比不大于2.5的框架梁,其截面尺寸与剪力设计值应符合式(6-11)的要求,即:

$$V \leqslant \frac{1}{\gamma_{RE}}(0.15f_cbh_0) \tag{6-11}$$

式中 V——梁、柱计算截面剪力设计值;

f_c——混凝土轴心抗压强度设计值;

b——矩形截面的宽度,T形截面、工形截面的腹板宽度;

h_0——梁、柱截面计算方向的有效高度;

γ_{RE}——构件承载力抗震调整系数。

6.3.2.2 按"强剪弱弯"的原则调整梁的截面剪力

为了避免梁在弯曲破坏前发生剪切破坏,对于抗震等级为一、二、三级的框架梁端剪力设计值,应按式(6-12)和式(6-13)进行调整,即:

$$V = \frac{\eta_{vb}(M_b^l + M_b^r)}{l_n} + V_{Gb} \tag{6-12}$$

9度抗震设防和一级框架结构尚应符合:

$$V = \frac{1.1(M_{bua}^l + M_{bua}^r)}{l_n} + V_{Gb} \tag{6-13}$$

式中　V——梁端截面组合的剪力设计值;

　　　l_b——梁的净跨;

　　　V_{Gb}——梁在重力荷载代表值作用下,按简支梁分析的梁端截面剪力设计值;

　　　M_b^l, M_b^r——梁左、右端逆时针或顺时针方向组合的弯矩设计值,一级框架两端弯矩均为负弯矩时,绝对值较小的弯矩应取零;

　　　M_{bua}^l, M_{bua}^r——梁左、右端逆时针或顺时针方向实配的正截面抗震受弯承载力所对应的弯矩值,根据实配钢筋面积(计入受压筋)和材料强度标准值确定;

　　　η_{vb}——梁端剪力增大系数,一级为1.3,二级为1.2,三级为1.1。

6.3.2.3 斜截面受剪承载力的验算

有地震作用组合时,考虑在反复荷载作用下,混凝土斜截面强度有所降低,可乘以0.8的系数,按式(6-14)进行验算,即:

$$V \leqslant \frac{1}{\gamma_{RE}}\left(0.42 f_t b h_0 + 1.25 f_{yv}\frac{A_{sv}}{s}h_0\right) \tag{6-14}$$

对于集中荷载作用下的框架梁(包括有多种荷载作用,集中荷载对节点边缘的剪力值占总剪力值的75%以上的情况),其斜截面受剪承载力应按式(6-15)验算:

$$V \leqslant \frac{1}{\gamma_{RE}}\left(\frac{1.05}{\lambda+1} f_t b h_0 + f_{yv}\frac{A_{sv}}{s}h_0\right) \tag{6-15}$$

式中　λ——计算截面剪跨比,$\lambda=a/h_0$,当$\lambda<1.5$时,取$\lambda=1.5$;当$\lambda>3$时,取$\lambda=3$。

　　　a——集中荷载作用点至节点边缘的距离。

　　　f_{yv}——箍筋抗拉强度设计值。

　　　s——沿构件方向箍筋间距。

框架梁的构造要求参考第5.7节。

6.3.3 框架柱设计

6.3.3.1 柱的正截面承载力计算

(1)轴压比的限制

柱的轴压比为N/bhf_c,式中,N为柱的轴压力设计值,f_c为混凝土抗压强度设计值,b、h分别为柱截面的短边和长边。试验研究表明,当轴压比较大时,延性会降低。因此,在框架柱的设计中必须限制轴压比。

(2)按"强柱弱梁"原则复核柱的配筋

一、二、三级框架梁柱节点处,除顶层和轴压比小于0.15者外,梁柱端弯矩设计值应符合式(6-16)和式(6-17)要求:

$$\sum M_c = \eta_c \sum M_b \tag{6-16}$$

一级框架结构及9度抗震设防时尚应符合:

$$\sum M_c = 1.2 \sum M_{bua} \tag{6-17}$$

式中　$\sum M_c$——节点上下柱端截面顺时针或逆时针方向的弯矩设计值之和,上下柱端的弯矩设计值,可按弹性分析所得弯矩按比例分配;

　　　　$\sum M_b$——节点左右梁端截面逆时针或顺时针方向组合的弯矩设计值之和,一级节点左右梁端均为负弯矩时,绝对值较小的弯矩应取零;

　　　　$\sum M_{bua}$——节点左右梁端面逆时针或顺时针方向实配的正截面抗弯承载力所对应的弯矩值之和,根据实配钢筋面积(计入受压筋)和材料强度标准值确定;

　　　　η_c——柱端弯矩增大系数,一级为 1.4,二级为 1.2,三级为 1.1。

当反弯点不在控制的层高范围内时,柱端截面组合的弯矩设计值可直接乘以上述柱端弯矩增大系数 η_c。

框架底层柱底过早出现塑性铰将影响整个框架的变形能力,从而对框架造成不利影响。同时,框架梁出现塑性铰后,由于内力重分布,使底层框架柱的反弯点位置具有较大的不确定性,《建筑抗震设计规范》(GB 50011—2010)(以下简称《抗震规范》)规定,框架底层柱底组合的弯矩设计值,应另外乘以增大系数。增大系数值:一级时为 1.5,二级时为 1.25,三级时为 1.15。

6.3.3.2　柱的斜截面承载力计算

① 剪压比的限制。

为了防止构件截面的剪压比过大,在箍筋屈服前混凝土过早地发生剪切破坏,必须限制柱的剪压比,即限制柱的截面最小尺寸。《抗震规范》规定,对于剪跨比大于 2 的矩形框架柱,其截面尺寸与剪力设计值应符合式(6-18)的要求。

$$V \leqslant \frac{1}{\gamma_{RE}}(0.20f_c b h_0) \tag{6-18}$$

剪跨比不大于 2 的柱,其截面尺寸与剪力设计值应符合式(6-19)的要求。

$$V \leqslant \frac{1}{\gamma_{RE}}(0.15f_c b h_0) \tag{6-19}$$

② 按"强剪弱弯"的原则调整柱的截面剪力。

③ 为了防止柱在压弯破坏前发生剪切破坏,《抗震规范》规定,一、二、三级的框架柱的剪力设计值应按式(6-20)和式(6-21)调整:

$$V = \frac{\eta_{vc}(M_c^t + M_c^b)}{H_n} \tag{6-20}$$

9 度抗震设计时的结构和一级框架结构尚应符合:

$$V = \frac{1.2\eta_{vc}(M_{cun}^t + M_{cun}^b)}{H_n} \tag{6-21}$$

式中　V——柱端截面组合的剪力设计值;

　　　　H_n——柱的净高;

　　　　M_c^t, M_c^b——柱的上、下端顺时针或逆时针方向截面组合的弯矩设计值,应采用式(6-16)和式(6-17)等有关规定进行调整后的弯矩值;

　　　　M_{cun}^t, M_{cun}^b——偏心受压柱的上、下端顺时针或逆时针方向实配的正截面抗震受弯承载力对应的弯矩值,根据实配钢筋面积、材料强度标准值和轴压力等确定;

　　　　η_{vc}——柱剪力增大系数,一级时为 1.4,二级时为 1.2,三级时为 1.1。

《抗震规范》还规定,一、二、三级框架的角柱,经上述调整后的组合弯矩设计值、剪力设计值尚应乘以不小于 1.10 的增大系数。

④ 斜截面受剪承载力的验算。

研究表明,影响框架柱受剪承载力的主要因素除混凝土强度外,尚有剪跨比、轴压比和配箍特征值

$\rho_{sv}f_y/f_c$ 等。剪跨比越大,受剪承载力越低。轴压比小于 0.4 时,由于轴向压力有利于骨料咬合,可以提高受剪承载力;而轴压比过大时,混凝土内部产生微裂缝,受剪承载力反而下降。在一定范围内,配箍越多,受剪承载力提高越多。在反复荷载作用下,截面上混凝土反复开裂和剥落,混凝土咬合作用有所削弱,因而构件抗剪承载力会有所降低。与单调加载相比,在反复荷载作用下构件的承载力要降低 10%~20%,因此,框架柱斜截面受剪承载力按式(6-22)计算:

$$V \leqslant \frac{1}{\gamma_{RE}}\left(\frac{1.05}{\lambda+1}f_t b_c h_{c0} + f_{yv}\frac{A_{sv}}{s}h_{c0} + 0.56N\right) \tag{6-22}$$

当框架柱出现拉力时,其斜截面承载力应按式(6-23)计算:

$$V \leqslant \frac{1}{\gamma_{RE}}\left(\frac{1.05}{\lambda+1}f_t b_c h_{c0} + f_{yv}\frac{A_{sv}}{s}h_{c0} - 0.2N\right) \tag{6-23}$$

式中　λ——框架柱的计算剪跨比,取 $\lambda=M/Vh_0$;此处,M 宜取柱上、下端考虑地震作用组合的弯矩设计值的较大值,V 取与 M 对应的剪力设计值,h_0 为柱截面的有效高度;当框架结构中框架柱的反弯点在柱层高范围内时,可取 $\lambda=H_n/2h_{c0}$,此处,H_n 为柱净高;当 $\lambda<1.0$ 时,取 $\lambda=1.0$;当 $\lambda>3.0$ 时,取 $\lambda=3.0$。

f_{yv}——箍筋抗拉强度设计值。

s——沿柱高方向箍筋的间距。

N——考虑地震作用组合时框架柱的轴向压力或拉力设计值,当 $N>0.3f_c b_c h_c$ 时,取 $N=0.3f_c b_c h_c$。

A_{sv}——同一截面内各肢水平箍筋的全部截面面积。

框架柱构造要求参考第 5.7 节。

6.3.4　框架节点抗震设计

框架节点是框架梁、柱的公共部分,是框架梁、柱力传递的枢纽,梁的力和上层柱的力均要通过节点传递到下层柱去。在抗震中,节点的失效意味着与之相连的梁、柱同时失效。

在竖向荷载和地震作用下,框架梁柱节点区主要承受柱子传来的轴向力、弯矩、剪力和梁传来的弯矩、剪力的作用,受力比较复杂。在轴压力和剪力的共同作用下,节点区发生由于剪切及主拉应力所造成的脆性破坏。震害表明,梁柱节点的破坏大都是由于梁柱节点区未设箍筋或箍筋过少、抗剪能力不足,导致节点区出现多条交叉斜裂缝,斜裂缝间混凝土被压酥,柱内纵向钢筋压屈。此外,由于梁内纵筋和柱内纵筋在节点区交汇,且梁顶面钢筋一般数量较多,造成节点区钢筋过密,振捣器难以插入,从而影响混凝土浇捣质量,节点强度难以得到保证。也有可能是梁、柱内纵筋伸入节点的锚固长度不足,纵筋被拔出,以致梁柱端部塑性铰难以充分发挥作用。

6.3.4.1　影响框架节点承载力及延性的主要因素

(1) 直交梁对节点核心区的约束作用

垂直于框架平面与节点相交的梁,称为直交梁。试验表明,直交梁对节点核心区具有约束作用,从而提高了节点核心区混凝土的抗剪强度;但若直交梁梁端与柱面交界处有竖向裂缝,则其对节点核心区的约束作用将受到削弱,因而节点核心区混凝土的抗剪强度也随之降低;而对于四边有梁且带有现浇楼板的中柱节点,则其混凝土抗剪强度比不带楼板的节点有明显的提高。一般认为,四边有梁且带有现浇楼板的中柱节点,当直交梁的截面宽度不小于柱宽的 1/2,且截面高度不小于框架梁截面高度的 3/4 时,在考虑了直交梁开裂等不利影响后,节点核心区的混凝土抗剪强度比不带直交梁及楼板时要提高 50% 左右。试验还表明,对于三边有梁的边柱节点和两边有梁的角柱节点,立交梁的约束作用并不明显。

(2) 轴压力对节点核心区混凝土抗剪强度及节点延性的影响

当轴力较小时,节点核心区混凝土抗剪强度随着轴向压力的增加而增加,且直到节点区被较多交叉斜裂缝分割成若干菱形块体时,轴压力的存在仍能提高其抗剪强度。但当轴压力增加到一定程度时,如轴压比大于 0.6~0.8,节点混凝土抗剪强度将随轴压力的增加而下降。同时,轴压力虽能提高节点核心区混凝土的抗剪强度,但却使节点核心区的延性降低。

（3）剪压比和配箍率对节点受剪承载力的影响

当配箍率较低时,节点的受剪承载力随着配箍率的提高而提高。这时,节点破坏时的特征是混凝土被压碎,箍筋屈服。但当节点水平截面太小、配箍率较高时,节点区混凝土的破坏将先于箍筋的屈服,二者不能同时发挥作用,使节点的受剪承载力达不到理想的最大值,所以应对节点的最小截面尺寸加以限制,以保证箍筋的材料强度得到充分的发挥。在设计中可采用限制节点水平截面上的剪压比来实现这一要求。试验表明,当节点区截面的剪压比大于 0.35 时,增加箍筋的作用已不明显,这时需增大节点水平截面尺寸。

（4）梁纵筋滑移对结构延性的影响

框架梁纵筋在中柱节点核心区通常以连续贯通的形式通过,在水平地震作用下,梁中纵筋在节点一边受拉屈服,而在另一边受压屈服。如此循环往复,将使纵筋的连接迅速破坏,导致梁纵筋在节点核心区贯通滑移,破坏了节点核心区剪力的正常传递,使核心区受剪承载力降低,亦使梁截面后期受弯承载力及延性降低,节点的刚度和耗能能力明显下降。试验证明,边柱节点梁的纵筋嵌固比中柱节点要好,滑移较小。

为防止梁纵筋滑移,最好采用直径不大于 1/20 截面边长的钢筋,也就是使梁纵筋在节点核心区有不小于 20 倍直径的直段锚固长度;也可以将梁纵筋穿过柱中心轴后再弯入柱内,以改善其锚固性能。

6.3.4.2 框架节点的受剪承载力计算

（1）节点剪力设计值

取某中间层中间节点为隔离体,当梁端出现塑性铰时,梁内受拉纵筋应力达到 f_{yk}。忽略框架梁内的轴力,并忽略直交梁节点受力的影响,设节点水平截面上的剪力为 V_j,由节点上半部的平衡条件可得式（6-24）：

$$V_j = G^l + T^t - V_c = \frac{M_b^l}{h_{b0} - a_s'} + \frac{M_b^t}{h_{b0} - a_s'} - V_c \tag{6-24}$$

取柱净高部分为隔离体,由该柱的平衡条件得：

$$V_c = \frac{M_c^b + M_c^t}{H_c - h_b} \tag{6-25}$$

近似地取 $M_c^b = M_c^u$, $M_c^t = M_c^d$,代入式（6-25）,得

$$V_c = \frac{M_c^u + M_c^d}{H_c - h_b} \tag{6-26}$$

又由梁柱节点弯矩平衡条件有：

$$M_c^d + M_c^u = M_b^l + M_b^t \tag{6-27}$$

将式（6-27）代入式（6-26）,则：

$$V_c = \frac{M_b^l + M_b^t}{H_c - h_b} \tag{6-28}$$

将式（6-28）代入式（6-24）,则：

$$V_j = \frac{M_b^l + M_b^t}{H_{b0} - a_s'}\left(1 - \frac{H_{b0} - a_s'}{H_c - h_b}\right) \tag{6-29}$$

对于顶层节点,在式（6-24）中取 $V_c = 0$,即：

$$V_j = \frac{M_b^l + M_b^t}{h_{b0} - a_s'} \tag{6-30}$$

考虑到强度增大系数,同时根据不同抗震等级的延性要求,可得框架节点剪力设计值计算如下。

一、二级框架：

$$V_j = \frac{\eta_{jb} \sum M_b}{h_{b0} - a_s'}\left(1 - \frac{h_{b0} - a_s'}{H_c - h_b}\right) \tag{6-31}$$

9 度抗震设防时和一级框架结构：

$$V_j = \frac{1.15 \sum M_{bua}}{h_{b0} - a_s'}\left(1 - \frac{h_{b0} - a_s'}{H_c - h_b}\right) \tag{6-32}$$

式中　　V_j——梁柱节点核心区组合的剪力设计值;

h_{b0}——梁截面的有效高度,节点两侧梁截面高度不等时可采用平均值;

a_s'——梁受压钢筋合力点至受压边缘的距离;

H_c——柱的计算高度,可采用节点上、下柱反弯点之间的距离;

h_b——梁的截面高度,节点两侧梁截面高度不等时可采用平均值;

η_{jb}——节点剪力增大系数,一级取 1.35,二级取 1.2;

$\sum M_b$——节点左右梁端逆时针或顺时针方向组合弯矩设计值之和,一级框架节点在左右梁端均为负弯矩时,绝对值较小的弯矩应取 0;

$\sum M_{bua}$——节点左右梁端逆时针或顺时针方向实配的正弯矩承载力所对应的弯矩值之和,根据实配钢筋面积(计入受压筋)和材料强度标准值确定。

（2）节点剪压比的控制

为了避免节点核心区混凝土的斜压破坏,应控制节点核心区剪压比不得过大。但节点核心区周围一般都有梁的约束,实际抗剪面积比较大,故剪压比的限值可适当放宽。《抗震规范》规定节点核心区组合剪力设计值应符合下列要求:

$$V_j \leqslant \frac{1}{\gamma_{RE}}(0.30\eta_j b_j h_j) \tag{6-33}$$

式中　　η_j——正交梁的约束影响系数,楼板为现浇,梁柱中线重合,四侧各梁截面宽度不小于该柱截面宽度的 1/2,且正交方向梁高度不小于框架梁高度的 3/4 时,可采用 1.5,其他情况均采用 1.0;

h_j——节点核心区的截面高度,可采用验算方向的柱截面高度;

b_j——节点核心区的截面有效验算宽度;

γ_{RE}——承载力抗震调整系数,可采用 0.85。

（3）框架节点受剪承载力的验算

节点核心区的截面抗震受剪承载力,应采用式(6-34)、式(6-35)验算:

$$V_j \leqslant \frac{1}{\gamma_{RE}}\left(1.1\eta_j f_t b_j h_j + 0.5\eta_j N\frac{b_j}{b_c} + f_{yv}A_{svj}\frac{h_{b0}-a_s'}{s}\right) \tag{6-34}$$

9 度抗震设防时:

$$V_j \leqslant \frac{1}{\gamma_{RE}}\left(0.9\eta_j f_t b_j h_j + f_{yv}A_{svj}\frac{h_{b0}-a_s'}{s}\right) \tag{6-35}$$

式中　　N——对应于组合剪力设计值的上柱组合轴向压力较小值,其取值不应大于柱的截面面积与混凝土轴心抗压强度设计值的乘积的 50%,当 N 为拉力时,取 $N=0.9$;

f_{yv}——箍筋的屈服强度设计值;

f_t——混凝土抗拉强度设计值;

A_{svj}——核心区有效验算宽度范围内同一截面验算方向各肢箍筋的总截面面积;

s——箍筋间距。

（4）节点截面有效宽度

核心区截面有效验算宽度,应按下列规定采用。

① 核心区截面有效验算宽度,当验算方向的梁截面宽度不小于该侧柱截面宽度的 1/2 时,可采用该侧柱截面宽度;当小于柱截面宽度的 1/2 时,可采用式(6-36)、式(6-37)中的较小值。

$$b_j = b_b + 0.5h_c \tag{6-36}$$

$$b_j = b_c \tag{6-37}$$

式中　　b_j——节点核心区的截面有效验算宽度;

b_b——梁截面宽度;

h_c——验算方向的柱截面高度;

b_c——验算方向的柱截面宽度。

② 当梁、柱的中线不重合且偏心距不大于柱宽的 1/4 时，核心区的截面有效验算宽度可采用式(6-36)～式(6-38)计算结果的较小值。

$$b_{\mathrm{j}}=0.5(b_{\mathrm{b}}+b_{\mathrm{c}})+0.25h_{\mathrm{c}}-e \tag{6-38}$$

式中　e——梁与柱中线的偏心距。

6.4　剪力墙结构设计 　>>>

6.4.1　剪力墙结构的计算方法

剪力墙是一种抵抗侧向力的结构单元，与框架结构相比，其截面薄而长(受力方向截面高宽比大于 4)，在水平力作用下，截面抗剪问题较为突出。剪力墙结构是由房屋纵横向混凝土墙体与楼屋面板构成的能承受房屋所受的竖向与水平外部作用的空间受力体系。剪力墙必须依赖各层楼板作为支撑，以保持平面外的稳定。受楼板经济跨度的限制，剪力墙之间的间距一般为 3～8 m，故剪力墙结构适用于小开间设计要求的高层住宅、公寓和旅馆建筑。

6.4.1.1　基本假定

当剪力墙的布置满足有关间距的要求时，其内力计算可以采用以下基本假定：

① 刚性楼板假定，即楼板在自身平面内刚度为无穷大，在平面外刚度为零。

② 各榀剪力墙在自身平面内的刚度取决于剪力墙本身，在平面外的刚度为零。也就是说，剪力墙只能承担自身平面内的作用力。

在这一假定下，就可以将空间的剪力墙结构作为一系列的平面结构来处理，使计算工作大大简化。当然，与作用力方向垂直的剪力场的作用也不是完全不考虑，而是将其作为受力方向剪力墙的翼缘来计算。有效翼缘宽度可按图 6-5 及表 6-17 中各项的最小值取用。

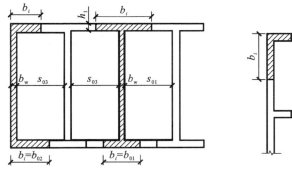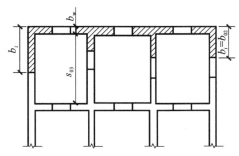

图 6-5　剪力墙有效翼缘宽度

表 6-17　　　　　　　　　　剪力墙有效翼缘宽度

项次	所考虑的情况	有效翼缘宽度	
		T 形或 I 形	L 形或匚形
1	按剪力墙间距计算	$b+s_{01}/2+s_{02}/2$	$b+s_{03}/2$
2	按翼缘厚度计算	$b+12h_i$	$b+6h_i$
3	按门窗洞口计算	b_{01}	b_{02}
4	按剪力墙总高度	$H/20$	$H/20$

注：表中符号如图 6-5 所示。

6.4.1.2 剪力墙的类别和计算方法

(1)剪力墙的类别

一般按照剪力墙上洞口的大小、多少及排列方式,将剪力墙分为以下几种类型:

① 整体墙。没有门窗洞口或只有少量很小的洞口(洞口面积与剪力墙面积之比小于16%)时,可以忽略洞口的存在,这种剪力墙即为整体剪力墙,简称整体墙。

② 整体小开口墙。洞口面积与剪力墙面积之比大于16%、小于或等于25%,此时墙肢中已出现局部弯矩,这种墙称为整体小开口墙。

③ 联肢墙。剪力墙上开有一列或多列洞口,且洞口尺寸相对较大,此时剪力墙的受力相当于通过洞口之间的连梁连在一起的一系列墙肢,故称联肢墙。

④ 壁式框架。在联肢墙中,如果洞口开得再大一些,使得墙肢刚度较弱、连梁刚度相对较强时,剪力墙的受力特性已接近框架。由于剪力墙的厚度较框架结构梁柱的宽度要小一些,故称壁式框架。

需要说明的是,上述剪力墙的类型划分不是严格意义上的划分,严格划分剪力墙的类型还需要考虑剪力墙本身的受力特点。以上几种剪力墙类型的判别条件将在后续章节中进一步讨论。

(2)剪力墙的计算方法

① 竖向荷载作用下的计算方法。

剪力墙所承受的竖向荷载,一般是结构自重和楼面荷载,通过楼面传递到剪力墙。竖向荷载除了在连梁(门窗洞口上的梁)内产生弯矩以外,在墙肢内主要产生轴力,可以按照剪力墙的受荷面积简单计算。如果楼板中有大梁,传到墙上的集中荷载可按45°扩散角向下扩散到整个墙截面。

② 水平荷载作用下的分析方法。

在水平荷载作用下,剪力墙受力分析实际上是二维平面问题,精确计算应该按照平面问题进行求解,可以借助计算机,用有限元方法进行计算。有限元方法计算精度高,但工作量较大。在工程设计中,可以根据不同类型剪力墙的受力特点进行简化计算。

a. 材料力学分析法。整体墙和小开口整体墙在水平力的作用下,整体墙类似于一悬臂柱,可以按照悬臂构件来计算整体墙的截面弯矩和剪力。小开口整体墙,由于洞口的影响,墙肢间应力分布不再是直线,但偏离不大,可以在整体墙计算方法的基础上加以修正。

b. 连续化方法。联肢墙是由一系列连梁约束的墙肢组成,可以采用连续化方法近似计算。

c. 壁式框架分析法。壁式框架可以简化为带刚域的框架,用 D 值法(改进的反弯点法)进行计算。

d. 有限元法。对框支剪力墙和开有不规则洞口的剪力墙最好采用有限元法借助计算机进行计算。

③ 特殊情况的处理。

a. 轴线错开的墙段。

在剪力墙中,当墙段轴线错开距离 a 不大于实体连接墙厚度的8倍,且不大于2.5 m时,整道墙可以作为整体平面剪力墙考虑,计算所得的内力应乘以增大系数1.2,等效刚度应乘以系数0.8(图6-6)。

b. 折线形剪力墙。

当折线形剪力墙的各墙段总转角不大于15°时,可按平面剪力墙考虑(图6-7)。

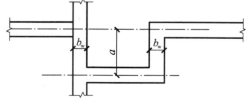

图 6-6 轴线错开的墙段

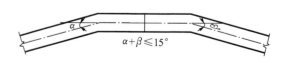

图 6-7 折线形剪力墙

6.4.2　整体墙的计算

6.4.2.1　洞口削弱系数及等效惯性矩

当门窗洞口的面积之和不超过剪力墙侧面积的 15%，且洞口间净距及孔洞至墙边的净距大于洞口长边尺寸时，即为整体墙。此类墙在水平荷载作用下的受力状态如同竖向实体悬臂梁（图 6-8），截面变形符合平截面假定，截面正应力呈线性分布。

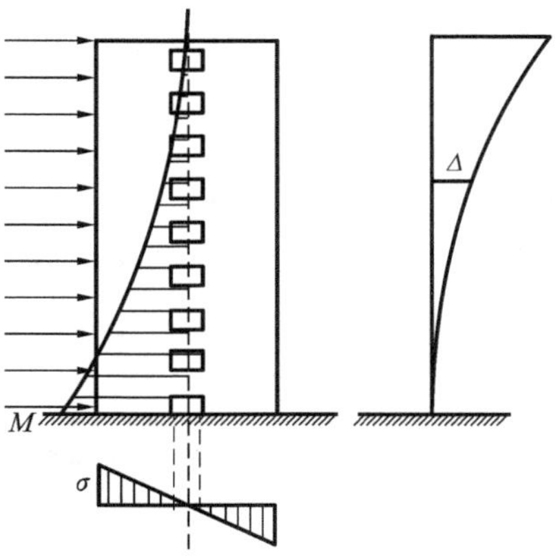

在计算位移时，要考虑小洞口的存在对墙肢刚度和强度有所削弱，等效截面面积 A_w 取无洞口截面的横截面面积 A 乘以洞口削弱系数 γ_0，即

$$A_w = \gamma_0 A \tag{6-39}$$

$$\gamma_0 = 1 - 1.25\sqrt{\frac{A_{0p}}{A_f}} \tag{6-40}$$

图 6-8　整体墙受力状态

式中　A——剪力墙截面毛面积；

　　　A_{0p}——剪力墙上洞口总立面面积；

　　　A_f——剪力墙立面总墙面面积。

等效惯性矩 I_w 取有洞口墙段与无洞口墙段截面惯性矩沿竖向的加权平均值，即

$$I_w = \frac{\sum_{i=1}^{n} I_{wi} h_i}{\sum_{i=1}^{n} h_i} \tag{6-41}$$

式中　I_{wi}——剪力墙沿竖向第 i 段的惯性矩，有洞口时按组合截面计算；

　　　h_i——各段相应的高度；

　　　n——总分段段数。

6.4.2.2　整体墙的计算

整体剪力墙和整体小开口剪力墙，可忽略洞口对截面应力分布的影响，在弹性阶段，假定水平荷载作用下沿截面高度的正应力呈线性分布，故可直接用材料力学公式，按竖向悬臂梁计算剪力墙任意点的应力或任意水平截面上的内力。

计算位移时，除弯曲变形外，宜考虑剪切变形的影响。

6.4.3　整体小开口墙的计算

试验研究分析的结果表明，整体小开口墙在水平荷载作用下，整体剪力墙既要绕组合截面的形心轴产生整体弯矩变形，还要绕各自截面的形心轴产生局部弯曲变形。因此，墙肢的实际正应力相当于剪力墙整体弯曲所产生的正应力与局部弯矩造成的正应力的和。其中，整体弯曲变形是主要的，而局部弯曲变形不超过整体弯曲变形的 15% 是次要的。

6.4.3.1　内力计算

整体小开口墙内力图如图 6-9 所示。

（1）墙肢弯矩

设水平荷载在计算截面（标高 x 处）产生的总弯矩由 $M_P(x)$ 表示，其中整体弯矩所占比例为 k，局部弯矩所占比例为 $(1-k)$。整体弯矩作用下墙肢的曲率相同，均为 $\Phi = kM_P(x)/EI$。各墙肢分配的整体弯矩为 $\Phi \cdot EI$，可近似认为局部弯矩在墙肢中按抗弯刚度进行分配。

第 i 墙肢分配到的整体弯矩为：

$$M_i'(x) = kM_P(x)\frac{I_i}{I} \tag{6-42}$$

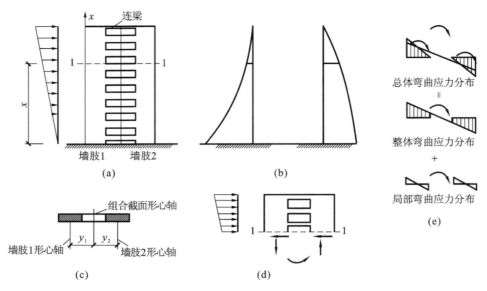

图 6-9 整体小开口墙的受力特点

第 i 墙肢承受的局部弯矩为：

$$M''_i(x) = (1-k)M_P(x)\frac{I_i}{\sum I_i} \tag{6-43}$$

因此,第 i 墙肢的弯矩由两部分组成,即

$$M_i(x) = M'_i(x) + M''_i(x) = kM_P(x)\frac{I_i}{I} + (1-k)M_P(x)\frac{I_i}{\sum I_i} \tag{6-44}$$

式中　$M_P(x)$——水平荷载产生的总弯矩；

　　　　I_i——第 i 墙肢的截面惯性矩；

　　　　I——组合截面惯性矩[图 6-9(c)]；

　　　　k——整体弯矩系数,设计中近似取 $k=0.85$。

（2）墙肢剪力

水平荷载产生的总剪力在墙肢间的分配按其抗侧刚度进行。各层墙肢的抗侧刚度既与截面惯性矩有关,又与截面面积有关,故墙肢剪力 V_i 的分配采用按面积和惯性矩分配后的平均值计算,即：

$$V_i(x) = \frac{1}{2}\left(\frac{A_i}{\sum A_i} + \frac{I_i}{\sum I_i}\right)V_P(x) \tag{6-45}$$

式中　$V_P(x)$——水平荷载产生的总剪力；

　　　　A_i——第 i 墙肢截面的面积。

（3）墙肢轴力

墙肢中的轴力仅由整体弯矩产生,局部弯矩不产生轴力。墙肢的轴力为：

$$N_i(x) = N'_i(x) = \frac{kM_P(x)}{I}y_iA_i \tag{6-46}$$

式中　y_i——第 i 墙肢的截面形心到整个剪力墙组合截面形心的距离[图 6-9(c)]。

（4）个别细小墙肢弯矩的修正

当剪力墙的多数墙肢基本均匀,符合小开口剪力墙的条件,但夹有个别细小墙肢时,小墙肢会产生显著的局部弯曲,使局部弯矩增大。此时可将按式(6-44)分配到的弯矩 M_i 修正为：

$$M_{i0} = M_i(x) + \Delta M_i = M_i(x) + V_i(x)\cdot\frac{h_0}{2} \tag{6-47}$$

式中　$V_i(x)$——按式(6-45)计算的第 i 墙肢的剪力；

　　　　h_0——洞口的高度。

（5）连梁剪力和弯矩

根据连梁与墙肢的节点平衡，由上、下层墙肢的轴力之差可得到连梁的剪力，进而计算出连梁的端部弯矩。

6.4.3.2 位移计算

整体小开口墙的顶点位移可用整体墙的位移计算式，计算结果乘以修正系数1.2。

6.4.4 联肢墙的计算

实际建筑中，门窗洞口在剪力墙中往往排列得比较均匀和整齐，剪力墙可划分为许多墙肢和连梁，再将连梁看成是墙肢间的连杆，并把此连杆用一系列沿层高均匀、离散分布的连续连杆代替，从而使连梁的内力可以用沿竖向分布的连续函数表示，用相应的微分方程求解。这种方法称为连续化方法，又称连续连杆法，是联肢墙内力及位移分析的一种较好的近似方法。

6.4.4.1 双肢墙的计算

（1）连续连杆法的基本假定

① 将在每一楼层处的连梁离散为均布在整个层高范围内的连续连杆。

② 连梁的轴向变形忽略不计，即假定楼层同一高度处两个墙肢的水平位移相等。

③ 假定在同一高度处，两个墙肢的截面转角和曲率相等，故连梁的两端转角相等，反弯点在连梁的中点。

④ 各个墙肢、连梁的截面尺寸、材料等级及层高沿剪力墙全高都是相同的。

由此可见，连续连杆法适用于开洞规则、高度较大，以及由上到下墙厚、材料及层高都不变的联肢剪力墙。剪力墙越高，此法计算结果越准确；对于低层、多层建筑中的剪力墙，计算误差较大。对于墙肢、连梁截面尺寸、材料等级、层高有变化的剪力墙，如果变化不大，可以取平均值进行计算；如果变化较大，则本方法不适用。

图 6-10(a)所示为一片典型的双肢剪力墙，以截面的形心线作为墙肢和连梁的轴线，几何参数如图所示。其中，墙肢截面可为矩形、L 形或 T 形，连梁截面一般为矩形。

（2）微分方程的建立

将每一楼层处的连梁简化为沿该楼层层高范围内的连续连杆，双肢墙的计算简图如图 6-10(b)所示。为求解此超静定结构，需将其分解为静定结构，建立基本体系，应用材料力学分析法求解出内力。图 6-10(c)是双肢墙的基本体系，将简化后的连梁在跨中切开，由于连梁的反弯点就在跨中，故切口处的内力仅有连杆的剪力 $\tau(x)$ 和轴力 $\sigma(x)$。由于 $\sigma(x)$ 与 $\tau(x)$ 的求解无关，在以下分析中不予考虑，故可仅将 $\tau(x)$ 作为未知数求解。

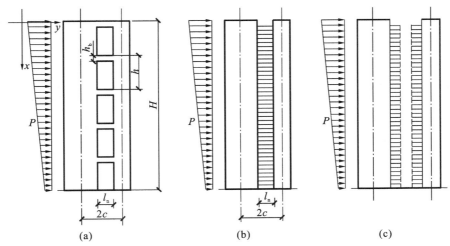

图 6-10 双肢墙计算简图

由切开处连梁的竖向相对位移为零这一变形连续条件,建立 $\tau(x)$ 的微分方程并求解。待任一高度处连杆的剪力 $\tau(x)$ 求出后,将一个楼层高度范围内各点剪力积分,还原成一根连梁中的剪力。各层连梁中的剪力求出后,利用平衡条件便可求得墙肢和连梁的所有内力。切口处的竖向相对位移可通过在切口处施加一对方向相反的单位力求得。位移由墙肢和连梁的弯曲变形、剪切变形和轴向变形引起。在竖向单位力作用下,连梁内没有轴力,忽略在墙肢内产生的剪力,故基本体系在切口处的竖向位移由三部分组成,即墙肢弯曲变形产生的相对位移 $\delta_1(x)$、墙肢轴向变形产生的相对位移 $\delta_2(x)$、连梁弯曲变形和剪切变形产生的相对位移 $\delta_3(x)$(图 6-11)。

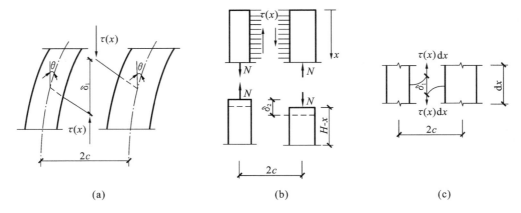

(a)　　　　　　　　　　(b)　　　　　　　　　　(c)

图 6-11　连梁切口处的竖向相对位移

切开处沿 x 方向的变形连续条件可用式(6-48)表达:

$$\delta_1(x) + \delta_2(x) + \delta_3(x) = 0 \tag{6-48}$$

$$\delta_1(x) = -2c\theta \tag{6-49}$$

式(6-49)中,负号表示连梁位移与 $\delta_1(x)$ 的方向相反。

$$\delta_2(x) = \int_x^H \frac{N_P(x) \cdot 1}{EA_1}dx + \int_x^H \frac{N_P(x) \cdot 1}{EA_2}dx = \frac{1}{E}\left(\frac{1}{A_1} + \frac{1}{A_2}\right)\int_x^H \int_0^x \tau(x)dxdx \tag{6-50}$$

$$\delta_3(x) = 2\int_0^{\frac{l}{2}} \frac{M_P M_1}{EI_b}dy + 2\int_0^{\frac{l}{2}} \frac{\mu V_P V_1}{GA_b}dy$$

$$= \frac{\tau(x)hl^3}{12EI_b} + \frac{\mu\tau(x)hl}{GA_b} \tag{6-51}$$

$$= \frac{\tau(x)hl^3}{12EI_b^0}$$

式中　I_b——连梁的折算惯性矩,是以弯曲变形形式表达的,考虑了弯曲和剪切变形效果的惯性矩:

$$I_b^0 = \frac{I_b}{1 + \frac{12\pi EI_b}{GA_b l^2}} = \frac{I_b}{1 + \frac{3\mu EI_b}{GA_b a^2}} \tag{6-52}$$

　　　　h——层高;

　　　　l——连梁的计算跨度,$l = l_n + \frac{h_b}{2}$,$a = \frac{l}{2} = \frac{l_n}{2} + \frac{h_b}{4}$,$h_b$ 为连梁的截面高度;

　　　　A_b——连梁的截面面积;

　　　　I_b^0——连梁的惯性矩。

容易得到位移协调方程为:

$$2c\theta + \frac{1}{E}\left(\frac{1}{A_1} + \frac{1}{A_2}\right)\int_x^H \int_0^x \tau(x)dxdx - \frac{hl^3}{13EI_b^0}\tau(x) = 0 \tag{6-53}$$

对 x 一次微分,得:

$$2c\theta' + \frac{1}{E}\left(\frac{1}{A_1} + \frac{1}{A_2}\right)\int_0^x \tau(x)dx - \frac{hl^3}{12EI_b^0}\tau'(x) = 0 \tag{6-54}$$

再对 x 一次微分,得:

$$2c\theta'' + \frac{1}{E}\left(\frac{1}{A_1} + \frac{1}{A_2}\right)\tau(x) - \frac{hl^3}{12EI_b^0}\tau''(x) = 0 \tag{6-55}$$

(3)墙肢转角 θ 与外荷载间的关系

在 x 处截断剪力墙,x 处基本体系的总弯矩 $M(x)$ 由两部分组成:外荷载引起的弯矩 M_P 和连杆剪力 $\tau(x)$ 引起的弯矩 M_τ,两者方向相反。

$$M(x) = M_P(x) - M_\tau = M_P(x) - \int_0^x 2c\tau(x)\mathrm{d}x \tag{6-56}$$

由连梁的弯矩-曲率关系,有 $\theta' = \Phi = M(x)/(EI)$,将其代入式(6-56),得

$$E(I_1 + I_2)\theta' = M_P(x) - \int_0^x 2c\tau(x)\mathrm{d}x \tag{6-57}$$

对式(6-57)中 x 一次微分,得

$$E(I_1 + I_2)\theta'' = V_P(x) - 2c\tau(x) \tag{6-58}$$

式(6-57)、式(6-58)中的 $M_P(x)$、$V_P(x)$ 与外荷载的形式有关。常见的三种荷载下的 $V_P(x)$ 表达式为:

$$V_P(x) = \begin{cases} V_0\left[1 - \left(1 - \dfrac{x}{H}\right)^2\right] & \text{(倒三角形分布荷载)} \\[2mm] V_0\,\dfrac{x}{H} & \text{(均布荷载)} \\[2mm] V_0 & \text{(顶部集中荷载)} \end{cases} \tag{6-59}$$

将 $V_P(x)$ 代入式(6-58),可得三种荷载下的 θ'' 表达式:

$$\theta'' = \begin{cases} \dfrac{1}{E(I_1 + I_2)}\left\{-V_0\left[1 - \left(1 - \dfrac{x}{H}\right)^2\right] + 2c\tau(x)\right\} & \text{(倒三角形分布荷载)} \\[3mm] \dfrac{1}{E(I_1 + I_2)}\left[-V_0\,\dfrac{x}{H} + 2c\tau(x)\right] & \text{(均布荷载)} \\[3mm] \dfrac{1}{E(I_1 + I_2)}\left[-V_0 + 2c\tau(x)\right] & \text{(顶部集中荷载)} \end{cases} \tag{6-60}$$

式中 V_0——剪力墙底部($x = H$ 处)的总剪力。

将式(6-60)代入式(6-58),令

$$D = \frac{2I_b^0(2c)^2}{l^3} = \frac{I_b^0 c^2}{a^3}$$

$$\alpha_1^2 = \frac{6H^2D}{h(I_1 + I_2)}$$

$$s = \frac{2cA_1A_2}{A_1 + A_2}$$

整理后可得

$$\tau''(x) - \tau(x)\frac{1}{H^2}\left(\frac{6H^2D}{hsa} + \alpha_1^2\right) = \begin{cases} -\dfrac{\alpha_1^2}{H^2}\left[1 - \left(1 - \dfrac{x}{H}\right)^2\right]\dfrac{V_0}{a} & \text{(倒三角形分布荷载)} \\[3mm] -\dfrac{\alpha_1^2}{H^2}\cdot\dfrac{x}{H}\cdot\dfrac{V_0}{a} & \text{(均布荷载)} \\[3mm] -\dfrac{\alpha_1^2}{H^2}\cdot\dfrac{V_0}{a} & \text{(顶部集中荷载)} \end{cases} \tag{6-61}$$

式中 D——单位高度上连梁的刚度系数;

α_1^2——不考虑墙肢轴向变形的剪力墙整体性系数;

s——反映墙肢轴向变形的一个参数。

进一步令

$$m(x) = a\tau(x), \quad \alpha^2 = \frac{6H^2D}{hsa} + \alpha_1^2$$

式中 α——整体性系数。

则式(6-61)可写成

$$m''(x)-\frac{\alpha^2}{H^2}m(x)=\begin{cases}-\dfrac{\alpha_1^2}{H^2}V_0\left[1-\left(1-\dfrac{x}{H}\right)^2\right] & \text{（倒三角形分布荷载）}\\[2mm]-\dfrac{\alpha_1^2}{H^2}\cdot V_0\cdot\dfrac{x}{H} & \text{（均布荷载）}\\[2mm]-\dfrac{\alpha_1^2}{H^2}V_0 & \text{（顶部集中荷载）}\end{cases}\qquad(6\text{-}62)$$

式(6-62)即双肢墙的基本方程式，它是 $m(x)$ 的二阶线性非齐次常微分方程，$m(x)$ 称为连梁对墙肢的约束弯矩。

（4）微分方程的解

为使基本方程表达式进一步简化并便于制表，将参数转换为量纲1，则基本方程(6-61)可写成：

$$\varphi''(\xi)-\alpha^2\varphi(\xi)=\begin{cases}-\alpha^2\left[1-(1-\xi)^2\right]\\-\alpha^2\xi\\-\alpha^2\end{cases}\qquad(6\text{-}63)$$

即得到三种常见荷载下 $\varphi(\xi)$ 的具体表达式：

倒三角形分布荷载

$$\varphi(\xi)=1-(1-\xi)^2-\frac{2}{\alpha^2}+\left(\frac{2\mathrm{sh}\alpha}{\alpha}-1+\frac{2}{\alpha^2}\right)\frac{\mathrm{ch}(\alpha\xi)}{\mathrm{ch}\alpha}-\frac{2}{\alpha}\mathrm{sh}(\alpha\xi)\qquad(6\text{-}64)$$

均布荷载

$$\varphi(\xi)=\xi+\left(\frac{\mathrm{sh}\alpha}{\alpha}-1\right)\frac{\mathrm{ch}(\alpha\xi)}{\mathrm{ch}\alpha}-\frac{1}{\alpha}\mathrm{sh}(\alpha\xi)\qquad(6\text{-}65)$$

顶部集中荷载

$$\varphi(\xi)=1-\frac{\mathrm{ch}(\alpha\xi)}{\mathrm{ch}\alpha}\qquad(6\text{-}66)$$

三种常见荷载下的 $\varphi(\xi)$ 都是相对坐标 ξ 及整体性系数 α 的函数。

（5）双肢墙的内力计算

① 连梁内力计算。

由式(6-67)可根据已求出的 $\varphi(\xi)$ 得到连杆约束弯矩，即

$$m(\xi)=\varphi(\xi)V_0\frac{\alpha_1^2}{\alpha^2}\qquad(6\text{-}67)$$

进而求得未知变量连杆剪力为

$$\tau(\xi)=\frac{m(\xi)}{2c}=\frac{1}{2c}\varphi(\xi)V_0\frac{\alpha_1^2}{\alpha^2}\qquad(6\text{-}68)$$

连杆约束弯矩 $m(\xi)$ 和剪力 $\tau(\xi)$ 都是沿高度变化的连续函数。由图6-12可见，第 j 层连梁的约束弯矩应是连杆约束弯矩 $m(\xi)$ 在 j 层层高 h_j 范围内的积分，第 j 层连梁的剪力应是连杆剪力 $\tau(\xi)$ 在 j 层层高 h_j 范围内的积分，可近似取

$$m_j=m(\xi)h_j\qquad(6\text{-}69)$$
$$V_{bj}=\tau(\xi)h_j\qquad(6\text{-}70)$$

因连梁反弯点在跨中，j 层连梁的端部弯矩为

$$M_{bj}=V_{bj}\frac{l_n}{2}\qquad(6\text{-}71)$$

② 墙肢内力计算。

墙肢内力如图6-13所示。

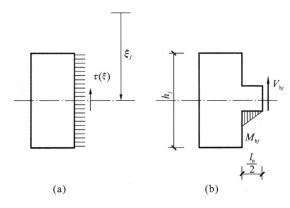

图 6-12 连梁的剪力及弯矩

（a）连杆剪力；（b）连梁的剪力、弯矩

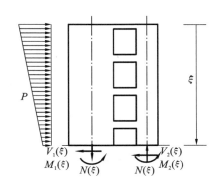

图 6-13 墙肢内力

由力的平衡可知，j 层墙肢的轴力为 j 层以上的连梁剪力之和，两个墙肢的轴力大小相等、方向相反，故

$$N_{1j} = -N_{2j} = \sum_{k=j}^{n} V_{bk} \tag{6-72}$$

由基本假定可知，两个墙肢的弯矩按其刚度进行分配。由平衡可得 j 层墙肢弯矩为：

$$\begin{cases} M_{j1} = \dfrac{I_1}{I_1 + I_2} M_j \\[2mm] M_{j2} = \dfrac{I_2}{I_1 + I_2} M_j \end{cases} \tag{6-73}$$

式中　M_j——j 层截面的总弯矩，$M_j = M_{Pj} - \sum\limits_{k=j}^{n} m_k$；

　　　　M_{Pj}——水平荷载在 j 层截面处的倾覆力矩。

j 层墙肢的剪力近似按两个墙肢的折算惯性矩进行分配，即

$$\begin{cases} V_{j1} = \dfrac{I_1^0}{I_1^0 + I_2^0} V_{Pj} \\[2mm] V_{j2} = \dfrac{I_2^0}{I_1^0 + I_2^0} V_{Pj} \end{cases} \tag{6-74}$$

式中　V_{Pj}——水平荷载在 j 层截面处的总剪力；

　　　　I_i^0——考虑剪切变形影响的墙肢折算惯性矩。

$$I_i^0 = \frac{I_i}{1 + \dfrac{12\mu E I_i}{G A_i h^2}} \quad (i = 1, 2)$$

（6）双肢墙的位移计算

双肢剪力墙在水平荷载下的侧向位移由两部分组成，一部分是由墙肢弯曲变形引起的侧移 y_m，另一部分是由墙肢剪切变形引起的侧移 y_v，总侧移的近似解答为：

$$\Delta = \begin{cases} \dfrac{11}{60} \cdot \dfrac{V_0 H^3}{E I_{eq}} & （倒三角形分布荷载） \\[3mm] \dfrac{1}{8} \cdot \dfrac{V_0 H^3}{E I_{eq}} & （均布荷载） \\[3mm] \dfrac{1}{3} \cdot \dfrac{V_0 H^3}{E I_{eq}} & （顶部集中荷载） \end{cases} \tag{6-75}$$

式中　$E I_{eq}$——双肢剪力墙的等效抗弯刚度。三种荷载下分别为：

$$EI_{eq} = \begin{cases} \dfrac{E(I_1+I_2)}{1+3.64\gamma^2-T+\psi_a T} & \text{(倒三角形分布荷载)} \\[3mm] \dfrac{E(I_1+I_2)}{1+4\gamma^2-T+\psi_a T} & \text{(均布荷载)} \\[3mm] \dfrac{E(I_1+I_2)}{1+3\gamma^2-T+\psi_a T} & \text{(顶部集中荷载)} \end{cases} \qquad (6\text{-}76)$$

6.4.4.2 多肢墙的计算要点

当剪力墙有多于一排且整齐排列的洞口时,称为多肢剪力墙。图 6-14 为多肢剪力墙的几何参数和结构尺寸图。多肢剪力墙仍采用连续连杆法作为内力及位移分析的近似方法。

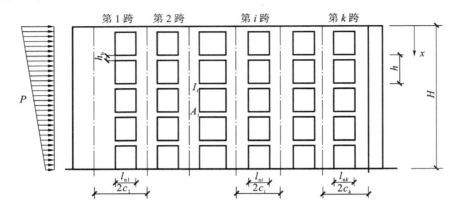

图 6-14　多肢墙的结构尺寸

本节在上节双肢墙的基础上简要介绍多肢墙的计算。

计算多肢墙的连续连杆法的基本假定与双肢墙相同。多肢剪力墙的连梁由连续连杆代替,将连续化后的连杆沿中点切开,形成如图 6-15 所示的多肢墙的基本体系。

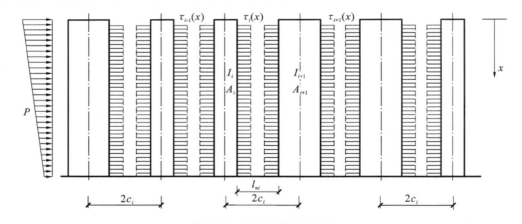

图 6-15　多肢墙的基本体系

同双肢剪力墙一样,连梁的反弯点仍在中点,第 i 跨连梁跨中切口处的内力仅有剪力集度 $\tau_i(x)$。由每一个切口处的竖向相对位移为零的变形协调条件均可建立微分方程。与双肢墙不同的是,在建立第 i 个切口处协调方程时,除考虑 $\tau_i(x)$ 的影响外,还要考虑 $\tau_{i-1}(x)$、$\tau_{i+1}(x)$ 对位移的影响。

与双肢墙不同,如果多肢墙共有 $(k+1)$ 个墙肢,即有 k 跨连梁,则每层将会建立 k 个微分方程,也就是一个微分方程组。为便于求解,可将每层的 k 个微分方程叠加,设各跨连梁切口处未知力之和 $\sum\limits_{i=1}^{k} m_i(x) = m(x)$ 为未知量,待求出每层的 $m(x)$ 后,再按比例求出每层每跨的 $m_i(x)$,然后分配到各跨连梁,最后利用平衡条件便可求得各墙肢的弯矩、轴力和各跨连梁的弯矩、剪力。

下面按步骤列出联肢墙的主要计算公式,式中几何尺寸及截面几何参数符号同前;若无特殊说明,双肢墙取 $k=1$。

（1）计算几何参数

首先计算出各墙肢截面 A_i、I_i 及连梁截面的 A_{bi}、I_{bi}，然后计算下列各参数。

① 连梁折算惯性矩。

$$I_{bi}^0 = \frac{I_{bi}}{1 + \dfrac{12\mu E I_{bi}}{G A_{bi} I_i^2}} = \frac{I_{bi}}{1 + \dfrac{3\mu E I_{bi}}{G A_{bi} a_i^2}} \tag{6-77}$$

② 连梁刚度。

$$D_i = \frac{2 I_{bi}^0 (2c_i)^2}{l_i^3} = \frac{I_{bi}^0 c_i^2}{a_i^3} \tag{6-78}$$

式中　a_i——第 i 列连梁计算跨度的 $1/2$，$a_i = \dfrac{l_i}{2} = \dfrac{l_{ni}}{2} + \dfrac{h_{bi}}{2}$；

　　　 $2c_i$——第 i 列连梁两侧墙肢形心轴之间的距离。

③ 梁墙刚度比参数。

$$\alpha_1^2 = \frac{6H^2}{h \displaystyle\sum_{i=1}^{k+1} I_i} \sum_{i=1}^{k} D_i \tag{6-79}$$

④ 墙肢轴向变形影响系数。

a. 双肢墙。

$$T = \frac{\alpha_1^2}{\alpha^2} = \frac{I_A}{I} = \frac{A_1 y_1^2 + A_2 y_2^2}{I} \tag{6-80}$$

b. 多肢墙：由于多肢墙中计算墙肢轴向变形的影响比较困难，T 值用表 6-18 中近似值代替。

表 6-18　　　　　　　　　　　　　　　　　多肢墙轴向变形影响系数 T

墙肢数目	3～4	5～7	8 肢以上
T	0.80	0.85	0.90

⑤ 整体性系数。

$$\alpha = \frac{\alpha_1^2}{T} \tag{6-81}$$

⑥ 剪切影响系数。

$$\gamma^2 = \frac{E \displaystyle\sum_{i=1}^{k+1} I_i}{H^2 G \displaystyle\sum_{i=1}^{k+1} \dfrac{A_i}{\mu_i}} \tag{6-82}$$

式中　μ_i——第 i 个墙肢截面剪应力不均匀系数，根据各个墙肢截面形状确定。

当墙的 $H/B \geqslant 4$ 时，可取 $\gamma = 0$。

（2）计算墙肢等效刚度

三种荷载下多肢剪力墙的等效抗弯刚度 EI_{eq} 分别为：

$$EI_{eq} = \begin{cases} \dfrac{E \displaystyle\sum_{i=1}^{k+1} I_i}{1 + 3.64\gamma^2 - T + \psi_a T} & \text{（倒三角形分布荷载）} \\[4ex] \dfrac{E \displaystyle\sum_{i=1}^{k+1} I_i}{1 + 4\gamma^2 - T + \psi_a T} & \text{（均布荷载）} \\[4ex] \dfrac{E \displaystyle\sum_{i=1}^{k+1} I_i}{1 + 3\gamma^2 - T + \psi_a T} & \text{（顶部集中荷载）} \end{cases} \tag{6-83}$$

（3）计算连梁的约束弯矩 $m(\xi)$

与双肢墙的计算步骤相同，首先根据多肢墙的相对坐标 ξ 及整体性系数 α，计算出三种常见荷载下的

$\varphi(\xi)$值,然后计算得到j层的总约束弯矩$m_j(\xi)$,即

$$m_j(\xi) = \varphi(\xi)V_0 T h_j \tag{6-84}$$

(4)计算连梁内力

由于多肢墙有多跨连梁,必须按比例将每层连梁的总约束弯矩分配给每跨连梁,故首先计算连梁约束弯矩分配系数η_i,而双肢墙仅有一跨连梁不必计算。

多肢墙连梁约束弯矩分配系数η_i:

$$\eta_i = \frac{D_i \varphi_i}{\sum_{i=1}^{k} D_i \varphi_i} \tag{6-85}$$

$$\varphi_i = \frac{1}{1 + \frac{\alpha}{4}} \left[1 + 1.5\alpha \frac{r_i}{B} \left(1 - \frac{r_i}{B} \right) \right] \tag{6-86}$$

式中 φ_i——多肢墙连梁约束弯矩分布系数;

r_i——第i跨连梁中点距墙边的距离,如图6-16所示;

B——多肢墙总宽度。

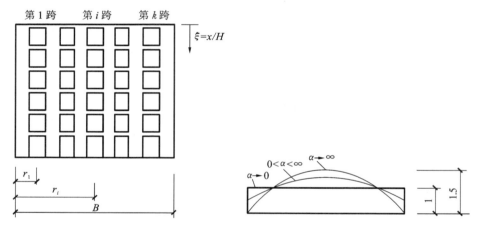

图 6-16　多肢墙连梁的剪力分布示意图

j层第i跨连梁的约束弯矩:

$$m_{ji}(\xi) = \eta_i m_j(\xi) = \eta_i \varphi(\xi) V_0 T h_j \tag{6-87}$$

j层第i跨连梁的剪力:

$$V_{bji} = \frac{1}{2c_i} m_{ji}(\xi) \tag{6-88}$$

梁端弯矩:

$$M_{bji} = V_{bji} \frac{l_{ni}}{2} \tag{6-89}$$

(5)计算墙肢轴力

由于j层墙肢的轴力为j层以上的连梁剪力之和,故有:

j层第1肢墙轴力

$$N_{j1} = \sum_{r=j}^{n} V_{bj1} \tag{6-90}$$

j层第i肢墙轴力

$$N_{ji} = \sum_{r=j}^{n} (V_{bji} - V_{bj,i-1}) \tag{6-91}$$

j层第$(k+1)$肢墙轴力

$$N_{j,k+1} = \sum_{r=j}^{n} V_{brk} \tag{6-92}$$

（6）计算墙肢弯矩及剪力

由基本假定可知,墙肢的弯矩按其刚度进行分配。由平衡可得 j 层各墙肢弯矩为:

$$M_{ji} = \frac{I_i}{\sum\limits_{i=1}^{k+1} I_i}\left(M_{Pj} - \sum\limits_{r=j}^{n} m_j\right) \tag{6-93}$$

j 层各墙肢的剪力近似按各墙肢的折算惯性矩进行分配:

$$V_{ji} = \frac{I_i^0}{\sum\limits_{i=1}^{k+1} I_i^0} V_{Pj} \tag{6-94}$$

$$I_i^0 = \frac{I_i}{1 + \dfrac{12\mu E I_i}{GA_i h^2}} \quad (i=1,2,\cdots,k+1) \tag{6-95}$$

式中　M_{Pj}, V_{Pj}——水平荷载在 j 层截面处的总弯矩和总剪力;

　　　　I_i^0——考虑剪切变形影响后第 j 肢墙的等效惯性矩。

（7）计算顶点位移

三种常见荷载下多肢墙的顶点位移公式与双肢墙一样,按式(6-75)计算;三种荷载下多肢剪力墙的等效抗弯刚度 EI_{eq} 按式(6-83)计算。

6.4.5　壁式框架的计算

6.4.5.1　计算简图及计算方法

当剪力墙的洞口尺寸较大,连梁的刚度接近或大于洞口侧墙肢的刚度时,在水平荷载作用下,大部分墙肢会出现反弯点,剪力墙的受力性能已接近框架,在梁、墙相交部分形成面积大、变形小的刚性区域,故可以把梁、墙肢简化为杆端带刚域的变截面杆件。假定刚域部分没有任何弹性变形,因此称为带刚域,框架也称作壁式框架,其计算简图如图 6-17 所示。

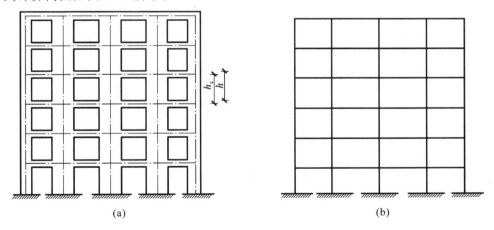

(a)　　　　　　　　　　　　　(b)

图 6-17　壁式框架计算简图

壁式框架取连梁和墙肢的形心线作为梁柱的轴线。两层梁之间的距离为 h_z。h_z 与层高 h 不一定相等,但可将其简化为 $h_z = h$。

刚域长度的计算方法见图 6-18。

梁的刚域长度为:

$$\begin{cases} d_{b1} = a_1 - \dfrac{h_b}{4} \\[2mm] d_{b2} = a_2 - \dfrac{h_b}{4} \end{cases} \tag{6-96}$$

柱的刚域长度为:

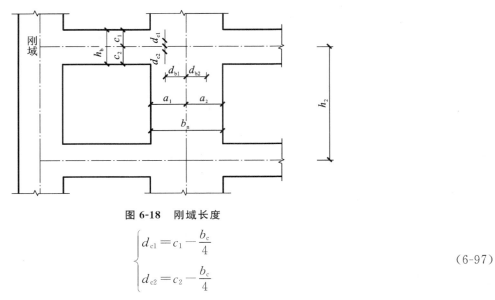

图 6-18　刚域长度

$$\begin{cases} d_{c1} = c_1 - \dfrac{b_c}{4} \\[2mm] d_{c2} = c_2 - \dfrac{b_c}{4} \end{cases} \tag{6-97}$$

式中　h_b, b_n——梁高和柱宽。

当计算的刚域长度小于 0 时，则刚域长度取 0。

计算壁式框架内力和位移的方法有下面两种：

① 用杆件有限元矩阵位移法计算，且在程序计算时，可考虑杆件的弯曲变形、剪切变形及轴向变形。

② 用修正的 D 值法计算。沿用 D 值法假定不考虑柱的轴向变形，通过修正杆件刚度来考虑梁、柱的剪切变形。利用普通框架的 D 值法及其相应的表格确定反弯点高度，是一种较方便的近似计算方法，适合手算设计。

6.4.5.2　壁式框架柱的 D 值计算

壁式框架的梁、柱与普通框架的一般杆件的主要区别在于：杆端有刚域；杆件截面尺寸大，必须考虑剪切变形。

当杆端有刚域时（图 6-19），可利用等截面杆的刚度系数，推导在节点处有单位转角时的杆端弯矩。

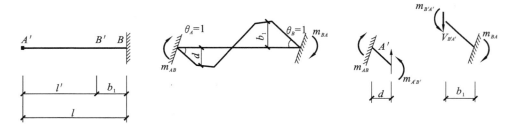

图 6-19　带刚域杆件的转角与内力

$$m_{AB} = m_{A'B'} + V_{A'B'}al = \frac{6EI(1+a-b)}{(1+\beta)(1-a-b)^3 l} = 6ic \tag{6-98}$$

$$m_{BA} = m_{B'A'} + V_{B'A'}bl = \frac{6EI(1-a+b)}{(1+\beta)(1-a-b)^3 l} = 6ic' \tag{6-99}$$

$$m = m_{AB} + m_{BA} = \frac{12EI}{(1+\beta)(1-a-b)^3 l} = 12i\frac{c+c'}{2} \tag{6-100}$$

$$\begin{cases} c = \dfrac{1+a-b}{(1-a-b)^3(1+\beta)} \\[3mm] c' = \dfrac{1-a+b}{(1-a-b)^3(1+\beta)} \\[3mm] i = \dfrac{EI}{l} \\[3mm] \beta = \dfrac{12\mu EI}{GAl'^2} \end{cases} \tag{6-101}$$

式中　β——剪切影响系数；

　　　μ——剪切不均匀系数；

　　　a,b——刚域长度系数。

壁式框架中用杆件修正刚度 k 代替线刚度梁 i；壁式框架梁取 $k=ci_b$ 或 $c'i_b$，壁式框架柱取为 $k_c=\dfrac{c+c'}{2}i_c$。带刚域框架柱的抗侧刚度 D 值为：

$$D=\alpha\frac{12k_c}{h^2}=\alpha\frac{12}{h^2}\cdot\frac{c+c'}{2}i \tag{6-102}$$

式(6-102)中，柱刚度修正系数 α 有对应的计算方法。

6.4.5.3　壁式框架柱的反弯点高度

壁式框架柱的反弯点高度系数(图 6-20)为：

$$y=a+sy_n+y_1+y_2+y_3$$

式中　a——柱下端刚域长度与总柱高的比值。

　　　s——无刚域部分柱高与总柱高的比值。

　　　y_n——标准反弯点高度比，由普通框架在均布荷载及倒三角形分布荷载下各层柱标准反弯点高度比的计算表格中查得。查表时，K 值用 K' 代替。K' 按式(6-103)计算：

$$K'=s^2\cdot\frac{k_1+k_2+k_3+k_4}{2i_c} \tag{6-103}$$

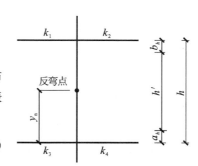

图 6-20　带刚域柱的反弯点高度

　　　y_1——上下梁刚度变化时的修正值，由 K' 及 α_1 查普通框架的相应表格得到：

$$\alpha_1=\frac{k_1+k_2}{k_3+k_4}或\alpha_1=\frac{k_3+k_4}{k_1+k_2} \tag{6-104}$$

　　　y_2——上层层高变化时的修正值，由 K' 及 α_2 查普通框架的相应表格得到，$\alpha_2=h_{上}/h$。

　　　y_3——下层层高变化时的修正值，由 K' 及 α_3 查普通框架的相应表格得到，$\alpha_3=h_{下}/h$。

壁式框架的楼层剪力在各柱间的分配、柱端弯矩的计算，梁端弯矩、剪力的计算，柱轴力的计算，以及框架侧移的计算，均与普通框架相同，仅需将修正后的杆件刚度替代原杆件刚度即可。

6.4.6　墙肢与连梁的构造要求

6.4.6.1　墙肢的构造要求

(1) 按抗震设计的剪力墙墙肢截面厚度

对于一、二级剪力墙，其底部加强区墙肢截面厚度不应小于层高或剪力墙无支承长度的 1/16，且不应小于 200 mm，其他部位墙肢截面厚度不应小于层高的 1/20，且不应小于 160 mm；对于无端柱或翼墙的一字形剪力墙，其底部加强区墙肢截面厚度不应小于层高的 1/12，其他部位墙肢截面厚度不应小于层高的 1/15，且不应小于 180 mm。对于三、四级剪力墙，其底部加强区墙肢截面厚度不应小于层高或剪力墙无支承长度的 1/20；其他部位墙肢截面厚度不应小于层高或剪力墙无支承长度的 1/25，且不应小于 160 mm。

(2) 矩形截面独立墙肢的截面高度

矩形截面独立墙肢的截面高度 h_w 不宜小于截面厚度 b_w 的 5 倍；当 h_w/b_w 小于 5，一、二级时其轴压比限值不宜大于表 5-11 所列限值减 0.1，三级时不宜大于 0.6；当 h_w/b_w 不大于 3 时，宜按框架柱进行截面设计，底部加强区纵向钢筋配筋率不宜小于 1.2%，一般部位不应小于 1.0%，箍筋宜沿墙肢全高加密。

(3) 墙肢受剪最小截面尺寸

① 无地震作用组合时。

$$V\leqslant0.25\beta_c f_c b_w h_{w0} \tag{6-105}$$

② 有地震作用组合时。

若剪跨比 $\lambda > 2.5$：

$$V \leqslant \frac{1}{\gamma_{RE}}(0.2\beta_c f_c b_w h_{w0}) \tag{6-106}$$

若剪跨比 $\lambda \leqslant 2.5$：

$$V \leqslant \frac{1}{\gamma_{RE}}(0.15\beta_c f_c b_w h_{w0}) \tag{6-107}$$

式中　V——墙肢组合剪力设计值,抗震设计时应取调整后的剪力设计值。

　　　β_c——混凝土强度影响系数,混凝土强度等级不大于 C50 时取 1.0;混凝土强度等级为 C80 时取 0.8;混凝土强度等级在 C50 和 C80 之间时按线性内插法取用。

　　　γ_{RE}——取 0.85。

（4）墙肢轴压比

对于一、二级剪力墙,其重力荷载代表值作用下墙肢轴压比不宜超过表 6-19 的限值。

表 6-19　　　　　　　　　　　　　　　　剪力墙墙肢轴压比限值

轴压比	一级（9 度抗震设防）	一级（7、8 度抗震设防）	二级
$\dfrac{N}{f_c A}$	0.4	0.5	0.6

注：N——重力荷载作用下剪力墙墙肢轴向压力设计值；A——剪力墙墙肢截面面积；f_c——混凝土轴心抗压强度设计值。

（5）墙肢竖向和水平分布钢筋布置方式

截面厚度不大于 400 mm 的墙肢可采用双排配筋;截面厚度大于 400 mm 但不大于 700 mm 的墙肢宜采用三排配筋;截面厚度大于 700 mm 的墙肢宜采用四排配筋。墙肢纵向受力钢筋可均匀分成数排配置在边缘构件内。各排分布钢筋间应设间距不大于 600 mm、直径不小于 6 mm 的拉结筋。在底部加强区,约束边缘构件以外的拉结筋间距应适当加密。

（6）剪力墙边缘构件

剪力墙两端和洞口两侧设置的暗柱、端柱、翼墙等称为剪力墙边缘构件。边缘构件可分为约束边缘构件与构造边缘构件。按一、二级抗震等级设计的剪力墙,其底部加强部位及相邻的上一层应设置约束边缘构件;一、二级剪力墙的其他部位以及按三、四级抗震等级设计和非抗震设计的剪力墙,其墙肢端部应设置构造边缘构件。

① 约束边缘构件设置要求。

约束边缘构件的设置要求如图 6-21 所示。l_c 与箍筋配箍特征值 λ_v 宜符合表 6-20 要求。按一、二级抗震等级设计的剪力墙,其边缘构件箍筋直径不应小于 8 mm,间距分别不应大于 100 mm 与 150 mm。图 6-21 中阴影面积表示箍筋的配筋范围,其体积配箍率应按下式计算：

$$\rho_v = \lambda_v \frac{f_c}{f_{yv}} \tag{6-108}$$

式中　f_c——混凝土轴心抗压强度设计值;

　　　f_{yv}——箍筋或拉筋的抗拉强度设计值,超过 360 MPa 时,应按 360 MPa 计算;

　　　λ_v——约束边缘构件配箍特征值。

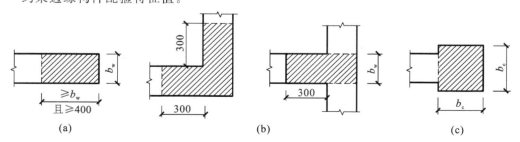

图 6-21　剪力墙的构造边缘构件

(a)暗柱；(b)翼柱；(c)端柱

② 穿过连梁的管道宜预埋套管,洞口上、下的有效高度不宜小于梁高的 1/3,且不宜小于 200 mm,洞口宜配置补强钢筋,被洞口削弱的截面应进行承载力验算(图 6-24)。

6.5 框架-剪力墙结构的设计方法 >>>

6.5.1 框架-剪力墙结构概念设计

6.5.1.1 框架-剪力墙结构基本构成

框架-剪力墙结构,亦称为框架-抗震墙结构,简称框剪结构,它是由框架和剪力墙组成的结构体系。在钢筋混凝土高层和多层公共建筑中,当框架结构的刚度和强度不能满足抗震或抗风要求时,采用刚度和强度均较大的剪力墙与框架协同工作,既有框架构成自由、灵活的大空间,以满足不同建筑功能的要求;同时又有刚度较大的剪力墙,从而使框剪结构具有较强的抗震、抗风能力,并大大减少了结构的侧移,在大地震时还可以防止砌体填充墙、门窗、吊顶等非结构构件的严重破坏和倒塌。因此,有抗震设防要求时,宜尽量采用框剪结构来替代纯框架结构。框架-剪力墙结构适用于需要灵活大空间的多层和高层建筑,如办公楼、商业大厦、饭店、旅馆、教学楼、试验楼、电信大楼、图书馆、多层工业厂房及仓库、车库等建筑。

框剪结构由框架和剪力墙两种不同的抗侧力结构组成,这两种结构的受力特点和变形性质是不同的。在水平力作用下,剪力墙是竖向悬臂结构,其变形曲线呈弯曲型[图 6-25(a)]。在水平力作用下,框架的变形曲线为剪切型[图 6-25(b)]。框剪结构既有框架又有剪力墙,它们之间通过平面内刚度无限大的楼板连接在一起,在水平力作用下,它们的水平位移协调一致,不能各自自由变形,在不考虑扭转影响的情况下,在同一楼层的水平位移必须相同。因此,框剪结构在水平力作用下的变形曲线为呈反 S 形的弯剪型位移曲线[图 6-25(c)]。

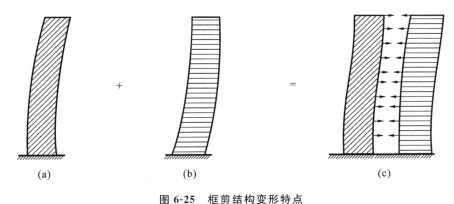

图 6-25 框剪结构变形特点

(a)弯曲型;(b)剪切型;(c)弯剪型

框剪结构在水平力作用下,由于框架与剪力墙协同工作,在下部楼层,因为剪力墙位移小,它拉住框架的变形,使剪力墙承担了大部分剪力;上部楼层则相反,剪力墙的位移越来越大,而框架的变形反而小,所以,框架除承受水平力作用下的那部分剪力外,还要负担拉回剪力墙变形的附加剪力。因此,在上部楼层即使水平力产生的楼层剪力很小,框架中却仍有相当数值的剪力。

框剪结构在水平力作用下,框架与剪力墙之间楼层剪力的分配和框架各楼层剪力分布情况,随楼层所处高度而变化,与结构刚度特征值 λ 直接相关,如图 6-26 所示。由图 6-26 可知,框剪结构中框架底部剪力为零,剪力控制截面在房屋高度的中部甚至是上部,而纯框架最大剪力在底部。因此,当实际布置有剪力墙(如楼梯间墙、电梯井墙、设备管道井墙等)的框架结构,必须按框剪结构协同工作计算内力,不能简单按纯框架分析,否则不能保证框架部分上部楼层构件的安全。框剪结构由延性较好的框架、抗侧力刚度较大并带有边框的剪力墙和有良好耗能性能的连梁所组成,具有多道抗震防线,国内外经受地震后震害调查表明,其确为一种抗震性能很好的结构体系。框剪结构在水平力作用下,框架上下各楼层的剪力取用值比较接近,梁、柱的弯矩和剪力值变化较小,使得梁、柱构件规格较少,有利于施工。

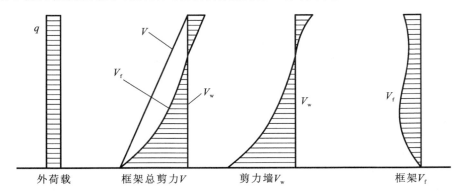

图 6-26　框剪结构受力特点

6.5.1.2　框架-剪力墙结构中的梁

框架-剪力墙结构中的梁(图 6-27)有 3 种。第一种是普通框架梁 C,即两端均与框架柱相连的梁,按框架梁设计;第二种是剪力墙之间的连梁 A,即两端均与墙肢相连的梁,按双肢或多肢剪力墙的连梁设计;第三种是一端与墙肢相连,另一端与框架柱相连的梁 B,在水平力作用下,B 梁会由于弯曲变形很大而出现很大的弯矩和剪力,会首先开裂、屈服,进入弹塑性工作状态。B 梁应设计为强剪弱弯,保证在剪切破坏前已屈服而产生了塑性变形。在进行内力相位移计算时,由于 B 梁可能弯曲屈服进入弹塑性状态,B 梁的刚度应乘以折减系数 β 予以降低。为防止裂缝开展过大,避免破坏,β 值不宜小于 0.5。如配筋困难,还可以在刚度足够、满足水平位移限值的条件下,降低连梁的高度而减小刚度,降低内力。

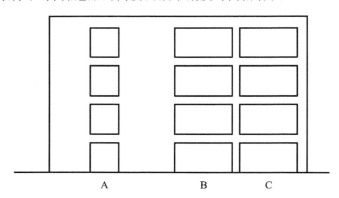

图 6-27　框架-剪力墙结构中的梁

6.5.1.3　适用高度及高宽比

框剪结构有两种类型:其一,由框架和单肢整截面墙、整体小开口墙、小筒体墙、双肢墙组成的一般框剪结构;其二,外周边为柱距较大的框架和中部为封闭式剪力墙筒体组成的框架-筒体结构。这两种类型的结构在进行内力和位移分析、构造处理时均按框剪结构考虑。

为了防止产生过大的侧向变形,减少非结构构件如填充墙、内隔墙、门窗和吊顶等的破坏,以及防止在强烈地震作用下或强台风袭击下房屋的整体倾覆,尤其是在软弱地基上的高层建筑,框剪结构房屋不宜超过规范所指定的高度限值。

6.5.1.4　剪力墙的合理数量

剪力墙布置得多一些好还是少一些好,一直是广大设计人员争论的焦点。近 40 年来,多次地震中实际震害的情况表明:在钢筋混凝土结构中,剪力墙数量越多,地震震害减轻得越多。日本曾分析十胜冲地震和福井地震中钢筋混凝土建筑物的震害,揭示了一个重要规律:墙越多,震害越轻。1978 年罗马尼亚地震和 1988 年前苏联亚美尼亚地震都有明显的规律:框架结构在强震中大量破坏、倒塌,而剪力墙结构震害轻微。

一般来说,多设剪力墙对抗震是有利的。但是,剪力墙超过了必要的限度是不经济的。剪力墙太多,虽然有较强的抗震能力,但刚度太大,周期太短,地震作用要加大,不但使上部结构材料增加,而且还带来基础设计的困难。另外,框剪结构中,框架的设计水平剪力有最低限值,剪力墙再增多,框架的材料消耗也不会再减少。所以,单从抗震的角度来说,剪力墙数量以多为好;从经济性来说,剪力墙则不宜过多,因此,有一个剪力墙的合理数量问题。在结构设计中,剪力墙的合理数量可参考表 6-22 决定。

表 6-22   每一方向剪力墙的刚度之和 $\sum EI_w$ 应满足的数值   (单位:kN·m³)

设计烈度＼场地类型	I	II	III
7 度	55WH	83WH	193WH
8 度	110WH	165WH	385WH
9 度	220WH	330WH	770WH

注:H——结构地面以上高度,m;W——结构地面以上的总重量,kN。

6.5.1.5 剪力墙的布置

框架-剪力墙结构应设计成双向抗侧力体系。抗震设计时,结构两主轴方向均应布置剪力墙。主体结构构件之间除个别节点外(如为了调整个别梁的内力分布或为了避免由于不均匀沉降而产生过大内力等而采用铰接)应采用刚接,以保证结构整体的几何不变和刚度的充分发挥。梁与柱或柱与剪力墙的中线宜重合,使内力传递和分布合理且保证节点核心区的完整性。

剪力墙的布置,应遵循"均匀、分散、对称、周边"的原则。均匀、分散是指剪力墙宜片数较多,均匀、分散地布置在建筑平面上。单片剪力墙底部承担的水平剪力不宜超过结构底部总水平剪力的 40%。对称是指剪力墙在结构单元的平面上尽可能对称布置,使水平力作用线尽可能靠近刚度中心,避免产生过大的扭转。周边是指剪力墙尽可能布置在建筑平面周边,以加大其抗扭转力臂,提高其抵抗扭转的能力;同时,在端部附近设剪力墙可以避免墙部楼板外挑长度过大。剪力墙宜贯通建筑物的全高,宜避免刚度突变。剪力墙开洞时,洞口宜上下对齐。抗震设计时,剪力墙的布置宜使结构各主轴方向的侧向刚度接近。

一般情况下,剪力墙宜布置在平面的下列部位:

① 竖向荷载较大处。增大竖向荷载可以避免墙肢出现偏心受拉的不利受力状态。

② 建筑物端部附近。减小楼面外伸段的长度,而且有较大的抗扭刚度。

③ 楼梯、电梯间。楼梯、电梯间楼板开洞较大,设剪力墙予以加强。

④ 平面形状变化处。在平面形状变化处应力集中比较严重,在此处设剪力墙予以加强,可以减少应力集中对结构的影响。

当建筑平面为长矩形或平面有一部分较长时,在该部位布置的剪力墙除应具有足够的总体刚度外,各片剪力墙之间的距离不宜过大,宜满足表 6-23 的要求。

表 6-23   剪力墙的间距

楼盖形式	非抗震设计（取较小值）	抗震设防烈度		
		6、7 度（取较小值）	8 度（取较小值）	9 度（取较小值）
现浇式	5.0B,60	4.0B,50	3.0B,40	2.0B,30
装配整体式	3.5B,50	3.0B,40	2.5B,30	—

注:1. 表中 B 为楼面宽度,单位为 m。

  2. 装配整体式楼盖应设置厚度不小于 50 mm 的钢筋混凝土现浇层。

  3. 现浇层厚度大于 60 mm 的叠合楼板可作为现浇板考虑。

6.5.2 框架-剪力墙结构的内力和位移的简化近似计算

6.5.2.1 基本假定及总剪力墙和总框架刚度计算

框架-剪力墙结构体系在水平荷载作用下的内力分析是一个三维超静定问题,通常把它简化为平面结构来计算,采用如下基本假定:

① 楼板在自身平面内的刚度无限大。

② 当结构体型规则、剪力墙布置比较对称均匀时,不计扭转的影响;否则,考虑扭转的影响。

③ 不考虑剪力墙和框架柱的轴向变形及基础转动的影响。

在以上的基本假定的前提下,计算区段内结构在水平荷载作用下,处于同一楼面标高处各片剪力墙及框架的水平位移相同。此时,可把所有剪力墙综合在一起成总剪力墙,将所有框架综合在一起成总框架。楼板的作用是保证各片平面结构具有相同的水平侧移,但楼面外刚度为零,它对各平面结构不产生约束弯矩,可以把楼板简化成铰接连杆。铰接连杆、总框架、总剪力墙构成框剪结构简化分析的铰接计算体系。如图 6-28 所示为某框架-剪力墙结构的平面图,图 6-29 为其计算简图。图 6-30 中总剪力墙包含 3 片墙,总框架包含 4 榀框架。

另外,还有一种计算体系称为刚接体系,这种体系包括总剪力墙、总框架和刚性连杆。此连杆实为一连梁,连接剪力墙和框架。该梁对剪力墙有约束作用,视为刚接,其对柱也有约束作用,此约束作用反映在柱的抗侧刚度 D 中。图 6-30 所示为某框架-剪力墙结构平面图,图 6-31 为其计算简图。在图 6-30 中总剪力墙包含 4 片墙,总框架包含 5 榀框架。

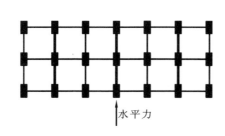

图 6-28 框架-剪力墙结构平面图(铰接体系)

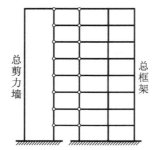

图 6-29 铰接体系计算简图

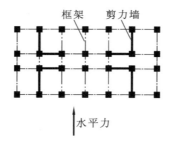

图 6-30 框架-剪力墙结构平面图(刚接体系)

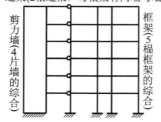

图 6-31 刚接体系计算简图

在工程设计中,通常根据连梁截面尺寸的大小,选用图 6-29 所示的铰接体系或选用图 6-30 所示的刚接体系。如果连梁截面尺寸较小,其刚度就小,约束作用很弱,可忽略它对墙肢的约束作用,把连梁处理成铰接的连杆。

(1)总剪力墙刚度计算

$$EI_w = \sum_n EI_{eq} \tag{6-112}$$

式中 n ——总剪力墙中剪力墙数量;

  EI_{eq} ——单片剪力墙的等效抗弯刚度。

(2)总框架刚度计算

用 D 值法求框架结构内力时,曾引入修正后的柱抗侧移刚度 D 值,其物理意义是使框架柱两端产生单

位相对侧移时所需要的剪力,表达式为:

$$D = 12\alpha \frac{i_c}{h^2} \tag{6-113}$$

对总框架来说,D值应为同一层内所有框架柱的抗侧移刚度之和,即 $D = \sum D_j$。

设总框架的剪切刚度 C_f 为使总框架在楼层间产生单位剪切变形时所需要的水平剪力,可得:

$$C_f = hD = h\sum D_i \tag{6-114}$$

在工程实际中,总框架各层抗侧移刚度 C_f 及总剪力墙各层等效抗弯刚度值 EI_{eq} 沿结构高度不一定完全相同,而是有变化的,如果变化不大,其平均值可采用加权平均法算得。

$$C_f = \frac{\sum_m h_i C_{fi}}{H} \tag{6-115}$$

$$EI_w = \frac{\sum_m h_i EI_{wi}}{H} \tag{6-116}$$

式中　C_{fi}——总框架各层抗侧移刚度;

　　　EI_{wi}——总剪力墙各层抗弯刚度;

　　　h_i——各层层高;

　　　H——建筑物总高度,$H = \sum_m h_i$。

6.5.2.2 按铰接体系框剪结构的内力计算

框架-剪力墙结构在水平荷载作用下,外荷载由框架和剪力墙共同承担,外力在框架和剪力墙之间的分配由协同工作计算确定,协同工作计算采用连续连杆法。图 6-32 给出了框剪结构铰接体系计算简图,将连杆切断后在各楼层标高处框架和剪力墙之间存在相互作用的集中力 P_u,为简化计算,将集中力 P_u 简化为连续分布力 $p(x)$、$p_f(x)$。当楼层层数较多时,将集中力简化为分布力不会给计算结果带来多大误差。将铰接体系中的连杆切开,建立协同工作微分方程时取总剪力墙为隔离体,计算简图如图 6-33 所示。

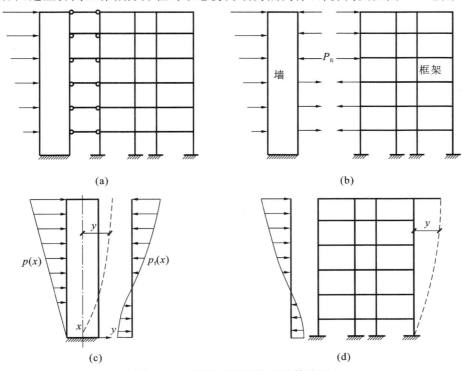

(a)　　(b)　　(c)　　(d)

图 6-32　框剪结构铰接体系计算简图

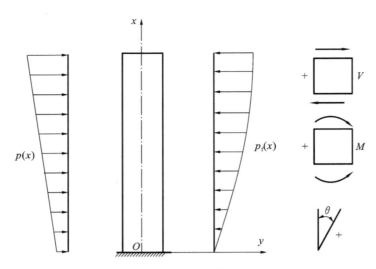

图 6-33　总剪力墙隔离体及符号规则

此剪力墙是一个竖向受弯构件,为静定结构,受外荷载 $p(x)$、$p_f(x)$ 作用。剪力墙上任一截面的转角、弯矩及剪力的正负号仍采用梁中通用的规定,图 6-33 中所示方向均为正方向。把总剪力墙当作悬臂梁,其内力与弯曲变形的关系如下:

$$EI_w \frac{d^4 y}{dx^4} = p(x) - p_f(x) \tag{6-117}$$

由计算假定可知,总框架和总剪力墙具有相同的侧移曲线,取总框架为隔离体可以给出 $p_f(x)$ 与侧移 $y(x)$ 之间的关系。

前面已定义 C_f 为使总框架在楼层处产生单位剪切变形时所需要的水平剪力。当总框架的剪切变形为 $\theta = dy/dx$ 时,由定义可得总框架层间剪力为:

$$V_f = C_f \theta = C_f \frac{dy}{dx} \tag{6-118}$$

对式(6-118)微分得:

$$\frac{dV_f}{dx} = -p_f(x) = C_f \frac{d^2 y}{dx^2} \tag{6-119}$$

将式(6-119)代入式(6-117),整理后得:

$$\frac{d^4 y}{dx^4} - \frac{C_f}{EI_w} \cdot \frac{d^2 y}{dx^2} = \frac{p(x)}{EI_w} \tag{6-120}$$

为方便叙述,引入符号:

$$\xi = \frac{x}{H}$$

$$\lambda = H \sqrt{\frac{C_f}{EI_w}} \tag{6-121}$$

λ 为结构刚度特征值,是反映总框架和总剪力墙刚度之比的一个参数,对框剪结构的受力状态和变形状态及外力的分配都有很大的影响。

引入式(6-121)中的符号后,则式(6-120)变为:

$$\frac{d^4 y}{d\xi^4} - \lambda^2 \frac{d^2 y}{d\xi^2} = \frac{H^4}{EI_w} p(\xi) \tag{6-122}$$

式(6-122)是一个四阶常系数非齐次线性微分方程,它的解包括两部分:一部分是相应齐次方程的通解,另一部分是该方程的一个特解。

先解出相应齐次方程的通解,然后根据外荷载的不同形式,确定不同荷载作用下的特解,可得微分方程式(6-122)的解为式(6-123),最后,根据边界条件分别确定积分常数 C_1、C_2、A、B。

$$y=C_1+C_2\xi+A\,\mathrm{sh}(\lambda\xi)+B\,\mathrm{ch}(\lambda\xi)-\begin{cases}\dfrac{qH^2}{2C_{\mathrm{f}}}\xi^2 & \text{(均布荷载)}\\[2mm]\dfrac{qH^2}{6C_{\mathrm{f}}}\xi^3 & \text{(倒三角形分布荷载)}\\[2mm]0 & \text{(顶部集中荷载)}\end{cases}\qquad(6\text{-}123)$$

对于剪力墙隔离体,其 4 个边界条件分别为:

① 当 $\xi=0$(即 $x=0$)时,结构底部位移 $y=0$;

② 当 $\xi=0$ 时,结构底部转角 $\theta=\mathrm{d}y/\mathrm{d}\xi=0$;

③ 当 $\xi=1$(即 $x=H$)时,结构顶部弯矩为 0,即 $\dfrac{\mathrm{d}^2y}{\mathrm{d}z^2}=0$;

④ 当 $\xi=1$ 时,结构顶部总剪力为

$$V=V_{\mathrm{w}}+V_{\mathrm{f}}=\begin{cases}0 & \text{(均布荷载)}\\0 & \text{(倒三角形分布荷载)}\\P & \text{(顶部集中荷载)}\end{cases}$$

将积分常数 C_1、C_2、A、B 分别代入式(6-123),则可得到微分方程式(6-122)的解如下:

$$y=\begin{cases}\dfrac{qH^4}{EI_{\mathrm{w}}\lambda^2}\left\{\dfrac{1+\lambda\,\mathrm{sh}\lambda}{\mathrm{ch}\lambda}[\mathrm{ch}(\lambda\xi)-1]-\lambda\,\mathrm{sh}(\lambda\xi)+\lambda^2\xi\left(1-\dfrac{\xi}{2}\right)\right\} & \text{(均布荷载)}\\[4mm]\dfrac{qH^4}{EI_{\mathrm{w}}\lambda^2}\left\{\dfrac{\mathrm{ch}(\lambda\xi)-1}{\mathrm{ch}\lambda}\left(\dfrac{\mathrm{sh}\lambda}{2\lambda}-\dfrac{\mathrm{sh}\lambda}{\lambda^3}+\dfrac{1}{\lambda^2}\right)+\left[\xi-\dfrac{\mathrm{sh}(\lambda\xi)}{\mathrm{sh}\lambda}\right]\left(\dfrac{1}{2}-\dfrac{1}{\lambda^2}\right)-\dfrac{\xi^2}{6}\right\} & \text{(倒三角形分布荷载)}\\[4mm]\dfrac{PH^3}{EI_{\mathrm{w}}\lambda^3}\left\{\dfrac{\mathrm{sh}\lambda}{\mathrm{ch}\lambda}[\mathrm{ch}(\lambda\xi)-1]-\mathrm{sh}(\lambda\xi)+\lambda\xi\right\} & \text{(顶部集中荷载)}\end{cases}$$

$$(6\text{-}124)$$

式(6-124)就是框剪结构在均布荷载、倒三角形分布荷载、顶部集中荷载作用下的位移计算公式,有了式(6-124)后就可以确定总剪力墙的内力 M_{w} 和 V_{w} 以及总框架的剪力 V_{f}。

根据总剪力墙位移与内力 M_{w} 和 V_{w} 的关系,可得到总剪力墙在 3 种典型水平荷载作用下的内力 M_{w} 和 V_{w}。

$$M_{\mathrm{w}}=\begin{cases}\dfrac{qH^2}{\lambda^2}\left[\dfrac{\lambda\,\mathrm{sh}\lambda+1}{\mathrm{ch}\lambda}\mathrm{ch}(\lambda\xi)-\lambda\,\mathrm{sh}(\lambda\xi)-1\right] & \text{(均布荷载)}\\[4mm]\dfrac{qH^2}{\lambda^2}\left[\left(1+\dfrac{1}{2}\lambda\,\mathrm{sh}\lambda-\dfrac{\mathrm{sh}\lambda}{\lambda}\right)\dfrac{\mathrm{ch}(\lambda\xi)}{\mathrm{ch}\lambda}-\left(\dfrac{\lambda}{2}-\dfrac{1}{\lambda}\right)\mathrm{sh}(\lambda\xi)-\xi\right] & \text{(倒三角形分布荷载)}\\[4mm]PH\left[\dfrac{\mathrm{sh}\lambda}{\lambda\,\mathrm{ch}\lambda}\mathrm{ch}(\lambda\xi)-\dfrac{1}{\lambda}\mathrm{sh}(\lambda\xi)\right] & \text{(顶部集中荷载)}\end{cases}\qquad(6\text{-}125)$$

$$V_{\mathrm{w}}=\begin{cases}\dfrac{qH}{\lambda}\left[\lambda\,\mathrm{ch}(\lambda\xi)-\dfrac{1+\lambda\,\mathrm{sh}\lambda}{\mathrm{ch}\lambda}\mathrm{sh}(\lambda\xi)\right] & \text{(均布荷载)}\\[4mm]\dfrac{qH}{\lambda^2}\left[\left(1+\dfrac{\lambda\,\mathrm{sh}\lambda}{2}-\dfrac{\lambda\,\mathrm{sh}\lambda}{\lambda}\right)\dfrac{\lambda\,\mathrm{sh}(\lambda\xi)}{\mathrm{ch}\lambda}-\left(\dfrac{\lambda}{2}-\dfrac{1}{\lambda}\right)\lambda\,\mathrm{ch}(\lambda\xi)-1\right] & \text{(倒三角形分布荷载)}\\[4mm]P\left[\mathrm{ch}(\lambda\xi)-\dfrac{\mathrm{sh}\lambda}{\mathrm{ch}\lambda}\mathrm{sh}(\lambda\xi)\right] & \text{(顶部集中荷载)}\end{cases}\qquad(6\text{-}126)$$

由式(6-124)~式(6-126)可知,剪力墙位移 y,内力 M_{w}、V_{w} 均是 λ、ξ 的函数,计算起来比较烦琐。为方便计算,相关资料已给出 3 种典型荷载作用下 y、M_{w}、V_{w} 的计算图表,设计时可直接查用。

计算图表并没有直接给出位移 y、弯矩 M_{w} 和剪力 V_{w} 的值,而是位移系数 $y(\xi)/f_{\mathrm{H}}$、弯矩系数 $M_{\mathrm{w}}(\xi)/M_0$ 和剪力系数 $V_{\mathrm{w}}(\xi)/V_0$,这里 f_{H} 是剪力墙单独承受水平荷载时在顶点产生的侧移,M_0、V_0 为水平荷载在剪力墙底部产生的总弯矩和总剪力。计算时首先根据结构刚度特征值 λ 及所求截面相对坐标 ξ 从图中分别查出各系数,然后根据式(6-127)求得结构该截面处的位移及内力。

$$\begin{cases} y=\left[\dfrac{y(\xi)}{f_{H}}\right]f_{H} \\[3mm] M_{w}=\left[\dfrac{M_{w}(\xi)}{M_{0}}\right]M_{0} \\[3mm] V_{w}=\left[\dfrac{V_{w}(\xi)}{V_{0}}\right]V_{0} \end{cases} \tag{6-127}$$

总框架的剪力可直接由总剪力减去剪力墙的剪力得到,即

$$V_{i}=V_{P}(\xi)-V_{w}(\xi)=\begin{cases} (1-\xi)qH-V_{w}(\xi) & (均布荷载) \\[2mm] \dfrac{1}{2}(1-\xi^{2})qH-V_{w}(\xi) & (倒三角形分布荷载) \\[2mm] P-V_{w}(\xi) & (顶部集中荷载) \end{cases} \tag{6-128}$$

6.5.2.3 按刚接体系框剪结构的内力计算

在框剪结构铰接体系中连杆对墙肢没有约束作用。当考虑连杆对剪力墙有约束弯矩作用时,框剪结构就可以简化为图 6-34(a)所示的刚接体系。铰接体系与刚接体系的相同之处是总剪力墙与总框架通过连杆传递之间的相互作用力;不同之处是在刚接体系中连杆对总剪力墙的弯曲有一定的约束作用。

在框架-剪力墙刚接体系中,将连杆切开后,连杆中除有轴向力外还有剪力和弯矩。将剪力和弯矩对总剪力墙墙肢截面形心轴取矩,就得到对墙肢的约束弯矩 M_{i}。连杆轴向力 P_{fi} 和约束弯矩 M_{i} 都是集中力,作用在楼层处,计算时需将其在层高内连续化,这样便得到了图 6-34(d)所示的计算简图。

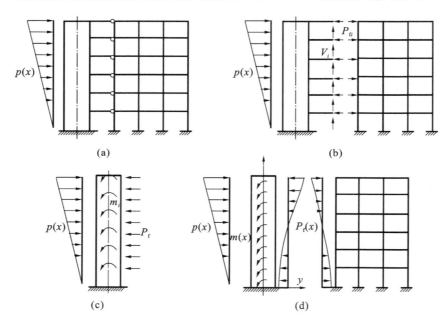

图 6-34 刚接体系计算简图

如图 6-35 所示,在框架-剪力墙结构刚接体系中,形成刚接连杆的连梁有两种,一种是连接墙肢与框架的连梁,另一种是连接墙肢与墙肢的连梁。这两种连梁都可以简化为带刚域的梁,如图 6-36 所示。

约束弯矩系数 m 为当梁端有单位转角时,梁端产生的约束弯矩。约束弯矩系数表达式见式(6-129),式中所有符号的意义见图 6-36。

$$\begin{cases} m_{12}=\dfrac{1+a-b}{(1+\beta)(1-a-b)^{3}}\cdot\dfrac{6EI}{l} \\[3mm] m_{21}=\dfrac{1-a+b}{(1+\beta)(1-a-b)^{3}}\cdot\dfrac{6EI}{l} \end{cases} \tag{6-129}$$

在式(6-129)中,令 $b=0$,则得到仅在一端带有刚性段的梁端约束弯矩系数为:

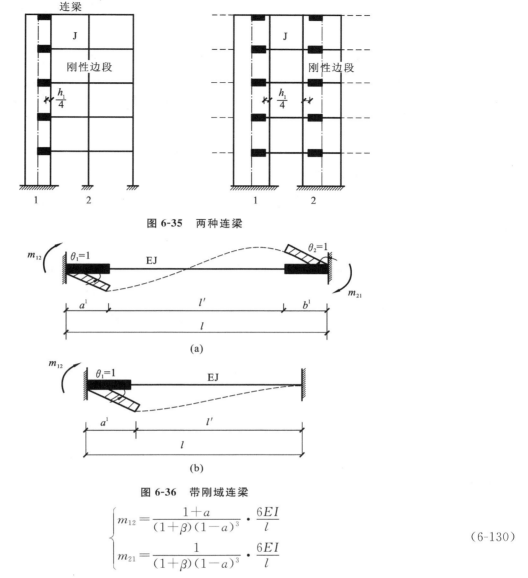

图 6-35 两种连梁

图 6-36 带刚域连梁

$$\begin{cases} m_{12} = \dfrac{1+a}{(1+\beta)(1-a)^3} \cdot \dfrac{6EI}{l} \\ m_{21} = \dfrac{1}{(1+\beta)(1-a)^3} \cdot \dfrac{6EI}{l} \end{cases} \tag{6-130}$$

其中，$\beta = \dfrac{12\mu EI}{GAl'^2}$，$\beta$ 为考虑剪切变形时的影响系数，如果不考虑剪切变形的影响，可令 $\beta = 0$。

由式(6-129)和式(6-130)计算出连梁的弯矩往往较大，按此弯矩对梁进行配筋时，所需要的钢筋量也很多。为了减少配筋量，在工程实际中允许考虑连梁的塑性变形能力，对连梁进行塑性调幅。调幅的办法是对连梁刚度予以降低，即在式(6-129)和式(6-130)中用 $\beta_h EI$ 代替 EI，这里 β_h 的取值不宜小于 0.5。

由梁端约束弯矩系数的定义可知，当梁端有转角 θ 时，梁端约束弯矩为：

$$\begin{cases} M_{12} = m_{12}\theta \\ M_{21} = m_{21}\theta \end{cases} \tag{6-131}$$

式(6-131)给出的梁端约束弯矩为集中约束弯矩，为便于用微分方程求解，要把它简化为沿层高 h 均布的分布弯矩：

$$m_i(x) = \frac{M_{abi}}{h} = \frac{m_{abi}}{h}\theta(x)$$

某一层内总约束弯矩为：

$$m = \sum_{i=1}^{n} m_i(x) = \sum_{i=1}^{n} \frac{m_{abi}}{h}\theta(x) \tag{6-132}$$

式中 n——同一层内连续梁总数；

$\sum\limits_{i=1}^{n}\dfrac{m_{abi}}{h}$ ——连续总约束刚度，m_{ab} 中下标 a、b 分别代表"1"或"2"，即当连梁梁段与墙肢相连时，m_{ab} 是指 m_{12} 或 m_{21}。

如果框架部分的层高及杆件截面沿结构高度不变化，则连梁的约束刚度是常数，但实际结构中各层的 m_{ab} 是不相同的，这时应取各层约束刚度的加权平均值。

在图 6-34(d)所示的刚接体系计算简图中，连梁线性约束弯矩在总剪力墙 x 高度的截面处产生的弯矩为：

$$M_m = -\int_x^H m\,\mathrm{d}x$$

产生此弯矩所对应的剪力和荷载分别为：

$$V_m = -\frac{\mathrm{d}M_m}{\mathrm{d}x} = -m = -\sum_{i=1}^n \frac{m_{abi}}{h}\theta(x) = -\sum_{i=1}^n \frac{m_{abi}}{h}\frac{\mathrm{d}y}{\mathrm{d}x} \tag{6-133a}$$

$$p_m(x) = -\frac{\mathrm{d}V_m}{\mathrm{d}x} = \sum_{i=1}^n \frac{m_{abi}}{h}\frac{\mathrm{d}^2 y}{\mathrm{d}x^2} \tag{6-133b}$$

式中　V_m，$p_m(x)$——"等代剪力""等代荷载"，即刚性连梁的约束弯矩作用所承受的剪力和荷载。

在连梁约束弯矩影响下，总剪力墙内力与弯曲变形的关系可参照下式：

$$EI_w \frac{\mathrm{d}^4 y}{\mathrm{d}x^4} = p(x) - p_f(x) + p_m(x) \tag{6-134}$$

式中　$p(x)$——外荷载；

$p_f(x)$——总框架与总剪力墙之间的相互作用力，由式(6-135)确定。

又有：

$$EI_w \frac{\mathrm{d}^4 y}{\mathrm{d}x^4} = p(x) + C_f \frac{\mathrm{d}^2 y}{\mathrm{d}x^2} + \sum_{i=1}^n \frac{m_{abi}}{h}\frac{\mathrm{d}^2 y}{\mathrm{d}x^2}$$

整理后有：

$$\frac{\mathrm{d}^4 y}{\mathrm{d}x^4} - \frac{\left(C_f + \sum\limits_{i=1}^n \dfrac{m_{abi}}{h}\right)}{EI_w}\frac{\mathrm{d}^2 y}{\mathrm{d}x^2} = \frac{p(x)}{EI_w} \tag{6-135}$$

为方便叙述，引入符号：

$$\xi = \frac{x}{H} \tag{6-136}$$

$$\lambda = H\sqrt{\frac{C_f + \sum\limits_{i=1}^n \dfrac{m_{abi}}{h}}{EI_w}} \tag{6-137}$$

则方程式(6-135)可变为：

$$\frac{\mathrm{d}^4 y}{\mathrm{d}\xi^4} - \lambda^2 \frac{\mathrm{d}^2 y}{\mathrm{d}\xi^2} = \frac{p(\xi)H^4}{EI_w} \tag{6-138}$$

式(6-138)即为刚接体系的微分方程，此式与铰接体系所对应的微分方程是完全相同的，因此铰接体系微分方程的解对刚接体系也都适用，但应用时应注意下列问题：

① λ 值计算不同。λ 值按式(6-137)计算。

② 内力计算不同。并没有直接给出总剪力墙分配到的剪力 V_w，要求出 V_w 需要进行一些变换。

在刚接体系中，由于连梁对剪力墙有一定的约束作用，这种关系可写为：

$$EI_w \frac{\mathrm{d}^3 y}{\mathrm{d}\xi^3} = -V_w + m(\xi) = -V'_w \tag{6-139}$$

V'_w 可以求出，如果知道了 $m(\xi)$，就可以借助式(6-139)求出剪力墙分配到的剪力 V_w。

在刚接体系中，由结构任意高度处水平方向力的平衡条件可得：

$$V_p = V'_w + m + V_f \tag{6-140}$$

令

$$V_f' = m + V_f \tag{6-141}$$

则式(6-140)可以变成

$$V_p = V_w' + V_f' \tag{6-142}$$

$$V_f' = V_p - V_w' \tag{6-143}$$

由式(6-139)~式(6-143)可归纳出刚接体系中总剪力在总剪力墙和总框架中的分配计算步骤如下：

① 由刚接体系的刚度特征值 λ 和某一截面处的无量纲量 ξ，得到剪力系数，确定 V_w'；

② 由式(6-143)计算 V_f'；

③ 根据总框架的抗侧移刚度和总连梁的约束刚度按比例分配 V_f'，得到总框架和总连梁的剪力

$$V_f = \frac{C_f}{C_f + \sum_{i=1}^{n} \dfrac{m_{abi}}{h}} V_f' \tag{6-144a}$$

$$m = \frac{\sum_{i=1}^{n} \dfrac{m_{abi}}{h}}{C_f + \sum_{i=1}^{n} \dfrac{m_{abi}}{h}} V_f' \tag{6-144b}$$

④ 由式(6-139)确定总剪力墙分配到的剪力 $V_w = V_w' + m$。

利用铰接体系的计算图，按照步骤①~④就可以将总剪力分配给总框架梁、总剪力墙及总连梁。

6.5.2.4 内力分配计算

（1）剪力墙内力分配计算

由框架-剪力墙协同工作计算求得总剪力墙的弯矩和剪力后，按各片墙的等效抗弯刚度 EI_{wj} 分配，即得各片剪力墙的内力：

$$M_{wij} = \frac{EI_{wj}}{\sum_{k=1}^{n} EI_{wk}} M_{wi} \tag{6-145a}$$

$$V_{wij} = \frac{EI_{wj}}{\sum_{k=1}^{n} EI_{wk}} V_{wi} \tag{6-145b}$$

式中　M_{wij}，V_{wij}——第 i 层第 j 个墙肢分配到的弯矩和剪力；

　　　n——墙肢总数。

（2）框架梁、柱内力计算

由框架-剪力墙协同工作关系确定总框架所承担的剪力 V_f 后，可按各柱的抗侧移刚度 D 值把 V_f 分配到各柱，这里的 V_f 应当是柱反弯点标高处的剪力，但实际计算中为简化计算，常近似地取各层柱的中点为反弯点的位置，用各楼层上、下两层楼板标高处的剪力 V_{pi} 取平均值作为该层柱中点处剪力。因此，第 i 层第 j 个柱子的剪力为：

$$V_{cij} = \frac{D_j}{\sum_{j=1}^{k} D_j} \cdot \frac{V_{pi} + V_{p,i-1}}{2} \tag{6-146}$$

式中　k——第 i 层中柱子总数；

　　　V_{pi}，$V_{p,i-1}$——第 i 层柱柱顶与柱底楼板标高处框架的总剪力。

求得各柱的剪力之后即可确定柱端弯矩，再根据节点平衡条件，由上、下柱端弯矩求得梁端弯矩，再由梁端弯矩确定梁端剪力，由各层框架梁的梁端剪力可以求得各柱轴向力。

（3）刚接连梁内力计算

式(6-144b)给出的连梁约束弯矩 m 是沿结构高度连续分布的，在计算刚接连梁的内力时，首先应该把

各层高范围内的约束弯矩集中成弯矩 M 作用在连梁上,再根据刚接连梁的梁端刚度系数将 M 按比例分配给各连梁。如果第 i 层有 n 个刚接点,即有 n 个梁端与墙肢相连,则第 j 个梁端的弯矩为:

$$M_{ijab} = \frac{m_{jab}}{\sum\limits_{j=1}^{n} m_{jab}} \cdot m_i \left(\frac{h_i + h_{i+1}}{2} \right) \tag{6-147}$$

式中 h_i, h_{i+1}——第 i 层和第 $(i+1)$ 层的层高;

  m_{ab}——m_{12} 或 m_{21}。

由式(6-147)计算出的弯矩是连梁在剪力墙轴线处的弯矩,而连梁的设计内力应该取剪力墙边界处的值,因此还应该把式(6-145)给出的弯矩换算到墙边界处,如图 6-37 所示,由比例关系可确定连梁设计弯矩为:

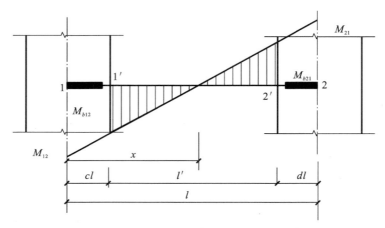

图 6-37 连梁与剪力墙边界处弯矩的计算

$$\begin{cases} M_{b12} = \dfrac{x - cl}{x} M_{12} \\ M_{b21} = \dfrac{l - x - dl}{l - x} M_{21} \end{cases} \tag{6-148}$$

式中 x——连梁反弯点到左侧墙肢轴线的距离,计算式为:

$$x = \frac{m_{12}}{m_{12} + m_{21}} l$$

连梁剪力设计值可以用连梁在墙边界处的弯矩表示为:

$$V_b = \frac{M_{b12} + M_{b21}}{l'} \tag{6-149}$$

也可以用连梁在剪力墙轴线处的弯矩来表示,即:

$$V_b = \frac{M_{12} + M_{21}}{l} \tag{6-150}$$

式(6-149)和式(6-150)是完全等价的。

在框架-剪力墙协同工作计算体系中,组成总剪力墙的各片剪力墙常含有双肢墙,下面简要介绍一下双肢墙的一种简化计算步骤:

① 在双肢墙与框架协同工作分析时,可近似按顶点位移相等的条件求出双肢墙换算为无洞口墙的等效刚度,再与其他墙和框架一起协同计算。

② 由协同计算求得双肢墙的基底弯矩,可按基底等弯矩求出倒三角形分布荷载的等效荷载,然后求出双肢墙各部分的内力。按基底等弯矩求等效荷载时,基底剪力应与实际剪力值相近,如相差太大则可按两种荷载分布情况求等效荷载然后叠加。

③ 由等效荷载求各层连梁的剪力及连梁对墙肢的约束弯矩。

④ 计算墙肢各层截面内的弯矩。

⑤ 双肢墙内力按各墙肢的等效抗弯刚度在两墙肢间分配。

6.5.3　框架-剪力墙结构构件的截面设计

抗震设计时,结构中产生的地震倾覆力矩由框架和剪力墙共同承受。若在基本振型地震作用下框架部分承受的地震倾覆力矩大于结构总地震倾覆力矩的50%,则框架部分在结构中处于主要地位,为了加强共同抗震能力的储备,其框架部分的抗震等级应按框架结构采用,柱轴压比的限值宜按框架结构的规定采用,其最大适用高度和高宽比的限值可比框架结构适当增加,即可取框架结构和剪力墙结构之间的值,具体可视框架部分承担总倾覆力矩的百分比而定。

抗震设计时,框架-剪力墙结构对应于地层作用标准值的各层框架总剪力应符合下列要求。

① 框架部分承担的总地震剪力满足式(6-151)要求的楼层,其框架总剪力不必调整;不满足该式要求的楼层,其框架总剪力应按 $0.2V_0$ 和 $1.5V_{f,max}$ 两者的较小值采用:

$$V_f \geqslant 0.2V_0 \tag{6-151}$$

式中　V_0——对框架柱数量从下至上基本不变的规则建筑,应取对于地震作用标准值的结构底部总剪力;对框架柱数量从下至上分段有规律变化的结构,应取每段最下一层结构对应于地震作用标准值的总剪力。

　　　　V_f——对应于地震作用标准值且未经调整的各层(或某一段内各层)框架承担的地震总剪力。

　　　　$V_{f,max}$——对框架柱数量从下至上基本不变的规则建筑,应取对应于地震作用标准值且未经调整的各层框架承担的地震总剪力的最大值;对框架柱数量从下至上分段有规律变化的结构,应取每段中对应于地震作用标准值且未经调整的各层框架承担的地震总剪力中的最大值。

② 各层框架所承担的地震总剪力按第①条调整后,应按调整前后剪力的比值调整每根框架柱和与之相连框架梁的剪力及端部弯矩标准值,框架柱的轴力可不予调整。

③ 按振型分解反应谱法计算地震作用时,为便于操作,第①条中所规定的调整可在振型组合之后进行。

框架梁柱的截面设计按照框架结构设计进行,剪力墙的截面设计按照剪力墙的设计进行。

6.5.4　框架-剪力墙结构构造要求

非抗震设计时,剪力墙的竖向和水平分布钢筋的配筋率均不应小于0.20%,抗震设计时,均不应小于0.25%,并应至少双排布置(具体应根据墙厚确定,可参照剪力墙结构的相关规定)。各排分布钢筋之间应设置拉筋,拉筋直径不应小于6 mm,间距不应大于600 mm。

带边框剪力墙的墙板应有足够的厚度以保证其稳定性,抗震设计时,一、二级的剪力墙的底部加强部位不应小于200 mm,且不应小于层高的1/16;在其他情况下,不应小于160 mm,且不应小于层高的1/20。若墙板厚度不能满足上述要求,则应验算墙板的稳定性。剪力墙的水平钢筋应全部锚入边框柱内,锚固长度不应小于 l_a(非抗震设计时)或 l_{aE}(抗震设计时)。剪力墙的混凝土强度等级宜与边框柱相同。剪力墙的截面设计应将之作为工字形截面来考虑,故剪力墙端部的纵向钢筋应配置在边框柱截面内。

与剪力墙重合的框架梁可保留,亦可做成宽度与墙厚相同的暗梁,暗梁截面高度可取墙厚的2倍或与该片框架梁截面等高,暗梁的配筋可按构造配置且应符合一般框架梁相应抗震等级的最小配筋要求。

边框柱截面宜与该榀框架其他柱的截面相同,边框柱应符合框架结构中有关框架柱构造配筋的要求;剪力墙底部加强部位边框柱的箍筋宜沿全高加密;当带边框剪力墙上的洞口紧邻边框柱时,边框柱的箍筋宜沿全高加密。

6.6　高层建筑结构有限元分析方法　>>>

6.6.1　空间杆系-薄壁杆系分析方法

薄壁型钢图

高层建筑是非常复杂的三维空间结构,而且构件类型多样。采用适当的简化模型,并与计算工具相适应,可满足实际工程计算要求。作为一种普适方法,可将高层建筑结构作为空间体系,梁和柱为空间杆件,每端 6 个自由度;剪力墙作为空间薄壁杆件,每端 7 个自由度。由矩阵位移法形成线性方程组求解,这一分析方法适用于所有高层建筑,特别是平面不规则、体型复杂的建筑结构,成为最广泛应用的高层建筑结构分析方法。目前,国内外高层结构分析商业程序,基本上均采用这种分析方法。

薄壁杆件是指截面厚度较薄的等截面直杆(图 6-38)。薄壁截面视其轮廓线是否封闭可分为开口薄壁截面与闭口薄壁截面两大类(图 6-39)。薄壁杆件在实际工程中应用很广,如桥梁工程和海洋工程中的箱形、工字形和槽形梁(柱),土木工程中的各种型钢,高层建筑中的钢筋混凝土核心墙,以及航空工业中的机翼等。除了上述两种基本截面形式外,在高层建筑中广泛应用的是带缀条的开口薄壁杆件(图 6-40),其沿开口全长分布有缀条,连接开口两侧。薄壁杆件计算理论是 20 世纪 40 年代以后发展起来的,是以前苏联符拉索夫(B. B. Bacon)的工作为基础的。

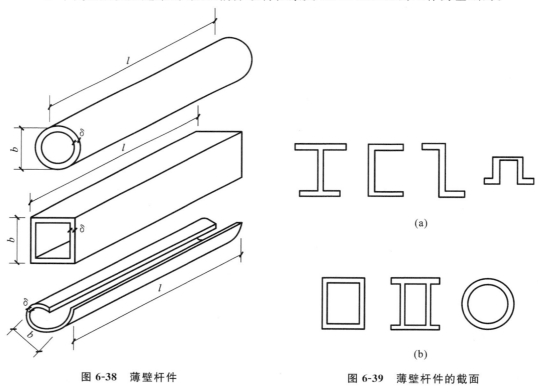

图 6-38　薄壁杆件

图 6-39　薄壁杆件的截面
(a)开口薄壁截面;(b)闭口薄壁截面

以下简单介绍薄壁杆系空间分析方法的应用。

高层建筑结构主要由梁、柱、剪力墙等基本受力构件组成,因此作为杆件系统,采用矩阵位移法进行分析是较为适用的。第一,它反映了高层建筑结构主要受力特点,较好地解决了复杂的高层建筑结构的计算分析问题;第二,采用薄壁杆件表示剪

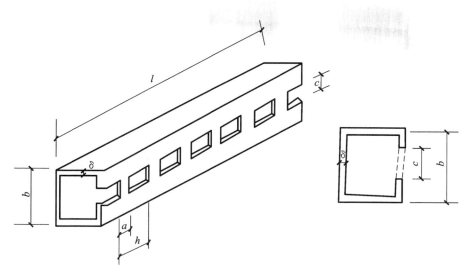

图 6-40 带缀条的开口薄壁杆件

力墙,未知量少,使计算时间大大缩短,输入、输出数据少,适应工程的需要。从 20 世纪 80 年代进行的一系列结构模型试验情况来看,计算结果与实测结果是符合的,表明了这一方法的适应性。

20 世纪 90 年代,以 TBSA、TAT 等为代表的商品软件采用了这种计算模式,并商品化进入市场,目前绝大多数高层建筑结构的计算分析都采用了这一类型的计算模式。从实际应用效果来看,这类程序适合我国国情,符合设计人员习惯,能以较短的时间、较小的工作量迅速完成内力计算和截面配筋,取得较高的经济和社会效益。所以,在今后相当长的一段时间内,空间杆件-薄壁杆件分析方法,仍将是工程设计中的主流分析方法。

但是,用薄壁杆件理论分析高层结构剪力墙存在一定问题。开口薄壁杆件在理论上是科学且合理的,当用其来分析高层结构中的钢筋混凝土剪力墙时,上下层的洞口之间的部分作为连系梁,而将同层彼此相连的剪力墙肢视为薄壁杆件,这样的模型简化在大多数高层建筑剪力墙中应用是合适的,但在某些剪力墙布置复杂的工程中,也遇到一些难以解决的问题,而不得不采用一些变通的近似处理,影响这部分结构内力计算结果的准确性。

空间杆系-薄壁杆系分析方法应用于复杂剪力墙时,在处理变截面的剪力墙、长墙和短墙情况、多肢剪力墙情况、洞口对齐要求、框支剪力墙情况、框架梁与剪力墙的连接等问题上存在以上的不足与困难,但由于这种方法简单、方便,大多数场合下计算结果令人满意,所以现在仍然是基本的、广泛应用的方法。同时,工程设计人员也正在进行改进、完善的工作,以更好地满足实际工程设计的需要。

6.6.2 空间杆系-墙组元模型分析方法

近年来,国内分析高层建筑结构的计算软件采用了多种计算模型,通常在分析梁、柱时都采用空间杆单元,而在剪力墙分析上有所区别。现简单介绍几类常见模型方法。

(1)薄壁杆件模型

这种模型以古典薄壁杆件理论作为分析依据。薄壁杆件与普通杆件的差别在于引入翘曲(扭转角沿纵轴的导数)作为额外未知量,考虑非平面变形的影响。它有适用于各种平面布置、未知量少、对规则结构精度足够的优点,是目前应用最广泛的模型。对于分析高度较大、结构布置特别是竖向布置规则的高层结构(如筒中筒结构、框筒结构等),这种模型被公认为较理想的模型。但是在用于分析高度较低、结构布置复杂的结构时,这种模型存在一些缺点,不能考虑剪切变形影响,不能反映剪力滞后现象等。

(2)一般有限元模型

这种模型把剪力墙细分为空间平面元或壳元。从理论上说,它是最好的模型。它有适用于各种结构布置、分析精度高的优点;它的严重缺点是未知量太多、数据复杂、前处理不易。然而目前来看,随着计算机软硬件的发展,这种模型有着光明的应用前景。

(3)ETABS 模型

这种模型为美国 E. L. Wilson 等人所创立。它用空间膜元、边柱元以及层间处的刚性梁模拟层高范围内的一片剪力墙。这种模型比一般有限元模型未知量明显减少,比薄壁杆件模型未知量仍较多;位移的协调性也处于两种模型之间。国内已有类似的多个软件正在推广应用。

墙组元模型试图保留薄壁柱元和墙组元模型各自的优点,尽量克服其不足。在层高范围内,连接在一起的一组墙称为一个墙组。墙组截面可以是开口截面、闭口截面或半开半闭截面,如图 6-41 所示。

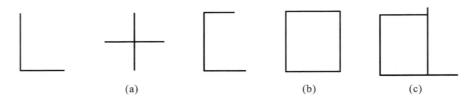

图 6-41 墙组截面

(a)开口截面;(b)闭口截面;(c)半开半闭截面

墙组元从外观上与薄壁柱元类似,但对受力和变形状态的描述却有根本的不同。薄壁柱元以古典薄壁杆件理论为基础,不考虑剪切变形的影响,每端用 7 个未知量描述变形状态,这 7 个变量是剪心处的两个横向位移 U_x、U_y,截面扭转角 θ,形心处的纵向位移 W 和沿两个坐标轴的转角 θ_x、θ_y,以及截面翘曲 θ'(扭转角沿纵轴的导数),如图 6-42 所示。

墙组元考虑剪切变形的影响,用截面任意参考点 P 的两个横向位移 U_x、U_y 和截面扭转角 θ,以及各节点的竖向位移 W_1,W_2,…来描述变形状态,如图 6-43 所示,未知量的个数随节点增加而增加,是不固定的。

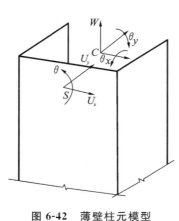

图 6-42 薄壁柱元模型

注:C 表示形心;S 表示剪心。

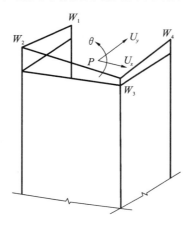

图 6-43 墙组元模型

注:P 为任意点。

从薄壁柱元和墙组元模型的描述中可以看出薄壁柱元把剪力墙当成杆件,单点传力,不直接。当结构不规则或变断面时,变形不协调。墙组元直接采用竖向位移作为未知量,多点直接传力,变形协调,对截面应力状态的描述直观,具有一般有限元的优点。它不需引入剪心、扇形坐标概念,容易理解;它不分开口和闭口截面,应用更广泛。墙组元模型所包含的未知量比薄壁柱元模型稍多,但比一般有限元模型大为减少,是一种介于杆元和连续体有限元之间的分析单元。

6.6.3 空间分析中的剪力墙单元

高层建筑结构空间分析中,除了采用薄壁杆件、墙组元代表剪力墙外,还有直接采用剪力墙单元(墙元)来代表剪力墙的分析方法。

6.6.3.1 板-梁墙元模型(ETABS 模型)

板-梁墙元模型是美国 E. L. Wilson 等人提出的,这种模型把无洞口或有较小洞口的一片剪力墙模型化为一个墙板单元,把有较大洞口的一片剪力墙模型化为一个由墙板单元和连系梁组成的板-梁体系,即把洞口两侧部分作为两个墙板单元,上、下层剪力墙洞口之间部分作为一根连系梁,我们把这种模型称之为板-梁墙元模型,如图 6-44 所示。以便区别于下面将要讨论的壳元墙元模型。

墙板单元由核心板、边梁和边柱三部分组成(图6-45)。核心板是一个平面模元,只能承受墙平面内的荷载,即只有墙平面内的抗弯、抗剪和抗压刚度,平面外刚度为零;边梁为一种特殊的刚性梁,其在墙平面内的抗弯、抗剪刚度和轴向刚度无限大,垂直于墙平面的抗弯、抗剪和抗扭刚度为零,每根边梁除两端节点外,中间还有一个刚性节点,这个节点可用"静力凝聚"方法消去,即可用边柱的位移来表达。边柱依工程实际情况而变,可能是实际工程中的一根柱,也可能是人为虚拟的。

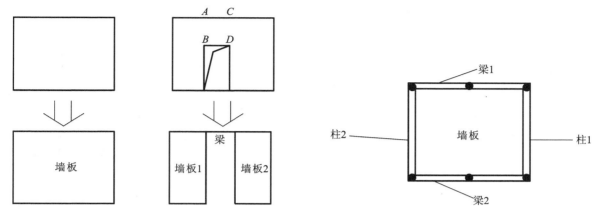

图 6-44 板-梁墙元模型剪力墙简化示意图   图 6-45 板墙单元示意图

板-梁墙元模型的缺点主要表现在以下几个方面:

① 板-梁墙元模型中,是按"柱线"把剪力墙划分成一个个墙板单元的,为了保持各墙板单元角点变形协调,板-梁墙元模型要求整个结构从上到下柱线对齐、贯通。对于复杂工程,特别是当剪力墙洞口不对齐(不等宽)、各层与剪力墙搭接的梁平面位置有变化时,将导致柱线又密又多,这不仅会增加许多墙板单元,增加计算工作量,更重要的是会使许多墙板单元变得又细又长,单元的几何比例不当,造成墙板单元刚度奇异,使分析结果有偏差。

② 将剪力墙洞口间部分模型化为一个梁单元,在如图6-44所示的剪力墙原型中,A 与 B 及 C 与 D 点间是线变形协调的,而用梁单元模拟 ABCD 部分的剪力墙,削弱了剪力墙原型的变形协调关系,其结果是偏柔的,这也正是工程中经常反映的 ETABS 分析结果偏柔的原因所在。

6.6.3.2 壳元墙元模型

(1) 壳元模型

剪力墙既承受水平荷载作用,又承受竖向荷载作用,就其自身而言,既有平面内刚度,又有平面外刚度。从有限元目前的发展水平来看,用壳元模拟剪力墙是比较切合实际的,因为壳元和剪力墙一样,既有平面内刚度,又有平面外刚度。国内外一些优秀的结构通用有限元分析软件,如美国 AIS 公司的 Super SAP、加州大学的 SAP90、RE1 公司的 STAND Ⅱ,我国大连理工大学的 DDJW 等,都具有丰富的单元库,可以较准确地分析工程中的剪力墙。但由于这些软件均为通用有限元分析软件,在用于建筑结构分析时,其效率不高,实用性难以满足工程设计要求,主要表现在:

① 前处理功能弱。一方面数据交互式图形输入功能不强;另一方面,也是更重要的一点,剪力墙单元划分难度大。对于不带洞口的剪力墙,可以比较容易地实现自动划分,但当剪力墙布置比较复杂,洞口较多,尤其当洞门不对齐时,剪力墙单元的划分难以自动实现,而若由人工完成这项工作,其难度和工作量是不可想象的。因为工程中的剪力墙布置千变万化,对于一个多层或高层建筑结构,可能有几百或几千片剪力墙,由人工在计算机屏幕上进行单元划分几乎是不现实的。正是这一点限制了这些优秀软件在建筑结构领域的推广应用。

② 难以考虑建筑结构专业特点,后处理功能不强。由于这些软件均为通用软件,适用领域广是这些软件的一个优点,但用在建筑结构专业时,其专业深度不够,一些专业特点难以考虑进去,如模拟施工加载过程,一些分析、设计参数的调整等。此外,从结构分析结果到出结构施工图需要补充的工作多,这与工程CAD 设计一体化、集成化的要求相距甚远,难以让广大设计人员接受。

（2）壳元墙元模型

为了克服上述壳元模型中剪力墙单元划分的困难,北京大学的 SAP84 在早期的 SAP 软件基础上,首次引入了墙元概念。中国建筑科学研究院 PKPM CAD 工程部在研制高层建筑结构空间有限元分析软件 SATWE 过程中,进一步改进了 SAP84 的墙元,建立了通用墙元。这种墙元的引入,不但简化了剪力墙的几何描述,为实现剪力墙单元的自动划分奠定了基础,而且通过采用子结构技术,减少了结构的总自由度数,提高了分析效率。

SATWE 定义的墙元,是指在 PMCAD 交互式数据输入功能中输入的两个节点之间的一段剪力墙。一个墙元可能带有洞口,也可能不带洞口,如图 6-46 所示。SATWE 软件在 PMCAD 交互式数据输入形成的建筑模型数据的基础上,研制了剪力墙单元自动划分功能模块,解决了制约壳元墙元模型实用性的一个技术关键,实现了前处理数据生成的自动化,从而确保了 SATWE 软件的实用性。一个墙元经细分(图 6-47)后形成的小壳元具体数量,由用户给定的一单元划分尺度、墙元的几何尺寸、洞口空间位置以及空间剪力墙的相互连接关系等因素而定。因墙元细分而增加的墙元内部节点通过采用"静力凝聚"的方法消去,只有墙元的周边节点自由度参与结构整体分析。所以,采用这种墙元后,结构的总自由度大为减少,分析效率得到很大程度的提高。

图 6-46　两种典型墙元示意图

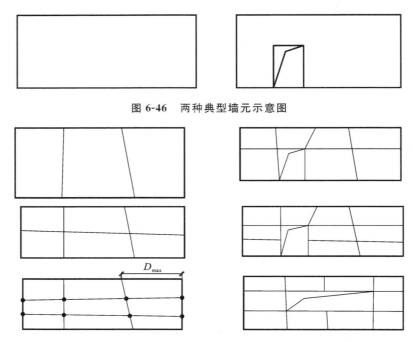

图 6-47　壳元墙元细分示意图

6.6.4　考虑楼板变形计算高层建筑结构

如前几节所述,目前高层建筑结构分析采用了楼板在自身平面内刚度无限大的假定,即楼面在结构受力后,只有位移(水平位移 u、v 和转角 θ)而不变形,这样,每一层楼面只用三个公共自由度 u、v、θ 就可以代表所有构件的水平位移值,从而大大减少了未知量。一般高层建筑结构有较大的进深,楼板平面内刚度很大,采用这一假定是合理的。

下列情况,楼板的变形显著,宜考虑楼板平面内刚度的影响：

① 长宽比很大($L/B>3$,其中 L 为建筑物长度,B 为建筑物宽度)、带端墙或榀刚度不均匀的建筑结构。这类结构的受力,往往因为楼板面内变形的影响,并不按照榀刚度的大小来分配,刚度较小的框架柱往往承受更大的反应。

② 具有复杂平面布置的建筑物,如 L 形、Y 形、十字形、风车形等。这类建筑物在应力集中区往往产生较大的楼板面内变形,使该区域的楼板及其周围的竖向和水平向构件的受力变得复杂。

住宅楼,设计使用年限为 50 年,结构重要性系数 $\gamma_0=1.0$,室外地坪至檐口高度为 66.8 m,高宽比为 2.46,为 A 级高度钢筋混凝土高层建筑结构。基本雪荷载 $S_0=0.4$ kN/m²,基本风压 $\omega_0=0.5$ kN/m²,地面粗糙度为 C 类。工程抗震设防类别为丙类,剪力墙抗震等级为二级,混凝土环境类别上部结构为一类,基础底板及地下室外墙为二 b 类。结构层楼板及 7 层以上剪力墙混凝土强度等级为 C30,7 层楼面以下剪力墙为 C35。屋面及楼面竖向荷载标准值见表 6-24。

表 6-24　　　　　　　　　　　　　　　　　　　　屋面及楼面竖向荷载标准值

房间部位		永久荷载标准值/(kN/m²)	活荷载标准值/(kN/m²)	组合值系数 φ_c	准永久系数 φ_q
屋面	不上人屋面	7.47	0.5	0.7	0
	上人屋面	8.22	2.0	0.7	0.4
楼面	住宅	5.07	2.0	0.7	0.4
	厨房	5.71	2.0	0.7	0.5
	卫生间	5.71	2.0	0.7	0.4
	走廊、门厅	5.31	2.0	0.7	0.4
	消防疏散楼梯	5.31	3.5	0.7	0.3
	阳台	4.75	2.5	0.7	0.4
	物业办公	5.07	2.0	0.7	0.4
	电梯机房	5.70	7.0	0.9	0.8

(2) 风荷载及地震荷载作用下的位移验算

结构在风荷载作用下的弹性层间位移角很小,满足《高规》楼层层间最大位移与层高之比不宜大于 1/1 000 的要求。由于本工程不属于质量与刚度分布明显不对称、不均匀的结构,仅用振型分解反应谱法对多遇地震作用下结构的内力和弹性变形进行计算,只计算单向水平地震作用下的扭转影响。结构的前 4 阶自振周期和振型如表 6-25 所示。结构各楼层的最大弹性层间位移角:X 方向为 1/1 839,Y 方向为 1/2 399,均小于 1/1 000 的规范限值。

表 6-25　　　　　　　　　　　　　　　　　　　　结构的前 4 阶自振周期和振型

振型序号	自振周期/s	振动角度/(°)	平动振动系数		扭转振动系数
			X 方向	Y 方向	
1	1.2103	179.94	0.90	0	0.10
2	1.0942	89.94	0	1.00	0
3	0.9291	17.59	0.37	0.15	0.48
4	0.7222	179.95	0.10	0	0.90

(3) 荷载组合及截面设计原则

由于篇幅限制,在进行构件设计及承载能力计算时,本例仅考虑有地震作用时的荷载组合,荷载效应和地震作用效应组合的设计值满足式(6-2)的要求。当不考虑竖向地震作用时,作用效应的分项系数取值分别为 $\gamma_G=1.2$,$\gamma_{Eh}=1.30$,$\gamma_{Ev}=0$,$\gamma_w=1.40$。剪力墙作为有效的抗侧力构件,其墙肢长度远大于墙体厚度,在其自身平面内具有很大的抗侧向刚度。在进行墙肢的截面设计时,一般要对斜截面受剪承载力、偏心受压或偏心受拉状态下的正截面承载力及墙体平面外轴心受压承载力进行计算。遵照抗震构造"强剪弱弯"的原则,为保证墙肢底部塑性铰区具有良好的延性,设计时应对除底部加强层和其上一层的其他墙肢设计弯矩乘以 1.2 的系数后采用。

(4) 截面设计算例

取一层墙肢 Q4(底部加强区)有地震作用组合情况进行设计和验算,墙体厚度 $b_w=220$ mm,墙肢长度 $h_w=2 200$ mm,墙体对应混凝土强度等级为 C35。墙体分布钢筋及墙肢边缘构件箍筋采用 HRB335 级热轧钢筋,边缘构件纵向受力钢筋采用 HRB400 级热轧钢筋。

① 墙体稳定性及墙肢底部加强区轴压比验算。

墙肢 Q4 为两边支承的单片独立墙肢,根据《高规》,其计算长度系数 $\beta=1.0$,首层墙肢的计算长度按规范公式计算如下:

$$l_0=\beta h=1.0\times 3\ 250=3\ 250\ (\text{mm})$$

作用在首层墙顶组合的等效竖向均布荷载设计值为:

$$q=\frac{4\ 078\ 600}{2\ 200}=1\ 854\ (\text{N/mm})<[q]=\frac{E_c t^3}{10 l_0^2}=\frac{3.15\times 10^4\times 220^3}{10\times 3\ 250^2}=3\ 175.5\ (\text{N/mm})$$

因此,首层墙肢的稳定性符合《高规》的要求。在重力荷载代表值作用下,墙肢 Q4 的轴压力设计值 $N=2\ 496$ kN,轴压比为:

$$\frac{N}{f_c A}=\frac{2\ 496\times 10^3}{16.7\times 220\times 2\ 220}=0.306<0.6$$

首层墙肢 Q4 截面的轴压比满足二级抗震等级的限值要求。

② 墙肢的抗震受剪截面限制条件验算。

墙肢 Q4 的组合内力设计值为 $M_w=336.0$ kN·m,$V_w=177.4$ kN。底部剪力设计值乘以系数进行调整:

$$V=\eta_{vw}V_w=1.4\times 177.4=248.4\ (\text{kN})$$

计算得首层墙肢剪跨比 $\lambda=0.959<2.5$,可以得到:

$$[V]=\frac{0.15\beta_c f_c b_w h_{w0}}{\gamma_{RE}}=1\ 281\ (\text{kN})>V=248.4\ \text{kN}$$

剪压比限值满足要求。

③ 偏心受压正截面抗震承载力计算。

墙肢 Q4 的组合内力设计值 $N_w=498.2$ kN,$M_w=332.9$ kN·m。墙肢两端约束边缘构件的纵向受力钢筋对称配置,其界限破坏力根据下式计算:

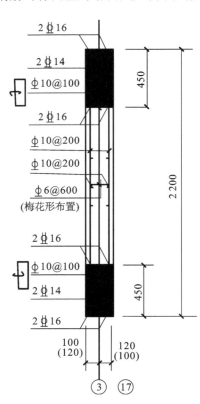

图 6-51 墙肢 Q4 配筋示意图

$$N_b=\frac{\alpha_1 f_c b_w h_{w0}\xi_b-(1-1.5\xi_b h_{w0} b_w f_{yw}\rho_{yw})}{\gamma_{RE}}$$
$$=4\ 299.9\ (\text{kN})>N_w=498.2\ \text{kN}$$

此时墙肢 Q4 处于大偏心受压状态,截面受压区高度为 $x=220.7$ mm,有
$$M_{sw}=0.5\ (h_{w0}-1.5x)^2 f_{yw}\rho_w b_w=318.4\ (\text{kN}\cdot\text{m})$$
$$M_c=\alpha_1 f_c b_w x(h_{w0}-x/2)=1\ 512\ (\text{kN}\cdot\text{m})$$

考虑承载力抗震调整系数 γ_{RE},得到墙肢 Q4 端部约束边缘构件的纵向受力钢筋面积为:

$$A_s=A_s'=\frac{\{\gamma_{RE}[M_w+N_w(h_{w0}-h_w/2)]+M_{sw}-M_c\}}{[f_y'(h_{w0}-a_s')]}<0$$

有地震作用组合时,墙肢的约束边缘构件仅需按构造配置纵向受力钢筋,依据《高规》计算,约束边缘构件实配纵向受力钢筋4Φ16+2Φ14,如图 6-51 所示,实际钢筋面积满足最小配筋率要求。墙肢斜截面抗震受剪承载力计算、平面外轴心受压正截面承载力验算读者可自行完成。

(5)连梁设计要点及算例

为使剪力墙结构具有良好的抗震性能,依据"强墙(肢)弱(连)梁"的原则,除底部加强区外,应使塑性铰出现在连梁的端部。剪力墙连梁在多数情况下高跨比较小,延性较差,地震作用下容易出现斜裂缝。本工程为有地震作用组合的二级抗震等级剪力墙,连梁的剪力设计值应按《高规》和《建筑抗震设计规范》(GB 50011—2010)的相关要求进行调整。以首层连梁 LL27 有地震作用组合的情况为例进行连梁的设计和验算,其内力设计值为 $M_b=111.9$ kN·m,$V_b=200.5$ kN。

① 连梁正截面抗震受弯承载力计算。

根据《混凝土结构设计规范》（GB 50010—2010），连梁正截面抗震受弯承载力按框架梁进行设计计算，如连梁上、下对称配置纵向受力钢筋时，截面受压区高度 $x=0<0.35h_{b0}=0.35\times465=162.8$（mm），不满足 $x\geq2a'_s$ 的条件。考虑承载力抗震调整系数 γ_{RE}，此时连梁纵向受力钢筋面积为：

$$A_s=A'_s=\frac{\gamma_{RE}M_b}{f_y(h_{b0}-a'_s)}=542.2\text{（mm}^2\text{）}$$

实际在连梁底面、顶面对称配置纵筋 $2\Phi20$，实配钢筋面积为：

$$A_s=A'_s=2\times314.2=628.4\text{（mm}^2\text{）}$$

实际配筋率为：

$$\rho=\rho'=\frac{A_s}{b_bh_{b0}}=0.61\%$$

② 连梁剪力设计值的调整及斜截面抗震受剪承载力计算。

重力荷载代表值作用下连梁的剪力设计值按简支梁计算得 $V_{Gb}=16.3$ kN，剪力设计值按下式调整：

$$V_b=\eta_{vb}\frac{M_b^l+M_b^r}{l_n}+V_{Gb}=258.1\text{（kN）}>200.5\text{ kN}$$

此时 LL27 的剪力设计值取 $V_b=258.1$ kN。连梁斜截面抗震受剪承载力主要由箍筋提供，有地震作用时箍筋计算式如下：

$$\frac{A_s}{s}=\frac{\gamma_{RE}V_b-0.38f_tb_bh_{b0}}{0.9f_{yv}h_{b0}}=1.26\text{（mm}^2/\text{mm）}$$

所以，LL27 配置双肢箍 $\Phi10@100$，实际配筋面积为：

$$\frac{A_s}{s}=\frac{2\times78.5}{100}=1.57\text{（mm}^2/\text{mm）}$$

满足《高规》对于二级抗震等级连梁箍筋的构造要求。

6.7.2 案例二

（1）工程概况

某工程位于 7 度抗震设防区，为地下 2 层、地上 20 层的框架-剪力墙结构办公楼，结构的抗震等级：框架二级，抗震墙二级。混凝土强度等级：4 层及 4 层以下墙柱为 C40，梁板均为 C30。当施工至第 10 层时，对已浇结构混凝土检测发现，第 4 层局部 4 片墙柱混凝土强度严重不足，平面位置如图 6-52 所示，混凝土强度最低值经过钻芯取样检测仅有 C15，且距浇筑完已 2 个多月，其后期强度增长余量不能达到设计要求的强度等级。由于该层除这 4 片墙柱外其余构件混凝土强度均符合设计要求，通过对此混凝土成分进行分析、检验，发现该 4 片墙柱均为同一车预拌混凝土，该搅拌车路遇故障，到达工地时已过初凝期，这是造成混凝土强度不足的直接原因。经复核计算，需对该层 4 片墙柱进行加固处理。

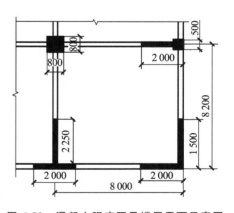

图 6-52 混凝土强度不足楼层平面示意图

（2）加固方案对比

由于混凝土强度严重不足，可采用拆除、加固和置换三种方案。

① 对第 4 层以上结构拆除后重新施工，只要安全措施到位，风险和工程隐患就会最小，但不经济且工期很长。

② 采用增大截面、粘钢、包碳纤维等加固方法，后期墙柱强度理论上可提高，但难以定量，经加固后的墙柱与其他混凝土墙柱在抗震时的延性不匹配，仍存在一定的安全隐患，且会给用户装修和使用带来不便。

③ 采用置换加固技术对第 4 层强度不符合设计要求的墙柱混凝土进行完全凿除，保留钢筋，再用高于设计强度一个等级的混凝土重新浇筑。该法较经济，工期较短，加固成功后无任何后顾之忧，但技术难度较大。

经充分论证,权衡利弊,决定对墙柱进行置换加固。

(3) 分批置换混凝土

① 临时支撑的确定和分批置换。

置换法首先要在缺陷墙柱四周设置临时支撑柱,然后人工凿除有缺陷的墙柱,再重新浇筑混凝土,等混凝土强度达到强度设计值后再拆除支撑柱。选择合理的临时支撑是确保置换法施工安全的关键,按工期、成本、可靠性等因素,临时支撑柱可选用型钢柱、预制混凝土柱和现浇混凝土柱。考虑到墙柱凿除后上部还有 6 层的结构,楼层竖向荷载较大,同时支撑柱本身的强度和稳定性也关系到加固效果,经计算和比较,最后确定采用现浇混凝土柱并结合型钢柱作为临时支撑的方案。

现浇混凝土柱截面宽度同梁宽(250 mm),高度取 500 mm,置于需置换的墙柱四周梁上。经计算,临时混凝土柱最不利时需承受 300 kN 左右的荷载。考虑其下梁的结构安全,确定临时混凝土柱需从地下室顶板梁开始浇筑,同一位置直至 5 层楼面标高。另外,考虑加固进度和置换屋楼面以上的受力特点,确定 5 层楼面至 8 层楼面在临时混凝土柱的竖向对应位置设置工字钢作为临时支撑柱(图 6-53、图 6-54)。

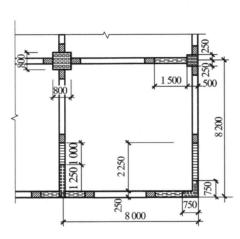

图 6-53 分批置换墙柱示意图

▨ 250 mm×500 mm 现浇混凝土柱临时支撑
▤ 第一批凿除部分的墙体
▥ 第二批凿除部分的墙体

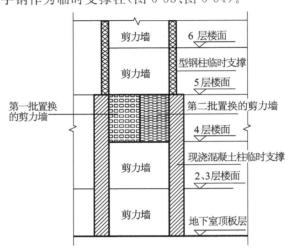

图 6-54 临时支撑设置示意图

由于剪力墙柱承受的轴力较大,截面也较长,虽已设置临时支撑,但全部进行一次性置换,仍可能使凿出的墙柱钢筋变形过大甚至构件产生竖向变形而开裂,因此确定分两批对墙柱混凝土进行置换,待第一批置换混凝土达到强度设计值要求后再进行第二批置换,以保证结构安全。经论证,确定较长的三片剪力墙分两次进行混凝土置换,对独立柱则进行一次性置换。

图 6-55 墙柱拆除

② 混凝土的拆除。

为减小对原结构混凝土的损伤,低强度部分混凝土墙柱需由人工凿钻,轻打轻凿,对墙柱进行分块凿除,先从一侧凿至坚硬混凝土层,再凿除另一侧混凝土,不得损坏墙柱的水平和竖向主筋(图 6-55)。

③ 置换混凝土浇筑。

置换混凝土采用流动性好、黏结强度高、早期强度高的无收缩高强灌浆料。施工前,将置换区松散的混凝土清理洁净,采用压缩空气直接吹喷,并用洁净水预湿 1 h。灌浆前吸干孔内表面明水。模板安装应保证坚固、稳定、不漏浆,且顶面喇叭口需高出梁底面 100 mm 左右,以保证灌浆层填充饱满。灌浆时从一侧灌入,灌注过程主要靠浆体初始流动度达到自密实效果。灌浆体终凝后(约在灌浆后 40 min),保湿、保温养护。灌浆后 1~4 h 内会产生大量水化热,灌浆部位温度迅速升高,水分迅速蒸发,因此注水养护时需及时补水。

④ 变形监测。

在置换加固施工期间设置沉降变形监测点,采用精密水准仪进行监测,主要监测点设在被置换的4片墙柱相应梁板位置和临时支撑柱上,监测的重要时间节点是第一批混凝土墙全部剔凿后,新浇混凝土刚浇筑完未达强度设计值时。从整个沉降变化情况可知变形极其微小(仅有0.8 mm),几乎可忽略不计;根据被置换构件周边梁板裂缝跟踪观测情况,也未发现明显裂纹。本工程加固完成后使用情况良好,无不良情况发生。

(4) 结语

由于混凝土强度严重不足引起承重墙柱承载力不能满足安全使用要求,需进行加固处理。可采取混凝土置换法进行加固,通过上述工程实例,重点归纳为如下几点:

① 需置换的墙柱承载力较大、截面较大较长时,可采用局部分批置换,但应合理安排置换顺序。

② 临时支撑的合理设置是保证加固是否安全顺利的关键,需精心设计计算。

③ 置换施工过程中,需对相关梁板柱的变形和裂纹进行监测,以确保安全。

④ 置换混凝土的材料可采用灌浆料,由于其早强、高强、微膨胀和自流性等性能特点,在结构加固修补中应用较广泛。

知识归纳

1. 对高层建筑结构来说,侧向力对结构内力和变形的影响较大,常见的抗侧力基本结构体系有框架结构体系、剪力墙结构体系、框架-剪力墙结构体系和筒体结构体系等。在各种基本结构形式基础上,通过灵活组合和布置,可以形成新的抗侧力结构体系,如悬挂式结构、巨型框架结构、竖向桁架结构以及核心筒加复合巨型柱结构等。

2. 与低层建筑不同,高层建筑受水平作用的影响显著,抗风和抗震设计对高层建筑结构十分重要。

3. 地震作用的计算方法主要有底部剪力法、振型分解反应谱法和时程分析法等。高层建筑结构应按不同的情况,分别采用相应的地震计算方法。

4. 高层建筑结构概念设计要点:① 结构简单、规则、均匀;② 刚柔适度;③ 整体稳定性强;④ 轻质高强、多道设防。

5. 要使结构具有较好延性,有以下几点值得注意:① 强柱弱梁;② 强剪弱弯;③ 强节弱杆;④ 强压弱拉。

6. 根据国内外近30年来对钢筋混凝土框架延性的研究成果,只要设计合理,钢筋混凝土框架结构完全可以成为具有较好塑性变形能力的延性框架。震害调查分析和结构试验研究表明,钢筋混凝土结构的塑性铰控制理论在抗震结构设计中具有重要的作用。

7. 一般按照剪力墙上洞口的大小、多少及排列方式,将剪力墙分为整体墙、整体小开口墙、联肢墙、壁式框架四类。

8. 整体剪力墙和整体小开口剪力墙,可直接用材料力学公式,按竖向悬臂梁计算剪力墙任意点的应力或任意水平截面上的内力。联肢墙、多肢剪力墙可采用连续连杆法作为内力及位移分析的近似方法。计算壁式框架内力和位移的方法有两种:① 用杆件有限元矩阵位移法计算;② 用修正的 D 值法计算。

9. 框架-剪力墙结构在水平力作用下,框架与剪力墙之间楼层剪力的分配和框架各楼层剪力分布情况,随楼层所处高度的变化而变化,与结构刚度特征值λ直接相关。结构刚度特征值,是反映总框架和总剪力墙刚度之比的一个参数,对框剪结构的受力状态和变形状态及外力的分配都有很大的影响。

10. 框架-剪力墙结构在水平荷载作用下,外荷载由框架和剪力墙共同承担,外力在框架和剪力墙之间的分配由协同工作计算确定。协同工作计算采用连续连杆法。

11. 框架-剪力墙结构体系在水平荷载作用下的内力分析是一个三维超静定问题,通常把它简化为平面结构来计算。此时,可把所有剪力墙综合在一起成总剪力墙,将所有框架综合在一起成总框架。总框架和总剪力墙之间根据实际情况考虑有铰接和刚接两种连接方式。

12. 高层建筑结构空间分析中,除了采用薄壁杆件、墙组元代表剪力墙外,还有直接采用剪力墙单元(墙元)来代表剪力墙的分析方法。

独立思考

6-1 高层建筑结构的工作特点有哪些?其布置原则是什么?试举例说明。

6-2 什么是延性系数?进行延性结构设计时应采用什么方法才能达到抗震设防三水准目标?

6-3 框架结构设计中,"强剪弱弯"原则是如何实现的?试举例说明。

6-4 高层建筑结构的竖向承重体系和水平承重体系各有哪些?

6-5 什么是荷载效应组合?有地震作用组合和无地震作用组合表达式是什么?

6-6 开洞剪力墙中,连梁性能对剪力墙破坏形式、延性性能有哪些影响?连梁延性设计的要点是什么?

6-7 框架-剪力墙结构中框架与剪力墙结构连系的方式有几种?它们的受力特点有什么区别?计算简图是怎样简化的?在计算内容和计算步骤上有什么不同?

6-8 什么是框架与剪力墙协同工作?试从变形方面分析框架-剪力墙是如何协同工作的。

6-9 框筒结构的剪力滞后指的是什么?剪力滞后是怎样形成的?与哪些因素有关?采取哪些措施可以减小剪力滞后?

实战演练

6-1 某钢筋混凝土框架-剪力墙结构高40 m,在基本振型地震作用下,框架承受的地震倾覆力矩大于结构总倾覆力矩的50%,建筑场地类别为Ⅳ类,丙类建筑,抗震设防烈度为7度,设计基本地震加速度为0.15 g。判断此框架的抗震等级为( )。

A. 一级   B. 二级   C. 三级   D. 四级

6-2 某10层钢筋混凝土框架-剪力墙结构,各楼层的重力荷载代表值均为8 000 kN,层高均为3.6 m,9度抗震设防,场地类别为Ⅱ类。试问:计算结构总的竖向地震作用标准值F_{Ek}(kN)与下列哪项数值最为接近?( )

A. 12 480   B. 10 280   C. 14 153   D. 16 651

6-3 某20层的钢筋混凝土框架-剪力墙结构,总高为75 m,第1层的重力荷载设计值为7 300 kN,第2～19层均为6 500 kN,第20层为5 100 kN。试问:当结构主轴方向的弹性等效刚度EJ_D(×10⁹ kN·m)的最低值满足下列哪项数值时,在水平力作用下,可不考虑重力二阶效应的不利影响?( )

A. 1.019   B. 1.638   C. 1.965   D. 2.358

6-4 在正常使用条件下的下列钢筋混凝土结构中,哪一项对层间位移与层高之比限值的要求更为严格?( )

    A. 高度不大于 150 m 的框架结构   B. 高度为 180 m 的剪力墙结构

    C. 高度为 160 m 的框架-核心筒结构   D. 高度为 175 m 的筒中筒结构

6-5 某 18 层钢筋混凝土框架-剪力墙结构高 58 m,在基本振型地震作用下,框架部分承受的地震倾覆力矩小于结构总倾覆力矩的 50%,7 度设防,丙类建筑,场地类别为 Ⅱ 类,下列关于框架、剪力墙抗震等级确定正确的是哪项?( )

    A. 框架三级,剪力墙二级   B. 框架三级,剪力墙三级

    C. 框架二级,剪力墙二级   D. 无法确定

6-6 某住宅建筑为地下 2 层、地上 26 层的含有部分框支剪力墙的剪力墙结构,总高 95.4 m,一层层高为 5.4 m,其余各层层高为 3.6 m。转换梁顶面标高为 5.400 m,剪力墙抗震等级为二级。试问:剪力墙的约束边缘构件至少应做到下列哪层楼面处为止?( )

    A. 二层楼面,即标高 5.400 m 处   B. 三层楼面,即标高 9.000 m 处

    C. 四层楼面,即标高 12.600 m 处   D. 五层楼面,即标高 16.200 m 处

6-7 某城市郊区有一 30 层的一般钢筋混凝土高层建筑,如图 6-56 所示。地面以上高度为 100 m,迎风面宽度为 25 m,按 100 年重现期的基本风压 $w_0 = 0.55$ kN/m²,风荷载体型系数为 1.3。

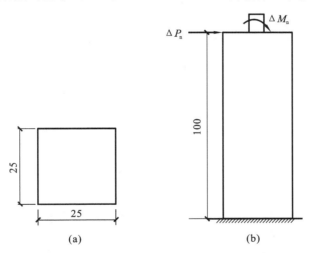

图 6-56 30 层钢筋混凝土房屋的建筑示意图(单位:m)

(a)建筑平面图;(b)建筑立面图

(1)假定结构基本自振周期 $T_1 = 1.8$ s,试计算高度 80 m 处的风振系数。(提示:结构振型系数采用振型计算点距地面高度 z 与房屋高度 H 的比值。)

(2)试确定高度 100 m 处的围护结构的风荷载标准值(kN/m²)。

(3)假定作用于 100 m 高度处的风荷载标准值 $w_k = 2$ kN/m²,又已知突出小塔楼风剪力标准值 $\Delta P_n = 500$ kN 及风弯矩标准值 $\Delta M_n = 2\,000$ kN·m,作用于 100 m 高度的屋面处。设风压沿高度的变化为倒三角形(地面处为 0)。试计算在地面($z=0$)处,风荷载产生倾覆力矩的设计值(×10³kN·m)。

6-8 某 6 层框架结构,各层计算高度分别为 5.0 m(底层)、5×3.6 m。抗震设防烈度为 8 度,设计基本地震加速度为 0.20 g,设计地震分组为第二组,场地类别为 Ⅲ 类,集中在屋盖和楼盖处的重力荷载代表值为 $G_6 = 4\,800$ kN,$G_{2\sim5} = 6\,000$ kN,$G_1 = 7\,000$ kN。采用底部剪力法计算。

(1)假定结构的基本自振周期 $T_1 = 0.7$ s,结构阻尼比 $\zeta = 0.05$。计算结构总水平地震作用标准值 F_{Ek} (kN)。

(2)若该框架为钢筋混凝土结构,结构的基本自振周期 $T_1 = 0.8$ s,总水平地震作用标准值 $F_{Ek} = 3\,475$ kN,试计算作用于顶部的附加水平地震作用标准值 ΔF_6(kN)。

(3)若已知结构总水平地震作用标准值 $F_{Ek} = 3\,126$ kN,作用于顶部的附加水平地震作用 $\Delta F_6 =$

256 kN,试计算作用于 G_5 处的水平地震作用标准值 F_5(kN)。

(4) 若该框架为钢结构,结构的基本自振周期 $T_1=1.2$ s,结构阻尼比 $\zeta=0.035$,其他数据不变,计算结构总水平地震作用标准值 F_{Ek}(kN)。

6-9 某Ⅳ类场地上较高的建筑,其框架柱的抗震等级为二级,轴压比为 0.7,混凝土强度等级为 C60,$f_c=27.5$ MPa,截面尺寸为 1 300 mm×1 300 mm($b×h$),箍筋采用 HRB335 级钢,$f_y=300$ MPa,加密区箍筋采用双向井字复合箍筋,试计算柱箍筋加密区内最小体积配箍率。(提示:$\rho_v=\dfrac{4A_{s1}(b+h-4a_s')}{(b-2a_s')(h-2a_s')s}\times$ 100%,a_s' 可取 25 mm。)

6-10 某 10 层框架-剪力墙结构,其结构平面布置如图 6-57 所示,试绘出其在横向水平荷载作用下的计算简图,并指出总框架、总剪力墙及总连梁各代表平面布置图中的哪些构件。

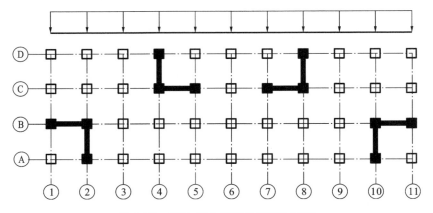

图 6-57 框架-剪力墙结构平面布置图

参考文献

[1] 中华人民共和国住房和城乡建设部.JGJ 3—2010 高层建筑混凝土结构技术规程.北京:中国建筑工业出版社,2011.

[2] 中华人民共和国住房和城乡建设部,中华人民共和国国家质量监督检验检疫总局.GB 50011—2010 建筑抗震设计规范.北京:中国建筑工业出版社,2010.

[3] 中华人民共和国住房和城乡建设部,中华人民共和国国家质量监督检验检疫总局.GB 50009—2012 建筑结构荷载规范.北京:中国建筑工业出版社,2012.

[4] 东南大学,同济大学,天津大学.混凝土结构(中册):混凝土结构与砌体结构设计.5 版.北京:中国建筑工业出版社,2012.

[5] 霍达.高层建筑结构设计.2 版.北京:高等教育出版社,2011.

[6] 赵西安.现代高层建筑结构设计(上、下册).北京:科学出版社,2000.

[7] 傅学怡.实用高层建筑结构设计.2 版.北京:中国建筑工业出版社,2010.

[8] 范涛.高层建筑结构.重庆:重庆大学出版社,2009.

[9] 周晓悦,章雪峰.分批置换混凝土在高层框剪结构加固中的应用实例.建筑技术,2012,43(4):365-367.

附　录

附录1　等截面等跨连续梁在常用荷载作用下的内力系数

（1）在均布荷载及三角形荷载作用下

$$M＝表中系数×ql^2$$
$$V＝表中系数×ql$$

（2）在集中荷载作用下

$$M＝表中系数×Pl$$
$$V＝表中系数×P$$

（3）内力正负号的规定

M:使截面上部受压、下部受拉为正；

V:对邻近截面所产生的力矩沿顺时针方向者为正。

两跨梁、三跨梁、四跨梁、五跨梁在常用荷载作用下的内力系数见附表 1-1～附表 1-4。

附表 1-1

两跨梁内力系数

荷载图	跨内最大弯矩		支座弯矩	剪力		
	M_1	M_2	M_B	V_A	V_{Bl} V_{Br}	V_C
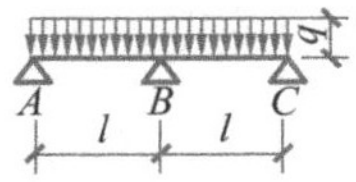	0.070	0.070	−0.125	0.375	−0.625 0.625	−0.375
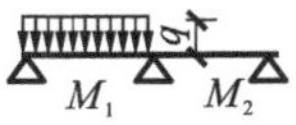	0.096	—	−0.063	0.437	−0.563 0.063	0.063
	0.048	0.048	−0.078	0.172	−0.328 0.328	−0.172
	0.064	—	−0.039	0.211	−0.289 0.039	0.039
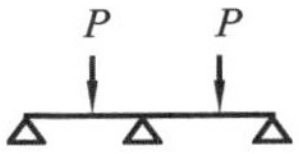	0.156	0.156	−0.188	0.312	−0.688 0.688	−0.312
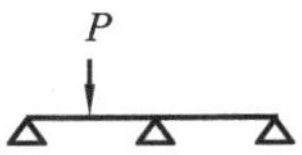	0.203	—	−0.094	0.406	−0.594 0.094	0.094
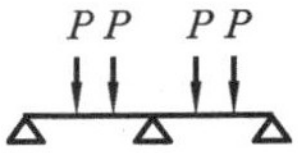	0.222	0.222	−0.333	0.667	−1.333 1.333	−0.667
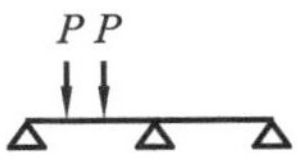	0.278	—	−0.167	0.833	−0.167 0.167	0.167

附表 1-2

三跨梁内力系数

荷载图	跨内最大弯矩		支座弯矩		剪力			
	M_1	M_2	M_B	M_C	V_A	V_{Bl} V_{Br}	V_{Cl} V_{Cr}	V_D
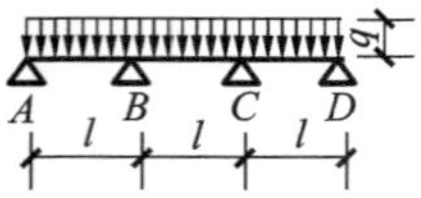	0.080	0.025	−0.100	−0.100	0.400	−0.600 0.500	−0.500 0.600	−0.400
	0.101	—	−0.050	−0.050	0.450	−0.550 0	0 0.550	−0.450
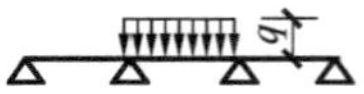	—	0.075	−0.050	−0.050	−0.050	−0.050 0.500	−0.500 0.050	0.050
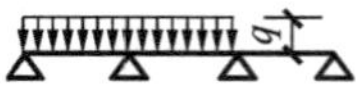	0.073	0.054	−0.117	−0.033	0.383	−0.617 0.583	−0.417 0.033	0.033
	0.094	—	−0.067	0.017	0.433	−0.567 0.083	0.083 −0.017	−0.017
	0.054	0.021	−0.063	−0.063	0.183	−0.313 0.250	−0.250 0.313	−0.188
	0.068	—	−0.031	−0.031	0.219	−0.281 0	0 0.281	−0.219
	—	0.052	−0.031	−0.031	−0.031	−0.031 0.250	−0.250 0.031	0.031
	0.050	0.038	−0.073	−0.021	0.177	−0.323 0.302	−0.198 0.021	0.021
	0.063	—	−0.042	0.010	0.208	−0.292 0.052	0.052 −0.010	−0.010

续表

荷载图	跨内最大弯矩		支座弯矩		剪力			
	M_1	M_2	M_B	M_C	V_A	V_{Bl} V_{Br}	V_{Cl} V_{Cr}	V_D
(P P P)	0.175	0.100	−0.150	−0.150	0.350	−0.650 0.500	−0.500 0.650	−0.350
(P _ P)	0.213	—	−0.075	−0.075	0.425	−0.575 0	0 0.575	−0.425
(P)	—	0.175	−0.075	−0.075	−0.075	−0.075 0.500	−0.500 0.075	0.075
(P P)	0.162	0.137	−0.175	−0.050	0.325	−0.675 0.625	−0.375 0.050	0.050
(P)	0.200	—	−0.100	0.025	0.400	−0.600 0.125	0.125 −0.025	−0.025
(PP PP PP)	0.244	0.067	−0.267	−0.267	0.733	−1.267 1.000	−1.000 1.267	−0.733
(PP _ PP)	0.289	—	−0.133	−0.133	0.866	−1.134 0.000	0.000 1.134	−0.866
(PP)	—	0.200	−0.133	−0.133	−0.133	0.133 1.000	−1.000 0.133	0.133
(PP PP)	0.229	0.170	−0.311	−0.089	0.689	−1.311 1.222	−0.778 0.089	0.089
(PP)	0.274	—	−0.178	0.044	0.822	−1.178 0.222	0.222 −0.044	−0.044

附表 1-3

四跨梁内力系数

荷载图	跨内最大弯矩				支座弯矩			剪力				
	M_1	M_2	M_3	M_4	M_B	M_C	M_D	V_A	V_{Bl} / V_{Br}	V_{Cl} / V_{Cr}	V_{Dl} / V_{Dr}	V_E
	0.077	0.036	0.036	0.077	−0.107	−0.071	−0.107	0.393	−0.607 / 0.536	−0.464 / 0.464	−0.536 / 0.607	−0.393
	0.100	—	0.081	—	−0.054	−0.036	−0.054	0.446	−0.554 / 0.018	0.018 / 0.482	−0.518 / 0.054	0.054
	0.072	0.061	—	0.098	−0.121	−0.018	−0.058	0.380	−0.620 / 0.603	−0.397 / −0.040	−0.040 / 0.558	−0.442
	—	0.056	0.056	—	−0.036	−0.107	−0.036	−0.036	−0.036 / 0.429	−0.571 / 0.571	−0.429 / 0.036	0.036
	0.094	—	—	—	−0.067	0.018	−0.004	0.443	−0.567 / 0.085	0.085 / −0.022	−0.022 / 0.004	0.004
	—	0.071	—	—	−0.049	−0.054	0.013	−0.049	−0.049 / 0.496	−0.504 / 0.067	0.067 / −0.013	−0.013
	0.052	0.028	0.028	0.052	−0.067	−0.045	−0.067	0.183	−0.317 / 0.272	−0.228 / 0.228	−0.272 / 0.317	−0.183

续表

荷载图	跨内最大弯矩 M₁	M₂	M₃	M₄	支座弯矩 M_B	M_C	M_D	剪力 V_A	V_Bl / V_Br	V_Cl / V_Cr	V_Dl / V_Dr	V_E
	0.067	—	0.055	—	−0.034	−0.022	−0.034	0.217	−0.284 / 0.011	0.011 / 0.239	−0.261 / 0.034	0.034
	0.049	0.042	—	0.066	−0.075	−0.011	−0.036	0.175	−0.325 / 0.314	−0.186 / −0.025	−0.025 / 0.286	−0.214
	—	0.040	0.040	—	−0.022	−0.067	−0.022	−0.022	−0.022 / 0.205	−0.295 / 0.295	−0.205 / 0.022	0.022
	0.063	—	—	—	−0.042	0.011	−0.003	0.208	−0.292 / 0.053	0.053 / −0.014	−0.014 / 0.003	0.003
	—	0.051	—	—	−0.031	−0.034	0.008	−0.031	−0.031 / 0.247	−0.253 / 0.042	0.042 / 0.008	−0.008
	0.169	0.116	0.116	0.169	−0.161	−0.107	−0.161	0.339	−0.661 / 0.554	−0.446 / 0.446	−0.554 / 0.661	−0.339
	0.210	—	0.183	—	−0.080	−0.054	−0.080	0.420	−0.580 / 0.027	0.027 / 0.473	−0.527 / 0.080	0.080
	0.159	0.146	—	0.206	−0.181	−0.027	−0.087	0.319	−0.681 / 0.654	−0.346 / −0.060	−0.060 / 0.587	−0.413

续表

荷载图	跨内最大弯矩				支座弯矩			剪力				
	M_1	M_2	M_3	M_4	M_B	M_C	M_D	V_A	V_{Bl} / V_{Br}	V_{Cl} / V_{Cr}	V_{Dl} / V_{Dr}	V_E
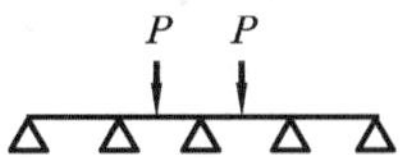 荷载图1	—	0.142	0.142	—	−0.054	−0.161	−0.054	0.054	−0.054 / 0.393	−0.607 / 0.607	−0.393 / 0.054	0.054
 荷载图2	0.200	—	—	—	−0.100	0.027	−0.007	0.400	−0.600 / 0.127	0.127 / −0.033	−0.033 / 0.007	0.007
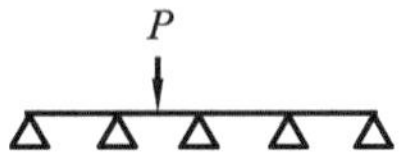 荷载图3	—	0.173	—	—	−0.074	−0.080	0.020	−0.074	−0.074 / 0.493	−0.507 / 0.100	0.100 / −0.020	−0.020
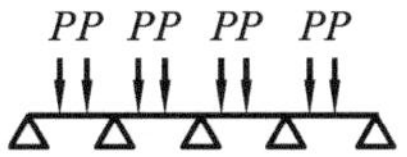 荷载图4	0.238	0.111	0.111	0.238	−0.286	−0.191	−0.286	0.714	−1.286 / 1.095	−0.905 / 0.905	−1.095 / 1.286	−0.714
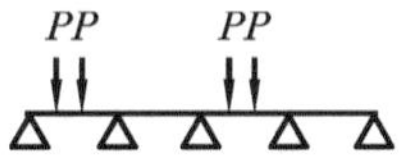 荷载图5	0.286	0.111	0.222	−0.048	−0.143	−0.095	−0.143	0.857	−1.143 / 0.048	0.048 / 0.952	−1.048 / 0.143	0.143
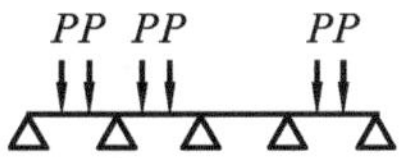 荷载图6	0.226	0.194	—	0.282	−0.321	−0.048	−0.155	0.679	−1.321 / 1.274	−0.726 / −0.107	−0.107 / 1.155	−0.845
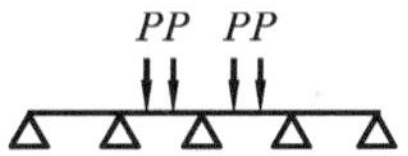 荷载图7	—	0.175	0.175	—	−0.095	−0.286	−0.095	−0.095	−0.095 / 0.810	−1.190 / 1.190	−0.810 / 0.095	0.095
 荷载图8	0.274	—	—	—	−0.178	0.048	−0.012	−0.822	−1.178 / 0.226	0.226 / 0.060	−0.060 / 0.012	0.012
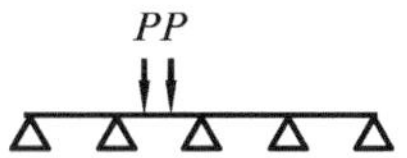 荷载图9	—	0.198	—	—	−0.131	0.143	0.036	−0.131	−0.131 / 0.988	−1.012 / 0.178	0.178 / −0.036	0.036

附表 1-4

五跨梁内力系数

荷载图	跨内最大弯矩			支座弯矩				剪力					
	M_1	M_2	M_3	M_B	M_C	M_D	M_E	V_A	V_{Bl} / V_{Br}	V_{Cl} / V_{Cr}	V_{Dl} / V_{Dr}	V_{El} / V_{Er}	V_F
（A B C D E F / M_1 M_2 M_3 M_4 M_5）	0.078	0.033	0.046	−0.105	−0.079	−0.079	−0.105	0.394	−0.606 / 0.526	−0.474 / 0.500	−0.500 / 0.474	−0.526 / 0.606	−0.394
	0.100	—	0.085	−0.053	−0.040	−0.040	−0.053	0.447	−0.553 / 0.013	0.013 / 0.500	−0.500 / −0.013	−0.013 / 0.553	−0.447
	—	0.079	—	−0.053	−0.040	−0.040	−0.053	−0.053	−0.053 / 0.513	−0.487 / 0	0 / 0.487	−0.513 / 0.053	0.053
	0.073	②0.059 / 0.078	—	−0.119	−0.022	−0.044	−0.051	0.380	−0.620 / 0.598	−0.402 / −0.023	−0.023 / 0.493	−0.507 / 0.052	0.052
	①— / 0.098	0.055	0.064	−0.035	−0.111	−0.020	−0.057	−0.035	−0.035 / 0.424	−0.576 / 0.591	−0.409 / −0.037	−0.037 / 0.557	−0.443
	0.094	—	—	−0.067	0.018	−0.005	0.001	0.433	−0.567 / 0.085	0.085 / −0.023	−0.023 / 0.006	0.006 / −0.001	−0.001
	—	0.074	—	−0.049	−0.054	0.014	−0.004	0.019	−0.049 / 0.495	−0.505 / 0.068	0.068 / −0.018	−0.018 / 0.004	0.004
	—	—	0.072	0.013	−0.053	−0.053	0.013	0.013	0.013 / −0.066	−0.066 / 0.500	−0.500 / 0.066	0.066 / −0.013	−0.013

荷载图	跨内最大弯矩			支座弯矩				剪力					
	M_1	M_2	M_3	M_B	M_C	M_D	M_E	V_A	V_{Bl} / V_{Br}	V_{Cl} / V_{Cr}	V_{Dl} / V_{Dr}	V_{El} / V_{Er}	V_F
	0.053	0.026	0.034	−0.066	−0.049	−0.049	−0.066	0.184	−0.316 / 0.266	−0.234 / 0.250	−0.250 / 0.234	−0.266 / 0.316	−0.184
	0.067	—	0.059	−0.033	−0.025	−0.025	−0.033	0.217	−0.283 / 0.008	0.008 / 0.250	−0.250 / −0.008	−0.008 / 0.283	−0.217
	—	0.055	—	−0.033	−0.025	−0.025	−0.033	0.033	−0.033 / 0.258	−0.242 / 0	0 / 0.242	−0.258 / 0.033	0.033
	0.049	②0.041 / 0.053	0.044	0.075	−0.014	−0.028	−0.032	0.175	0.325 / 0.311	−0.189 / −0.014	−0.014 / 0.246	−0.255 / 0.032	0.032
	① — / 0.066	0.039	—	−0.022	−0.070	−0.013	−0.036	−0.022	−0.022 / −0.202	−0.298 / 0.307	−0.193 / −0.023	−0.023 / 0.286	−0.214
	0.063	—	—	−0.042	0.011	−0.003	0.001	0.208	−0.292 / 0.053	0.053 / −0.014	−0.014 / 0.004	0.004 / −0.001	−0.001
	—	0.051	—	−0.031	−0.034	0.009	−0.002	−0.031	−0.031 / 0.247	−0.253 / 0.043	0.043 / −0.011	−0.011 / 0.002	0.002
	—	—	0.050	0.008	−0.033	−0.033	0.008	0.008	0.008 / −0.041	−0.041 / 0.250	−0.250 / 0.041	0.041 / −0.008	−0.008

续表

荷载图	跨内最大弯矩			支座弯矩				剪力					
	M_1	M_2	M_3	M_B	M_C	M_D	M_E	V_A	V_{Bl} / V_{Br}	V_{Cl} / V_{Cr}	V_{Dl} / V_{Dr}	V_{El} / V_{Er}	V_F
(满跨均布 P)	0.171	0.112	0.132	−0.158	−0.118	−0.118	−0.158	0.342	−0.658 / 0.540	−0.460 / 0.500	−0.500 / 0.460	−0.540 / 0.658	−0.342
(1、3、5 跨 P)	0.211	—	0.191	−0.079	−0.059	−0.059	−0.079	0.421	−0.579 / 0.020	0.020 / 0.500	−0.500 / −0.020	0.020 / 0.579	−0.421
(2、4 跨 P)	—	0.181	—	−0.079	−0.059	−0.059	−0.079	−0.079	−0.079 / 0.520	−0.480 / 0	0 / 0.480	−0.520 / 0.079	0.079
(1、2 跨 P)	0.160	②0.144 / 0.178	—	−0.179	−0.032	−0.066	0.077	0.321	−0.679 / 0.647	−0.353 / −0.034	−0.034 / 0.489	−0.511 / 0.077	0.077
(2、3 跨 P)	①— / 0.207	0.140	0.151	−0.052	−0.167	−0.031	−0.086	−0.052	−0.052 / 0.385	−0.615 / 0.637	−0.363 / 0.056	−0.056 / 0.586	−0.414
(1 跨 P)	0.200	—	—	−0.100	0.027	−0.007	0.002	0.400	−0.600 / 0.127	0.127 / −0.031	−0.034 / 0.009	0.009 / −0.002	−0.002
(2 跨 P)	—	0.173	—	−0.073	−0.081	0.022	−0.005	−0.073	−0.073 / 0.493	−0.507 / 0.102	0.102 / −0.027	−0.027 / 0.005	0.005
(3 跨 P)	—	—	0.171	0.020	−0.079	−0.079	0.020	0.020	0.020 / −0.099	−0.099 / 0.500	−0.500 / −0.099	0.099 / −0.020	−0.020

续表

荷载图	跨内最大弯矩			支座弯矩				剪力					
	M_1	M_2	M_3	M_B	M_C	M_D	M_E	V_A	V_{Bl} / V_{Br}	V_{Cl} / V_{Cr}	V_{Dl} / V_{Dr}	V_{El} / V_{Er}	V_F
PP PP PP PP PP	0.240	0.100	0.122	−0.281	−0.211	−0.211	−0.281	0.719	−1.281 / 1.070	−0.930 / 1.000	−1.000 / 0.930	−1.070 / 1.281	−0.719
PP PP PP	0.287	0.216	0.228	−0.140	−0.105	−0.105	−0.140	0.860	−1.140 / 0.035	0.035 / 1.000	−1.000 / −0.035	−0.035 / 1.140	−0.860
PP PP	—	—	—	−0.140	−0.105	−0.105	−0.140	−0.140	−0.140 / 1.035	−0.965 / 0	0 / 0.965	−1.035 / 0.140	0.140
PP PP PP	0.227	②$\dfrac{0.189}{0.209}$	—	−0.319	−0.057	−0.118	−0.137	0.681	−1.319 / 1.262	−0.738 / −0.061	−0.061 / 0.981	−1.019 / 0.137	0.137
PP PP PP PP	①$\dfrac{-}{0.282}$	0.172	0.198	−0.093	−0.297	−0.054	−0.153	−0.093	−0.093 / 0.796	−1.204 / 1.243	−0.757 / −0.099	−0.099 / 1.153	−0.847
PP	0.274	—	—	−0.179	0.048	−0.013	0.003	0.821	−1.179 / 0.227	0.227 / −0.061	−0.061 / 0.016	0.016 / −0.003	−0.003
PP	—	0.198	—	−0.131	−0.144	0.038	−0.010	−0.131	−0.131 / 0.987	−1.013 / 0.182	0.182 / −0.048	−0.048 / 0.010	0.010
PP	—	—	0.193	0.035	−0.140	−0.140	0.035	0.035	0.035 / −0.175	−0.175 / 1.000	−1.000 / 0.175	0.175 / −0.035	−0.035

注：① 分子及分母分别为 M_1 及 M_5 的弯矩系数。
② 分子及分母分别为 M_2 及 M_4 的弯矩系数。

附录 2　双向板计算系数表

（1）弯矩

当 $v=0$ 时，

$$m=\text{表中系数}\times ql^2$$

当 $v\neq0$ 时，

$$m_x^{(v)}=m_x+vm_y$$
$$m_y^{(v)}=m_y+vm_x$$

式中　l——l_x 和 l_y 中的较小值；

m_x，m_y——$v=0$ 时相应的弯矩。

（2）挠度

$$\omega=\text{表中系数}\times\frac{ql^4}{B_c}$$

式中　l——l_x 和 l_y 中的较小值；

B_c——刚度。

$$B_c=\frac{Eh^3}{12(1-v^2)}$$

式中　E——混凝土弹性模量；

h——板厚；

v——混凝土的泊松比。

（3）附表 2-1～附表 2-6 中符号说明

w，w_{max}——板中心点的挠度和最大挠度；

m_x，m_{xmax}——平行于 l_x 方向板中心点单位板宽内的弯矩和板跨内最大弯矩；

m_y，m_{ymax}——平行于 l_y 方向板中心点单位板宽内的弯矩和板跨内最大弯矩；

m_x'——固定边中点沿 l_x 方向单位板宽内的弯矩；

m_y'——固定边中点沿 l_y 方向单位板宽内的弯矩；

m_{mz}——平行于 l_x 方向自由边上固定端单位板宽内的支座弯矩。

（4）附图 2-1～附图 2-6 线型说明

——代表自由边；————代表简支边；┷┷┷┷代表固定边。

（5）正负号的规定

弯矩——使板的受荷面受压者为正；

挠度——变位方向与荷载方向相同者为正。

$$\text{挠度}=\text{表中系数}\times\frac{ql^4}{B_c}$$

$$v=0,\quad\text{弯矩}=\text{表中系数}\times ql^2$$

式中　l——l_x 和 l_y 中的较小者。

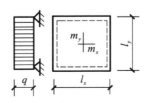

附图 2-1　四边简支板示意图

附表 2-1   四边简支板

l_x/l_y	w	m_x	m_y	l_x/l_y	w	m_x	m_y
0.50	0.010 13	0.096 5	0.017 4	0.80	0.006 03	0.056 1	0.033 4
0.55	0.009 40	0.089 2	0.021 0	0.85	0.005 47	0.050 6	0.034 8
0.60	0.008 67	0.082 0	0.024 2	0.90	0.004 96	0.045 6	0.035 8
0.65	0.007 96	0.075 0	0.027 1	0.95	0.004 49	0.041 0	0.036 4
0.70	0.007 27	0.068 3	0.029 6	1.00	0.004 05	0.036 8	0.036 8
0.75	0.006 63	0.062 0	0.031 7				

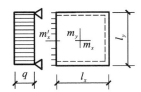

附图 2-2　三边简支一边固定板示意图

附表 2-2   三边简支板一边固定板

l_x/l_y	l_y/l_x	w	w_{max}	m_x	m_{xmax}	m_y	m_{ymax}	m'_x
0.50		0.004 88	0.005 04	0.058 3	0.064 6	0.006 0	0.006 3	−0.121 2
0.55		0.004 71	0.004 92	0.056 3	0.061 8	0.008 4	0.008 7	−0.118 7
0.60		0.004 53	0.004 72	0.053 9	0.058 9	0.010 4	0.011 1	−0.115 8
0.65		0.004 32	0.004 48	0.051 3	0.055 9	0.012 6	0.013 3	−0.112 4
0.70		0.001 40	0.004 22	0.048 5	0.052 9	0.014 8	0.015 4	−0.108 7
0.75		0.003 88	0.003 89	0.045 7	0.049 6	0.016 8	0.017 4	−0.104 8
0.80		0.003 65	0.003 76	0.042 8	0.046 8	0.018 7	0.019 3	−0.100 7
0.85		0.003 43	0.003 52	0.040 0	0.043 1	0.020 4	0.021 1	−0.096 5
0.90		0.003 21	0.003 29	0.037 2	0.040 0	0.021 9	0.022 6	−0.092 2
0.95		0.002 99	0.003 06	0.034 5	0.036 9	0.023 2	0.023 9	−0.088 0
1.00	1.00	0.002 79	0.002 85	0.031 9	0.034 0	0.024 3	0.024 9	−0.083 9
	0.95	0.003 16	0.003 24	0.032 4	0.034 5	0.028 0	0.028 7	−0.088 2
	0.90	0.003 60	0.003 68	0.032 8	0.034 7	0.032 2	0.033 0	−0.092 5
	0.85	0.004 09	0.004 17	0.032 9	0.034 5	0.037 0	0.037 3	−0.097 0
	0.80	0.004 64	0.004 73	0.032 6	0.034 3	0.042 4	0.043 3	−0.101 4
	0.75	0.005 26	0.005 36	0.031 9	0.033 5	0.048 5	0.049 4	−0.105 6
	0.70	0.005 95	0.006 05	0.030 8	0.032 3	0.055 3	0.056 2	−0.103 5
	0.65	0.006 70	0.006 30	0.029 1	0.030 6	0.062 7	0.083 7	−0.113 3
	0.60	0.007 52	0.007 52	0.026 3	0.028 9	0.707	0.071 7	−0.116 6
	0.55	0.008 38	0.008 43	0.023 9	0.027 1	0.079 2	0.080 1	−0.119 3
	0.50	0.009 27	0.009 35	0.020 5	0.024 9	0.088 0	0.088 8	−0.121 5

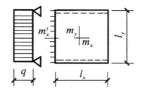

附图 2-3　一边固定两对边简支一边自由板示意图

附表 2-3　　　　　　　　　　　　一边固定两对边简支一边自由板

l_x/l_y	l_y/l_x	w	m_x	m_y	m_x'
0.50		0.002 61	0.041 6	0.001 7	−0.084 0
0.55		0.002 59	0.041 0	0.002 8	−0.084 0
0.60		0.002 55	0.040 2	0.004 2	−0.083 4
0.65		0.002 50	0.069 2	0.005 7	−0.082 6
0.70		0.002 43	0.037 9	0.007 2	−0.814
0.75		0.002 35	0.036 6	0.008 8	−0.079 9
0.80		0.002 28	0.035 1	0.010 3	−0.078 2
0.85		0.002 20	0.033 5	0.011 8	−0.076 3
0.90		0.002 11	0.031 9	0.013 3	−0.074 3
0.95		0.002 01	0.030 2	0.014 6	−0.072 1
1.00	1.00	0.001 92	0.028 5	0.015 8	−0.069 8
	0.95	0.002 23	0.029 6	0.018 9	−0.074 6
	0.90	0.002 50	0.030 6	0.022 4	−0.079 7
	0.85	0.003 03	0.031 4	0.026 6	−0.085 0
	0.80	0.003 54	0.031 9	0.031 6	−0.090 4
	0.75	0.004 13	0.032 1	0.037 4	−0.095 9
	0.70	0.004 82	0.031 8	0.044 1	−0.101 3
	0.65	0.056 0	0.030 8	0.051 8	−0.106 6
	0.60	0.006 47	0.029 2	0.060 4	−0.111 4
	0.55	0.007 43	0.026 7	0.069 8	−0.115 6
	0.50	0.008 44	0.023 4	0.079 3	−0.119 1

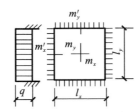

附图 2-4　四边简支板示意图

附表 2-4　　　　　　　　　　　　四边简支板

l_x/l_y	w	m_x	m_y	m_x'	m_y'
0.50	0.002 53	0.040 0	0.003 8	−0.082 9	−0.057 0
0.55	0.002 46	0.038 5	0.005 6	−0.081 4	−0.057 1

续表

l_x/l_y	w	m_x	m_y	m_x'	m_y'
0.60	0.002 36	0.036 7	0.007 6	−0.079 3	−0.057 1
0.65	0.002 24	0.034 5	0.009 5	−0.076 6	−0.057 1
0.70	0.002 11	0.032 1	0.011 3	−0.073 5	−0.056 9
0.75	0.001 97	0.029 6	0.013 0	−0.070 1	−0.056 5
0.80	0.001 82	0.027 1	0.014 4	−0.066 4	−0.055 9
0.85	0.001 63	0.024 6	0.015 6	−0.062 6	−0.055 1
0.90	0.001 53	0.022 1	0.016 5	−0.058 8	−0.054 1
0.95	0.001 40	0.019 8	0.017 2	−0.055 0	−0.052 3
1.00	0.001 27	0.017 6	0.017 6	−0.051 3	−0.051 3

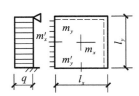

附图 2-5　一边固定一边自由两邻边简支板示意图

附表 2-5　　　　　　　　　　一边固定一边自由两邻边简支板

l_x/l_y	w	w_{max}	m_x	m_{xmax}	m_y	m_{ymax}	m_x'	m_y'
0.50	0.004 68	0.004 71	0.055 9	0.056 2	0.007 9	0.013 5	−0.117 9	−0.007 86
0.55	0.004 45	0.004 54	0.052 9	0.053 0	0.010 4	0.015 3	−0.114 0	−0.073 5
0.60	0.004 19	0.004 29	0.049 6	0.046 8	0.012 9	0.016 9	−0.109 5	−0.078 2
0.65	0.003 91	0.003 99	0.046 1	0.046 5	0.015 1	0.018 3	−0.104 5	−0.077 7
0.70	0.003 63	0.003 68	0.042 6	0.043 2	0.017 2	0.019 5	−0.099 2	−0.077 0
0.75	0.003 35	0.003 40	0.039 0	0.039 6	0.013 9	0.020 6	−0.093 8	−0.076 0
0.80	0.003 08	0.003 13	0.035 6	0.036 1	0.020 4	0.021 8	−0.088 3	−0.074 3
0.85	0.002 81	0.002 36	0.032 2	0.032 8	0.021 5	0.022 9	−0.082 9	−0.073 3
0.90	0.002 56	0.002 61	0.029 1	0.029 7	0.022 4	0.023 8	−0.077 6	−0.071 6
0.95	0.002 32	0.002 37	0.026 1	0.026 7	0.023 0	0.024 4	−0.072 6	−0.069 8
1.00	0.002 10	0.002 15	0.023 4	0.024 0	0.023 4	0.024 9	−0.067 7	−0.067 7

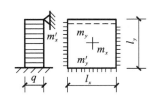

附图 2-6　三边固定一边简支板示意图

附表 2-6　　　　　　　　　　三边固定一边简支板

l_x/l_y	l_y/l_x	w	w_{max}	m_x	m_{xmax}	m_y	m_{ymax}	m_x'	m_y'
0.50		0.002 57	0.002 58	0.040 8	0.040 9	0.002 8	0.008 6	−0.083 6	−0.056 9
0.55		0.002 52	0.002 56	0.039 8	0.039 9	0.004 2	0.009 3	−0.082 7	−0.057 0

续表

l_x/l_y	l_y/l_x	w	w_{max}	m_x	m_{xmax}	m_y	m_{ymax}	m_x'	m_y'
0.60		0.002 46	0.002 49	0.038 4	0.038 6	0.005 9	0.010 5	−0.081 4	−0.057 1
0.65		0.002 37	0.002 40	0.036 8	0.037 1	0.007 6	0.011 6	−0.079 6	−0.057 2
0.70		0.002 27	0.002 29	0.035 0	0.035 4	0.009 3	0.012 7	−0.077 4	−0.057 2
0.75		0.002 16	0.002 19	0.033 1	0.033 5	0.010 9	0.013 7	−0.075 0	−0.057 2
0.80		0.002 05	0.002 08	0.031 0	0.031 4	0.012 4	0.014 7	−0.072 2	−0.057 0
0.85		0.001 93	0.001 96	0.028 9	0.029 3	0.013 8	0.015 5	−0.069 3	−0.056 7
0.90		0.001 81	0.001 84	0.026 8	0.027 3	0.015 9	0.016 3	−0.066 3	−0.056 3
0.95		0.001 69	0.001 72	0.024 7	0.025 2	0.016 0	0.017 2	−0.063 1	−0.055 8
1.00	1.00	0.001 57	0.001 60	0.022 7	0.023 1	0.016 8	0.018 0	−0.060 0	−0.055 0
	0.95	0.001 78	0.001 82	0.022 0	0.023 4	0.019 4	0.020 7	−0.062 9	−0.059 9
	0.90	0.002 10	0.002 06	0.022 8	0.023 4	0.022 3	0.023 8	−0.065 6	−0.065 3
	0.85	0.002 27	0.002 33	0.022 5	0.023 1	0.025 5	0.027 3	−0.068 3	−0.071 1
	0.80	0.002 56	0.002 62	0.021 0	0.022 4	0.029 0	0.031 1	−0.070 7	−0.077 2
	0.75	0.002 86	0.002 94	0.020 8	0.021 4	0.032 0	0.035 4	−0.072 9	−0.083 7
	0.70	0.003 19	0.003 27	0.019 4	0.020 0	0.037 0	0.040 0	−0.074 8	−0.090 3
	0.65	0.003 52	0.003 65	0.017 5	0.018 2	0.041 2	0.044 6	−0.076 2	−0.097 0
	0.60	0.003 86	0.004 03	0.015 3	0.016 0	0.045 4	0.049 3	−0.077 3	−0.103 3
	0.55	0.004 19	0.0043 7	0.012 7	0.013 3	0.049 6	0.054 1	−0.078 0	−0.109 3
	0.50	0.004 49	0.004 63	0.009 9	0.010 3	0.053 4	0.058 8	−0.078 4	−0.114 6

附录 3　等效均布荷载

等效均布荷载 q 按附表 3-1 取值。

附表 3-1　　　　　　　　　　　　　　等效均布荷载 q

序号	荷载草图	q
1		$\dfrac{3}{2}\dfrac{P}{l}$
2		$\dfrac{8}{3}\dfrac{P}{l}$
3		$\dfrac{15}{4}\dfrac{P}{l}$
4		$\dfrac{24}{5}\dfrac{P}{l}$

续表

序号	荷载草图	q
5	$l=na$，均布集中力 P（$\frac{a}{2}$，a，a，a，$\frac{a}{2}$）	$\dfrac{n^2-1}{n}\dfrac{P}{l}$
6	$l/4$，$l/2$，$l/4$，集中力 P	$\dfrac{9}{4}\dfrac{P}{l}$
7	$l/6$，$l/3$，$l/3$，$l/6$，集中力 P	$\dfrac{19}{6}\dfrac{P}{l}$
8	$l/8$，$l/4$，$l/4$，$l/4$，$l/8$，集中力 P	$\dfrac{33}{8}\dfrac{P}{l}$
9	$l=na$，集中力 P（a，a，a，a，a，a）	$\dfrac{2n^2+1}{2n}\dfrac{P}{l}$
10	b，a，b，均布荷载 q，$a/l=\alpha$	$\dfrac{\alpha(3-\alpha)^2}{2}q$
11	$l/4$，$l/2$，$l/4$，均布荷载 q	$\dfrac{11}{16}q$
12	a，b，a，均布荷载 q，$a/l=\alpha$，$b/l=\beta$	$\dfrac{2(2+\beta)\alpha^3}{l^2}q$
13	$l/3$，$l/3$，$l/3$，均布荷载 q	$\dfrac{14}{27}q$
14	三角形荷载 P	$\dfrac{5}{8}P$
15	双三角形荷载 P	$\dfrac{17}{32}P$
16	三角形荷载 q，a，$a/l=\alpha$	$\dfrac{\alpha}{3}\left(3-\dfrac{\alpha^2}{2}\right)q$
17	a，b，a，梯形荷载 q，$a/l=\alpha$	$(1-2\alpha^2+\alpha^3)q$
18	集中力 P，a，b，$a/l=\alpha$，$b/l=\beta$	$q_{1左}=4\beta(1-\beta^2)\dfrac{P}{l}$ $q_{1右}=4\alpha(1-\alpha^2)\dfrac{P}{l}$

附录 4　屋面积雪分布系数

屋面积雪分布系数 μ_r 取值见附表 4-1。

附表 4-1　**屋面积雪分布系数 μ_r**

<table>
<tr><th>项次</th><th>类别</th><th>屋面形式及积雪分布系数 μ_r</th><th>备注</th></tr>
<tr><td>1</td><td>单跨单坡屋面</td><td>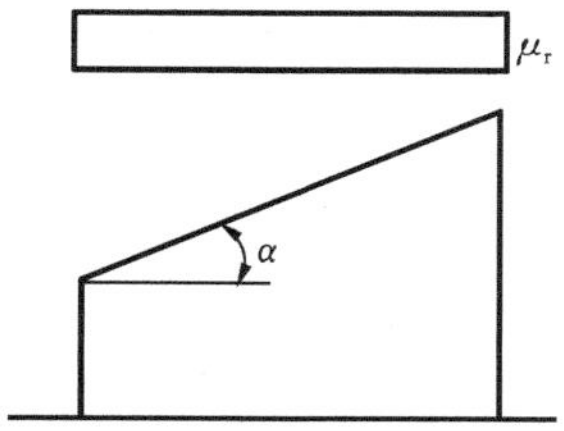
μ_r
α
<table>
<tr><td>α</td><td>≤25°</td><td>30°</td><td>35°</td><td>40°</td><td>45°</td><td>50°</td><td>55°</td><td>≥60°</td></tr>
<tr><td>μ_r</td><td>1.0</td><td>0.85</td><td>0.7</td><td>0.55</td><td>0.4</td><td>0.25</td><td>0.1</td><td>0</td></tr>
</table></td><td>—</td></tr>
<tr><td>2</td><td>单跨双坡屋面</td><td>均匀分布的情况：
不均匀分布的情况：
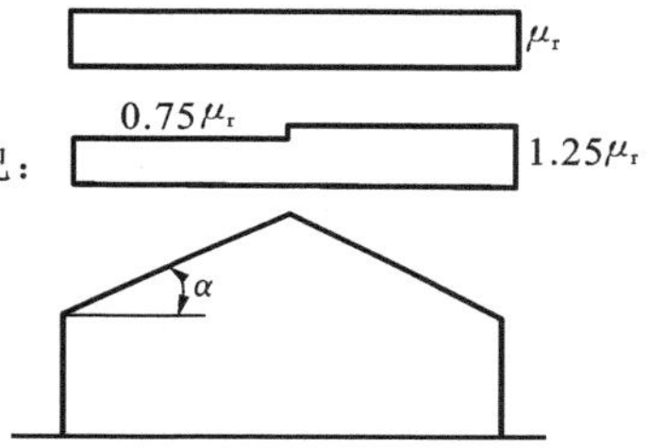
μ_r
$0.75\mu_r$
$1.25\mu_r$
α</td><td>μ_r 按第 1 项规定采用</td></tr>
<tr><td>3</td><td>拱形屋面</td><td>均匀分布的情况：
不均匀分布的情况：
$\mu_r=l/(8f)$
$(0.4\leqslant\mu_r\leqslant1.0)$
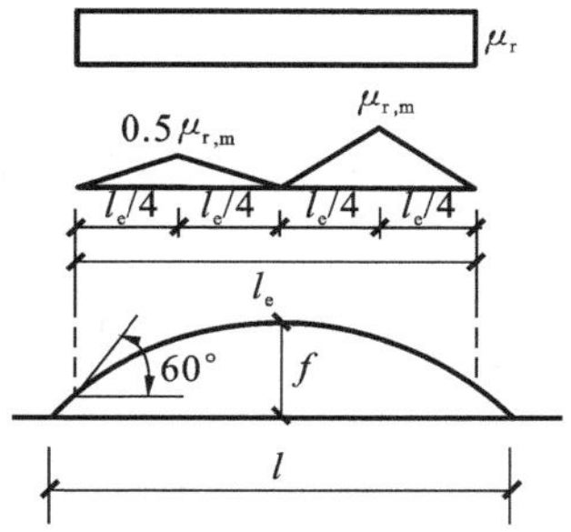
μ_r
$0.5\mu_{r,m}$
$\mu_{r,m}$
$l_e/4$ $l_e/4$ $l_e/4$ $l_e/4$
l_e
60°
f
l
$\mu_{r,m}=0.2+10f/l$ $(\mu_{r,m}\leqslant2.0)$</td><td>—</td></tr>
<tr><td>4</td><td>带天窗的
坡屋面</td><td>均匀分布的情况：
不均匀分布的情况：
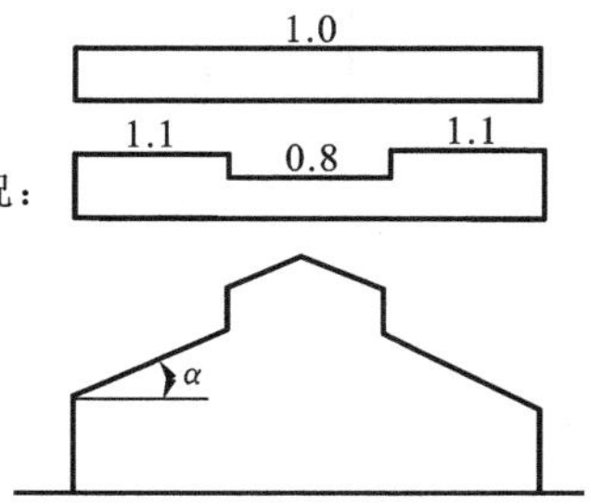
1.0
1.1
0.8
1.1
α</td><td>—</td></tr>
</table>

项次	类别	屋面形式及积雪分布系数 μ_r	备注
5	带天窗有挡风板的坡屋面	均匀分布的情况： 1.0 不均匀分布的情况： 1.0　1.4　0.8　1.4　1.0 	—
6	多跨单坡屋面（锯齿形屋面）	均匀分布的情况： 1.0 不均匀分布的情况1： 0.6　1.4　0.6　1.4　0.6　1.4　$l/2$　$l/2$ 不均匀分布的情况2： 2.0　2.0　2.0　$l/2$　$l/2$ 　l　l	μ_r 按第1项规定采用
7	双跨双坡或拱形屋面	均匀分布的情况： 1.0 不均匀分布的情况1： μ_r　1.4　μ_r 不均匀分布的情况2： μ_r　2.0　μ_r 　l　l	μ_r 按第1项或第3项规定采用
8	高低屋面	情况1： 1.0　$\mu_{r,m}$　1.0　　　1.0　$\mu_{r,m}$　1.0 情况2： 1.0　2.0　1.0　　　1.0　2.0　1.0 $a=2h(4\text{ m}<a<8\text{ m})$ $\mu_{r,m}=(b_1+b_2)/2h(2.0\leqslant\mu_{r,m}\leqslant 4.0)$	—

注：1. 第2项单跨双坡屋面仅当 $20°\leqslant\alpha\leqslant 30°$ 时，可考虑不均匀分布情况。

　　2. 第4、5项只适用于坡度 $\alpha\leqslant 25°$ 的一般工业厂房屋面。

　　3. 第7项双跨双坡或拱形屋面，当 $\alpha\leqslant 25°$ 或 $f/l\leqslant 0.1$ 时，只考虑均匀分布情况。

　　4. 多跨屋面的积雪分布系数，可参照第7项的规定采用。

附录 5　风荷载体型系数

风荷载体型系数 μ_s 取值见附表 5-1。

附表 5-1

风荷载体型系数 μ_s

项次	类别	体型及体型系数		
1	封闭式落地双坡屋面		中间值按插入法计算	
2	封闭式双坡屋面		中间值按插入法计算	
3	封闭式落地拱形屋面		中间值按插入法计算	
4	封闭式拱形屋面		中间值按插入法计算	
5	封闭式单坡屋面	迎风坡面的 μ_s 按第2项采用		

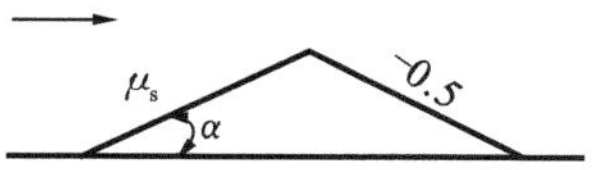

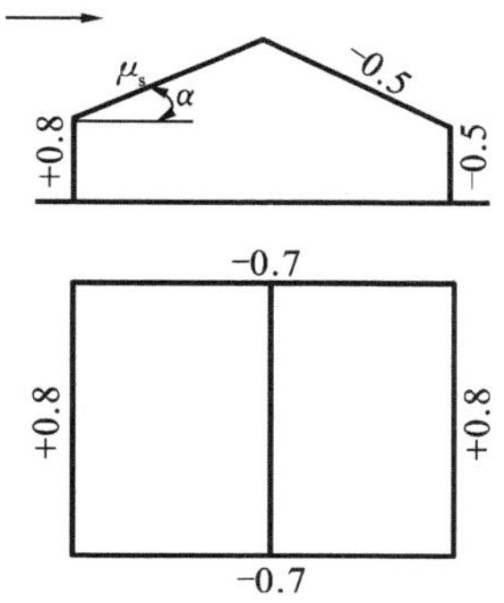

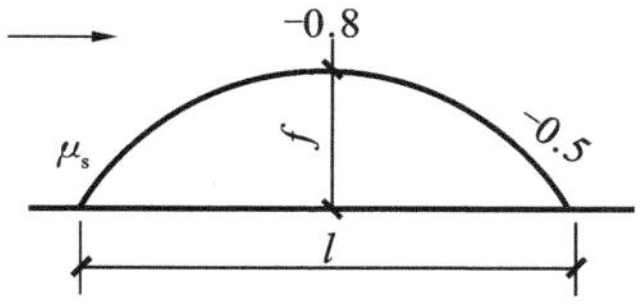

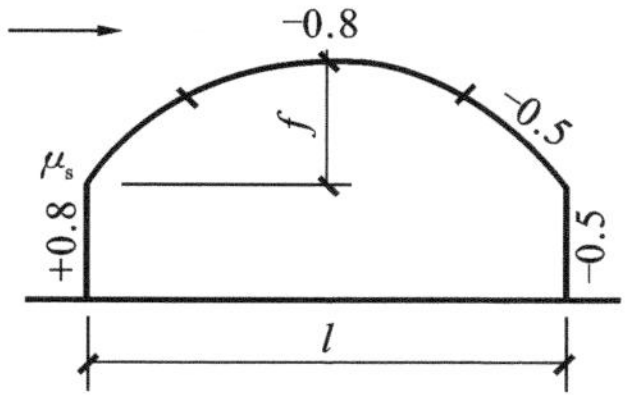

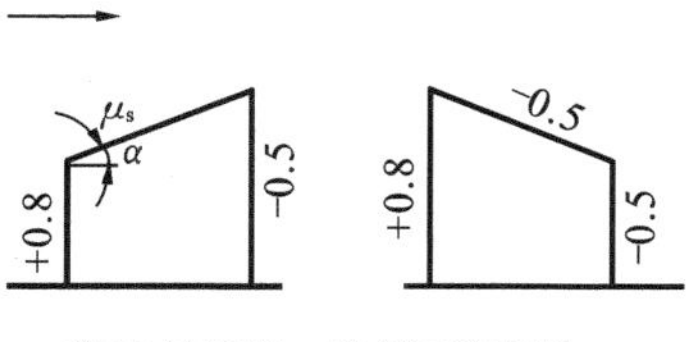

项次1表：

α	$0°$	$30°$	$\geqslant 60°$
μ_s	0	+0.2	+0.8

项次2表：

α	μ_s
$\leqslant 15°$	−0.6
$30°$	0
$\geqslant 60°$	+0.8

项次3表：

f/l	μ_s
0.1	+0.1
0.2	+0.2
0.5	+0.6

项次4表：

f/l	μ_s
0.1	−0.8
0.2	0
0.5	+0.6

项次	类别	体型及体型系数
6	封闭式高低双坡屋面	 迎风坡面的 μ_s 按第2项采用
7	封闭式带天窗双坡屋面	 带天窗的拱形屋面可按本图采用
8	封闭式双跨双坡屋面	 迎风坡面的 μ_s 按第2项采用
9	封闭式不等高不等跨的双跨双坡屋面	 迎风坡面的 μ_s 按第2项采用
10	封闭式不等高不等跨的三跨双坡屋面	 迎风坡面的 μ_s 按第2项采用 中跨上部迎风墙面的 μ_s 按下式采用： $$\mu_{s1}=0.6(1-2h_1/h)$$ 但当 $h_1>h$ 时，取 $\mu_{s1}=-0.6$

续表

项次	类别	体型及体型系数
11	封闭式带天窗带坡的双坡屋面	
12	封闭式带天窗带双坡的双坡屋面	
13	封闭式不等高不等跨且中跨带天窗的三跨双坡屋面	迎风坡面的μ_s按第2项采用 中跨上部迎风墙面的μ_s按下式采用： $$\mu_{s1}=0.6(1-2h_1/h)$$ 但当$h_1>h$时，取$\mu_{s1}=-0.6$
14	封闭式带天窗的双跨双坡屋面	迎风面第2跨的天窗面的μ_s按下列采用： 当$a\leq 4h$时，取$\mu_s=0.2$； 当$a>4h$时，取$\mu_s=0.6$
15	封闭式带女儿墙的双坡屋面	当女儿墙高度有限时，屋面上的体型系数可按无女儿墙的屋面采用
16	封闭式带雨篷的双坡屋面	迎风坡面的μ_s按第2项采用

项次	类别	体型及体型系数
17	封闭式对立两个带雨篷的双坡屋面	 本图适用于s为8~20m，迎风坡面的μ_s按第2项采用
18	封闭式带下沉天窗的双坡屋面或拱形屋面	
19	封闭式带下沉天窗的双跨双坡或拱形屋面	
20	封闭式带天窗挡风板的屋面	
21	封闭式带天窗挡风板的双跨屋面	
22	封闭式锯齿形屋面	 迎风坡面的μ_s按第2项采用。齿面增多或减少时，可均匀地在(1)、(2)、(3)三个区段内调节

附录 6　全国主要城市基本风压标准值

全国主要城市基本风压标准值 w_0（kN/m^2）见附表 6-1。

附表 6-1 　　　　　　　　　**全国主要城市基本风压标准值 w_0**　　　　　　　　（单位：kN/m^2）

城市名	w_0	城市名	w_0	城市名	w_0
哈尔滨	0.55	杭州	0.45	西安	0.35
齐齐哈尔	0.45	金华	0.35	延安	0.35
长春	0.65	嵊泗	0.30	宝鸡	0.35
四平	0.55	南京	0.40	兰州	0.30
吉林	0.50	徐州	0.35	天水	0.35
沈阳	0.55	合肥	0.35	银川	0.65
大连	0.65	蚌埠	0.35	西宁	0.35
包头	0.55	安庆	0.40	乌鲁木齐	0.60
呼和浩特	0.55	武汉	0.35	哈密	0.60
保定	0.40	宜昌	0.30	拉萨	0.30
石家庄	0.35	长沙	0.35	日喀则	0.30
烟台	0.55	岳阳	0.40	成都	0.30
济南	0.45	南昌	0.45	重庆	0.40
青岛	0.60	景德镇	0.35	贵阳	0.30
广州	0.50	郑州	0.45	昆明	0.30
深圳	0.75	洛阳	0.40	台北	0.70
南宁	0.35	开封	0.45	上海	0.55
柳州	0.30	太原	0.40	北京	0.45
福州	0.70	大同	0.55	天津	0.50
厦门	0.80	阳泉	0.40		

附录 7　单层厂房排架柱柱顶反力与位移

单层厂房排架柱位移系数计算及取值见附图 7-1～附图 7-9。

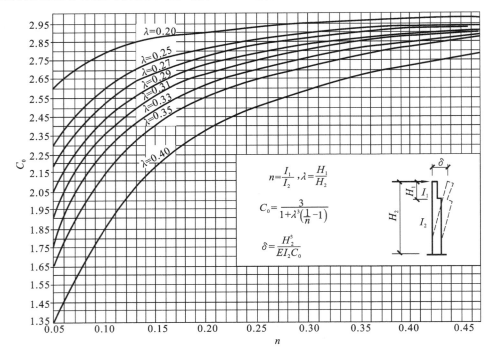

$$n = \frac{I_1}{I_2}, \lambda = \frac{H_1}{H_2}$$

$$C_0 = \frac{3}{1 + \lambda^3 \left(\frac{1}{n} - 1 \right)}$$

$$\delta = \frac{H_2^3}{EI_2 C_0}$$

附图 7-1　柱顶单位集中荷载作用下系数 C_0

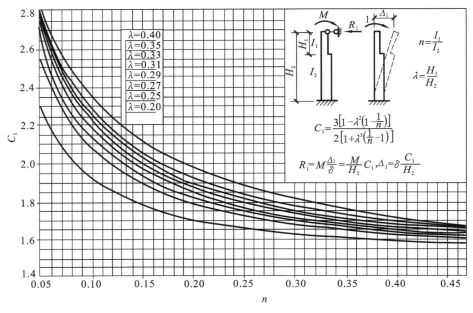

$$n = \frac{I_1}{I_2}$$

$$\lambda = \frac{H_1}{H_2}$$

$$C_1 = \frac{3\left[1 - \lambda^2 \left(1 - \frac{1}{n} \right) \right]}{2\left[1 + \lambda^3 \left(\frac{1}{n} - 1 \right) \right]}$$

$$R_1 = M \frac{\Delta_1}{\delta} = \frac{M}{H_2} C_1, \Delta_1 = \delta \frac{C_1}{H_2}$$

附图 7-2　柱顶力矩 M_1 作用下系数 C_1

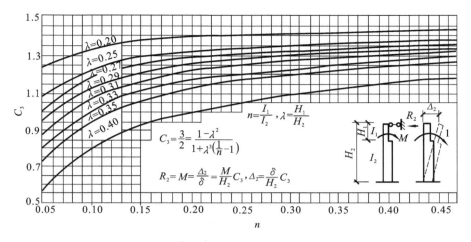

附图 7-3　牛腿顶面处力矩 M 作用下系数 C_3

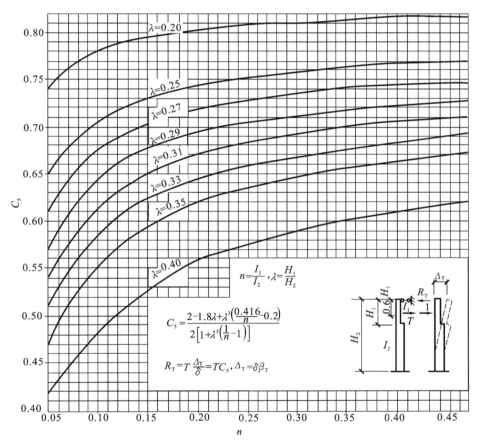

附图 7-4　水平集中力荷载 T 作用在上柱 $(Y=0.6H_1)$ 系数 C_5

注：式中 $\Delta_\mathrm{T}=\delta C_5$。

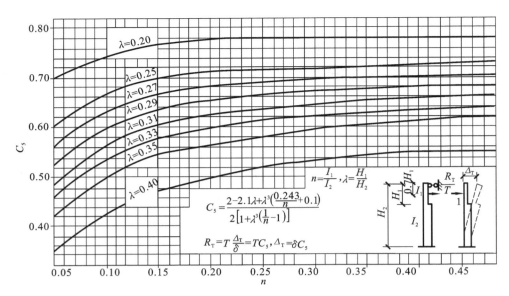

附图 7-5　水平集中力荷载 T 作用在上柱($Y=0.7H_1$)系数 C_s

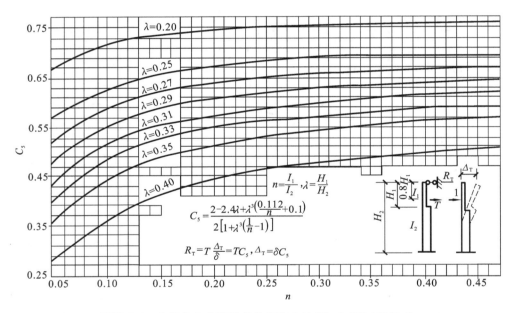

附图 7-6　水平集中力荷载 T 作用在上柱($Y=0.8H_1$)系数 C_s

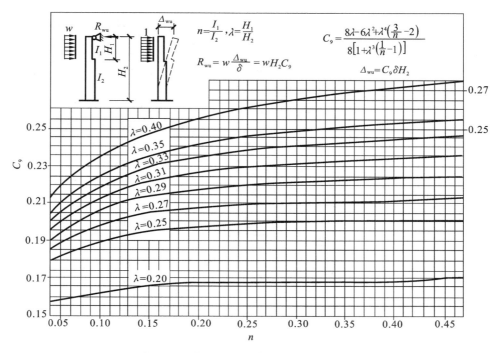

附图 7-7　水平均布荷载作用在全柱系数 C_9

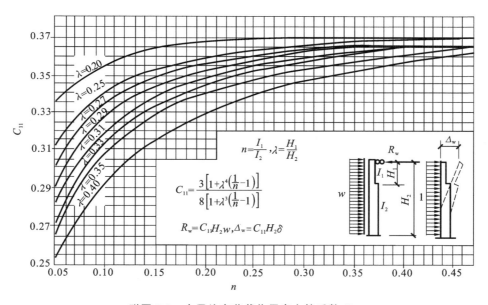

附图 7-8　水平均布荷载作用在上柱系数 C_{11}

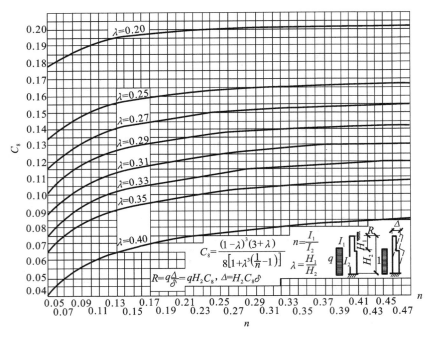

附图 7-9　均布荷载作用在整个下柱系数 C_8

附录 8　单阶柱位移系数计算公式

单阶柱位移系数计算公式见附表 8-1。

附表 8-1　　　　　　　　　　　　　　　单阶柱位移系数计算公式

序号	荷载情况	位移计算公式
1		$\delta_{aa} = \dfrac{1}{3EI_2}\left[H_2^3 + \left(\dfrac{l_2}{l_1} - 1 \right) H_1^3 \right]$
2		$\delta_{ab} = \delta_{ba} = \dfrac{1}{2EI_2}\left[H_4^2 \left(H_2 - \dfrac{1}{3} H_4 \right) + \left(\dfrac{I_2}{I_1} - 1 \right) H_3^2 \left(H_1 - \dfrac{1}{3} H_3 \right) \right]$

序号	荷载情况	位移计算公式
3		$\delta_{ac} = \delta_{ca} = \dfrac{1}{2EI_2} H_4^2 \left(H_2 - \dfrac{1}{3} H_4 \right)$
4		$\delta_{ad} = \delta_{da} = \dfrac{1}{2EI_2} H_4^2 \left(H_2 - \dfrac{1}{3} H_4 \right)$
5		$\delta_{bb} = \dfrac{1}{3EI_2} \left[H_4^2 + \left(\dfrac{I_2}{I_1} - 1 \right) H_3^3 \right]$
6		$\delta_{bc} = \delta_{cb} = \dfrac{1}{2EI_2} \left[H_6^2 \left(H_4 - \dfrac{1}{3} H_6 \right) + \left(\dfrac{I_2}{I_1} - 1 \right) H_5^2 \left(H_3 - \dfrac{1}{3} H_5 \right) \right]$
7		$\delta_{bd} = \delta_{db} = \dfrac{1}{2EI_2} H_6^2 \left(H_4 - \dfrac{1}{3} H_6 \right)$
8		$\delta_{be} = \delta_{eb} = \dfrac{1}{2EI_2} H_6^2 \left(H_4 - \dfrac{1}{3} H_6 \right)$

序号	荷载情况	位移计算公式
9		$\delta_{dd} = \dfrac{H_4^3}{3EI_2}$
10		$\delta_{de} = \delta_{ed} = \dfrac{1}{2EI_2}H_6^2\left(H_4 - \dfrac{1}{3}H_6\right)$
11		$\delta_{ee} = \dfrac{H_4^3}{3EI_2}$
12		$\delta_{ef} = \delta_{fe} = \dfrac{1}{2EI_2}H_6^2\left(H_4 - \dfrac{1}{3}H_6\right)$
13		$\Delta_{aa} = \dfrac{1}{2EI_2}\left[H_2^2 + \left(\dfrac{I_2}{I_1}-1\right)H_1^2\right]$
14		$\Delta_{ba} = \dfrac{1}{2EI_2}\left[H_4^2 + \left(\dfrac{I_2}{I_1}-1\right)H_3^2\right]$ $\Delta_{ba'} = \Delta_{bb} = \Delta_{ba}$

序号	荷载情况	位移计算公式
15		$$\Delta_{da} = \frac{H_4^2}{2EI_2}$$ $$\Delta_{da'} = \Delta_{dd} = \Delta_{da}$$
16		$$\Delta_{ea} = \frac{H_4^2}{2EI_2}$$ $$\Delta_{eb} = \Delta_{ed} = \Delta_{ee} = \Delta_{ea}$$
17		$$\Delta_{ab} = \frac{1}{EI_2}\left[\left(H_2 - \frac{H_4}{2}\right)H_4 + \left(\frac{I_2}{I_1} - 1\right)\left(H_1 - \frac{H_3}{2}\right)H_3\right]$$ $$\Delta_{a'b} = \frac{1}{EI_2}\left[\left(H_6 - \frac{H_4}{2}\right)H_4 + \left(\frac{I_2}{I_1} - 1\right)\left(H_5 - \frac{H_3}{2}\right)H_3\right]$$
18		$$\Delta_{ad} = \frac{1}{EI_2}\left(H_2 - \frac{H_4}{2}\right)H_4$$
19		$$\Delta_{a'd} = \frac{1}{EI_2}\left(H_6 - \frac{H_4}{2}\right)H_4$$
20		$$\Delta_{ae} = \frac{1}{EI_2}\left(H_2 - \frac{H_4}{2}\right)H_4$$

序号	荷载情况	位移计算公式
21		$\Delta_{a'e} = \dfrac{1}{EI_2}\left(H_6 - \dfrac{H_4}{2}\right)H_4$
22		$\Delta_{de} = \dfrac{1}{EI_2}\left(H_6 - \dfrac{H_4}{2}\right)H_4$
23		$\Delta_{d'e} = \dfrac{1}{EI_2}\left(H_6 - \dfrac{H_4}{2}\right)H_4$
24		$\Delta_{fe} = \dfrac{H_6^2}{2EI_2}$
25		$\Delta_{aq} = \dfrac{1}{8EI_2}\left[H_2^4 + \left(\dfrac{I_2}{I_1}-1\right)H_1^4\right] - \dfrac{1}{6EI_2}\left[H_4^3\left(H_2 - \dfrac{1}{4}H_4\right) + \left(\dfrac{I_2}{I_1}-1\right)\left(H_1 - \dfrac{1}{4}H_3\right)H_3^3\right]$ $\Delta_{bq} = \dfrac{(H_2 - H_4)}{3EI_2}\left[H_4^3 + \left(\dfrac{I_2}{I_1}-1\right)H_3^3\right] + \dfrac{(H_2 - H_4)^2}{4EI_2}\left[H_4^2 + \left(\dfrac{I_2}{I_1}-1\right)H_3^2\right]$
26		$\Delta_{aq} = \dfrac{1}{8EI_2}\left[H_2^4 + \left(\dfrac{I_2}{I_1}-1\right)H_1^4\right] - \dfrac{1}{6EI_2}\left(H_2 - \dfrac{1}{4}H_4\right)H_4^3$ $\Delta_{dq} = \dfrac{1}{EI_2}\left(\dfrac{H_1 H_4^3}{3} + \dfrac{H_1^2 H_4^2}{4}\right)$

序号	荷载情况	位移计算公式
27		$\Delta_{aq}=\dfrac{1}{8EI_2}\left[H_2^4+\left(\dfrac{I_2}{I_1}-1\right)H_1^4\right]-\dfrac{1}{6EI_2}\left(H_2-\dfrac{1}{4}H_4\right)H_4^3$ $\Delta_{eq}=\dfrac{1}{EI_2}\left[\dfrac{(H_2-H_4)H_4^3}{3}+\dfrac{(H_2-H_4)^2H_4^2}{4}\right]$
28		$\Delta_{aq}=\dfrac{1}{8EI_2}\left[H_2^4+\left(\dfrac{I_2}{I_1}-1\right)H_1^4\right]$
29		$\Delta_{aq}=\dfrac{H_4^3}{6EI_2}\left(H_2-\dfrac{1}{4}H_4\right)$ $\Delta_{eq}=\dfrac{H_4^4}{8EI_2}$
30		$\Delta_{aq}=\dfrac{H_4^3}{6EI_2}\left(H_2-\dfrac{1}{4}H_4\right)$ $\Delta_{dq}=\dfrac{H_4^4}{8EI_2}$

附录9　均布水平荷载下各层柱标准反弯点高度比

均布水平荷载下各层柱标准反弯点高度比 y_0 见附表 9-1。

附表 9-1　　　　　　　　　　　均布水平荷载下各层柱标准反弯点高度比 y_0

n	m \ K	0.1	0.2	0.3	0.4	0.5	0.6	0.7	0.8	0.9	1.0	2.0	3.0	4.0	5.0
1	1	0.80	0.75	0.70	0.65	0.65	0.60	0.60	0.60	0.60	0.55	0.55	0.55	0.55	0.55
2	2	0.45	0.40	0.35	0.35	0.35	0.35	0.40	0.40	0.40	0.40	0.45	0.45	0.45	0.45
	1	0.95	0.80	0.75	0.70	0.65	0.65	0.65	0.60	0.60	0.60	0.55	0.55	0.55	0.50
3	3	0.15	0.20	0.20	0.25	0.30	0.30	0.30	0.35	0.35	0.35	0.40	0.45	0.45	0.45
	2	0.55	0.50	0.45	0.45	0.45	0.45	0.45	0.45	0.45	0.45	0.50	0.50	0.50	0.50
	1	1.00	0.85	0.80	0.75	0.70	0.70	0.65	0.65	0.65	0.60	0.55	0.55	0.55	0.55

续表

n	m	K=0.1	0.2	0.3	0.4	0.5	0.6	0.7	0.8	0.9	1.0	2.0	3.0	4.0	5.0
4	4	−0.05	0.05	0.15	0.20	0.25	0.30	0.30	0.35	0.35	0.35	0.40	0.45	0.45	0.45
	3	0.25	0.30	0.30	0.35	0.35	0.40	0.40	0.40	0.40	0.45	0.45	0.50	0.50	0.50
	2	0.65	0.55	0.50	0.50	0.45	0.45	0.45	0.45	0.45	0.45	0.50	0.50	0.50	0.50
	1	1.10	0.90	0.80	0.75	0.70	0.70	0.55	0.65	0.55	0.60	0.55	0.55	0.55	0.55
5	5	−0.20	0.00	0.15	0.20	0.25	0.30	0.30	0.30	0.35	0.35	0.40	0.45	0.45	0.45
	4	0.10	0.20	0.25	0.30	0.35	0.35	0.40	0.40	0.40	0.40	0.45	0.45	0.50	0.50
	3	0.40	0.40	0.40	0.40	0.40	0.45	0.45	0.45	0.45	0.50	0.50	0.50	0.50	0.50
	2	0.65	0.55	0.50	0.50	0.50	0.50	0.50	0.50	0.50	0.50	0.50	0.50	0.50	0.50
	1	1.20	0.95	0.80	0.75	0.75	0.70	0.70	0.65	0.65	0.65	0.55	0.55	0.55	0.55
6	6	−0.30	0.00	0.10	0.20	0.25	0.25	0.30	0.30	0.35	0.35	0.40	0.45	0.45	0.45
	5	0.00	0.20	0.25	0.30	0.35	0.35	0.40	0.40	0.40	0.40	0.45	0.45	0.50	0.50
	4	0.20	0.30	0.35	0.35	0.40	0.40	0.40	0.45	0.45	0.45	0.45	0.50	0.50	0.50
	3	0.40	0.40	0.40	0.45	0.45	0.45	0.45	0.45	0.45	0.45	0.50	0.50	0.50	0.50
	2	0.70	0.60	0.55	0.50	0.50	0.50	0.50	0.50	0.50	0.50	0.50	0.50	0.50	0.50
	1	1.20	0.95	0.85	0.80	0.75	0.70	0.70	0.65	0.65	0.65	0.55	0.55	0.55	0.55
7	7	−0.35	−0.05	0.10	0.20	0.20	0.25	0.30	0.30	0.35	0.35	0.40	0.45	0.45	0.45
	6	−0.10	0.15	0.25	0.30	0.35	0.35	0.35	0.40	0.40	0.40	0.45	0.45	0.50	0.50
	5	0.10	0.25	0.30	0.35	0.40	0.40	0.40	0.45	0.45	0.45	0.50	0.50	0.50	0.50
	4	0.30	0.35	0.40	0.40	0.40	0.45	0.45	0.45	0.45	0.45	0.55	0.50	0.50	0.50
	3	0.50	0.45	0.45	0.45	0.45	0.45	0.45	0.45	0.45	0.45	0.50	0.50	0.50	0.50
	2	0.75	0.60	0.55	0.50	0.50	0.50	0.50	0.50	0.50	0.50	0.50	0.50	0.50	0.50
	1	1.20	0.95	0.85	0.80	0.75	0.70	0.70	0.65	0.65	0.65	0.55	0.55	0.55	0.55
8	8	−0.35	−0.15	0.10	0.10	0.25	0.25	0.30	0.30	0.35	0.35	0.40	0.45	0.45	0.45
	7	−0.10	0.15	0.25	0.30	0.35	0.35	0.40	0.40	0.40	0.40	0.45	0.50	0.50	0.50
	6	0.05	0.25	0.30	0.35	0.40	0.40	0.45	0.45	0.45	0.45	0.45	0.50	0.50	0.50
	5	0.20	0.30	0.35	0.40	0.40	0.45	0.45	0.45	0.45	0.45	0.50	0.50	0.50	0.50
	4	0.35	0.40	0.40	0.45	0.45	0.45	0.45	0.45	0.45	0.45	0.50	0.50	0.50	0.50
	3	0.50	0.45	0.45	0.45	0.45	0.45	0.45	0.50	0.50	0.50	0.50	0.50	0.50	0.50
	2	0.75	0.60	0.55	0.55	0.50	0.50	0.50	0.50	0.50	0.50	0.50	0.50	0.50	0.50
	1	1.20	1.00	0.85	0.80	0.75	0.70	0.70	0.65	0.65	0.65	0.55	0.55	0.55	0.55
9	9	−0.40	−0.05	0.10	0.20	0.25	0.25	0.30	0.30	0.35	0.35	0.45	0.45	0.45	0.45
	8	−0.15	0.15	0.25	0.30	0.35	0.35	0.35	0.40	0.40	0.40	0.45	0.45	0.50	0.50
	7	0.05	0.25	0.30	0.35	0.40	0.40	0.40	0.45	0.45	0.45	0.45	0.50	0.50	0.50
	6	0.15	0.30	0.35	0.40	0.40	0.45	0.45	0.45	0.45	0.45	0.50	0.50	0.50	0.50
	5	0.25	0.35	0.40	0.40	0.45	0.45	0.45	0.45	0.45	0.45	0.50	0.50	0.50	0.50
	4	0.40	0.40	0.40	0.45	0.45	0.45	0.45	0.45	0.45	0.45	0.50	0.50	0.50	0.50
	3	0.55	0.45	0.45	0.45	0.45	0.45	0.45	0.50	0.50	0.50	0.50	0.50	0.50	0.50
	2	0.80	0.65	0.55	0.55	0.50	0.50	0.50	0.50	0.50	0.50	0.50	0.50	0.50	0.50
	1	1.20	1.00	0.85	0.80	0.75	0.70	0.70	0.65	0.65	0.65	0.55	0.55	0.55	0.55
10	10	−0.40	−0.05	0.10	0.20	0.25	0.30	0.30	0.30	0.30	0.35	0.40	0.45	0.45	0.45
	9	−0.15	0.15	0.25	0.30	0.35	0.35	0.40	0.40	0.40	0.40	0.45	0.45	0.50	0.50
	8	−0.00	0.25	0.30	0.35	0.40	0.40	0.40	0.45	0.45	0.45	0.45	0.50	0.50	0.50
	7	−0.10	0.30	0.35	0.40	0.40	0.40	0.45	0.45	0.45	0.45	0.50	0.50	0.50	0.50
	6	0.20	0.35	0.40	0.40	0.45	0.45	0.45	0.45	0.45	0.45	0.50	0.50	0.50	0.50
	5	0.30	0.40	0.40	0.45	0.45	0.45	0.45	0.45	0.45	0.50	0.50	0.50	0.50	0.50
	4	0.40	0.40	0.45	0.45	0.45	0.45	0.45	0.45	0.45	0.50	0.50	0.50	0.50	0.50
	3	0.55	0.50	0.45	0.45	0.45	0.50	0.50	0.50	0.50	0.50	0.50	0.50	0.50	0.50
	2	0.80	0.65	0.55	0.55	0.55	0.50	0.50	0.50	0.50	0.50	0.50	0.50	0.50	0.50
	1	1.30	1.00	0.85	0.80	0.75	0.70	0.70	0.65	0.65	0.65	0.60	0.55	0.55	0.55

续表

n	m	K=0.1	0.2	0.3	0.4	0.5	0.6	0.7	0.8	0.9	1.0	2.0	3.0	4.0	5.0
11	11	−0.40	0.05	0.10	0.20	0.25	0.30	0.30	0.30	0.35	0.35	0.40	0.45	0.45	0.45
	10	−0.15	0.15	0.25	0.30	0.35	0.35	0.40	0.40	0.40	0.40	0.45	0.45	0.50	0.50
	9	0.00	0.25	0.30	0.35	0.40	0.40	0.40	0.45	0.45	0.45	0.45	0.50	0.50	0.50
	8	0.10	0.30	0.35	0.40	0.40	0.45	0.45	0.45	0.45	0.45	0.50	0.50	0.50	0.50
	7	0.20	0.35	0.40	0.45	0.45	0.45	0.45	0.45	0.45	0.45	0.50	0.50	0.50	0.50
	6	0.25	0.35	0.40	0.45	0.45	0.45	0.45	0.45	0.45	0.50	0.50	0.50	0.50	0.50
	5	0.35	0.40	0.40	0.45	0.45	0.45	0.45	0.45	0.45	0.50	0.50	0.50	0.50	0.50
	4	0.40	0.45	0.45	0.45	0.45	0.45	0.45	0.50	0.50	0.50	0.50	0.50	0.50	0.50
	3	0.55	0.50	0.50	0.50	0.50	0.50	0.50	0.50	0.50	0.50	0.50	0.50	0.50	0.50
	2	0.80	0.65	0.60	0.55	0.55	0.50	0.50	0.50	0.50	0.50	0.50	0.50	0.50	0.50
	1	1.30	1.00	0.85	0.80	0.75	0.70	0.70	0.65	0.65	0.65	0.60	0.55	0.55	0.55
12以上	自上1	−0.40	−0.05	0.10	0.20	0.25	0.30	0.30	0.30	0.35	0.35	0.40	0.45	0.45	0.45
	2	−0.15	0.15	0.25	0.30	0.35	0.35	0.40	0.40	0.40	0.40	0.45	0.45	0.50	0.50
	3	0.00	0.25	0.30	0.35	0.40	0.40	0.40	0.45	0.45	0.45	0.50	0.50	0.50	0.50
	4	0.10	0.30	0.35	0.40	0.40	0.45	0.45	0.45	0.45	0.45	0.50	0.50	0.50	0.50
	5	0.20	0.35	0.30	0.40	0.45	0.45	0.45	0.45	0.45	0.45	0.50	0.50	0.50	0.50
	6	0.25	0.35	0.30	0.45	0.45	0.45	0.45	0.45	0.45	0.45	0.50	0.50	0.50	0.50
	7	0.30	0.40	0.40	0.45	0.45	0.45	0.45	0.45	0.50	0.50	0.50	0.50	0.50	0.50
	8	0.35	0.40	0.45	0.45	0.45	0.45	0.45	0.50	0.50	0.50	0.50	0.50	0.50	0.50
	中间	0.40	0.40	0.45	0.45	0.45	0.50	0.50	0.50	0.50	0.50	0.50	0.50	0.50	0.50
	4	0.45	0.45	0.45	0.45	0.50	0.50	0.50	0.50	0.50	0.50	0.50	0.50	0.50	0.50
	3	0.60	0.50	0.50	0.50	0.50	0.50	0.50	0.50	0.50	0.50	0.50	0.50	0.50	0.50
	2	0.80	0.65	0.60	0.55	0.55	0.50	0.50	0.50	0.50	0.50	0.50	0.50	0.50	0.50
	自下1	1.30	1.00	0.85	0.80	0.75	0.70	0.70	0.65	0.65	0.55	0.55	0.55	0.55	0.55

附录 10　倒三角形荷载下各层柱标准反弯点高度比

倒三角形荷载下各层柱标准反弯点高度比 y_0 见附表 10-1。

附表 10-1　　　　　倒三角形荷载下各层柱标准反弯点高度比 y_0

n	m	K=0.1	0.2	0.3	0.4	0.5	0.6	0.7	0.8	0.9	1.0	2.0	3.0	4.0	5.0
1	1	0.80	0.75	0.70	0.65	0.65	0.60	0.60	0.60	0.60	0.55	0.55	0.55	0.55	0.55
2	2	0.50	0.45	0.40	0.40	0.40	0.40	0.40	0.40	0.40	0.45	0.45	0.45	0.45	0.50
	1	1.00	0.85	0.75	0.70	0.70	0.65	0.65	0.65	0.60	0.60	0.55	0.55	0.55	0.55
3	3	0.25	0.25	0.25	0.30	0.30	0.35	0.35	0.35	0.40	0.40	0.45	0.45	0.45	0.50
	2	0.60	0.50	0.50	0.50	0.50	0.45	0.45	0.45	0.45	0.45	0.50	0.50	0.55	0.50
	1	1.15	0.90	0.80	0.75	0.75	0.70	0.70	0.65	0.65	0.85	0.60	0.55	0.55	0.55
4	4	0.10	0.15	0.20	0.25	0.30	0.30	0.35	0.35	0.35	0.40	0.45	0.45	0.45	0.45
	3	0.35	0.35	0.35	0.40	0.40	0.40	0.40	0.45	0.45	0.45	0.45	0.50	0.50	0.50
	2	0.70	0.60	0.55	0.50	0.50	0.50	0.50	0.50	0.50	0.50	0.50	0.50	0.50	0.50
	1	1.20	0.95	0.85	0.80	0.75	0.70	0.70	0.70	0.65	0.65	0.55	0.55	0.55	0.50
5	5	−0.05	0.10	0.20	0.25	0.30	0.30	0.35	0.35	0.35	0.40	0.45	0.45	0.45	0.45
	4	0.20	0.25	0.35	0.35	0.40	0.40	0.40	0.40	0.40	0.45	0.45	0.50	0.50	0.50
	3	0.45	0.40	0.45	0.45	0.45	0.45	0.45	0.45	0.45	0.45	0.50	0.50	0.50	0.50
	2	0.75	0.60	0.55	0.55	0.50	0.50	0.50	0.60	0.50	0.50	0.50	0.50	0.50	0.50
	1	1.30	1.00	0.85	0.80	0.75	0.70	0.70	0.65	0.65	0.65	0.65	0.55	0.55	0.55

续表

n	m \ K	0.1	0.2	0.3	0.4	0.5	0.6	0.7	0.8	0.9	1.0	2.0	3.0	4.0	5.0
6	6	−0.15	0.05	0.15	0.20	0.25	0.30	0.30	0.35	0.35	0.35	0.40	0.45	0.45	0.45
	5	0.10	0.25	0.30	0.35	0.35	0.40	0.40	0.40	0.45	0.45	0.45	0.50	0.50	0.50
	4	0.30	0.35	0.40	0.40	0.45	0.45	0.45	0.45	0.45	0.45	0.50	0.50	0.50	0.50
	3	0.50	0.45	0.45	0.45	0.45	0.45	0.45	0.45	0.45	0.50	0.50	0.50	0.50	0.50
	2	0.80	0.65	0.55	0.55	0.55	0.55	0.50	0.50	0.50	0.50	0.50	0.50	0.50	0.50
	1	1.30	1.00	0.85	0.80	0.75	0.70	0.70	0.65	0.65	0.65	0.60	0.55	0.55	0.55
7	7	−0.20	0.05	0.15	0.20	0.25	0.30	0.30	0.35	0.35	0.35	0.45	0.45	0.45	0.45
	6	0.05	0.20	0.30	0.35	0.35	0.40	0.40	0.40	0.40	0.45	0.45	0.50	0.50	0.50
	5	0.20	0.30	0.35	0.40	0.40	0.45	0.45	0.45	0.45	0.45	0.45	0.50	0.50	0.50
	4	0.35	0.40	0.40	0.45	0.45	0.45	0.45	0.45	0.45	0.45	0.50	0.50	0.50	0.50
	3	0.55	0.50	0.50	0.50	0.50	0.50	0.50	0.50	0.50	0.50	0.50	0.50	0.50	0.50
	2	0.80	0.65	0.60	0.55	0.55	0.55	0.50	0.50	0.50	0.50	0.50	0.50	0.50	0.50
	1	1.30	1.00	0.90	0.80	0.75	0.70	0.70	0.70	0.65	0.65	0.60	0.55	0.55	0.55
8	8	−0.20	0.05	0.15	0.20	0.25	0.30	0.30	0.35	0.35	0.35	0.45	0.45	0.45	0.45
	7	0.00	0.20	0.30	0.35	0.35	0.40	0.40	0.40	0.40	0.45	0.45	0.50	0.50	0.50
	6	0.15	0.30	0.35	0.40	0.40	0.45	0.45	0.45	0.45	0.45	0.50	0.50	0.50	0.50
	5	0.30	0.45	0.40	0.45	0.45	0.45	0.45	0.45	0.45	0.45	0.50	0.50	0.50	0.50
	4	0.40	0.45	0.45	0.45	0.45	0.45	0.50	0.50	0.50	0.50	0.50	0.50	0.50	0.50
	3	0.60	0.50	0.50	0.50	0.50	0.50	0.50	0.50	0.50	0.50	0.50	0.50	0.50	0.50
	2	0.85	0.65	0.60	0.55	0.55	0.55	0.50	0.50	0.50	0.50	0.50	0.50	0.50	0.50
	1	1.30	1.00	0.90	0.80	0.75	0.70	0.70	0.70	0.65	0.65	0.60	0.55	0.55	0.55
9	9	−0.25	0.00	0.15	0.20	0.25	0.30	0.30	0.35	0.35	0.40	0.45	0.45	0.45	0.45
	8	0.00	0.20	0.30	0.35	0.35	0.40	0.40	0.40	0.40	0.45	0.45	0.50	0.50	0.50
	7	0.15	0.30	0.35	0.40	0.40	0.45	0.45	0.45	0.45	0.45	0.50	0.50	0.50	0.50
	6	0.25	0.35	0.40	0.40	0.45	0.45	0.45	0.45	0.45	0.50	0.50	0.50	0.50	0.50
	5	0.35	0.40	0.45	0.45	0.45	0.45	0.45	0.45	0.50	0.50	0.50	0.50	0.50	0.50
	4	0.45	0.45	0.50	0.45	0.45	0.50	0.50	0.50	0.50	0.50	0.50	0.50	0.50	0.50
	3	0.65	0.50	0.50	0.50	0.50	0.50	0.50	0.50	0.50	0.50	0.50	0.50	0.50	0.50
	2	0.80	0.65	0.65	0.55	0.55	0.55	0.55	0.50	0.50	0.50	0.50	0.50	0.50	0.50
	1	1.35	1.00	1.00	0.80	0.75	0.75	0.70	0.70	0.65	0.65	0.60	0.55	0.55	0.55
10	10	−0.25	0.00	0.15	0.20	0.25	0.30	0.30	0.35	0.35	0.40	0.45	0.45	0.45	0.45
	9	−0.05	0.20	0.30	0.35	0.35	0.40	0.40	0.40	0.40	0.45	0.45	0.50	0.50	0.50
	8	0.10	0.30	0.35	0.40	0.40	0.40	0.45	0.45	0.45	0.45	0.50	0.50	0.50	0.50
	7	0.20	0.35	0.40	0.40	0.45	0.45	0.45	0.45	0.45	0.50	0.50	0.50	0.50	0.50
	6	0.30	0.40	0.40	0.45	0.45	0.45	0.45	0.45	0.45	0.50	0.50	0.50	0.50	0.50
	5	0.40	0.45	0.45	0.45	0.45	0.45	0.45	0.50	0.50	0.50	0.50	0.50	0.50	0.50
	4	0.50	0.45	0.45	0.45	0.50	0.50	0.50	0.50	0.50	0.50	0.50	0.50	0.50	0.50
	3	0.60	0.55	0.50	0.50	0.50	0.50	0.50	0.50	0.50	0.50	0.50	0.50	0.50	0.50
	2	0.85	0.65	0.60	0.55	0.55	0.55	0.55	0.50	0.50	0.50	0.50	0.50	0.50	0.50
	1	1.35	1.00	0.90	0.80	0.75	0.75	0.70	0.70	0.65	0.65	0.60	0.55	0.55	0.55

n	m \ K	0.1	0.2	0.3	0.4	0.5	0.6	0.7	0.8	0.9	1.0	2.0	3.0	4.0	5.0
	11	−0.25	0.00	0.15	0.20	0.25	0.30	0.30	0.30	0.35	0.35	0.45	0.45	0.45	0.45
	10	−0.05	0.20	0.25	0.30	0.35	0.40	0.40	0.40	0.40	0.45	0.45	0.50	0.50	0.50
	9	0.10	0.30	0.35	0.40	0.40	0.40	0.45	0.45	0.45	0.45	0.50	0.50	0.50	0.50
	8	0.20	0.35	0.40	0.40	0.45	0.45	0.45	0.45	0.45	0.45	0.50	0.50	0.50	0.50
	7	0.25	0.40	0.40	0.45	0.45	0.45	0.45	0.45	0.45	0.50	0.50	0.50	0.50	0.50
11	6	0.35	0.40	0.45	0.45	0.45	0.45	0.45	0.50	0.50	0.50	0.50	0.50	0.50	0.50
	5	0.40	0.44	0.45	0.45	0.45	0.50	0.50	0.50	0.50	0.50	0.50	0.50	0.50	0.50
	4	0.50	0.50	0.50	0.50	0.50	0.50	0.50	0.50	0.50	0.50	0.50	0.50	0.50	0.50
	3	0.65	0.55	0.50	0.50	0.50	0.50	0.50	0.50	0.50	0.50	0.50	0.50	0.50	0.50
	2	0.85	0.65	0.60	0.55	0.55	0.55	0.55	0.50	0.50	0.50	0.50	0.50	0.50	0.50
	1	0.35	1.50	0.90	0.80	0.75	0.75	0.70	0.70	0.65	0.65	0.65	0.55	0.55	0.55
	自上 1	−0.30	0.00	0.15	0.20	0.25	0.30	0.30	0.30	0.35	0.35	0.40	0.45	0.45	0.45
	2	−0.10	0.20	0.25	0.30	0.35	0.40	0.40	0.40	0.40	0.40	0.45	0.45	0.45	0.50
	3	0.05	0.25	0.35	0.40	0.40	0.40	0.45	0.45	0.45	0.45	0.50	0.50	0.50	0.50
	4	0.15	0.30	0.40	0.40	0.45	0.45	0.45	0.45	0.45	0.45	0.50	0.50	0.50	0.50
	5	0.25	0.30	0.40	0.45	0.45	0.45	0.45	0.45	0.45	0.45	0.50	0.50	0.50	0.50
12 以 上	6	0.30	0.40	0.40	0.45	0.45	0.45	0.45	0.50	0.50	0.50	0.50	0.50	0.50	0.50
	7	0.35	0.40	0.40	0.45	0.45	0.45	0.50	0.50	0.50	0.50	0.50	0.50	0.50	0.50
	8	0.35	0.45	0.45	0.45	0.50	0.50	0.50	0.50	0.50	0.50	0.50	0.50	0.50	0.50
	中间	0.45	0.45	0.50	0.45	0.50	0.50	0.50	0.50	0.50	0.50	0.50	0.50	0.50	0.50
	4	0.55	0.50	0.50	0.50	0.50	0.50	0.50	0.50	0.50	0.50	0.50	0.50	0.50	0.50
	3	0.65	0.55	0.50	0.50	0.50	0.50	0.50	0.50	0.50	0.50	0.50	0.50	0.50	0.50
	2	0.70	0.70	0.60	0.55	0.55	0.55	0.55	0.50	0.50	0.50	0.50	0.50	0.50	0.50
	自下 1	1.35	1.05	0.70	0.80	0.75	0.70	0.70	0.70	0.65	0.65	0.60	0.55	0.55	0.55

附录 11　上下梁相对刚度变化时的修正值

上下梁相对刚度变化时的修正值 y_1 见附表 11-1。

附表 11-1　　　　　　　　　　上下梁相对刚度变化时的修正值 y_1

α_1 \ K	0.1	0.2	0.3	0.4	0.5	0.6	0.7	0.8	0.9	1.0	2.0	3.0	4.0	5.0
0.4	0.55	0.40	0.30	0.25	0.20	0.20	0.20	0.15	0.15	0.15	0.05	0.05	0.05	0.05
0.5	0.45	0.30	0.20	0.20	0.15	0.15	0.15	0.10	0.10	0.10	0.05	0.05	0.05	0.05
0.6	0.30	0.20	0.15	0.15	0.10	0.10	0.10	0.10	0.05	0.05	0.05	0.05	0.00	0.00
0.7	0.20	0.15	0.10	0.10	0.10	0.05	0.05	0.05	0.05	0.05	0.00	0.00	0.00	0.00
0.8	0.15	0.10	0.05	0.05	0.05	0.05	0.05	0.05	0.05	0.00	0.00	0.00	0.00	0.00
0.9	0.05	0.05	0.05	0.05	0.00	0.00	0.00	0.00	0.00	0.00	0.00	0.00	0.00	0.00

注：

i_1	i_2
	i
i_3	i_4

$\alpha_1 = \dfrac{i_1 + i_2}{i_3 + i_4}$，当 $i_1 + i_2 > i_3 + i_4$ 时，则 α_1 取倒数，即 $\alpha_1 = \dfrac{i_3 + i_4}{i_1 + i_2}$，并且 y_1 值取负号。底层柱不作此项修正。

附录 12　上下层柱高度变化时的修正值

上下层柱高度变化时的修正值 y_2 和 y_3 见附表 12-1。

附表 12-1　　　　　　　　　　　　　上下层柱高度变化时的修正值 y_2 和 y_3

α_2	$\begin{array}{c}K\\ \alpha_3\end{array}$	0.1	0.2	0.3	0.4	0.5	0.6	0.7	0.8	0.9	1.0	2.0	3.0	4.0	5.0
2.0		0.25	0.15	0.15	0.10	0.10	0.10	0.10	0.10	0.05	0.05	0.05	0.05	0.0	0.0
1.8		0.20	0.15	0.10	0.10	0.10	0.05	0.05	0.05	0.05	0.05	0.05	0.0	0.0	0.0
1.6	0.4	0.15	0.10	0.10	0.05	0.05	0.05	0.05	0.05	0.05	0.05	0.05	0.0	0.0	0.0
1.4	0.6	0.10	0.05	0.05	0.05	0.05	0.05	0.05	0.05	0.05	0.05	0.0	0.0	0.0	0.0
1.2	0.8	0.05	0.05	0.05	0.0	0.0	0.0	0.0	0.0	0.0	0.0	0.0	0.0	0.0	0.0
1.0	1.0	0.0	0.0	0.0	0.0	0.0	0.0	0.0	0.0	0.0	0.0	0.0	0.0	0.0	0.0
0.8	1.2	−0.05	−0.05	−0.05	0.0	0.0	0.0	0.0	0.0	0.0	0.0	0.0	0.0	0.0	0.0
0.6	1.4	−0.10	−0.05	−0.05	−0.05	−0.05	−0.05	−0.05	−0.05	−0.05	−0.05	0.0	0.0	0.0	0.0
0.4	1.6	−0.15	−0.10	−0.10	−0.05	−0.05	−0.05	−0.05	−0.05	−0.05	−0.05	0.0	0.0	0.0	0.0
	1.8	−0.20	−0.15	−0.10	−0.10	−0.10	−0.05	−0.05	−0.05	−0.05	−0.05	−0.05	0.0	0.0	0.0
	2.0	−0.25	−0.15	−0.15	−0.10	−0.10	−0.10	−0.10	−0.05	−0.05	−0.05	−0.05	−0.05	0.0	0.0

注：

$\alpha_2 h$
h
$\alpha_3 h$

y_2 按 K 及 α_2 查得，上层较高时为正值，但对于顶层柱不作 y_2 修正。y_3 按 K 及 α_3 查得，对于底层柱不作 y_3 修正。

附录 13　A_x、B_x、C_x、D_x、E_x、F_x 函数表

A_x、B_x、C_x、D_x、E_x、F_x 函数表见附表 13-1。

附表 13-1　　　　　　　　　　　　　A_x、B_x、C_x、D_x、E_x、F_x 函数表

λx	A_x	B_x	C_x	D_x	E_x	F_x
0	1	0	1	1	∞	$-\infty$
0.02	0.999 61	0.019 60	0.960 40	0.980 00	382 156	−382 105
0.04	0.998 44	0.038 42	0.921 60	0.960 02	48 802.6	−48 776.6
0.06	0.996 54	0.056 47	0.883 60	0.940 07	14 851.3	−14 738.0
0.08	0.993 93	0.073 77	0.846 39	0.920 16	6 354.30	−6 340.76
0.10	0.990 65	0.090 33	0.809 98	0.900 32	3 321.06	−3 310.01
0.12	0.986 72	0.106 18	0.774 37	0.880 54	1 962.18	−1 952.78
0.14	0.982 17	0.121 31	0.739 54	0.860 85	1 261.70	−1 253.48
0.16	0.977 02	0.135 76	0.705 50	0.841 26	863.174	−855.840
0.18	0.971 31	0.149 54	0.672 24	0.821 78	619.176	−612.524
0.20	0.965 07	0.162 66	0.639 75	0.802 41	461.078	−454.971

λx	A_x	B_x	C_x	D_x	E_x	F_x
0.22	0.958 31	0.175 13	0.608 04	0.783 18	353.904	-343.240
0.24	0.951 06	0.186 98	0.577 10	0.764 08	278.526	-273.229
0.26	0.943 36	0.198 22	0.546 91	0.745 14	223.862	-218.874
0.28	0.935 22	0.208 87	0.517 48	0.726 35	183.183	-178.457
0.30	0.926 66	0.218 93	0.488 80	0.707 73	152.233	-147.733
0.35	0.903 60	0.241 64	0.420 33	0.661 96	101.318	$-97.264\ 6$
0.40	0.878 44	0.261 03	0.356 37	0.617 40	71.791 5	$-68.062\ 8$
0.45	0.851 50	0.277 35	0.296 80	0.574 15	53.371 1	$-49.887\ 1$
0.50	0.823 07	0.290 79	0.241 49	0.532 28	41.214 2	$-37.918\ 5$
0.55	0.793 43	0.301 56	0.190 30	0.491 86	32.824 3	$-29.675\ 4$
0.60	0.762 84	0.309 88	0.143 07	0.452 95	26.820 1	$-23.786\ 5$
0.65	0.731 53	0.315 94	0.099 66	0.415 59	22.392 2	$-19.449\ 6$
0.70	0.699 72	0.319 91	0.059 90	0.379 81	19.043 5	$-16.172\ 4$
0.75	0.667 61	0.321 98	0.023 64	0.345 63	16.456 2	$-13.640\ 9$
$\pi/4$	0.644 79	0.322 40	0	0.322 40	14.967 2	$-12.183\ 4$
0.80	0.635 38	0.322 33	$-0.009\ 28$	0.313 05	14.420 2	$-11.647\ 7$
0.85	0.603 20	0.321 11	$-0.039\ 02$	0.282 09	12.792 4	$-10.051\ 8$
0.90	0.571 20	0.318 48	$-0.065\ 74$	0.252 73	11.472 9	$-8.754\ 91$
0.95	0.539 54	0.314 58	$-0.089\ 62$	0.224 96	10.390 5	$-7.687\ 05$
1.00	0.508 33	0.309 56	$-0.110\ 79$	0.198 77	9.493 05	$-6.797\ 24$
1.05	0.477 66	0.303 54	$-0.129\ 43$	0.174 12	8.742 07	$-6.047\ 80$
1.10	0.447 65	0.296 66	$-0.145\ 67$	0.150 99	8.108 50	$-5.410\ 38$
1.15	0.418 36	0.289 01	$-0.159\ 67$	0.129 34	7.570 13	$-4.863\ 35$
1.20	0.389 86	0.280 72	$-0.171\ 58$	0.109 14	7.109 76	$-4.390\ 02$
1.25	0.362 23	0.271 89	$-0.181\ 55$	0.090 34	6.713 90	$-3.977\ 35$
1.30	0.335 50	0.262 60	$-0.189\ 70$	0.072 90	6.371 86	$-3.615\ 00$
1.35	0.309 72	0.252 95	$-0.196\ 17$	0.056 78	6.075 08	$-3.294\ 77$
1.40	0.284 92	0.243 01	$-0.201\ 10$	0.041 91	5.816 64	$-3.010\ 03$
1.45	0.261 13	0.232 86	$-0.204\ 59$	0.028 27	5.590 88	$-2.755\ 41$
1.50	0.238 35	0.222 57	$-0.206\ 79$	0.015 78	5.393 17	$-2.526\ 52$
1.55	0.216 62	0.212 20	$-0.207\ 79$	0.004 41	5.219 65	$-2.319\ 74$
$\pi/2$	0.207 88	0.207 88	$-0.207\ 88$	0	5.153 82	$-2.239\ 53$
1.60	0.195 92	0.201 81	$-0.207\ 71$	$-0.005\ 90$	5.067 11	$-2.132\ 10$
1.65	0.176 25	0.191 44	$-0.206\ 64$	$-0.015\ 20$	4.932 83	$-1.961\ 09$
1.70	0.157 62	0.181 16	$-0.204\ 70$	$-0.023\ 54$	4.814 54	$-1.804\ 64$
1.75	0.140 02	0.170 99	$-0.201\ 97$	$-0.030\ 97$	4.710 26	$-1.660\ 98$
1.80	0.123 42	0.160 98	$-0.198\ 53$	$-0.037\ 56$	4.618 34	$-1.528\ 65$

λx	A_x	B_x	C_x	D_x	E_x	F_x
1.85	0.107 82	0.151 15	−0.194 48	−0.043 33	4.537 32	−1.406 38
1.90	0.093 18	0.141 54	−0.189 89	−0.048 35	4.465 96	−1.293 12
1.95	0.079 50	0.132 17	−0.184 83	−0.052 67	4.403 14	−1.187 95
2.00	0.066 74	0.123 06	−0.179 38	−0.056 32	4.347 92	−1.090 08
2.05	0.054 88	0.114 23	−0.173 59	−0.059 36	4.299 46	−0.998 85
2.10	0.043 88	0.105 71	−0.167 53	−0.061 82	4.257 00	−0.913 68
2.15	0.033 73	0.097 49	−0.161 24	−0.063 76	4.219 88	−0.834 07
2.20	0.024 88	0.089 58	−0.154 79	−0.065 21	4.187 51	−0.759 59
2.25	0.015 80	0.082 00	−0.148 21	−0.066 21	4.159 36	−0.689 87
2.30	0.007 96	0.074 76	−0.141 56	−0.066 80	4.134 95	−0.624 57
2.35	0.000 84	0.067 85	−0.134 87	−0.067 02	4.113 87	−0.563 40
$3\pi/4$	0	0.067 02	−0.134 04	−0.067 02	4.111 47	−0.556 10
2.40	−0.005 62	0.061 28	−0.128 17	−0.066 89	4.095 73	−0.506 11
2.45	−0.011 43	0.055 03	−0.121 50	−0.066 47	4.080 19	−0.452 48
2.50	−0.016 63	0.049 13	−0.114 89	−0.065 76	4.066 29	−0.402 29
2.55	−0.021 27	0.043 54	−0.108 36	−0.064 81	4.055 68	−0.355 37
2.60	−0.025 36	0.038 29	−0.101 93	−0.063 64	4.046 18	−0.311 56
2.65	−0.028 94	0.033 35	−0.095 63	−0.062 28	4.038 21	−0.270 70
2.70	−0.032 04	0.028 72	−0.089 48	−0.060 76	4.031 57	−0.232 64
2.75	−0.034 69	0.024 40	−0.083 48	−0.059 09	4.026 08	−0.197 27
2.80	−0.036 93	0.020 37	−0.077 67	−0.057 30	4.021 57	−0.164 45
2.85	−0.038 77	0.016 63	−0.072 03	−0.055 40	4.017 90	−0.134 08
2.90	−0.040 26	0.013 16	−0.066 59	−0.053 43	4.014 95	−0.106 03
2.95	−0.041 42	0.009 97	−0.061 34	−0.051 38	4.012 59	−0.080 20
3.00	−0.042 26	0.007 03	−0.056 31	−0.049 29	4.010 74	−0.056 50
3.10	−0.043 14	0.001 87	−0.046 88	−0.045 01	4.008 19	−0.015 05
π	−0.043 21	0	−0.043 21	−0.043 21	4.007 48	0
3.20	−0.043 07	−0.002 38	−0.038 31	−0.040 69	4.006 75	0.019 10
3.40	−0.040 79	−0.008 53	−0.023 74	−0.032 27	4.005 63	0.068 40
3.60	−0.036 59	−0.012 09	−0.012 41	−0.024 50	4.005 33	0.096 93
3.80	−0.031 38	−0.013 69	−0.004 00	−0.017 69	4.005 01	0.109 69
4.00	−0.025 83	−0.013 86	−0.001 89	−0.011 97	4.004 42	0.111 05
4.20	−0.020 42	−0.013 07	0.005 72	−0.007 35	4.003 64	0.104 68
4.40	−0.015 46	−0.011 68	0.007 91	−0.003 77	4.002 79	0.093 54
4.60	−0.011 12	−0.009 99	0.008 86	−0.001 13	4.002 00	0.079 96
$3\pi/2$	−0.008 98	−0.008 98	0.008 98	0	4.001 61	0.071 90

λx	A_x	B_x	C_x	D_x	E_x	F_x
4.80	−0.007 48	−0.008 20	0.008 92	0.000 72	4.001 34	0.065 61
5.00	−0.004 55	−0.006 46	0.008 37	0.001 91	4.000 85	0.051 70
5.50	0.000 01	−0.002 88	0.005 78	0.002 90	4.000 20	0.023 07
6.00	0.001 69	−0.000 69	0.003 07	0.000 60	4.000 03	0.005 54
2π	0.001 87	0	0.001 87	0.001 87	4.000 01	0
6.50	0.001 79	0.000 32	0.001 14	0.001 47	4.000 01	−0.002 59
7.00	0.001 29	0.000 60	0.000 09	0.000 69	4.000 01	−0.004 79
$9\pi/4$	0.001 20	0.000 60	0	0.000 60	4.000 01	−0.004 82
7.50	0.000 71	0.000 52	−0.000 33	0.000 19	4.000 01	−0.004 15
$5\pi/2$	0.000 39	0.000 39	−0.000 39	0	4.000 00	−0.031 1
8.00	0.000 28	0.000 33	−0.000 38	−0.000 05	4.000 00	−0.002 66